激光焊接／切割／熔覆技术

THE FOURTH EDITION

第4版

李亚江　主　编

李嘉宁　刘　坤　高华兵　副主编

化学工业出版社

·北京·

内容简介

激光加工技术是 21 世纪最有发展前景的制造技术之一，众多的高新技术成果与激光技术有着密切的联系。激光焊接、切割和熔覆的特点是热输入小、加工质量好，经济效益和社会效益显著，符合"优质、高效、低耗、无污染"的发展方向，是值得大力推广的先进制造技术。本书从实用性角度对激光焊接、切割和熔覆技术进行阐述，突出科学性、先进性和新颖性等特色，有助于推进激光技术的发展。本书可供从事与激光技术研发、激光焊接-切割-熔覆和高端装备制造的工程技术人员、质检人员、管理人员使用，也可供高等院校师生、科研院所、厂矿企业的相关人员参考。

图书在版编目（CIP）数据

激光焊接/切割/熔覆技术 / 李亚江主编；李嘉宁，刘坤，高华兵副主编. — 4 版. — 北京：化学工业出版社，2025.9. — ISBN 978-7-122-48229-7

Ⅰ. TG4；TG174.445

中国国家版本馆 CIP 数据核字第 2025EG9095 号

责任编辑：周　红
文字编辑：王帅菲
责任校对：边　涛
装帧设计：王晓宇

出版发行：化学工业出版社
　　　　　（北京市东城区青年湖南街 13 号　邮政编码 100011）
印　　装：河北鑫兆源印刷有限公司
787mm×1092mm　1/16　印张 18¾　字数 490 千字
2025 年 8 月北京第 4 版第 1 次印刷

购书咨询：010-64518888
售后服务：010-64518899
网　　址：http://www.cip.com.cn
凡购买本书，如有缺损质量问题，本社销售中心负责调换。

定　　价：99.00 元

前言

　　激光加工技术是 21 世纪最具发展前景的制造技术之一，在科学技术进步和社会发展中发挥了极其重要的作用，众多的高新技术成果与激光技术有着密切的联系。近年来，随着大功率、高性能激光加工设备的不断涌现，激光焊接、切割和熔覆等技术日益引起人们的重视，并在汽车、能源、电子、航空航天等领域得到快速发展。

　　激光束具有可以在大气中进行焊接、切割和熔覆的特点，聚焦后的光斑既可以切割、熔覆，又可以完成精密焊接，其热输入小，接头质量好。激光技术的广泛应用产生了显著的经济和社会效益，符合"优质、高效、低耗、无污染"生产的发展方向，是值得大力推广的先进制造技术。本书自出版以来，受到社会各界的关注，此次第 4 版修订在突出工艺特点和实用性的基础上，对有关内容进行了更新和增补，特别是插入一些视频，给出新的工程应用示例，有助于扩大读者的视野，明确解决问题的思路。

　　本书主要供从事与激光技术研发、焊接-切割-熔覆和高端装备制造相关的工程技术人员、管理人员、质量检验人员和技术工人使用，也可供高等院校师生、科研院所、厂矿企业的相关人员参考。

　　本书由李亚江担任主编，李嘉宁、刘坤、高华兵担任副主编。参加本书编写的还有：王娟、马群双、魏守征、吴娜、蒋庆磊、夏春智、沈孝芹、黄万群、田杰等。

　　书中部分插图和视频引自公开发表的文献，向所援引文献的作者表示诚挚的谢意。

　　由于编者水平所限，书中不足或疏漏之处敬请读者批评指正。

编　者

2025 年 4 月

目录

第1章

概　述

激光（Laser）是英文 Light amplification by stimulated emission of radiation 的缩写，意为"通过受激辐射实现光的放大"。作为 20 世纪科学技术发展的重要标志和现代信息社会光电子技术的支柱之一，激光技术及相关产业的发展受到先进国家的高度重视。激光加工是激光应用最有发展前景的领域，特别是激光焊接、激光切割和激光熔覆技术近年来发展迅速，产生了巨大的经济和社会效益。

1.1　激光加工的原理、特点与工艺

激光加工技术是利用激光束与物质相互作用的特性对材料（包括金属与非金属）进行切割、焊接、表面处理、打孔、微加工等操作的一门技术。激光加工作为先进制造技术已广泛应用于汽车、电子电器、航空、冶金、机械制造等工业领域，对提高产品质量和劳动生产率，实现自动化和无污染及减少材料消耗等方面起到越来越重要的作用。

1.1.1　激光加工的原理

激光加工是以聚焦的激光束作为热源轰击工件，对金属或非金属工件进行熔化，以形成小孔、切口、连接、熔覆等的加工方法。激光加工实质上是激光与非透明物质相互作用的过程，微观上是一个量子过程，宏观上则表现为反射、吸收、加热、熔化、汽化等现象。

在不同功率密度的激光束的照射下，材料表面区域发生各种不同的变化，这些变化包括表面温度升高、熔化、汽化、形成小孔以及产生光致等离子体等。图 1.1 所示为不同功率密度激光辐射作用下金属材料表面产生的几种物态变化。

当激光功率密度小于 $10^4 \, \text{W/cm}^2$ 数量级时，金属吸收激光能量只引起材料表层温度的升高，但维持固相不变，可用于零件的表面热处理、相变硬化处理或钎焊等。

当激光功率密度在 $10^4 \sim 10^6 \, \text{W/cm}^2$ 数量级范围时，产生热传导型加热，材料表层将发生熔化，可用于金属的表面重熔、合金化、熔覆和热传导型焊接（如薄板高速焊及精密点焊等）。

当激光功率密度达到 $10^6 \, \text{W/cm}^2$ 数量级时，材料表面在激光束的照射下，激光热源中心加热温度达到金属的沸点，形成等离子蒸气而强烈汽化，在汽化膨胀压力作用下，液态表

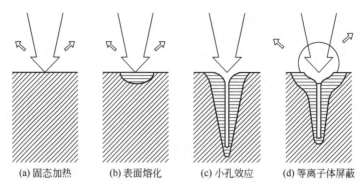

图 1.1　金属材料表面在激光辐射作用下的几种物态变化

面向下凹陷形成深熔小孔，与此同时金属蒸气在激光束的作用下电离产生光致等离子体，主要用于激光深熔焊接、切割和打孔等。

当激光功率密度大于 $10^7\,\mathrm{W/cm^2}$ 数量级时，光致等离子体将逆着激光束的入射方向传播，形成等离子体云团，出现等离子体对激光的屏蔽现象，用于采用脉冲激光进行打孔、冲击硬化等加工。

激光加工是利用高功率密度的激光束照射工件，使材料熔化、汽化而进行穿孔、切割和焊接等操作的特种加工。早期的激光加工由于功率较小，大多用于打小孔和微型焊接。到 20 世纪 70 年代，随着大功率 CO_2 激光器、高重复频率钇铝石榴石（YAG）激光器的出现，以及对激光加工机理和工艺的深入研究，激光加工技术有了很大进展，应用范围随之扩大。数千瓦的激光加工设备已用于各种材料的高速切割、深熔焊接和表面处理等。各种专用的激光加工设备竞相出现，并与光电跟踪、计算机数字控制、机器人等技术相结合，大大提高了激光加工的自动化水平和使用功能。

激光器可解释成将电能、化学能、热能、光能或核能等原始能源转换成某些特定光频（紫外光、可见光或红外光）的电磁辐射束的一种设备。转换形态在某些固态、液态或气态介质中很容易进行。当这些介质以原子或分子形态被激发，便产生相位几乎相同且近乎单一波长的光束——激光。由于其具有同相位及单一波长，差异角非常小，在被高度聚集以提供焊接、切割和熔覆等功能前可传送的距离相当长。

激光加工装备由四大部分组成，分别是激光器、光学系统、机械系统、控制及检测系统。从激光器输出的高强度激光束经过透镜聚焦到工件上，其焦点处的功率密度高达 $10^6 \sim 10^{12}\,\mathrm{W/cm^2}$（温度高达 10000℃以上），任何材料都会瞬时熔化、汽化。激光加工就是利用这种光能的热效应对材料进行焊接、打孔和切割等加工的。通常用于加工的激光器主要是 YAG 固体激光器、CO_2 气体激光器和光纤激光器。由于 CO_2 激光器具有结构简单、输出功率大和能量转换效率高等优点，可广泛用于材料的激光加工。

1.1.2　激光加工的特点

世界上第一个激光束于 1960 年利用闪光灯泡激发红宝石晶粒产生，因受限于晶体的热容量，只能产生很短暂的脉冲光束且频率很低。虽然瞬间脉冲峰值能量可高达 $10^6\,\mathrm{W/cm^2}$，但仍属于低能量输出。

使用钕（Nd）为激发元素的钇铝石榴石晶棒（Nd:YAG）可产生 $1 \sim 8\mathrm{kW}$ 的连续单一波长光束。YAG 激光（波长为 $1.06\mu\mathrm{m}$）可以通过柔性光纤连接到激光加工头，设备布局灵活，适用焊接厚度为 $0.5 \sim 6\mathrm{mm}$。使用 CO_2 为激发物的 CO_2 激光（波长 $10.6\mu\mathrm{m}$）输出能量可达 25kW，可对厚度为 2mm 的板材实现单道全熔透焊接，工业界已广泛用于金属的加工。

自 20 世纪 60 年代以来，人们以绝缘晶体或玻璃为工作物质制得了固体激光器，又以气体或金属蒸气作为工作物质制得气体激光器。因二极管的小体积、长寿命和高效率，人们制得了半导体二极管激光器。正是因为如此多不同种类的激光器的出现，才推动了激光应用于一系列新的学科和技术领域，例如激光全息术、激光加工、激光检查、激光光谱分析、激光医疗、激光制导、激光目标指示器、激光雷达等。

激光加工技术与传统加工技术相比具有很多优点，所以得到广泛的应用，尤其适合新产品的开发，可以在最短的时间内得到新产品的实物。

激光加工的主要特点如下。

① 光点小，能量集中，热影响区小；激光束易于聚焦、导向，便于自动化控制。

② 不接触加工工件，对工件无污染；不受电磁干扰，与电子束加工相比应用更方便。

③ 加工范围广泛，几乎可对任何材料进行雕刻切割。可根据计算机输出的图样进行高速雕刻和切割，且激光切割的速度与线切割的速度相比要快很多。

④ 安全可靠：采用非接触式加工，不会对材料造成机械挤压或机械应力。精确细致：加工精度可达 0.1mm。效果一致：保证同一批次工件的加工效果几乎完全一致。

⑤ 切割缝细小：激光切割的割缝一般在 0.1～0.2mm。切割面光滑：激光切割的切割面无毛刺。热变形小：激光加工的激光割缝细、速度快、能量集中，因此传到被切割材料上的热量小，引起材料的变形也非常小。

⑥ 适合大件产品的加工。大件产品的模具制造费用很高，激光加工则不需任何模具，而且激光加工可完全避免材料冲剪时形成的塌边，可以降低企业的生产成本，提高产品的档次。

⑦ 成本低廉。不受加工数量的限制，对于小批量加工服务，激光加工更加适宜。

⑧ 节省材料。激光加工采用计算机编程，可将不同形状的产品进行材料的套裁，最大限度地提高材料的利用率，大大降低了材料成本。

1.1.3　激光加工的工艺

激光技术是涉及光、机、电、材料及检测等多门学科的综合技术。传统上看，激光加工工艺包括切割、焊接、表面处理、熔覆、打孔（标）、划线等各种加工工艺。材料加工方式对激光功率和光束质量的要求如图 1.2 所示。

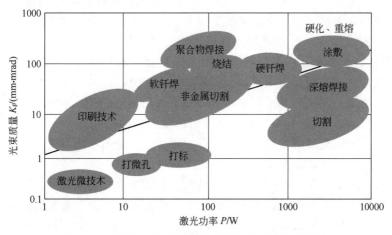

图 1.2　材料加工方式对激光功率和光束质量的要求

（1）激光焊接技术

激光焊接是激光加工技术应用的重要方面之一。激光辐射加热工件表面，表面热量通过热传导向内部扩散，通过控制激光脉冲的宽度、能量、功率密度和重复频率等参数，使工件熔化，形成特定的熔池。由于其独特的优点，已成功应用于微小型零件焊接中。大功率 CO_2 激光器及大功率光纤激光器的出现，开辟了激光焊接的新领域。获得了以小孔效应为基础的深熔焊，在机械、汽车制造、钢铁等工业部门获得了日益广泛的应用。

激光焊接可以焊接难以接近的部位，施行非接触远距离的焊接，具有很大的灵活性。YAG 激光技术中采用光纤传输技术，使激光焊接技术获得了更为广泛的应用。激光束易实现光束按时间与空间分光，能进行多光束同时加工，为更精密的焊接提供了条件。例如，可用于汽车车身厚薄板、汽车零件、锂电池、心脏起搏器、密封继电器等各种不允许焊接变形和污染的器件以及密封器件。

激光焊接技术具有熔池净化效应，能获得纯净的焊缝金属，适用于同种和异种金属材料间的焊接。激光焊接能量密度高，对高熔点、高反射率、高热导率和物理特性相差很大的金属焊接特别有利。

激光焊接的主要优点是速度快、熔深大、变形小，能在室温或特殊条件下进行焊接。激光通过电磁场，光束不会偏移；激光在空气及某种气体环境中均能施焊，并能对玻璃或对光束透明的材料进行焊接。激光聚焦后，功率密度高，焊接时的深宽比可达 5：1，最高可达 10：1。可焊接难熔材料如钛、石英等，并能对异种材料施焊，效果良好，例如将铜和钽两种性质不同的材料焊接在一起，合格率可达 100％。也可进行微型焊接，激光束经聚焦后可获得很小的光斑，能精密定位，可应用于大批量自动化生产的微小型元件的组焊中，例如集成电路引线、钟表游丝、显像管电子枪组装等，由于采用了激光焊接，其生产效率高，热影响区小，焊点无污染，焊接质量大大提高。

（2）激光切割技术

激光切割是应用激光聚焦后产生的高功率密度能量来实现的。在计算机的控制下，通过脉冲使激光器放电，输出受控的重复高频率的脉冲激光，形成一定频率、一定脉宽的激光束。该脉冲激光束经过光路传导、反射并通过聚焦透镜组聚焦在加工物体的表面上，形成一个个细微的、高能量密度光斑，焦点位于待加工面附近，以瞬间高温熔化或汽化被加工材料。

高能量的激光脉冲瞬间就能把物体表面溅射出一个细小的孔，在计算机控制下，激光加工头与被加工材料按预先绘好的图形进行连续相对运动，这样就会把物体加工成想要的形状。切割时一股与光束同轴的气流由切割头喷出，将熔化或汽化的材料由切口底部吹除。与传统的板材加工方法相比，激光切割具有切割质量好（切口宽度窄、热影响区小、切口光洁）、切割速度快、高度柔性（可切割任意形状）、广泛的材料适应性等优点。

激光切割技术广泛应用于金属和非金属材料的加工中，可大大减少加工时间，降低加工成本，提高工件质量。现代的激光切割技术成为了人们理想中追求的"削铁如泥"的宝剑。以 CO_2 激光切割机为例，整个切割装置由控制系统、运动系统、光学系统、水冷系统、气保护系统等组成，采用先进的数控模式实现多轴联动，以及采用性能优越的伺服电动机和传动导向结构可实现在高速状态下良好的运动精度。

激光切割可应用于汽车制造、计算机、机电、金属零件和特殊材料、圆形锯片、弹簧垫片、电子机件用铜板、金属网板、钢管、电木板、铝合金薄板、石英玻璃、硅橡胶、氧化铝陶瓷片、钛合金等。使用的激光器有 YAG 激光器和 CO_2 激光器。脉冲激光适用于金属材料，连续激光适用于非金属材料，后者是激光切割技术的重要应用领域。

（3）激光熔覆技术

激光熔覆指以不同的添料方式，在被熔覆基体表面经激光束辐照，使熔覆材料和基体表面层同时熔化，并快速凝固后形成稀释度极低、与基体冶金结合的熔敷层，从而改善基层表面的耐磨、耐蚀、耐热、抗氧化性及电气特性的工艺方法。

利用激光束的高功率密度，添加特定成分的自熔合金粉（如镍基、钴基和铁基合金等），在基材表面形成一层很薄的熔覆层，使它们以熔融状态均匀地铺展在零件表层并达到预定厚度，与微熔的基体形成良好的冶金结合，并且相互间只有很小的稀释度，在随后的快速凝固过程中，在零件表面形成与基材完全不同的、具有特殊性能的功能熔覆材料层。激光熔覆可以完全改变材料表面性能，可使低成本的材料表面获得极高的耐磨、耐蚀、耐高温等性能。

激光熔覆可达到表面改性、修复或再制造的目的，可修复材料表面的孔洞和裂纹，恢复已磨损零件的几何尺寸和性能，满足对材料表面特定性能的要求，节约大量的贵重金属。与堆焊、喷涂、电镀和气相沉积相比，激光熔覆具有稀释率小、组织致密、熔覆层与基体结合好等特点，在航空航天、模具及机电行业应用广泛。目前激光熔覆使用的激光器以大功率 YAG 激光器、CO_2 激光器为主。

（4）激光热处理（激光相变硬化、激光淬火、激光退火）

利用高功率密度的激光束加热金属工件表面，实现表面改性（即提高工件表面硬度、耐磨性和耐腐蚀性等）热处理。激光束可根据要求进行局部选择性硬化处理，工件应力和变形小。这项技术在汽车工业中应用广泛，例如缸套、曲轴、活塞环、换向器、齿轮等零部件的激光热处理，在航空航天、机床行业和机械行业也应用广泛。我国的激光热处理应用远比国外广泛得多，目前使用的激光器以 YAG 激光器、CO_2 激光器为主。

激光热处理可以对金属表面实现相变硬化（或称表面淬火、表面非晶化、表面重熔淬火）、表面合金化等表面改性处理，产生大表面淬火达不到的表面成分和组织性能。激光相变硬化是激光热处理中研究最早、最多，应用最广的工艺，适用于大多数材料和不同形状零件的不同部位，可提高零件的耐磨性和疲劳强度。经激光热处理后，铸铁表面硬度可以达到60HRC 以上，中碳钢及高碳钢表面硬度可达 70HRC 以上，提高了材料的耐磨性、耐蚀性、抗氧化性等，延长了工件的使用寿命。

激光退火技术是半导体加工的一种工艺，效果比常规热处理退火好得多。激光退火后，杂质的替位率可达到98%～99%，可使多晶硅的电阻率降低 40%～50%，可大大提高集成电路的集成度，使电路元件间的间隔减小到 $0.5\mu m$。

（5）激光快速成形技术

激光快速成形技术是将激光加工技术和计算机数控技术及柔性制造技术相结合而形成的，多用于模具和模型行业。目前使用的激光器以 YAG 激光器、CO_2 激光器和光纤激光器为主。激光快速成形技术集成了激光技术、CAD/CAM 技术、控制技术和材料技术的最新成果，根据零件的 CAD 模型，用激光束将光敏聚合材料逐层固化，精确堆积成样件，不需要模具和刀具即可快速精确地制造形状复杂的零件。该技术已在航空航天、电子、运载车辆等工业领域得到了广泛应用。

（6）激光打孔技术

激光打孔技术具有精度高、通用性强、效率高、成本低和综合技术经济效益显著等优点，已成为现代制造领域的关键技术之一。在激光出现之前，只能用硬度较大的物质在硬度较小的物质上打孔。这样要在硬度很高的金刚石上打孔就极其困难。激光出现后，这一类的操作既快速又安全。但是激光钻出的孔是圆锥形的，而不是机械钻孔的圆柱形，这在有些地方是不方便的。

激光打孔主要应用在航空航天、汽车制造、电子仪表、化工等行业。激光打孔的迅速发展，主要体现在打孔用YAG激光器的输出功率已由400W提高到了800W甚至1000W。打孔峰值功率高达30～50kW，打孔用的脉冲宽度越来越窄，重复频率越来越高。激光器输出参数的提高改善了打孔质量，提高了打孔速度，也扩大了激光打孔的应用范围。国内比较成熟的激光打孔的应用是在人造金刚石和天然金刚石拉丝模的生产，以及钟表、仪表的宝石轴承与飞机叶片、印制线路板等的制造行业中。目前使用的激光器以CO_2激光器、YAG激光器为主，也有应用准分子激光器、同位素激光器和半导体泵浦激光器的。

（7）激光打标技术

激光打标是利用高能量密度的激光束对工件进行局部照射，使表层材料汽化或发生颜色变化的化学反应，从而留下永久性标记的一种打标方法。激光打标可以打出各种文字、符号和图案等，字符大小可以从毫米量级到微米量级，这对产品的防伪有特殊的意义。聚焦后极细的激光束如同刀具，可将物体表面材料逐点去除。激光打标技术的先进性在于标记过程为非接触性加工，不产生机械挤压或机械应力，不会损坏被加工物品。激光束聚焦后的尺寸很小，热影响区小，加工精细，可以完成常规方法无法实现的工艺。

激光打标使用的"刀具"是聚焦后的光束，不需要额外增添其他设备和材料，只要激光器能正常工作，就可以长时间连续加工。激光打标加工速度快、成本低，由计算机自动控制，生产时不需人为干预。准分子激光打标是近年来发展起来的一项新技术，特别适用于金属打标，可实现亚微米打标，已广泛用于微电子工业和生物工程领域。

激光能标记何种信息与计算机设计的内容相关，只要计算机设计出的图稿打标系统能够识别，那么打标机就可以将设计信息精确地还原在合适的载体上。因此激光打标软件的功能实际上很大程度上决定了激光打标系统的功能。该项技术在各种材料和几乎所有行业得到应用，使用的激光器有YAG激光器、CO_2激光器和半导体泵浦激光器。

（8）激光表面强化及合金化

激光表面强化用高功率密度的激光束加热，使工件表面薄层发生熔凝和相变，然后自激快冷形成微晶或非晶组织。激光表面合金化则用激光加热涂覆在工件表面的金属、合金或化合物，与基体金属快速发生熔凝，在工件表面形成一层新的合金层或化合物层，达到材料表面改性的目的。还可以用激光束加热基体金属及通过的气体，使之发生化学冶金反应（例如表面气相沉积），在金属表面形成所需物相结构的薄膜，以改变工件的表面性质。激光表面强化及合金化适用于航空航天、兵器、核工业、汽车制造业中需要改善耐磨、耐腐蚀、耐高温等性能的零部件。

（9）其他

除了上述激光加工技术外，已成熟的激光加工技术还包括激光蚀刻技术、激光微调技术、激光存储技术、激光划线技术、激光清洗技术、激光强化电镀技术、激光上釉技术等。

激光蚀刻技术比传统的化学蚀刻技术工艺简单，可大幅度降低生产成本，可加工0.125～1μm宽的线，适合于超大规模集成电路的制造。

激光微调技术可对指定电阻进行自动精密微调，精度可达0.01%～0.002%，比传统加工方法的精度和效率高、成本低。激光微调包括薄膜电阻（厚度为0.01～0.6μm）与厚膜电阻（厚度为20～50μm）的微调、电容的微调和混合集成电路的微调。

激光存储技术利用激光来记录视频、音频、文字资料及计算机信息，是信息化时代的支撑技术之一。

激光划线技术是生产集成电路的关键技术，其划线细、精度高（线宽为15～25μm，槽深为5～200μm），加工速度快（可达200mm/s），成品率可达99.5%以上。

激光清洗技术的采用可大大减少加工器件的微粒污染，提高精密器件的成品率。

激光强化电镀技术可提高金属的沉积速度，速度比无激光照射快 1000 倍，对微型开关、精密仪器零件、微电子器件和大规模集成电路的生产和修补具有重大意义。改进技术可使电镀层的牢固度提高 100～1000 倍。

激光上釉技术对于材料改性而言有发展前途，其成本低，容易控制和复制，有利于发展新材料。激光上釉结合火焰喷涂、等离子喷涂、离子沉积等技术，在控制组织、提高表面耐磨性和耐腐蚀性方面有着广阔的应用前景。电子材料、电磁材料和其他电气材料经激光上釉后用于测量仪表极为理想。

1.2　激光加工技术的现状及发展趋势

激光技术在我国经过 30 多年的发展，取得了上千项科技成果，许多已用于生产实践，激光加工设备产量平均每年以 20% 的速度增长，为传统产业的技术改造、提高产品质量解决了许多问题。例如激光毛化纹技术正在宝钢、本钢等大型钢厂推广，将改变我国汽车覆盖件的钢板依赖进口的状态；激光标记机与激光焊接装备的质量、功能、价格符合国内市场的需求，市场占有率达 80% 以上。

1.2.1　激光加工技术的现状

激光加工是国外激光应用中最大的项目，也是对传统产业改造的重要手段，主要是用 1～10kW 级 CO_2 激光器、百瓦到千瓦级 YAG 激光器和大功率光纤激光器，实现对各种材料的切割、焊接、打孔、熔覆和表面处理等。据近年来国外的激光市场评述和预测，激光器的应用占第一位的是材料加工领域，医疗领域是第二大应用领域。

激光加工应用领域中，早期 CO_2 激光器在切割和焊接中应用最广泛，在美国和欧洲 CO_2 激光器占到了 70%～80%，表面处理不到 10%。随着激光技术的发展，固体 YAG 激光器、光纤激光器后来居上，YAG 激光器的应用是以焊接、标记和切割为主。近年来我国激光加工中以切割、焊接、熔覆为主的光纤激光器获得越来越广泛的应用。激光加工技术的经济性和社会效益都很高，有很广阔的市场前景。

在汽车工业中，激光加工技术充分发挥了其先进、快速、灵活的加工特点。例如在汽车样机和小批量生产中大量使用三维激光切割机，不仅节省了样板及工装设备，还大大缩短了生产周期；激光束在高硬度材料和复杂而弯曲的表面打小孔，速度快而不产生破损；激光焊接在汽车工业中已成为标准工艺，日本丰田公司已将激光技术用于车身面板的焊接，将不同厚度和不同表面涂敷的金属板焊接在一起，然后再进行冲压。虽然激光表面处理在国外不如焊接和切割普遍，但在汽车工业中仍应用广泛，如缸套、曲轴、活塞环、换向器、齿轮等零部件的表面处理。在工业发达国家，激光加工技术和计算机数控技术及柔性制造技术相结合，派生出激光快速成形技术。该项技术不仅可以快速制造模型，而且还可以直接由金属粉末熔融，3D 打印制造出金属模具。

图 1.3 所示为在车身总装上用激光焊取代电阻焊的工艺，使汽车设计可以自由地发挥其想象力和创造性，设计出独特风格的车型。同时激光焊接技术较之电阻点焊具有更高的效率、更优异的接头性能、更少的材料消耗等优势。

由于激光加工技术的优势，欧洲所有的汽车制造企业都无一例外地大量采用了激光加工技术。例如，德国大众公司曾一次性订购了 260 台 4kW 大功率 YAG 激光器，主要用于车身的焊接和零部件加工。德国博世公司的生产线上安装了不同类别的大功率激光加工设备 400 多台套，主要用于汽车零部件的加工和焊接。激光加工技术在汽车制造中应用的广度和

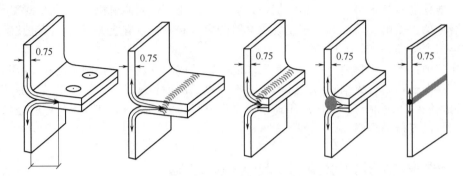

图 1.3　车身总装上用激光焊取代电阻焊工艺

深度已经成为汽车工业先进性的重要标志。

在航空航天领域，20 世纪 70 年代之前，由于没有高功率连续激光器，主要是脉冲激光焊接应用于小型精密零件的点焊，或由单个焊点搭接而成的焊缝。20 世纪 70 年代以后，随着数千瓦的 CO_2 激光焊接技术的研发，情况发生了根本性的变化。几毫米厚的钢板能够一次性焊透，所得焊缝与电子束焊接相似，显示了高功率激光焊接的巨大潜力。例如，空客 A380 之所以能大幅度减轻飞机重量、减少油耗、降低运营成本的主要原因，就是将激光焊接技术应用于机身、机翼内隔板与加强筋

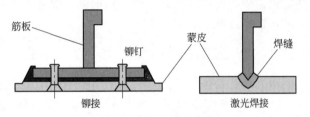

图 1.4　铆接和激光焊接结构对比

的连接（图 1.4），取代原有的铆接工艺，被德国宇航界称为航空制造业中的一大技术革命。

21 世纪以来，YAG 激光器在焊接、切割、打孔和标记等方面发挥了越来越大的作用。通常认为 YAG 激光器切割可以得到良好的切割质量和较高的切割精度，但在切割速度上受到限制。随着 YAG 激光器输出功率和光束质量的提高，YAG 激光器已挤进千瓦级 CO_2 激光器切割市场。YAG 激光器特别适合不允许热变形和焊接污染的微型器件，如锂电池、心脏起搏器、密封继电器等。

光纤激光器是近年来发展起来的一种新型激光器件，也是目前国内外光电信息领域研究的热点技术之一。因在光学模式、使用寿命等方面的优点，光纤激光器已成为新一代固体激光器的代表，在国内外得到了广泛研究和迅速发展，有着广阔的应用前景。

1.2.2　激光加工技术的发展趋势

激光是 20 世纪的重大发明之一，具有巨大的技术潜力。专家们认为，现在是电子技术的全盛时期，其主角是计算机，下一代将是光技术时代，其主角是激光。激光因具有单色性、相干性和平行性三大特点，特别适用于材料加工。激光加工是激光应用最有发展前途的领域，国外已开发出 20 多种激光加工技术。激光的空间控制性和时间控制性很好，对加工对象的材质、形状、尺寸和加工环境的自由度都很大，特别适用于自动化加工。激光加工系统与计算机数控技术相结合可构成高效自动化加工设备，为优质、高效和低成本的加工生产开辟了广阔的前景。

激光加工技术是绿色制造技术的重要支撑技术之一，符合国家可持续发展战略。激光加工技术的发展趋势主要体现在以下几个方面。

① 在材料研发方面，针对激光焊接、熔覆的材料种类，分别研制不同材料的激光焊接和熔覆材料。

② 在工艺控制方面，对于激光焊接、熔覆工艺而言，其发展趋势是开发基于激光焊接、熔覆的在线监控系统，对激光焊接、熔覆过程进行实时监控。研发与激光焊接、熔覆相配套的复合工艺（如激光-电弧复合等），提高激光焊接、熔覆的效率。

③ 在加工系统智能化与机器人化方面，系统集成不仅是加工本身，并且带有实时检测、反馈处理功能，随着专家系统的建立，加工系统智能化已成为必然的发展趋势。为了提高激光焊接、切割、熔覆的工作效率，研发低成本智能化机器人并逐步推广应用。

④ 新一代工业激光器研究，目前处在技术上的更新时期，其标志是二极管泵浦全固态激光器的发展及应用。

激光加工成套设备包括激光发生器、数控系统、加工机床等，这构成了激光加工的柔性制造系统。目前激光加工技术研发的重点可以归纳为以下几方面。

① 数控化和综合化。把激光器与计算机数控技术、先进的光学系统以及高精度和自动化的工件定位相结合，形成研制和生产加工中心，已成为激光加工技术发展的趋势。

② 小型化和组合化。国外已把激光切割和模具冲压两种加工方法组合在一台机床上，制成激光冲床，它兼有激光切割的多功能性和冲压加工的高速高效的特点，可完成切割复杂外形、打孔、打标、划线等加工工艺。

③ 高频度和高可靠性。目前国外 YAG 激光器的重复频率已达 2000 次/s，二极管阵列泵浦的 YAG 激光器的平均维修时间已从原来的几百小时提高到（1~2）万小时。

④ 采用激元激光器进行金属加工。这是国外激光加工的一个新课题。激元激光器能发射出波长 157~350nm 的紫外激光，大多数金属对这种激光的反射率很低，吸收率相应很高。因此这种激光器在金属加工领域有很大的应用价值。

1.2.3　激光加工智能制造

（1）激光加工智能制造的发展

激光加工技术可以有效地迎接智能制造的挑战，实现行业的转型升级，为制造业的发展提供有力支持。在激光加工（焊接、切割、熔覆等）中，人工智能（AI）技术的应用正在推动激光加工过程的智能化和自动化，提高生产效率和产品质量。

① 激光加工自动化程度提升。智能激光加工（焊接、切割、熔覆等）装备将实现更高的自动化程度，实现完全无人化或少人化的自动化作业。

② 数据化管理和监控。智能激光加工装备将具备数据采集和远程监控功能，提高激光加工质量和效率。

③ 智能化的激光工艺优化。通过集成的智能算法对激光加工（焊接、切割、熔覆、增材制造等）工艺进行优化，减少产品缺陷和变形。

④ 多种激光加工工艺集成。智能激光加工装备将集成不同的工艺和技术，实现多功能和多工艺的自动化集合应用。

人工智能在激光加工中的应用可以极大地提高生产效率、产品质量和安全性。通过机器人和计算机的自动化控制、激光加工过程的智能监测与优化以及质量的自动检测与评估，可以实现生产制造的智能化和自动化，提高产品的精度、稳定性和一致性。随着人工智能技术的不断发展和创新，未来的激光加工领域，人工智能将发挥更加重要和广泛的作用，推动激光焊接、切割和熔覆工作的创新和突破。

（2）激光加工智能制造的应用

激光加工智能制造的挑战与机遇并存，通过引入人工智能、物联网、大数据等先进技术，激光加工可以实现生产过程的自动化、智能化和个性化，从而提高生产效率、降低成本并提升产品质量。

① 人工智能在激光加工自动化中的应用。通过人工智能（AI）算法自动识别材料、接头类型和工艺要求，生成激光加工路径和参数的最优解，实现激光焊接、切割、熔覆过程的实时监控和调整，提高产品质量和稳定性。

② 5G 技术在激光智能制造中的应用。5G 技术的到来解决了激光制造行业的连接问题，推动了激光智能制造全新装备的可能性。

③ 智能激光焊接、切割、熔覆机器人的应用。智能激光焊接、切割、熔覆机器人及生产线应用以激光加工物理过程和人工智能制造作为研究对象，解决激光加工智能制造的柔性、自适应和人工替换等问题。

1.2.4 存在的问题和市场展望

（1）存在的主要问题

① 科研成果转化为生产力的能力差，许多有市场前景的激光加工技术成果停留在实验室的样机阶段。

② 激光加工系统的核心部件激光器的品种少、可靠性差。国外不仅二极管泵浦的全固态激光器已用于生产过程中，而且二极管激光器也被应用，而我国二极管泵浦的全固态激光器还处在研发阶段。

③ 对精细激光加工技术的研发较为薄弱，对紫外波激光进行加工的研究进行得更少。

④ 激光加工装备的可靠性、安全性、可维修性、配套性较差，仍难以满足大批量工业生产的需要。

（2）市场展望

激光加工技术极大地提升了传统制造业的水平，带来了产品设计、制造工艺和生产观念的巨大变革，引发了一场制造技术的革命。与国际先进的激光加工系统相比，我国的激光加工系统存在较大的差距，主要表现为高档激光加工系统少，主导激光器不过关，微细激光加工装备缺口较大。数据统计表明，我国的激光加工系统仅占全球销售额的 2% 左右。

我国激光加工装备的生产企业正在稳步发展，国内激光应用市场有很大发展空间。今后若干年内激光加工的生产企业将有更快速的发展，这主要得益于以下几个方面。

① 国家高度重视，各级政府部门积极关注、规划、立项，多方面资金正在注入，促进了企业产品的自主创新、技术升级。

② 国内各类制造业接受了激光加工技术，由于激光加工技术可使他们的产品增加技术含量，加快产品更新换代。采用先进的激光加工技术可达到"敏捷制造"的水平，满足市场对个性化产品的要求。

③ 逐步形成了激光零部件配套企业的产业群体，各类具有特色的激光加工系统制造商逐步建立。目前已形成四个激光加工装备制造的产业带，主要分布在华中、珠江三角洲、长江三角洲和京津环渤海，这些经济发达地区。

④ 国内主导激光器的研发已进入市场应用阶段，如大功率轴流 CO_2 激光器、中小功率金属腔射频 CO_2 激光器、半导体泵浦全固态激光器、光纤激光器，以及倍频 DPL、大功率二极管模块等，已进入产品化阶段，蓄势待发，为国产激光加工装备的应用创造了条件。

第 2 章

激光加工基础

扫码看视频

激光是利用原子或分子受激辐射的原理，使工作物质受激发而产生的一种光辐射。同一激光束内所有的光子频率相同、相位一致、偏振与传播方向一致。因此，激光是单色性好、方向性强、亮度极高的相干光辐射。激光加工技术是集光、机、电为一体的系统工程，同时与物理、材料、机械、自动化等多个学科交叉，是科技发展的前沿领域之一。激光技术及装备近年来发展很快，日益受到世界各国密切重视。

2.1 激光的物理特性

2.1.1 激光的特点

激光作为相干光，具有多种特性。

（1）单色性好

光的本质是一种电磁波辐射。对于电磁波辐射，相干长度越长，光谱线宽度越窄，其颜色越单纯，即光的单色性越好。以氦氖激光器为例，产生的激光相干长度约为 $4 \times 10^4 \mathrm{m}$。在激光出现之前，最好的单色光源是氪灯，它产生的光辐射相干长度约 0.78m。可见激光是世界上发光颜色最单纯的光源。

（2）亮度高

高亮度是激光的又一突出特点。一般地，将单位发光面积 ΔS、单位光辐射宽度 $\Delta \nu$、发散角 θ 发出的光辐射强度定义为光源的单色亮度 B_λ。

$$B_\lambda = \frac{P}{\Delta S \Delta \nu \theta^2} \tag{2.1}$$

式中，P 为激光功率。

尽管太阳发射总功率高，但是光辐射宽度 $\Delta \nu$ 很宽，发散角 θ 很大，单色亮度仍很小。而激光虽然 $\Delta \nu$、θ 均很小，但其单色亮度很高。有报道，高功率激光器产生的激光单色亮度 B_λ 甚至比太阳高 100 万亿倍。

（3）方向性强

由激光的产生机理可知，在传播介质均匀的条件下，激光的发散角 θ 仅受衍射所限。

$$\theta = \frac{1.22\lambda}{D} \tag{2.2}$$

式中，λ 为波长，D 为光源光斑直径。

地球与月球表面的距离约为 3.8×10^5 km，利用聚焦最好的激光束射达月球，其光斑直径仅为几十米。

（4）相干性好

光产生相干现象的最长时间间隔称为相干时间 τ。在相干时间内，光传播的最远距离称为相干长度 L_c。

$$L_c = c\tau = \frac{\lambda^2}{\Delta\lambda} \tag{2.3}$$

式中，c 为光速。

由于激光带宽 $\Delta\lambda$ 很小，相干长度 L_c 很长。实际上，单色性好，相干性就好，相干长度也就越长。

（5）能量高度集中

一些军事、航空、医学、工业用的激光器均能产生很高的激光能量，如核聚变用的激光器的输出功率可高达 10^{18} W，能够克服核间排斥力，实现核聚变反应。随着激光超短脉冲技术的发展，人们能从用于产生极短时间激光脉冲技术的掺 Ti 蓝宝石激光器件中，利用脉冲放大技术获得峰值功率高达 10^{15} W 的激光。

2.1.2　光与物质的相互作用

（1）原子理论的基本假设

① 原子定态假设。一切物质都是由原子构成的。原子系统处于一系列不连续的能量状态。在原子核周围，电子的运行轨道是不连续的，原子处于能量不变的稳定状态，称为原子的定态。对应原子能量最低的状态称为基态。

如果原子中处于外层轨道上的电子从外部获得一定的能量，则电子就会跳跃到更外层的轨道运动。原子的能量增大，此时原子称为处于激发态的原子。

② 频率条件。原子从一个定态 E_1 跃迁到另一个定态 E_2，频率 ν 由下式决定：

$$h\nu = E_2 - E_1 \tag{2.4}$$

一种单色光对应一种原子间跃迁产生的光子，$h\nu$ 是一个光子的能量。

辐射场与物质的相互作用，特别是共谐相互作用，为激光器的问世和发展奠定了物理基础。当入射电磁波的频率和介质的共振频率一致时，将会产生共振吸收（或增益），激光的产生以及光与物质的相互作用都会涉及场与介质的共振作用。

（2）受激吸收

假设原子的两个能级为 E_1、E_2，并且 $E_1 < E_2$，如果有能量满足式(2.4) 的光子进行照射时，原子就有可能吸收此光子的能量，从低能级的 E_1 态跃迁到高能级的 E_2 态。这种原子吸收光子，从低能级跃迁到高能级的过程称为原子的受激吸收过程 [图 2.1(a)]。

（3）自发辐射

原子受激发后处于高能级的状态是不稳定的，一般只能停留 10^{-8} s 量级，它又会在没有外界影响的情况下，自发地返回到低能级的状态，同时向外界辐射一个能量为 $h\nu = E_2 - E_1$ 的光子，这个过程称为原子的自发辐射过程。自发辐射是随机的，辐射的各个光子发射方向和初相位都不相同，各原子的辐射彼此无关，因此自发辐射的光是不相干的［图 2.1(b)］。

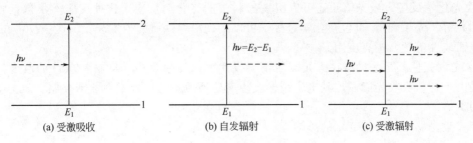

(a) 受激吸收　　　　　(b) 自发辐射　　　　　(c) 受激辐射

图 2.1　受激吸收、自发辐射和受激辐射

（4）受激辐射和光放大

处在激发态能级上的原子，如果在它发生自发辐射之前，受到外来能量为 $h\nu$ 并满足公式 (2.4) 的光子的激励作用，就有可能从高能态向低能态跃迁，同时辐射出一个与外来光子同频率、同相位、同方向，甚至同偏振态的光子，这一过程称为原子的受激辐射［图 2.1(c)］。

如果一个入射光子引发受激辐射而增加一个光子，这两个光子继续引发受激辐射又增添两个光子，以后四个光子又增殖为八个光子……这样下去，在一个入射光子的作用下，原子系统可能获得大量状态特征完全相同的光子，这一现象称为光放大。因此，受激辐射过程致使原子系统辐射出与入射光同频率、同相位、同传播方向、同偏振态的大量光子，即全同光子。受激辐射引起光放大正是激光产生机理中一个重要的基本概念。

（5）粒子数反转

由自发辐射和受激辐射的定义可见，在普通光源的发光机理中，自发辐射占主导地位，然而，激光器的发光却主要是原子的受激辐射。为了使原子体系中受激辐射占主导地位而使其持续发射激光，应设法改变原子系统处于热平衡时的原子能级分布，使处于高能级的原子数目持续超过处于低能级的原子数目，即实现粒子数反转。

为了实现粒子数反转，必须从外界向系统内输入能量，使系统中尽可能多的粒子吸收能量后从低能级跃迁到高能级上去，这个过程称为激励或泵浦过程。激励的方法一般有光激励、气体放电激励、化学激励甚至核能激励等。例如，红宝石激光器采用的是光激励，氦氖激光器采用的是电激励，染料激光器采用的是化学激励。

2.1.3　激光与材料作用的物态变化

（1）激光对材料物态的影响

在不同的激光功率密度下，材料表面将发生不同的变化，这些变化如下。

① 熔化。当材料吸收激光能量时温度上升，可能达到其熔点，导致材料从固态转变为液态。这一过程在激光焊接、激光熔覆、激光快速成型等技术中被广泛应用。

② 蒸发与升华。如果激光的能量足够高，能使材料温度迅速上升到沸点以上，材料会从固态或液态直接转变为气态，这一过程在激光切割、激光打孔、激光蒸发镀膜等技术中应用。

③ 凝固。激光加热后，材料从液态回到固态的过程称为凝固，这一过程在激光制造过程中是常见的，尤其在激光焊接和激光增材制造（3D 打印）技术中。

④ 退火。通过激光加热，可以使材料内部的组织性能和应力重新分布，从而达到降低内应力、提高材料性能的目的。这个过程会引起材料组织结构和性能的变化。

⑤ 相变硬化。某些材料（如钢）在冷却过程中会经历相变，从面心立方结构（奥氏体）转变为体心立方结构（马氏体），这种转变会显著增强材料的硬度和强度。激光淬火就是利

用这一原理，通过控制激光加热和冷却过程，实现材料表面或局部区域的强化。

⑥ 光化学反应。激光辐照还可以引发材料中的光化学反应，这种反应不仅包括物理过程（如光解、光聚合），也包括化学过程，可以实现材料性质的根本改变。这一技术在光刻、材料表面改性等领域中有应用。

⑦ 光致变色。某些材料在激光照射下会发生光致变色反应，即材料颜色的改变。这种变化是由于材料吸收光能后，其电子结构发生变化所致。这一技术在数据存储、显示等领域有应用价值。

(2) 激光功率对物态变化的影响

① 当激光功率密度较低（小于 $10^4\,\mathrm{W/cm^2}$）、辐照时间较短时，金属吸收的激光能量只能引起材料由表及里温度升高，但维持固相不变，主要用于零件（如刀具、齿轮、轴承等）退火和相变硬化处理。

② 随着激光功率密度的提高（$10^4 \sim 10^6\,\mathrm{W/cm^2}$）和辐照时间的加长，材料表层逐渐熔化，随输入能量增加，液-固相分界面逐渐向材料深部迁移，这种物理过程主要用于金属的热导型焊接、表面重熔、合金化、熔覆等。

③ 进一步提高功率密度（大于 $10^6\,\mathrm{W/cm^2}$）和加长激光作用时间，材料表面不仅熔化，而且汽化，汽化物聚集在材料表面附近并电离形成等离子体，这种稀薄等离子体有助于材料对激光的吸收；在汽化膨胀压力下，液态表面变形，形成凹坑，这一阶段可以用于激光深熔焊接。

④ 再进一步提高功率密度（大于 $10^7\,\mathrm{W/cm^2}$）和加长辐照时间，材料表面强烈汽化，形成较高电离度的等离子体，这种致密的等离子体对激光有屏蔽作用，大大降低激光入射到材料内部的能量密度，同时在较大的汽化反作用力下，熔化的金属内部形成小孔（称为匙孔），匙孔的存在有利于材料对激光吸收，这一阶段可用于激光深熔焊接、切割和打孔等。

不同条件下，不同波长激光照射不同金属材料，每一阶段的功率密度的具体数值有一定的差异。就材料对激光的吸收而言，材料的汽化是一个分界线。当材料没有发生汽化时，不论其处于固相还是液相，其对激光的吸收仅随表面温度的升高有较慢的变化；一旦材料出现汽化并形成等离子体和匙孔，材料对激光的吸收会突然发生变化。

2.1.4 表征激光光束质量的特征参数

激光在诸多领域已得到广泛的应用，因此对激光光束质量的要求也越来越高。光束参数（如光强分布、光束宽度及发散角等）是决定激光应用效果的重要因素。如何用一种简便、精确、实用的方法测量、评价激光器发射激光的光束质量，已经成为激光技术研究中的关键问题。研究者曾经采用激光光束聚焦特征参数 K_f、衍射极限倍数 M^2 因子、远场发散角 θ_0、光束衍射极限倍数因子 β 及斯特列尔比 S_r 等进行激光光束质量的评价，但这些方法适合于不同应用场合的激光质量评价，未能形成统一的评价激光束质量的标准。

(1) 光束聚焦特征参数 K_f

光束聚焦特征参数 K_f，也称光束参数乘积（BPP，beam parameters product），定义为光束束腰直径 d_0 和光束远场发散角全角 θ_0 乘积的 1/4。

$$K_\mathrm{f} = \frac{d_0 \theta_0}{4} \tag{2.5}$$

式(2.5)描述了光束束腰直径和远场发散角的乘积不变的原理，由于在整个光束传输变换系统中 K_f 是一个常数，其适用于工业领域评价激光光束质量。

(2) 衍射极限倍数 M^2 因子

1988 年，A. E. Siegman 将基于实际光束的空间阈和空间频率阈的二阶矩表示的束宽

积定义为光束质量 M^2 因子，它相当于从描述光波的复振幅的无穷多信息中，通过二阶矩形式来抽取组合因子，较合理地描述了激光光束质量，1991 年被国际标准化组织 ISO/TC172/SC9/WG1 标准草案采纳。M^2 因子定义为：

$$M^2 = \frac{实际光束束腰直径 \times 实际光束远场发射角}{理想光束束腰直径 \times 理想光束远场发射角} = \frac{\pi}{4\lambda}d_0\theta_0 \tag{2.6}$$

式中，d_0 为激光束腰直径；θ_0 为远场发散角；λ 为波长。

M^2 因子是目前被普遍采用的评价激光光束质量的参数，也称之为光束质量因子。但应指出，M^2 因子的定义是建立在空间阈和空间频率阈中束宽的二阶矩阵定义基础上的。激光束束腰宽度由束腰横截面上的光强分布来决定，远场发散角由相位分布来决定。因此 M^2 因子能够反映光场的强度分布和相位分布特征，它表征了实际光束偏离极限衍射发散速度的程度。M^2 因子越大，则光束衍射发散越快。

（3）远场发散角 θ_0

设激光束沿 z 轴传输，则远场发散角 θ_0 用渐近线公式表示为：

$$\theta_0 = \lim_{z \to \infty} \frac{w(z)}{z} \tag{2.7}$$

式中，$w(z)$ 为激光传播至 z 轴时的光束束腰半径。远场发散角表征光束传播过程中的发散特性，显然 θ_0 越大光束发散越快。在实际测量中，通常利用聚焦光学系统或扩束聚焦系统将被测激光束聚焦或扩束聚焦后，采用焦平面上测量得到的光束宽度与聚焦光学系统焦距的比值得到远场发散角。由于 θ_0 大小可以通过扩束或聚焦来改变（如利用望远镜扩束），所以仅用远场发散角作为光束质量的判据是不准确的。

（4）激光束亮度 B

亮度是描述激光特性的一个重要参量，按照传统光学概念，激光束亮度是指单位面积的光源表面向垂直于单位立体角内发射的能量，用公式表示为：

$$B = \frac{P}{\Delta S \Delta \Omega} \tag{2.8}$$

式中，P 为光源发射的总功率（或能量）；ΔS 为单位光源发光面积；$\Delta \Omega$ 为发射立体角。激光束在无损耗的介质或在无损耗的光学系统中传输，光源的亮度保持不变。

（5）等效光束质量因子 M_e^2

由于在二阶矩定义的等效光斑尺寸内，光束的功率占总功率的百分比依赖于光场分布，于是一种描述光束质量的方法规定：在束腰光斑尺寸和远场发散角所限定的区域内，激光功率占总功率的比例为 86.5%，其等效光束质量因子为：

$$M_e^2 = \frac{\pi w_{86.5} \theta_{86.5}}{\lambda} \tag{2.9}$$

式中，w 为束腰半径；θ 为远场发散角（86.5 表示激光功率占总功率的比例）。

（6）光束衍射极限倍数因子 β

由远场发散角 θ_0 可以定义 β 值为：

$$\beta = \frac{实际光束的远场发散角}{理想光束的远场发散角} = \frac{\theta_0}{\theta_{th}} \tag{2.10}$$

β 值表征被测激光束的光束质量偏离同一条件下理想光束质量的程度。被测激光的 β 值一般大于 1，β 值越接近 1，光束质量越好。$\beta = 1$ 为衍射极限。β 值主要用于评价刚从激光器谐振腔发射出的激光束，能比较合理地评价近场光束质量，是静态性能指标，并没有考虑大气对激光的散射、湍流等作用。β 值的测量依赖于光束远场发散角的准确测量，不适合于评价远距离传输的光束。

（7）斯特列尔比 S_r

斯特列尔比 S_r 定义为：

$$S_r = \frac{实际光轴上的峰值光强}{理想光轴上的峰值光强} = \exp\left[-\left(\frac{2\pi}{\lambda}\right)^2(\Delta\Phi)^2\right] \tag{2.11}$$

式中，$\Delta\Phi$ 是指造成光束质量下降的波前畸变。S_r 反映了远场轴上的峰值光强，它取决于波前畸变，能较好地反映光束波前畸变对光束质量的影响。斯特列尔比常用于大气光学中，主要用来评价自适应光学系统对光束质量的改善性能。但是 S_r 只反映远场光轴上的峰值光强，不能给出能量应用所关心的光强分布。此外，它只能粗略地反映光束质量，在光学系统设计中不能提供非常有用的指导。

（8）环围能量比 BQ 值

环围能量比，也称靶面上（或桶中）功率比，定义为规定尺寸内实际光斑环围能量（或功率）与相同尺寸内理想光斑环围能量（或功率）的比值的平方根。其表达式为：

$$BQ = \sqrt{E/E_0} \ 或 \ BQ = \sqrt{P/P_0} \tag{2.12}$$

式中，E_0（或 P_0）和 E（或 P）分别为靶目标上规定尺寸内理想光束光斑环围能量（或功率）和被测实际光束光斑环围能量（或功率）。BQ 值针对能量输送及耦合型应用，结合光束在目标上的能量集中度进行远场光束质量的评价。BQ 值包含了大气的因素，是从工程应用和破坏效应的角度描述光束质量的综合性指标，是激光系统受大气影响的动态指标。BQ 值把光束质量和功率密度直接联系在一起，是能量集中度的反映，对强激光与目标的能量耦合和破坏效应的研究有实际的意义。

除以上几种参数外，国际上还常采用模式纯度、空间相干度及全局相干度等来描述激光的光束质量，各种不同的评价光束质量的参数都有其自身的优点和局限性。表 2.1 综合了各种参数的优缺点和适用领域。

表 2.1 表征光束质量的参数的优缺点和适用领域

参数	优点	局限性	适用场合
K_f	仅包含光束直径和光束远场发散角两个因素	不能反映光强的空间分布	工业领域
M^2 因子	能在物理上客观反映光束远场发散角和高阶模含量，可以解析表征光束传输变换关系	引入波长参数，不适用于不同波长激光束质量之间的比较	光束线性传输领域（基于二阶矩定义的光束束宽和发散角）
θ_0	表征了光束发散程度	不能反映光强空间分布	简单了解光束特性
B	表征了光束相干性	不能反映光强空间分布	显示、照明
M_e^2	按照包含光强能量的 86.5% 定义束宽	引入波长参数，不适用于不同波长激光束质量之间的比较	—
β	仅仅需要测量 θ 一个参数	θ 可以变换，标准光束选取不统一	非稳腔激光束质量评价
S_r	能客观反映轴上峰值光强	不能反映光强空间分布	大气光学以及光学雷达
BQ 值	反映了光束远场焦斑上的能量集中度	桶中功率可由不同的光束能量分布得到	非稳腔激光束质量评价
模式纯度	实际光束强度分布偏离理想光束强度分布的量度	不具普遍性	—
空间相干度	反映光束空间相干性	不具普遍性	—
全局相干度	反映光束全局相干性	不具普遍性	—

2.1.5 激光光束的输出形状

激光光束的空间形状由激光器的谐振腔决定，在给定边界条件下，通过解波动方程来决定谐振腔内的电磁场分布，在圆形对称腔中具有简单的横向电磁场的空间形状。

腔内横向电磁场分布称为腔内横模，用 TEM_{mn} 表示。TEM_{00} 表示基模，TEM_{01}、TEM_{02} 和 TEM_{10}、TEM_{11}、TEM_{20} 表示低阶模，TEM_{03}、TEM_{04} 和 TEM_{30}、TEM_{33}、TEM_{21} 等表示高阶模。大多数激光器的输出均为高阶模，为了得到基模或是低阶模输出，需要采用选模技术。

目前常用的选模技术均基于增加腔内衍射的损耗，一种方法是采用多折腔增加腔长，以增加腔内的衍射损耗，另一种方法是减小激光器的放电管直径或是在腔内加一小孔光阑。基模光束的衍射损耗很大，能够达到衍射极限，故基模光束的发散角小。从增加激光泵浦效率考虑，腔内模体积应该尽可能充满整个激活介质，即在长管激光器中，TEM_{00} 模输出占主导地位，而在高阶模激光振荡中，基模只占激光功率的较小部分，故高阶模输出功率大。

2.2 激光器及加工系统

产生激光的仪器称为激光器，它包括气体激光器、液体激光器、固体激光器、半导体激光器及其他激光器。其中，较为典型的激光器是 CO_2 气体激光器、半导体激光器、YAG 固体激光器和光纤激光器。

2.2.1 激光器的基本组成及发展

2.2.1.1 激光器的基本组成

激光器虽然多种多样，但都是通过激励和受激辐射产生激光，因此激光器的基本组成是固定的，通常由工作物质（即被激励后能产生粒子数反转的工作介质）、激励源（能使工作物质发生粒子数反转的能源，又称泵浦源）和光学谐振腔三部分组成。

（1）工作物质

激光的产生必须选择合适的工作物质，可以是气体、液体、固体或者半导体。在这种介质中可以实现粒子数反转，以制造获得激光的必要条件。亚稳态能级的存在，对实现粒子数反转是非常有利的。现有的工作物质近千种，可产生的激光波长覆盖真空紫外波段到远红外波段，非常广泛。

（2）激励源

为使工作物质中出现粒子数反转，必须采用一定的方法去激励粒子体系，使处于高能级的粒子数量增加。可以采用气体放电的方法利用具有动能的电子去激发工作物质，称为电激励；也可用脉冲光源照射工作物质产生激励，称为光激励；还有热激励、化学激励等。各种激励方式被形象地称为泵浦或抽运。为了不断得到激光输出，必须不断泵浦以维持处于激发态的粒子数。

（3）光学谐振腔

有了合适的工作物质和激励源后，可以实现粒子数反转，但这样产生的受激辐射强度很低，无法应用。于是人们想到可采用光学谐振腔对受激辐射进行放大。光学谐振腔由具有一定几何形状和光学反射特性的两块反射镜按特定的方式组合而成。它的主要作用如下。

① 提供光学反馈能力，使受激辐射光子在腔内多次往返以形成相干的持续振荡。

② 对腔内往返振荡光束的方向和频率进行限制，以保证输出激光具有一定的定向性和

单色性。

2.2.1.2　激光器的发展

激光器是现代激光加工系统中必不可少的核心组件之一。随着激光加工技术的发展，激光器也在不断向前发展，出现了许多新型激光器。

早期激光加工用激光器主要是大功率 CO_2 气体激光器和灯泵浦 YAG 固体激光器。从激光加工技术的发展历史来看，20 世纪 70 年代中期出现的封离型 CO_2 激光器发展至今，已经出现了扩散冷却型 CO_2 激光器。表 2.2 所示为 CO_2 激光器的发展状况。

表 2.2　CO_2 激光器的发展状况

激光器类型		封离型	慢速轴流型	横流型	快速轴流型	涡轮风机快速轴流型	扩散冷却型 SLAB
出现年代		20 世纪 70 年代中期	20 世纪 80 年代早期	20 世纪 80 年代中期	20 世纪 80 年代后期	20 世纪 90 年代早期	20 世纪 90 年代中期
功率/W		500	1000	20000	5000	10000	5000
光束质量	M^2 因子	不稳定	1.5	10	5	2.5	1.2
	K_f/mm·mrad	不稳定	5	35	17	9	4.5

早期的 CO_2 激光器趋于向激光功率提高的方向发展，但当激光功率达到一定要求后，激光器的光束质量受到了重视，激光器的发展随之转移到提高光束质量上。最近出现的接近衍射极限的扩散冷却板条式（SLAB）CO_2 激光器具有较好的光束质量，一经推出就得到了广泛的应用，尤其是在激光切割领域，受到众多企业的青睐。

CO_2 激光器有体积大、结构复杂、维护困难，金属对 $10.6\mu m$ 波长的激光不能够很好地吸收，不能采用光纤传输激光以及焊接时光致等离子体聚集严重等缺点。其后出现的 $1.06\mu m$ 波长的 YAG 固体激光器在一定程度上弥补了 CO_2 激光器的不足。早期的 YAG 固体激光器采用灯泵浦方式，存在激光效率低（约为 3%）、光束质量差等问题，随着激光技术的不断进步，YAG 固体激光器不断取得进展，并出现了许多新型激光器。YAG 固体激光器的发展状况见表 2.3。

表 2.3　YAG 固体激光器的发展状况

激光器类型		灯泵浦	半导体泵浦	光纤泵浦	片状 DISC	半导体端面泵浦	光纤激光器
出现年代		20 世纪 80 年代	20 世纪 80 年代末期	20 世纪 90 年代中期	20 世纪 90 年代中期	20 世纪 90 年代末期	21 世纪初
功率/W		6000	4400	2000	4000（样机）	200	10000
光束质量	M^2 因子	70	35	35	7	1.1	70
	K_f/mm·mrad	25	12	12	2.5	0.35	25

激光器的发展除了不断提高激光器的功率外，另一个重要方面就是不断提高激光器的光束质量。激光器的光束质量在激光加工过程中往往起着比激光功率更为重要的作用。

制造用激光器随激光功率和光束质量的发展如图 2.2 所示。

21 世纪初，出现了另外一种新型激光器——半导体激光器。与传统的大功率 CO_2 激光器和 YAG 固体激光器相比，半导体激光器具有很明显的技术优势，如体积小、重量轻、效率高、能耗小、寿命长，以及金属对其激光吸收率高等优点。随着半导体激光技术的不断发展，以半导体激光器为基础的其他固体激光器，如光纤激光器、半导体泵浦固体激光器、片状激光器等的发展也十分迅速。其中，光纤激光器发展较快，尤其是稀土掺杂的光纤激光器，已经在光纤通信、光纤传感、激光材料处理等领域获得了广泛的应用。

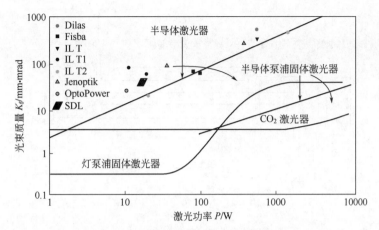

图 2.2　制造用激光器随激光功率和光束质量的发展

2.2.2　从 CO_2 气体激光器到光纤激光器

2.2.2.1　CO_2 气体激光器

采用 CO_2 作为主要工作物质的激光器称为 CO_2 激光器，它的工作物质中还需加入少量的 N_2 和 He 以提高激光器的增益、耐热效率和输出功率。CO_2 激光器具有以下特点。

① 输出功率大。一般的封闭管 CO_2 激光器可有几十瓦的连续输出功率，远远超过了其他气体激光器，横向流动式的电激励 CO_2 激光器则可有几十千瓦的连续输出。

② 能量转换效率高。CO_2 激光器的能量转换效率可达 30%～40%，超过其他气体激光器。

③ CO_2 激光器利用 CO_2 分子振动-转动进行能级间的跃迁，有比较丰富的谱线，在波长 10μm 附近有几十条谱线的激光输出。近年来发展的高气压 CO_2 激光器可以做到在 9～10μm 间连续可调谐输出。

④ CO_2 激光器的输出波段正好是大气窗口（即大气对此波长的透明度较高）。

此外，CO_2 激光器还具有输出光束质量高、相干性好、线窄宽、工作稳定等优点，因此在工业与国防中得到了广泛的应用。

（1）CO_2 激光器的结构

典型的封离型纵向电激励 CO_2 激光器由激光管、电极以及谐振腔等几部分组成（图 2.3），其中最关键的部件为硬质玻璃制成的激光管，一般采用层套筒式结构。最里层为放电管，第二层为水冷套管，最外一层为储气管。

放电管位于气体放电中辉光放电正柱区位置。该区有丰富的载能粒子，如电子、离子、亚稳态粒子和光子等，是激光的增益区。为此对放电管的直径、长度、圆度和直线度都有一定的要求。100W 以下的器材大多用硬质玻璃制作，中等功率（100～500W）的器件，为保证功率或频率的稳定常用石英玻璃管制作，管径一般在 10mm 左右，管长时可略粗。

在紧靠放电管的四周有水冷套管，其作用是降低放电管内工作气体的温度，保证器件实现粒子数反转分布，并防止在放电激励的过程中放电管受热炸裂。加水冷套管的目的是冷却工作气体，使输出功率保持稳定。放电管在两端与储气管连接，储气管的一端有一小孔与放电管相通，另一端经过螺旋形回气管与放电管相通，这样就可使气体在放电管与储气管中循环流动，放电管中的气体随时可与储气管中的气体进行交换。

最外层储气管的作用：一是减小放电过程中工作气体成分和压力的变化；二是增强放电

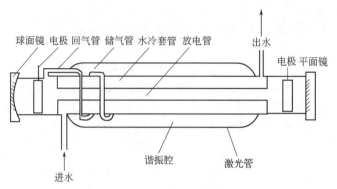

图 2.3　CO_2 激光器的结构示意

管的机械稳定性。

回气管是连接阴极和阳极两空间的细螺旋管，可改善由电泳现象造成的极间气压的不平衡分布。回气管的管径和长短取值很重要，它既要使阴极处的气体能很快地流向阳极区达到气体均匀分布，又要防止回气管内出现放电现象。

电极分阳极和阴极。对阴极材料要求具有发射电子的能力、溅射率小和能还原 CO_2 的作用。目前 CO_2 激光器大多数采用镍电极，电极面积大小根据放电管内径和工作电流而定。电极位置与放电管同轴。阳极尺寸可与阴极相同，也可略小。

谐振腔是由球面全反镜和平面输出镜组成的。中、小功率 CO_2 激光器的全反镜一般采用镀金玻璃镜，因为金膜对 $10.6\mu m$ 的光有很高的反射率，而且化学性质稳定。但玻璃基板反射镜导热性能差，所以大功率 CO_2 激光器常用金属反射镜，如用铜镜或钼镜，或在抛光的无氧铜、不锈钢基板上镀金、镀介质膜的反射镜。输出镜通常采用能透射 $10.6\mu m$ 波长的材料作基底，在上面镀制多层膜，控制一定的透射率，以达到最佳耦合输出。常用的材料有氯化钾、氯化钠、锗、砷化镓、硒化锌、碲化镉等。

CO_2 激光器的谐振腔常用平凹腔，全反镜用 K8 光学玻璃或光学石英，加工成大曲率半径的凹面镜，镜面上镀有高反射率的金属膜——镀金膜，在波长 $10.6\mu m$ 处的反射率达 98.8%，且化学性质稳定。二氧化碳发出的光为红外光，所以全反镜需要采用透红外光的材料。因为普通光学玻璃对红外光不透，这就要求在全反镜的中心开一小孔，再密封上一块能透过 $10.6\mu m$ 激光的红外材料，以封闭气体，这就使谐振腔内激光的一部分从小孔输出腔外，形成一束激光，即光刀。

封离型 CO_2 激光器的放电电流较小，采用冷电极，阴极用钼片或镍片制成圆筒状。工作电流为 $30\sim40mA$，阴极圆筒的面积为 $500cm^2$，为不致污染镜片，在阴极与镜片之间加一光栅。泵浦采用连续直流电源激发。

（2）CO_2 激光器的输出特性

① 横流 CO_2 激光器。气体流动垂直于谐振腔的轴线。这种结构的 CO_2 激光器光束质量较低，主要用于材料的表面处理，一般不用于切割。相对于其他 CO_2 激光器，横流 CO_2 激光器输出功率高，光束质量低，价格也较低。

横流 CO_2 激光器可以采用直流（DC）激励和高频（HF）激励，电极置于沿平行于谐振腔轴线的等离子体区两边。等离子体的点燃和运行电压低，气体流动穿过等离子体区垂直于光束，气体流过电极系统的通道非常宽，因此流动阻力很小，对等离子体的冷却非常有效，对激光的功率没有太多的限制。这类激光器的长度不到 1m，但可以产生 8kW 的功率。

然而，这类激光器由于气体横向流动通过等离子体，将等离子体吹离了主放电回路，导致在光束截面上等离子体区或多或少偏离呈三角形，光束质量不高，出现高阶模。如果采用圆孔限模，可在一定程度上使光束的对称性提高。

② 快速轴流 CO_2 激光器。结构如图 2.4 所示。这类 CO_2 激光器激光气体的流动沿着谐振腔的轴线方向。这种结构的 CO_2 激光器的输出功率从几百瓦到 20kW。输出的光束质量较好，是目前激光切割采用的主流结构。

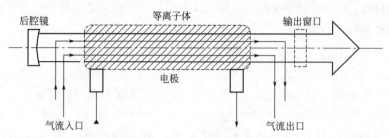

图 2.4　快速轴流 CO_2 激光器

快速轴流 CO_2 激光器可以采用直流（DC）激励和射频（RF）激励。电极之间的等离子体的形状为细长柱状。为了阻止等离子体弥散在周围区域，这种类型的放电区常常在一个空心柱状玻璃管或陶瓷管内，等离子体可在两个环形电极两端被点燃并维持，点燃和运行的电压依赖于电极之间的距离，在实际应用中使用的最大电压是 $20\sim30kV$。

循环气体的冷却采用快速轴向流动的形式，为确保有效的热传导，常用罗兹鼓风机或涡轮风机实现这一高速流动。但这种几何形状的流动阻力相对较高，输出激光功率受到一定的限制，如直流激励仅仅有几百瓦的激光输出。激光器的输出功率有限，因此常常由几个轴流冷却放电管以光学形式串接起来，以提供足够的激光功率。

由于 CO_2 激光器的输出功率主要依赖于单位体积输入的电功率，所以 RF 激励比 DC 激励等离子体密度高，几个轴流冷却放电管以光学形式串接起来的 RF 激励轴流激光器，连续输出功率可达 20kW。由于等离子体轴向对称，轴流 CO_2 激光器容易运行在基模状态，产生的光束质量高。

③ 板条式扩散冷却 CO_2 激光器。该扩散冷却 CO_2 激光器与早期的封离式 CO_2 激光器相似，封离式 CO_2 激光器的工作气体封闭在一个放电管中，通过热传导方式进行冷却。尽管放电管的外壁被有效地冷却，但是放电管每米只能产生 50W 的激光能量，不可能制造出紧凑、高能的激光器。板条式扩散冷却 CO_2 激光器也是采用气体封闭的方式，只不过激光器是紧凑的结构，射频激励的气体放电发生在两个面积较大的铜电极之间。可以采用水冷的方式来冷却电极，在两个电极间的狭窄间隙能够从放电腔内尽可能大地散热，这样就能得到相对较高的输出功率密度。

板条式扩散冷却 CO_2 激光器采用柱镜面构成的稳定谐振腔，由于光学非稳定腔能容易地适应激励的激光增益介质的几何形状，板条式扩散冷却 CO_2 激光器能产生高功率密度激光光束，且激光光束质量高。但是该类型激光器的原始输出光束为矩形，需要在外部通过一个水冷式的反射光束整形器件将矩形光束整形为一个圆形对称的激光束。目前该类型激光器的输出功率范围为 $1\sim5$ kW。

与板条式气体流动式 CO_2 激光器相比，板条式扩散冷却 CO_2 激光器除了具有结构紧凑、坚固的特点外还具有一个突出的优点，那就是实际应用中不必像气体流动式 CO_2 激光器那样，必须时时注入新鲜的激光工作气体，而是将一个小型的约 10L 的圆柱形容器安装在激光头中来储存激光工作气体，通过外部的一个激光工作气体供应装置和永久性的储气罐交换器可以使这种执行机构持续工作一年以上。

扩散冷却 CO_2 激光器由于激光头结构紧凑、尺寸小，可以与加工机械进行一体化集成设计，也可设计成可以移动的激光头。另外，较高的光束质量可以带来较小的聚焦光斑，从而可获得精密切割和焊接；较高的光束质量还可以采用长焦距聚焦透镜获得较小的聚焦光斑，实现远程加工。较高的光束质量使大范围内加工的激光聚焦光斑大小和焦点位置的变化很小，可以确保整个工件的加工质量，对于类似于轮船或飞机等的大型框架结构的加工非常有利。

2.2.2.2　YAG 固体激光器

发射激光的核心是激光器中可以实现粒子数反转的激光工作物质（即含有亚稳态能级的工作物质），如工作物质为晶体状或玻璃的激光器，分别称为晶体激光器和玻璃激光器，通常把这两类激光器统称为固体激光器。在激光器中以固体激光器发展最早，这种激光器体积小，输出功率大，应用方便。用于固体激光器的工作物质主要有三种：掺钕钇铝石榴石（Nd:YAG），输出波长为 $1.06\mu m$，呈白蓝色；钕玻璃，输出波长为 $1.06\mu m$，呈紫蓝色；红宝石，输出波长为 $0.694\mu m$，呈红色。

YAG 激光器是最常见的一类固体激光器。YAG 激光器的问世较红宝石和钕玻璃激光器晚，1964 年 YAG 晶体研制成功。经过几年的努力，YAG 晶体材料的光学和物理性能不断改善，攻克了大尺寸 YAG 晶体的制备工艺难题。到 1971 年已能拉制直径为 40mm、长度为 200mm 的大尺寸 Nd:YAG 晶体，为 YAG 激光器的研制提供了成本适中的优质晶体，推动了 YAG 激光器的发展。20 世纪 70 年代，激光器的发展迎来了研究和应用 YAG 激光器的热潮。许多工业发达国家的研究机构投入大量人力和财力，研究如何提高 YAG 激光器的效率、功率和可靠性，解决工程化问题，在激光测距、激光雷达、激光工业加工、激光医疗等领域取得了一些应用成果。例如，美国西尔凡尼亚公司于 1971 年推出 YAG 激光精密跟踪雷达（PATS 系统）成功用于导弹测量靶场。20 世纪 80 年代 YAG 激光器研究和应用已走向成熟，进入快速发展时期，成为各种激光器发展和应用的主流。

（1）YAG 激光器的结构

通常说的 YAG 激光器，是指在钇铝石榴石（YAG）晶体中掺入三价钕 Nd^{3+} 的 Nd:YAG 激光器，它发射 $1.06\mu m$ 的近红外激光，是在室温下能够连续工作的固体激光器。在中小功率脉冲激光器中，目前应用 Nd:YAG 激光器的量远远超过其他激光器。这种激光器发射的单脉冲功率可达 $10^7 W$ 或更高，能以极高的速度加工材料。YAG 激光器具有能量大、峰值功率高、结构较紧凑、牢固耐用、性能可靠、加工安全、控制简单等特点，被广泛用于工业、国防、医疗、科研等领域。Nd:YAG 晶体具有优良的热学性能，非常适合制成连续和重频激光器件。

YAG 激光器包括 YAG 激光棒、氙灯、聚光腔、调 Q 开关、起偏器、全反镜、半反镜等，结构如图 2.5 所示。

YAG 激光器的工作介质为 Nd:YAG 棒，侧面打毛，两端磨成平面，镀增透膜。倍频晶体采用磷酸氧钛钾（KTP）晶体，两面镀增透膜。激光谐振腔采用平凹稳定腔，腔长 530mm，平凹全反镜的曲率半径为 2m。谐振反射镜采用高透和高反膜层的石英镜片，Q 开关器件的调制频率可调。

激光谐振腔为 1.3mm 谱线共振的三镜折叠腔，包括两个半导体激光泵浦模块，每一个模块由 12 个 20W 连续波中心波长为 808nm 的半导体激光阵列（LD）组成，总谱线宽度小于 3nm。激光晶体为 $3mm \times 75mm$ 的 Nd:YAG，掺杂浓度为 1.0%。在两个 LD 泵浦模块

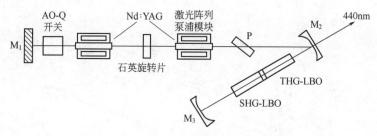

图 2.5　YAG 激光器结构

中间插入一块 1.319nm 激光 90°石英旋转片用来补偿热致双折射效应，使角向偏振光与径向偏振光的谐振腔稳区相互重叠，有利于提高输出功率，改善光束质量。高衍射损耗的声光 Q 开关用来产生调 Q 脉冲输出，重复频率可在 1～50kHz 范围内调节。设计的谐振腔在折叠臂上产生一个实焦点以提高功率密度，有利于非线性频率变换。

平面镜 M_1 镀 1319nm、659.4nm 双高反膜系，平凹镜 M_2 为输出耦合镜，平凹镜 M_3 镀 1319nm、659nm、440nm 的三波长高反膜。由于 Nd：YAG 晶体的 1064nm 谱线强度是 1319nm 波长的三倍，因此 M_1、M_2、M_3 腔镜设计时均要求对 1064nm 波长的透过率大于 60%，这对抑制 1064nm 激光振荡是非常重要的。为减小腔内插入损耗，腔内所有的元器件均应镀增透膜。半导体激光器未加任何整形措施或光学成像部件，分别从相邻 120°方向泵浦 Nd：YAG 晶体，通过优化泵浦参数，可获得较为均匀、类高斯型的增益分布轮廓。这种设计具有简单、紧凑、实用的特点，可与谐振腔本征模较好地匹配，有利于提高能量提取效率和光束质量。

由于三硼酸锂（LBO）晶体具有高的损伤阈值，对基频光和倍频光低吸收，可实现与 1319nm 二倍频和三倍频相位匹配和具有适宜的有效非线性系数等优势，所以选择两块 LBO 晶体作为腔内倍频与腔内和频的晶体。

（2）YAG 激光器的输出特性

① 灯泵浦 Nd：YAG 激光器。其结构如图 2.6、图 2.7 所示。增益介质 Nd：YAG 为棒状，常置于双椭圆反射聚光腔的焦线上。两泵浦灯位于双椭圆的两外焦线上，冷却水在泵浦灯和有玻璃管套的激光棒之间流动。

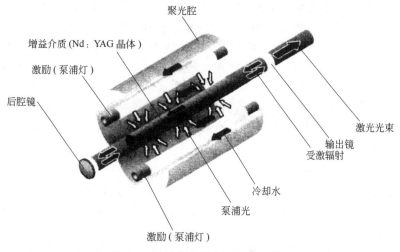

图 2.6　激光器的泵浦灯和激光棒

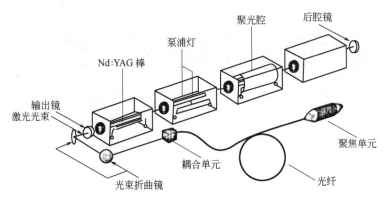

图 2.7　多激光棒谐振腔光纤输出数千瓦的 Nd:YAG 激光

在高功率激光器中，激光棒的热效应限制了每根激光棒的最大输出功率，激光棒内部的热和激光棒表面冷却引起晶体的温度梯度，使泵浦的最大功率必须低于使其发生破坏的应力限度。单棒 Nd:YAG 激光器的有效功率范围为 50~800W。更高功率的 Nd:YAG 激光器可通过 Nd:YAG 激光棒的串接获得。

② 二极管泵浦 Nd:YAG 激光器。二极管泵浦 Nd:YAG 激光器结构示意如图 2.8 所示，采用 GaAlAs 半导体激光器作为泵浦光源。

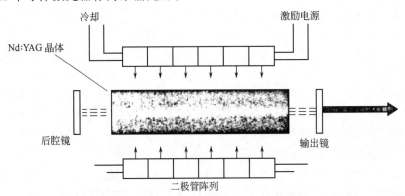

图 2.8　二极管泵浦 Nd:YAG 激光器结构示意

用半导体激光器作泵浦源，增加了元器件的寿命，没有了使用灯泵浦时所需要的定期更换泵浦灯的要求。二极管泵浦 Nd:YAG 激光器的可靠性更高、工作时间更长。

二极管泵浦 Nd:YAG 激光器的高转换效率来源于半导体激光器发射的光谱与 Nd:YAG 的吸收带有良好的光谱匹配性。GaAlAs 半导体激光器发射一窄带波长，通过精确调节 Al 含量，可以使其发射的光正好在 808nm，处在 Nd^{3+} 粒子的吸收带。半导体激光的电光转换效率近似为 40%~50%，这是二极管泵浦 Nd:YAG 激光器可以获得超过 10% 的转换效率的原因。而灯激励产生白光，Nd:YAG 晶体仅吸收其中很少一部分光谱，这导致其效率不高。

2.2.2.3　光纤激光器

（1）光纤激光器的分类

光纤激光器就是采用光纤作为激光介质的激光器。按照激励机制可分为以下四类。

① 稀土掺杂光纤激光器，通过在光纤基质材料中掺杂不同的稀土离子获得所需波段的激光输出。

② 利用光纤的非线性效应制作的光纤激光器，如受激拉曼散射（SRS）等。

③ 单晶光纤激光器，其中有红宝石单晶光纤激光器、Nd:YAG 单晶光纤激光器等。

④ 染料光纤激光器，通过在塑料纤芯或包层中充入染料，实现激光输出。

在这几类光纤激光器中，以掺稀土离子的光纤激光器和放大器最为重要，且发展最快，已在光纤通信、光纤传感、激光材料处理等领域获得了应用，通常说的光纤激光器多指这类激光器。

（2）光纤激光器的波导原理

单层光纤激光器的几何结构如图2.9所示。与固体激光器相比，光纤激光器在激光谐振腔中至少有一个自由光束路径形成，光束形成和导入光纤激光器是在光波导中实现的。通常，这些光波导是基于掺稀土的光电介质材料，例如用硅、磷酸盐玻璃和氟化物玻璃材料，其显示衰减度约为10dB/km，比固态激光晶体少几个数量级。和晶体状的固态材料相比，稀土离子吸收波段和发射波段显示光谱加宽，这是由于玻璃基块的相互作用减小了频率稳定性和泵浦光源所需的宽度。因此，光纤激光器要选择波长合适的激光二极管泵浦源。

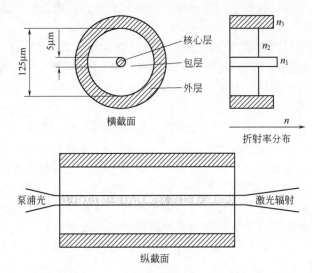

图2.9 单层光纤激光器的几何结构

光纤含有一个折射率为 n_1 的掺稀土激活核，通常被一层纯硅玻璃包层包围，包层折射率 $n_2 < n_1$，所以，基于在芯和包层交接表面内部的全反射，波导产生于芯层。对于泵浦辐射和产生的激光辐射，光纤激光器的芯层既是激活介质又是波导。整个光纤被聚合物外层保护免受外部影响。

光纤激光器的光束质量由给定的波导折射率的光学特征决定，如果光纤芯层满足无量纲参数 V 的条件：

$$V = \frac{2\pi a}{\lambda}\sqrt{n_1^2 - n_2^2} = \frac{2\pi a}{\lambda}NA < 2.40 \tag{2.13}$$

式中，a 为芯层半径；λ 是激光辐射波长，NA 是数值孔径。只有基横模可以通过光纤传播。对于光纤激光器来说，当用于多模或单模光纤条件时，芯径通常为 $3\sim8\mu m$。当多模光纤用于大芯径条件时，能产生高阶横模。数值孔径 NA 决定了光纤轴心和辐射耦合进光纤所成角度的正弦值。模式数 Z（根据公式 $Z = V^2/2$），近似于大数值的光纤参数 V。为减少涂层中的光学扩散，涂层必须有更高的折射率（$n_3 > n_2$）。

对于光学激发光纤激光器，泵浦辐射通过光纤表面耦合到激光器芯层。然而，如果是轴向泵浦，泵浦辐射必须耦合到只有几个微米的波导中。因此，必须采用高透明泵浦辐射源激发多模光纤，目前辐射源的输出功率限制在1W左右。为了按比例放大泵浦功率，需要大孔径光纤与大功率半导体激光器阵列的光束参数相匹配。然而，增大的光纤激活芯层允许更高的横模振荡，会导致光束质量降低。目前采用双包层设计，即采用隔离芯层来泵浦和发射激光，可获得良好的效果。

（3）双包层光纤激光器

双包层掺杂光纤由纤芯、内包层、外包层和保护层四部分组成。

纤芯的作用有吸收进入的泵浦光，将辐射激光限制在纤芯内；作为波导，将激光限制在纤芯内传输，控制模式。

内包层的作用有包绕纤芯，将辐射激光限制在纤芯内；作为波导，对耦合到内包层的泵浦光多模传输，使之在内包层和外包层之间来回反射，多次穿过单模纤芯而被吸收。

对于双包层光纤激光器，泵浦辐射不是直接发射到激活芯层，而是进入周围的多模芯层。泵浦芯层也像包层，为了实现泵浦芯层对激活芯层的光波导特征，周围涂层必须具有较小的折射率。通常使用掺氟硅玻璃或具有低折射率的高度透明聚合物。泵浦芯层的典型直径为几百微米，它的数值孔径 $NA \approx 0.32 \sim 0.7$。

发射到泵浦芯层的辐射在整个光纤长度内耦合进入激光器芯层，在那里被稀土离子吸收，所有的高能级光被激发。利用这项技术，多模泵浦辐射可以有效地从大功率半导体激光器中转换成为激光辐射，而且具有优良的光束质量。

（4）光纤激光器的技术特点

光纤激光器提供了克服固体激光器在维持光束质量时，受标定输出功率限制的可能性。最终的激光光束质量取决于光纤折射率剖面，而光纤折射率剖面最终又取决于几何尺寸和激活波导的数值孔径。在传播基模时激光振荡与外部因素无关。这意味着与其他（即使是半导体泵浦）固体激光器相比，光纤激光器不存在热光学效应。

在激活区由热引起的棱镜效应和由压力引起的双折射效应，会导致光束质量下降，当泵浦能量输运时，光纤激光器即使是在高功率下也观察不到效率的减少。

对于光纤激光器，由泵浦过程引起的热负荷会扩展到更长的区域，因为具有较大的表面积体积比，热效应更容易消除，所以相对于固体半导体泵浦激光器，光纤激光器核心的温升小。因此激光器工作时，由于不断增加的温度导致的量子效率衰减在光纤激光器中处于次要地位。

综合起来，光纤激光器有以下主要优点。

① 光纤作为导波介质，其耦合效率高，纤芯直径小，纤芯内易形成高功率密度，可方便地与目前的光纤通信系统高效连接，构成的激光器具有高转换效率、低激光阈值、输出光束质量好和线宽窄等特点。

② 由于光纤具有很大的表面积体积比，散热效果好，环境温度允许在$-20 \sim +70$℃之间，无需庞大的水冷系统，只需简单的风冷。

③ 可在恶劣的环境下工作，如高冲击、高振动、高温度、有灰尘的条件。

④ 由于光纤具有极好的柔性，激光器可设计得小巧灵活、外形紧凑，易于系统集成，性价比高。

⑤ 具有相当多的可调谐参数和选择性。例如在双包层光纤的两端直接刻写波长和透过率合适的布拉格光纤光栅来代替由镜面反射构成的谐振腔。全光纤拉曼激光器由一种单向光纤环，即环形波导腔构成，腔内的信号被泵浦光直接放大，而不通过粒子数反转。

2.2.3　大功率光纤激光器及其发展

2.2.3.1　光纤激光器的历程

光纤激光器就是用光纤作激光介质的激光器，1964 年世界上第一代玻璃激光器就是光纤激光器。由于光纤的纤芯很细，一般的泵浦源（例如气体放电灯）很难聚焦到芯部。所以在以后的二十余年中光纤激光器没有得到很好的发展。随着半导体激光器泵浦技术的发展，以及光纤通信发展的需要，1987 年英国南安普敦大学及美国贝尔实验室通过试验证明了掺铒光纤放大器（EDFA）的可行性。它采用半导体激光光泵掺铒单模光纤对光信号实现放大，现在这种 EDFA 已成为光纤通信中不可缺少的重要器件。由于要将半导体激光泵浦入单模光纤的纤芯（一般直径小于 $10\mu m$），要求半导体激光也必须为单模的，这使单模 EDFA 难以实现高功率，报道的最高功率仅几百毫瓦。

为了提高功率，在 1988 年 E.Snitzer 描述了双包层泵浦的概念以后，双包层泵浦的光纤激光器才实现了高功率输出。现在，双包层泵浦技术已被广泛应用于光纤激光器和光纤放大器等产品。初期的设计是圆形内包层，但由于圆形内包层完美的对称性，使泵浦吸收效率不高，直到 20 世纪 90 年代初矩形内包层的出现，使激光转换效率提高到 50％，输出功率达到 5W。1999 年，研发人员用四个 45W 的半导体激光器从两端泵浦，获得了 110W 的单模连续激光输出。近年来，随着高功率半导体激光器泵浦技术和双包层光纤制作工艺的发展，光纤激光器的输出功率逐步提高，采用单根光纤已经实现了 1000W 以上的激光输出。

2.2.3.2　双包层光纤激光器

（1）双包层光纤的原理

双包层光纤由纤芯、内包层和外包层组成，其结构如图 2.10 所示。折射率从纤芯到外包层依次递减。纤芯直径一般只有几微米，是单模信号光的传输波导，它作为激光振荡的通道，一般情况下相应的波长为单模。内包层直径和数值孔径都较大，大大减少了对泵浦源模式的质量要求，提高了泵浦光的入纤功率和效率。泵浦光通过一定的泵浦方式耦合到内包层中，受到外包层的限制，在内包层与外包层之间来回反射而不被吸收。在不断穿过纤芯的过程中，光被其中的增益介质——纤芯的掺杂稀土离子（Yb^{3+}、Er^{3+}、Nd^{3+}、Pr^{3+}、Ho^{3+}等）吸收。由于在光纤的整个长度上都发生激光泵浦过程，所以几乎所有的泵浦光都能被增益光纤吸收，大大提高了泵浦功率和效率。

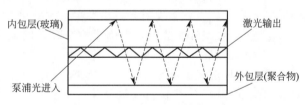

图 2.10　双包层光纤结构示意

各种形状的双包层光纤结构如图 2.11 所示。双包层掺杂光纤作为高功率光纤激光器的关键组成部分，其内包层的横截面积和形状、纤芯尺寸、增益光纤的掺杂浓度等是影响激光输出功率和光束质量的重要因素。在内包层形状方面，最先提出的是对称圆形结构，但由于对称圆形内包层中存在大量螺旋光，这些光在内包层的多次反射过程中始终不经过纤芯，因而使泵浦光的吸收率很低。经过数次设计改进，先后又出现了偏心圆形、D 形、矩形、星形、梅花形等内包层结构。在内包层横截面积方面，研究表明，泵浦光被掺杂离子的吸收率正比于内包层和外包层的面积比。因此，提高内包层和外包层的面积比以及内包层的数值孔径（NA）有助于提高泵浦光的吸收率。

双包层光纤激光器按掺杂离子分类见表 2.4。

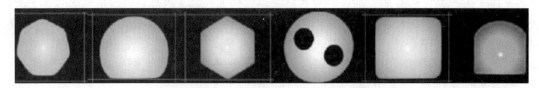

图 2.11　各种形状的双包层光纤结构

表 2.4　双包层光纤激光器按掺杂离子分类

掺杂离子	工作范围	特点和应用
钕 Nd^{3+}	$0.92\mu m$、$1.06\mu m$、$1.35\mu m$，在 $1.06\mu m$ 时泵浦效率最高	用于输出波长 $0.8\mu m$ 的 GaAs 半导体激光的泵浦，实现 4I92→4F52 的跃迁，具有很高的实用价值
铒 Er^{3+}	可见光 → 远红外光的几个不同波段，$1.55\mu m$ 是重要的光纤通信用石英的最低损耗窗口	用 $0.8\mu m$ 的 GaAs 半导体泵浦 EDFL(掺铒光纤激光器)时存在激发态，泵浦阈值很高，可以通过掺镱（Yb^{3+} ＋ Er^{3+} ＞ 20），经过 Yb^{3+} 的敏化后改善，泵浦波长为 $0.98\mu m$ 或 $1.48\mu m$ 时，EDFL 激发态吸收，工作性能极大提高，应用其制造的 $1.55\mu m$EDFL 已达商用水平
镱 Yb^{3+}	工作于 $1.01\mu m$ 附近，调谐范围为 $60\mu m$	2F52→2F72 跃迁，不存在激发态吸收、浓度骤减、频率转换问题，适于制造大功率光纤激光器。泵浦波长选择范围宽，输出激光波长调谐范围大
镨 Pr^{3+}	$1.3\mu m$ 和 $1.05\mu m$，其中 $1.3\mu m$ 是另一个重要的大气窗口	应用转换泵浦方式实现了在可见光区域的运转输出
铥 Tm^{3+}	通过上转换泵浦机制或 3F4→3H6 跃迁，工作在蓝光区域，且可在 $1.71\sim2.1\mu m$ 范围调谐输出。4H5→4H4 产生 $2.25\sim2.4\mu m$ 的光，3F4→3H4 跃迁能在 $1.45\sim1.51\mu m$ 范围调谐输出	用氟光纤代替石英光纤作基质能实现工作在其他几个重要波长的激光输出。潜在应用价值高
钬 Ho^{3+}	$2\mu m$ 附近	医疗的"眼安全"领域。Ho^{3+}、Tm^{3+} 共掺激光器可用于工作在 $0.8\mu m$ 附近的 GaAs 激光器泵浦

　　掺 Yb^{3+} 光纤激光的特性和发展从 20 世纪 80 年代中后期开始，将 Yb^{3+} 掺入石英或氟化物光纤中，作为一种激光介质受到人们的重视，并取得很多进展。一个因素是 Yb^{3+} 在掺入石英等基质材料后能级发生变化，吸收和发射光谱也发生很大变化。由于基质材料中电场非均匀分布的影响引起 Yb^{3+} 能级的 Stark 分裂，消除了原来存在的能级简并，从而使相应的吸收和发射光谱出现精细结构。另一个因素是 Yb^{3+} 能级加宽。第一种是声子加宽，当两个能级之间发生跃迁时将发生某种形式的能量交换，包括声子的产生和湮灭。第二种加宽机制来源于基质电场对能级的微扰，掺 Yb^{3+} 材料只包含有两个多重态，基态 $^{2}F_{7/2}$（含有 4 个 Stark 能级）和一个分离的激发多重态 $^{2}F_{5/2}$（含有 3 个 Stark 能级，在基态以上 $10000cm^{-1}$ 的位置），因此抽运光波长处和信号波长处都不存在激发态吸收（抽运效率降低）；大的能级间隔（$^{2}F_{7/2}$ 和 $^{2}F_{5/2}$）也阻碍了多光子非辐射弛豫及浓度骤减现象的发生。上面几种因素引起的抽运转换效率的降低也会引起激光介质热效应增加的问题。

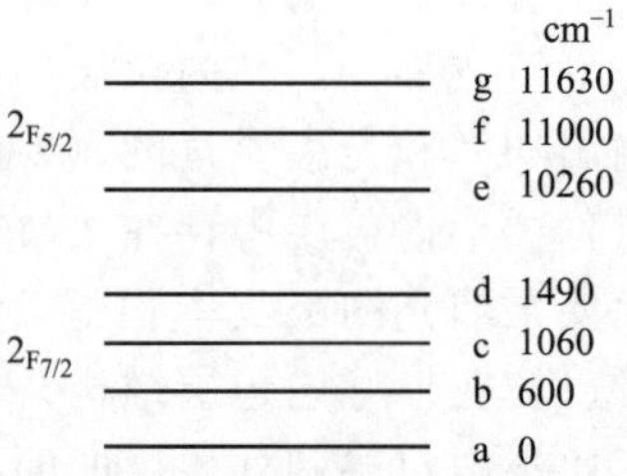

　　掺 Yb^{3+} 石英光纤的吸收和发射谱带很宽。图 2.12 所示为掺 Yb^{3+} 光纤中 Yb^{3+} 的能级结构，d、e 分别对应于 975nm 和 910nm 的吸收峰。在室温下并非所有的 Yb^{3+} 能级都参与跃迁，从 e 能级 $^{2}F_{7/2}$ 可发生两种不同类型的激光跃迁：一种是三能级跃迁，波长为 975nm（跃迁 e-a）；另一种是四能级跃迁，波长从 1010nm 到 1200nm（对应于跃迁 e-b，e-c，e-d）。一般地，激光工作在三能级系

		cm^{-1}
$^{2}F_{5/2}$	g	11630
	f	11000
	e	10260
$^{2}F_{7/2}$	d	1490
	c	1060
	b	600
	a	0

图 2.12　Yb^{3+} 的能级结构

统还是四能级系统与激光波长、抽运波长及光纤长度有关。大致认为工作波长在 $1\mu m$ 以下时激光以三能级工作，工作波长在 $1\mu m$ 以上时激光以四能级工作。

Yb^{3+} 的能级结构简单，仅由基态 $^2F_{7/2}$ 和上激发态 $^2F_{5/2}$ 两个能级族组成，因此在泵浦波长处和信号波长处都不存在激发态吸收（ESA）。激发态吸收是指处于上能级的电子吸收泵浦能量向更高能级跃迁的物理过程，是一种能量的无效消耗，不能产生或放大激光。激发态吸收是掺铒光纤激光器和光放大器中降低泵浦效率的主要因素。激发态和基态之间较大的能量间隔也限制了原子间交叉弛豫引起的能量上转换过程，以及由多光子非辐射弛豫导致的浓度骤减。Yb^{3+} 的能级结构和光谱特性具有很高的光转换效率。

掺 Yb^{3+} 光纤的吸收和发射谱带很宽，具有潜在的从 975nm 到 1200nm 的发射谱段，特别是 Yb^{3+} 宽带增益弥补了其他激光光源 $1.1\sim 1.2\mu m$ 处的空白（图 2.13）。很宽的吸收谱带使泵浦源的选择具有更多的灵活性，可供选择的激光器有 AlGaAs 和 InCaAs 半导体激光器、掺钕蓝宝石固体激光器、Nd^{3+}:YAG 激光器和 Nd^{3+}:YLF 激光器等。特别是近年来半导体激光器生产工艺逐渐成熟、价格降低而输出功率越来越高，为掺 Yb^{3+} 光纤激光器的大功率化提供了先决条件。

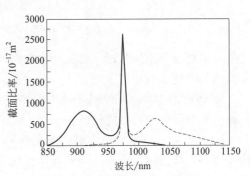

图 2.13　石英光纤中的 Yb^{3+} 的吸收（实线）和发射（虚线）截面

Yb^{3+} 还可作为敏化剂与其他稀土离子共同掺杂，改善能级结构，获得更好的性质。例如，在掺 Er^{3+} 光纤中共掺 Yb^{3+}，可使泵浦光的吸收增加近两个数量级。在激光器掺铒浓度较低，腔长只有几厘米时，仍能有效运转，克服了由于浓度骤减而限制了 Er^{3+} 的掺杂浓度的问题。再如，Yb^{3+} 与 Er^{3+} 共掺后，加宽了的吸收带，改变了过去光纤激光器对泵浦光要求较严格的缺点。此外，在频率上转换激光器中共掺 Yb^{3+} 可降低从激活离子到敏化离子的后向能量转换，从而提高频率上转换的效率。

（2）双包层光纤激光器的原理

激光的产生是一个放大的过程。在这个过程中受激辐射所占的比例远大于自发辐射。增益存在的条件下，受激辐射所产生的光子继续诱发受激辐射，使受激辐射光不断增强。最初诱发受激辐射的光子源于自发辐射。对于激光波长，流出光纤激光介质的光子流大于进入这段光纤的光子流，即实现了光放大。产生激光必须满足一定的条件，第一个条件是粒子数反转，当处于激光上能级的粒子数超过处于激光下能级的粒子数时才能使介质发生受激辐射，从而产生增益。粒子数反转的要求引出了第二个条件，即粒子数反转形成的过程要借助光子能量较高的光源进行抽运，而且要求参与激光工作的能级超过两个。必须通过抽运将电子激发到高于激光工作上能级的某个能级上，也就是说，抽运光的频率要大于激光频率。

光纤激光器主要采用掺杂稀土离子的光纤作为增益介质，当采用合适的抽运源进行抽运时，由于光纤激光器中光纤纤芯很细，在抽运光的作用下光纤内极易形成高功率密度，造成激光工作物质的"粒子数反转"，因此适当加入反馈回路（构成谐振腔）便可形成激光振荡。光纤激光器的典型结构如图 2.14 所示，其中输入端反射镜对振荡光反射率为 100%，输出端输入耦合器的反射率可根据系统的具体情况选择恰当的值。

（3）光纤激光器的关键技术

目前国内从事光栅技术的研究单位正在开展光纤激光器关键技术的研发，而国际上对于光栅制作技术相对比较成熟。光纤激光器中的光栅可以满足百瓦级的功率传输。光通信的发

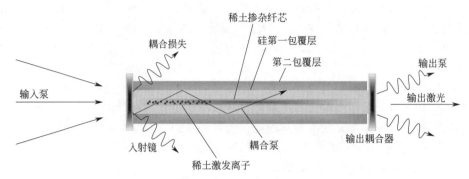

图 2.14　光纤激光器基本结构示意

展带来了高功率半导体激光器的功率提高及长时间高可靠性、光纤光栅技术的发展。光纤激光器的关键技术包括以下内容。

a. 高功率半导体光纤耦合输出模块。要求稳定、寿命长、体积小、无需复杂水冷系统的高功率半导体激光器光纤模块。

b. 光纤融合技术。将多根多模光纤同有源光纤融合在一起，而将抽运光几乎无损耗地传入有源光纤内包层中。这种光纤几何熔接技术使光纤模块的输出能量在百瓦量级，消除了半导体激光阵列集成模块的散热问题。

c. 光纤光栅技术。在光纤上制作反射型光纤光栅。在高功率情况下具有长时间稳定性能的光纤光栅，对于实现简便紧凑的高功率双包层光纤激光器具有重要的意义。

① 端面泵浦。

a. 透镜组直接耦合。该方法用透镜组将泵浦光汇聚到光纤内包层，要求透镜组的数值孔径、聚焦光斑大小与双包层光纤内包层孔径相匹配。但采用这种耦合方式的光纤激光器稳定性差且不易集成，所以商用光纤激光器一般不采用。

b. 大功率激光阵列（LD）尾纤与光纤端面熔接耦合。这种泵浦方法是将大功率 LD 发出的泵浦光经光束整形、准直、非球面镜聚焦耦合到直径为 $200\mu m$ 的光纤，这段光纤与双包层光纤的一端熔接起来，所以腔体只能选择 DBR 腔或 DFB 腔（光纤具有光敏性）。由于大功率 LD 需要用半导体制冷，且发出的光束需要处理后才能耦合进尾纤，所以整机比较复杂，成本较高。

c. 多个小功率激光阵列（LD）端面耦合。采用光纤熔融拉锥的办法，将多个小功率 LD 尾纤（直径为 $100\mu m$）熔融在一起然后拉锥，将锥体切断后熔融到直径为 $200\mu m$ 的光纤上，$200\mu m$ 的光纤与增益双包层光纤熔接耦合。这种泵浦方法同样要求腔体是 DBR 腔或 DFB 腔，但这种泵浦方法克服了大功率 LD 尾纤耦合中必须对 LD 进行半导体制冷的不利因素（小功率 LD 不需半导体制冷，只需简单风冷），可制成体积小、重量轻、稳定性好的光纤激光器，这种泵浦方式有利于泵浦光功率的扩展。

全光纤激光器结构如图 2.15 所示。

② 侧面泵浦。

a. V 形槽侧面泵浦。在内包层上刻蚀一个 V 形槽直到光纤表面但不伤及纤芯，并在上面加与内包层折射率相同的衬底，在衬底上镀泵浦光的高透膜，泵浦光经 V 形槽一边侧面全反射进入内包层实施对掺杂纤芯的抽运。V 形槽侧面泵浦的优势是耦合效率高，但由于槽深及纤芯所以不宜在双包层光纤的多个部位泵浦，只能位于两端，否则会影响泵浦光在其中的传输。

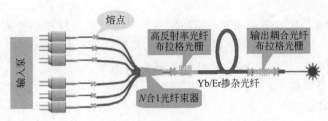

图 2.15　全光纤激光器结构示意

b. 棱镜侧面耦合泵浦。耦合泵浦是在双包层光纤上开槽，与 V 形槽侧面泵浦不同的是槽只开到内包层表面，然后用紫外固化光学胶将用纯石英玻璃制成的微棱镜粘贴在内包层上，泵浦光通过微棱镜折射进入内包层。由于未深及纤芯所以不影响泵浦光的传输，可以在双包层光纤上进行多点泵浦。受光学胶所承受的光功率的限制，单个微棱镜能耦合的泵浦功率不高，且微棱镜尺寸太小，加工难度较大。

c. 光纤侧面泵浦。将磨抛成一定角度的光纤端面用折射率相近的光学胶胶合在双包层光纤的内包层上，或直接熔接在内包层上并在熔接处涂覆低折射率的聚合物涂层，可以进行多点泵浦且耦合效率较高，但光纤端面的角度抛磨比较困难，且受光学胶所能承受的光功率限制不能耦合大功率泵浦光。

③ 集中泵浦。用掺杂双包层光纤预制棒熔融拉丝，直接卷绕成盘状或板状、条状、柱状等作为增益介质，泵浦光从这个"大波导"表面耦合进双包层光纤内包层。日本电子通信大学光纤研究所研制的 1000W 功率输出的激光器就采用这种泵浦方式，激光器的光纤卷成盘状。如果把侧面多点泵浦看作是离散的，那么这种泵浦方式就是连续的侧面泵浦，所以泵浦光易耦合，输出效率高，但制作工艺复杂。

2.2.3.3　双包层光纤激光器的特点

从双包层光纤激光器的原理可知，同其他激光系统相比，双包层光纤激光器无论在效率、体积、冷却和光束质量等方面均占有明显的优势。主要特点如下。

（1）结构简单、体积小巧、使用灵活方便

双包层光纤激光器由于光纤本身作为激光介质，谐振腔由光纤的两个端面粘腔片构成，或直接在光纤上刻写光纤布拉格光栅作为谐振腔，腔体结构简单，并且光纤柔软，几乎可以弯曲盘绕成任意形状（在最小曲率半径的限制下）。泵浦源也是采用体积小巧、模块化的高功率半导体激光器，因此这种激光器体积小巧，重量轻，并且是光纤输出，使用灵活方便。

（2）易于实现高功率和高效率

选择发射波长和光纤吸收特性相匹配的半导体激光器为泵浦源。对于掺 Yb^{3+} 的双包层光纤，一般选择 915nm 或 975nm 的高功率半导体激光器。由于双包层光纤内包层的横截面尺寸和数值孔径都足够大，半导体激光通过光束整形后可以高效地耦合入内包层，通过选择合适的内包层参数和形状，实现高效、高功率激光输出，效率一般在 50% 以上。

（3）散热特性非常好

固体激光器实现高功率激光输出的主要困难在于激光介质的热效应引起光束质量及效率下降，为了有效散热需要专门的技术和系统对固体激光介质进行冷却。而双包层光纤激光系统采用细长的掺杂光纤作为增益介质，表面积体积比很大（是固体激光介质的 1000 倍以上），因此散热性能非常好。对于连续输出 110W 的光纤激光来说，若将光纤盘绕成环状，只需用一小风扇风冷即可。

（4）输出激光光束质量好

在光束质量方面，双包层光纤激光器的输出光束质量由光纤纤芯的波导结构（纤芯直径 d 和数值孔径 NA）决定，不会因热变形而变化，易于达到单横模激光输出。例如对于连续输出功率为 100W 的掺 Yb^{3+} 双包层光纤激光器，输出激光的光束质量因子 M^2 接近于 1。而对于半导体激光泵浦的 Nd^{3+}:YAG 固体激光器，M^2 接近于 1 的百瓦级器件在技术上仍不成熟，难以实现商品化。

另外，对于双包层光纤激光，泵浦光功率在内包层波导内传输，不扩散，有利于保持高功率密度光束。这对于上转换激光是十分有利的，也是光纤激光实现波长上转换的重要原因。通过在纤芯中掺杂不同的稀土离子，可以实现蓝光（掺 Tm^{3+}）、绿光（掺 Er^{3+}）和红光（掺 Pr^{3+}）的激光输出。

2.2.3.4　光纤激光器发展展望

（1）单根光纤输出功率从百瓦级向千瓦级发展

自 1988 年 E.Snitzer 等提出双包层光纤之后，基于这种包层泵浦技术的光纤激光器和放大器获得了快速发展。特别是近年来，随着高功率半导体激光器泵浦技术和双包层光纤制作工艺的发展，光纤激光器的输出功率已从最初的几百毫瓦上升到了千瓦水平。1999 年 V.Dominic 等用四个 45W 的半导体激光器从两端泵浦，获得了 110W 的单模连续激光输出。在 2002 年的 CLEO 会议上，德国 J.Limpert 报告了双掺杂的双包层光纤激光器的研究结果。采用双波长（808nm、975nm）的半导体激光器泵浦 45m 长的 Nd/Yb 共掺的双包层光纤，获得 150W 激光输出。2003 年光纤激光器的输出功率水平再度提高，200W、300W、600W 的光纤激光器相继出现。在 2004 年初的 Photonics West'2004 上，南安普敦光子公司（SPI）报告了 1kW 的光纤激光器，引起轰动。

（2）从连续光纤激光向高功率脉冲光纤激光发展

对于连续工作的光纤激光器，光纤本身就是工作物质，一般采用结构简单的 F-P 腔结构，这样无需在腔内放置其他光学元件就可获得高功率的激光输出。但如果从应用目标出发，连续工作的光纤激光能提供的靶面功率密度较低，脉冲工作的光纤激光或许更为实用。双包层光纤激光器实现脉冲激光输出，大体上有三种方式：一是调 Q 光纤激光器，通过在腔内放置声光调 Q 元件或熔结一段常规光纤，借助常规光纤中的受激散射（SBS）实现脉冲激光输出；二是借助于光纤中非线性偏振旋转，采用环形腔结构实现脉冲锁模的光纤激光输出；三是基于种子光振荡放大（MOPA）的脉冲光纤激光器，这种方式以双包层光纤作为放大器，实现对脉冲种子光的高功率放大。

对于调 Q 光纤激光器，通过调 Q 器件和双包层光纤的有机结合可以得到高峰值功率、高脉冲能量的调 Q 光脉冲。和常规光纤激光器相比，可将峰值功率提高一个量级，脉冲能量也可从 μJ 提高到 mJ 量级。在这种方式中，由于必须在腔内放置一定的光学元件（短焦距透镜、声光器件等），相对于连续光纤激光来说，光学调整要求较高，且难于以高脉冲能量和高平均功率的激光输出，目前报道的这种器件的平均功率在瓦级。对于锁模光纤激光器，一般采用环形腔结构，系统较为复杂，且难以获得高功率输出，主要用于某些特殊场合。种子光振荡放大（MOPA）式脉冲光纤激光器采用高光束质量、小功率的固体激光作为种子光源，双包层光纤为放大器，结构相对简单，易于获得高平均功率、高脉冲能量的脉冲激光输出，是实现高功率脉冲光纤激光的理想方式。

（3）从常规的光纤激光组束技术向相干组束技术发展

由于非线性效应和热效应等的限制，单根光纤激光器的输出功率毕竟有限，将多个高功率光纤激光器的输出进行组束，则可获得更高功率的激光输出。从组束的原理来看，组束可分为常规组束和相干组束两种。光纤激光的常规组束就是将各个光纤激光的输出通过一些光学元件组合为一束，由于各个光纤激光之间没有相位上的关系，是非相干的，这种组束技术可以使总的激光功率提高，但光束质量相对于单根光纤激光来说却差很多。

为了在提高总的激光功率的同时，保持光纤激光良好的光束质量，提出了高功率光纤激光的相干组束技术。高功率光纤激光的相干合成并束已成为国际上研究的热点。2003 年，在美国国防部和美国空军的支持下，新墨西哥大学空军实验室和 MIT 林肯实验室进行了两束光纤激光的验证性实验，Northrop Grumman 航空技术研究所建立起了一个七束光纤激光组成的相干合成并束实验装置，并且实现了在小功率下四束光纤激光的精确调相和相干耦合输出。

（4）光纤激光应用从低功率打标、雕刻（百瓦级）向高功率切割、焊接发展（千瓦级）

目前，单根光纤激光器的输出功率已经实现千瓦级，采用组束技术的光纤激光器已上升到万瓦级。同一般的激光器相比，光纤激光器在光束质量、体积、重量、效率、散热等方面均具有明显优势，无论是在工业中，还是在国防军事中均有着非常广泛的应用领域。

对于在技术上已经成熟的百瓦量级以下的商品光纤激光器来说，其输出为单横模，可广泛应用于精密激光打标、雕刻、非金属切割、熔覆与小型元器件的焊接等领域中。虽然光纤激光器目前的价位比较高，但由于其具有无需水冷、体积小、光束质量好等优点，无需笨重的冷却装置和纯水、离子交换树脂等耗材，大大降低了整机的成本和用户使用费用。

对于采用常规组束技术的上千瓦的高功率光纤激光器，虽然在光束质量上同单光纤激光器有较大差别，但是在其他特性上依然保持了光纤激光的特点，如体积小、重量轻、运行成本低、寿命长、效率高、柔性化操作等。即使在光束质量上，也优于同等功率水平的 CO_2 激光器或 YAG 固体激光器。国际上采用高功率光纤激光焊接技术在船舶、汽车制造业的应用相当受到重视。在欧美发达国家中，有 $50\%\sim70\%$ 的汽车零部件都用到了激光加工技术，并以激光焊接和激光切割为主。

扫码看视频

第3章

激光焊接

　　激光焊是利用高能量密度的激光束作为热源进行焊接的一种高效精密的焊接方法。随着科学技术的迅猛发展和新材料的不断开发，对焊接结构的性能要求越来越高，激光焊以高能量密度、深穿透、高精度、适应性强等优点受到关注。激光焊对于一些特殊材料及结构的焊接具有非常重要的作用，这种焊接方法在航空航天、电子、汽车制造、核动力等高新技术领域中得到应用，并日益受到工业发达国家的重视。

3.1　激光焊的原理、特点及应用

　　激光是利用受激辐射实现光的放大原理而产生的一种单色、方向性强、光亮度大的光束。经透镜或反射镜聚焦后可获得直径小于 0.01mm、功率密度高达 $10^{12}\,\text{W}/\text{m}^2$ 的能束，可用作焊接、切割及材料表面熔覆的热源。

3.1.1　激光焊原理及分类

　　（1）激光焊原理

　　激光焊是利用激光能（可见光或紫外线）作为热源熔化并连接工件的焊接方法。激光焊能得以实现，不仅是因为激光本身具有极高的能量，更重要的是因为激光能量被高度聚焦于一点，使其能量密度很大。

　　激光焊接时，激光照射到被焊接材料的表面，与其发生作用，一部分被反射，一部分被吸收，进入材料内部。对于不透明材料，透射光被吸收，金属的线性吸收系数为 $10^7\sim$ $10^8\,\text{m}^{-1}$。对于金属，激光在金属表面 $0.01\sim0.1\mu\text{m}$ 的厚度中被吸收转变成热能，导致金属表面温度急剧升高，再传向金属内部。

　　CO_2 激光器的工作原理如图 3.1 所示。反射镜和透镜组成的光学系统将激光聚焦并传递到被焊工件上。大多数激光焊接是在计算机控制下完成的，被焊接的工件可以通过二维或三维计算机驱动的平台移动（如数控机床）；也可以固定工件，通过改变激光束的位置来完成焊接过程。

　　激光焊接的原理是光子轰击金属表面形成蒸气，蒸发的金属可防止剩余能量被金属反射掉。如果被焊金属有良好的导热性能，则会得到较大的熔深。激光在材料表面的反射、透射

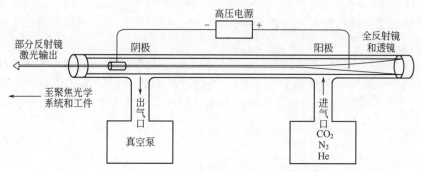

图 3.1　CO_2 激光器的工作原理示意

和吸收，本质上是光波的电磁场与材料相互作用的结果。激光光波入射材料时，材料中的带电粒子依着光波电矢量的步调振动，使光子的辐射能变成了电子的动能。物质吸收激光后，首先产生的是某些质点的过量能量，如自由电子的动能、束缚电子的激发能或者还有过量的声子，这些原始激发能经过一定过程再转化为热能。

激光除了与其他光源一样是一种电磁波外，还具有其他光源不具备的特性，如高方向性、高亮度（光子强度）、高单色性和高相干性。激光焊接加工时，材料吸收的光能向热能的转换是在极短的时间（约为 10^{-9} s）内完成的。在这个时间内，热能仅仅局限于材料的激光辐照区，而后通过热传导，热量由高温区传向低温区。

金属对激光的吸收，主要与激光波长、材料的性质、温度、表面状况以及激光功率密度等因素有关。一般来说，金属对激光的吸收率随着温度的上升而增大，随电阻率的增加而增大。

用于激光焊接的激光器包括 CO_2 激光器、YAG 激光器、半导体激光器和光纤激光器。焊接领域目前主要采用以下几种激光器：YAG 固体激光器（含 Nd^{3+} 的 Yttrium-Aluminium-Garnet，简称 YAG）；CO_2 气体激光器；光纤激光器。

这几种激光器的特点见表 3.1，它们可以互相弥补彼此的不足。脉冲 YAG 和连续 CO_2 激光焊接应用示例见表 3.2。

表 3.1　焊接中采用的激光器的特点

类型	波长/μm	发射	功率密度/W·cm^{-2}	最小加热面积/cm^2
YAG 固体激光器	1.06	通常是脉冲式的	$10^5 \sim 10^7$	10^{-8}
CO_2 气体激光器	10.6	通常是连续式的	$10^2 \sim 10^4$	10^{-8}
光纤激光器	0.92～1.51	连续式、高功率脉冲式	$10^2 \sim 10^5$	10^{-8}

表 3.2　脉冲 YAG 和连续 CO_2 激光焊接应用示例

类型	材料	厚度 /mm	焊接速度	焊缝类型	备　注
脉冲 YAG 激光焊	钢	<0.6	8 点/s 2.5m/min	点焊	适用于受到限制的复杂件
	不锈钢	1.5	0.001m/min	对接	最大厚度为 1.5mm
	钛	1.3	—	对接	反射材料（如 Al、Cu）的焊接；以脉冲提供能量，特别适于点焊
连续 CO_2 激光焊	钢	0.8	1～2m/min	对接	最大厚度：0.5mm，300W；5mm，1kW；7mm，2.5kW；10mm，5kW
		20	0.3m/min	对接	
		>2	2～3m/min	小孔	

影响金属激光焊接性的因素有材质的化学和力学性能、表面条件、工艺参数等。高反射

率的表面条件不利于获得良好的激光焊接质量。激光能使不透明的材料汽化或熔成孔洞，而且激光能自由地穿过透明材料而又不会损伤它，这一特点使激光焊能够焊接预先放置在电子管内的金属。

激光焊过程中，工件和光束做相对运动，由于剧烈蒸发产生的强驱动力使小孔前沿形成的熔化金属沿某一角度得到加速，在小孔后面的近表面处形成如图 3.2 所示的熔流（大漩涡）。此后，小孔后方液态金属由于传热的作用，温度迅速降低，液态金属很快凝固，形成连续的焊缝。

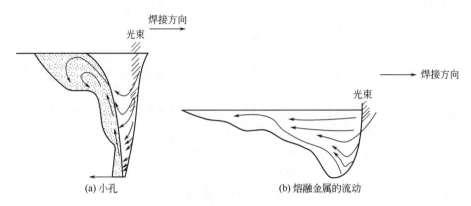

图 3.2　小孔和熔融金属流动示意

（2）激光焊分类

根据激光对工件的作用方式和激光器输出能量的不同，可分为连续激光焊和脉冲激光焊。连续激光焊在焊接过程中形成一条连续的焊缝。脉冲激光焊输入到工件上的能量是断续的、脉冲的，每个激光脉冲在焊接过程中形成一个圆形焊点。

激光焊有两种基本模式，按激光聚焦后光斑作用在工件上功率密度的不同，激光焊一般分为热导焊（功率密度小于 $10^5\,\mathrm{W/cm^2}$）和深熔焊（也称小孔焊，功率密度大于 $10^6\,\mathrm{W/cm^2}$）。

① 激光热导焊（传热焊）。是在较低的激光功率密度和较长的激光照射时间下，材料从表层开始逐渐熔化，随输入能量和热传导作用，液-固界面向材料内部迁移，最终实现焊接的过程，类似于钨极氩弧焊（TIG）。材料表面吸收激光能量，通过热传导的方式向内部传递并将其熔化，凝固后形成焊点或焊缝。

图 3.3 为激光热导焊的熔化过程示意。采用的激光光斑功率密度小于 $10^5\,\mathrm{W/cm^2}$ 时，激光将金属表面加热到熔点与沸点之间。焊接时，金属材料表面将所吸收的光能转变为热能，使金属表面温度升高而熔化，然后通过热传导方式把热能传向金属内部，使熔化区逐渐扩大，凝固后形成焊点或焊缝，因此热导焊也称传热焊。

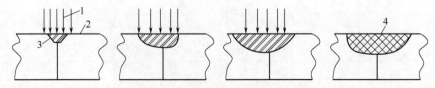

图 3.3　激光热导焊的熔化过程示意
1—激光束；2—母材；3—熔池；4—焊缝

在激光热导焊过程中，激光加热引起的温度变化使熔池的表面张力发生变化，在熔池内产生较大的搅拌力，使熔池中的液态金属按照一定的方向发生流动。激光热导焊时由于没有蒸气压力作用，也不产生非线性效应和小孔效应，所以熔深一般较浅。激光热导焊与深熔焊的比较如图 3.4 所示。

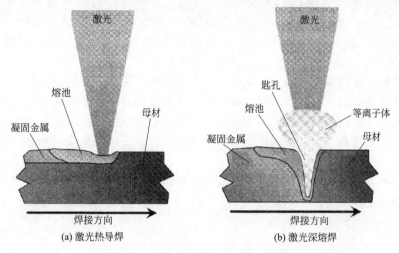

图 3.4　激光热导焊与深熔焊的比较

激光热导焊时，工件表面温度不超过材料的沸点，工件吸收的光能转变为热能后通过热传导将工件熔化，熔池形状近似为半球形。热导焊的特点是激光光斑的功率密度小，很大一部分激光被金属表面所反射，激光的吸收率较低，焊接熔深浅、焊点小、热影响区小，因而焊接变形小、精度高，焊接质量也很好，但焊接速度慢。热导焊主要用于仪器仪表、电池外壳、电子元件等薄板（厚度 $\delta < 1\text{mm}$）、小工件的精密焊接加工。

激光焊是否以热导焊方式进行取决于激光焊的工艺参数。从本质上说，激光光斑功率密度小于 $10^5\,\text{W/cm}^2$ 时，材料表面被加热至熔点和沸点之间，既可保证材料充分熔化，又不至于发生汽化，容易保证焊接质量。

② 激光深熔焊（小孔焊）。与电子束焊相似，高功率密度的激光束引起材料局部熔化并形成小孔，激光束通过小孔深入到熔池内部，随着激光束的运动形成连续焊缝。光斑功率密度很大时，所产生的小孔将贯穿整个板厚，形成深穿透焊缝（或焊点）。在连续激光焊时，小孔是随着光束相对于工件沿焊接方向前进的。金属在小孔前方熔化，熔敷金属绕过小孔流向后方后，重新凝固形成焊缝。

深熔焊的激光束可深入到焊件内部，因而形成深宽比较大的焊缝。如果激光功率密度足够大而材料相对较薄，激光焊形成的小孔贯穿整个板厚且板材背面可以接收到部分激光。这种方法也可称为薄板激光小孔效应焊。

图 3.5 所示为不同功率密度激光束的加热现象。小孔周围被熔池金属所包围，熔化金属的重力及表面张力有使小孔弥合的趋

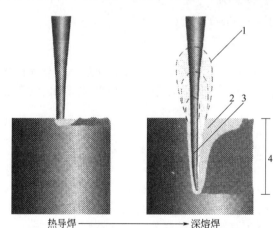

图 3.5　不同功率密度激光束的加热现象
1—等离子体云；2—熔化材料；3—匙孔；4—熔深

势，而连续产生的金属蒸气则力图维持小孔的存在。随着激光束的运动，小孔将随着光束运动，但其形状和尺寸却是稳定的。

小孔的前方形成一个倾斜的烧蚀前沿。在这个区域，小孔的周围存在压力梯度和温度梯度。在压力梯度的作用下，烧熔材料绕小孔的周边由前沿向后沿流动。温度梯度沿小孔的周边建立了一个前面大后面小的表面张力，这就进一步驱使熔融材料绕小孔周边由前沿向后沿流动，最后在小孔后方凝固形成焊缝。

就金属材料对激光的吸收而言，小孔的出现是一个分界线。在出现小孔之前，无论材料表面处于固相还是液相，对激光的吸收率仅随表面温度的升高而缓慢地变化。一旦材料出现汽化并形成等离子体和小孔，材料对激光的吸收率将会发生突变，其吸收率几乎不再与激光波长、金属特性和材料表面状态有关，而主要取决于等离子体与激光的相互作用和小孔效应等因素。

图3.6所示为实际测得的激光焊接过程中工件表面对激光的反射率随激光功率密度的变化。当激光功率密度大于汽化阈值（$10^6\,\text{W/cm}^2$）时，由于产生小孔，反射率 R 突然降至很低的值，材料对激光的吸收率剧增。

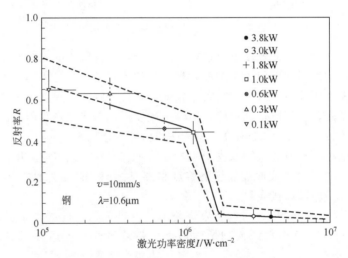

图3.6 材料对激光的反射率随激光功率密度的变化

（3）小孔效应

激光深熔焊又称激光小孔焊，其本质特征是存在小孔效应的激光焊。通过小孔激光束才可辐射到材料深层，在小孔内完成能量的传递和转换，实现深熔焊接，获得深而窄的大深宽比焊缝。

当激光光斑的功率密度足够大（$>10^6\,\text{W/cm}^2$）时，金属表面在激光束的照射下被迅速加热，其表面温度在极短的时间内（$10^{-8}\sim10^{-6}\,\text{s}$）升高到沸点，使金属熔化和汽化。产生的金属蒸气以一定的速度离开熔池，逸出的蒸气对熔化的液态金属产生一个附加压力，使熔池金属表面向下凹陷，在激光光斑下产生一个小孔。当激光束在小孔底部继续加热时，产生的金属蒸气一方面压迫孔底的液态金属使小孔进一步加深，另一方面向孔外飞出的蒸气将熔化的金属挤向熔池四周，便在液态金属中形成一个细长的孔洞，如图3.7所示。

当激光束能量所产生的金属蒸气的反冲压力与液态金属的表面张力和重力平衡后，小孔不再继续加深，形成一个深度稳定的小孔而进行焊接（小孔效应）。

小孔发展过程中产生的侧壁聚焦效应对焊接过程有重要的影响。当小孔形成后，进入小孔的激光束与小孔的侧壁相互作用时，一部分光束被侧壁吸收，另一部分光束被侧壁面反射

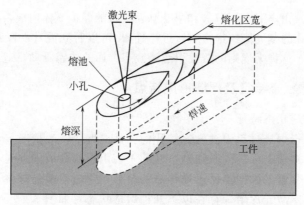

图 3.7　激光深熔焊能量传递的小孔效应示意

至小孔底部重新汇聚起来，如图 3.8 所示。

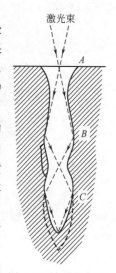

　　由于侧壁聚焦效应，具有一定发散角的激光束即使入射至材料深处也不会明显发散使小孔不断扩大，而是被多次反射和聚焦在小孔底部保持小光斑尺寸，使小孔深度不断增大。激光在小孔内反射和聚焦一次，其能量就减少一部分，直到激光能量衰减到一定数值，小孔深度不再增大，最终获得深而窄的焊缝。

　　焊接过程中，小孔的侧壁始终处于高度波动状态，小孔前壁较薄的一层熔化金属随壁面波动向下流动［图 3.9（a）］。小孔前壁上的任何凸起都会因受到高功率密度激光束的辐照而强烈蒸发，产生的蒸气向后喷射冲击后壁的熔池金属，引起熔池的振荡，并促使凝固过程熔池中气体的逸出。

　　在熔池中放入直径为 0.1~0.4mm 的钨颗粒，通过 X 射线照射可清楚地观察到小孔作用下熔池的流动状态，如图 3.9（b）所示。在熔池中存在旋转的涡流且能量较大，有强烈的搅拌力作用。钨颗粒在小孔前壁快速下降，速度约为 0.4m/s，当到达小孔底部时，受向下运动的液流作用在小孔后方形成涡流，此时钨颗粒的运动速度为 0.2~0.3m/s，这与

图 3.8　小孔的侧壁聚焦效应

正常的自然对流相比速度已经快很多。钨颗粒的运动基本上可以代表熔池中液态金属的流动规律。熔池底部产生的较大气泡并非完全依靠上浮力排出熔池，而是靠金属的液态流动带出熔池的。

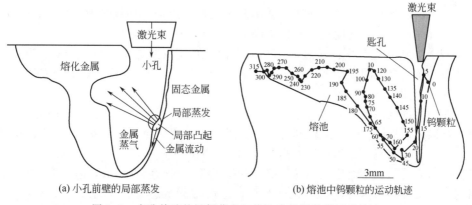

(a) 小孔前壁的局部蒸发　　　　(b) 熔池中钨颗粒的运动轨迹

图 3.9　小孔前壁的局部蒸发和熔池中钨颗粒的运动轨迹

熔融小孔中的蒸气由高温金属蒸气和小孔脉动吸入的保护气体组成，被部分电离后形成带电等离子体。出自小孔的蒸气流速很快（接近声速），可以听到混乱的噪声。小孔内金属的强烈蒸发甚至形成喷射，这种无规则的蒸发引起了液态金属的快速颤动，造成小孔的波动。

3.1.2 激光焊熔透状态特征及焊缝形成特点

（1）激光焊的熔透状态特征

激光焊的熔深是指焊接过程中被激光熔化的工件厚度。一般情况下认为小孔深度即为熔深，因此往往将小孔穿透工件等同于熔透。实际上，由于小孔周围存在一定厚度的液态金属层，可能存在小孔未穿透工件但工件已被熔透的情形。通过对激光焊接过程和焊缝背面熔透状态的分析，可以确定激光深熔焊存在以下几种熔透状态，如图3.10所示。

① 未熔透。焊接过程中小孔及其下方的液态金属都没有穿透母材（工件），在工件背面看不到金属被熔化的任何痕迹 [图3.10(a)]。

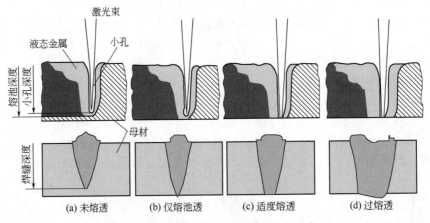

图3.10　激光焊缝的四种熔透状态示意

② 仅熔池透。焊接过程中小孔已接近工件的下表面，但尚未穿透工件，而小孔下方的液态金属则透过工件背面。虽然工件背面被熔化，但因表面张力的作用，熔化的液态金属无法在工件背面形成较宽的熔池，因此凝固后焊缝背面呈现细长连续或不连续的堆高。这种状态虽也属熔透范围，但因背面熔宽太窄 [图3.10(b)]，整条焊缝的熔透是不可靠和不稳定的，特别是对接焊时，焊缝对中稍有偏差就会出现未熔合。

③ 适度熔透（小孔穿透）。焊接过程中小孔刚好穿透工件，此时小孔内部的金属蒸气会向工件下方喷出，其反冲压力会使液态金属向小孔四周流动，导致熔池背面宽度明显增加，焊接后形成背面熔宽均匀适度且基本无堆高的焊缝形态 [图3.10(c)]。

④ 过熔透。焊接过程中由于过高的热输入使小孔不仅穿透了工件，而且小孔直径及其周围的液态金属层厚度明显增加，导致熔池过宽（明显大于适度熔透状态下的背面熔宽），甚至造成焊缝表面凹陷等 [图3.10(d)]。

上述四种熔透状态中，适度熔透（小孔穿透）状态是理想的熔透状态，因为此时小孔穿透工件，可以保证焊缝完全熔透，同时熔池又不至于过宽而导致焊缝表面的凹陷。因此适度熔透（小孔穿透）状态可作为熔透检测与控制的基准。

显微分析表明，仅熔池透状态的焊缝断面呈现较明显的倒三角形，而适度熔透状态的焊缝断面则呈现倒梯形或双曲线形。也就是说，适度熔透状态应表现为焊缝正反面均成形平整、无凹陷和无明显堆高，且具有一定背面熔宽。

（2）激光焊的焊缝形成特点

激光热导焊的焊缝具有常规熔焊（如电弧焊、气体保护焊等）焊缝的特点。激光深熔焊时焊缝的形成如图 3.11 所示。激光焊熔池有周期性变化的特点，原因是激光与物质作用过程中的自振荡效应。这种自振荡的频率一般为 $100\sim10000\,Hz$，温度波动的振幅为 $100\sim500K$。

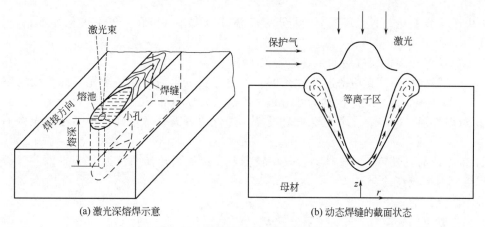

(a) 激光深熔焊示意　　　　　(b) 动态焊缝的截面状态

图 3.11　激光深熔焊时焊缝的形成

由于自振荡效应，熔池中的小孔和金属的流动发生周期性的变化。小孔的形成，使激光可以辐射至小孔深处，加强了熔池对激光能量的吸收，使原有小孔的深度进一步增加，熔化金属的汽化使小孔得以维持，形成一个深宽比很大的连续焊缝。

由于激光深熔焊的热输入是电弧焊的 $1/10\sim1/3$，因此凝固过程很快。特别是在焊缝的下部，因很窄且散热条件好，故有很快的冷却速度，使焊缝内部形成细化的等轴晶，晶粒尺寸约为电弧焊的 $1/3$ 左右。

采用激光焊接，"只要能看见，就能够焊接"。激光焊接可以在很远的工位，通过窗口，或者在电极或电子束不能伸入的三维零件的内部进行焊接。与电子束焊接一样，激光焊接只能从单面实施，因此可采用单面焊将叠层零件焊接在一起。激光焊的这一优势为焊接接头设计开辟了新的途径。采用激光焊，不仅焊接质量得到显著的提高，生产率也高于传统的焊接方法。

3.1.3　激光焊的特点及应用

（1）激光焊的特点

激光焊是以高能量密度的激光束作为热源的熔焊方法。采用激光焊，不仅生产率高于传统的焊接方法，而且焊接质量也得到显著提高。与一般焊接方法相比，激光焊具有以下特点。

① 聚焦后的激光束具有很高的功率密度（$10^5\sim10^7\,W/cm^2$ 或更高），加热速度快，可实现深熔焊和高速焊。由于激光加热范围小（光斑直径小于 $1mm$），在同等功率和焊件厚度条件下，焊接热影响区小，焊接应力和变形小。

② 激光能发射、透射，能在空间传播相当的距离而衰减很小，可通过光纤、棱镜等弯曲传输、偏转，易于聚焦，特别适合于聚焦在很小区域的微型零件、难以接近的部位或远距离进行焊接。

③ 属于非接触式焊接，不需要使用电极，没有电极污染或耗损。一台激光器可供多个工作台进行不同的加工，既可用于焊接，又可用于切割、熔覆、合金化和表面热处理等，一机多用。

④ 激光束在大气中衰减不大，可穿过玻璃等透明物体，适合于在玻璃制成的密封容器

里焊接铍合金等剧毒材料；激光不受电磁场影响（电弧焊和电子束焊受影响），能精确地对准焊件；不存在 X 射线防护，也不需要真空保护。

⑤ 可以焊接常规焊接方法难以焊接的材料，如高熔点金属、非金属材料（如陶瓷、有机玻璃等），对热输入敏感的材料也可以进行激光焊，焊后无需热处理，还可以焊接各种异质材料。

与电子束焊相比，激光焊最大的特点是不需要真空室（可在大气下进行焊接）、不产生 X 射线。

目前影响激光焊扩大应用的主要障碍如下。

① 激光器（特别是高功率连续激光器）价格昂贵，目前工业用激光器的最大功率约为 25kW，可焊接的工件最大厚度约为 20mm，比电子束焊小得多。

② 对焊件加工、组装、定位要求均很高，焊件位置需非常精确，务必在激光束的聚焦范围内。

③ 激光器的电光转换及整体运行效率较低，光束能量转换率仅为 10%～20%，激光焊难以焊接反射率较高的金属。

（2）激光焊的缺陷

激光焊常见的缺陷有裂纹、气孔、飞溅、咬边、下塌等。

① 裂纹。激光焊中产生的裂纹主要是热裂纹，如结晶裂纹、液化裂纹等。主要是由焊缝在完全凝固前产生较大的收缩力造成的。采用高频脉冲或填充金属、预热等措施可减少或消除裂纹。激光焊接时调整工艺参数，缩短偏析时间，可降低液化裂纹倾向。

② 气孔。这是激光焊中较易产生的缺陷。激光焊的熔池深而窄，冷却速度又很快，液态熔池中产生的气体没有足够的时间逸出，易导致气孔的形成。但激光焊冷却速度快，产生的气孔尺寸一般小于传统熔焊方法。焊接前清理工件表面是防止气孔的有效手段，通过清理去除工件表面的油污、水分，可以减轻气孔倾向。

③ 飞溅。激光焊产生的飞溅会影响焊缝表面质量，飞溅物黏附在光学镜片上会造成污染，使镜片受热而导致镜片损坏和焊接质量变差。飞溅与激光功率密度有直接关系，适当降低焊接能量可以减少飞溅。如果熔深不足，可适当降低焊接速度。

④ 咬边。如果焊接速度过快，小孔后部指向焊缝中心的液态金属来不及重新分布，在焊缝两侧凝固就会形成咬边。接头装配间隙过大，填缝熔化金属减少，也容易产生咬边。激光焊结束时，如果能量下降时间过快，小孔容易塌陷导致局部咬边。

⑤ 下塌。焊接速度较慢，熔池大而宽，熔化金属量增加，表面张力难以维持较重的液态金属时，焊缝中心会下沉，形成焊缝表面塌陷或凹坑。

（3）激光焊的应用

20 世纪 70 年代，大功率（数千瓦）CO_2 激光器的出现，开辟了激光技术应用于焊接的新纪元。20 世纪 80 年代，激光焊接作为新技术在欧洲、美国、日本受到关注。1985 年德国蒂森钢铁公司与德国大众汽车公司合作，在奥迪 100 车身上成功地采用了全球第一块激光拼焊板。20 世纪 90 年代欧洲、北美、日本各大汽车生产厂开始在车身制造中大规模使用激光拼焊板技术。无论实验室还是汽车制造厂的实践经验，均证明了激光拼焊板可以成功地应用于汽车车身的制造。

激光拼焊采用激光能源，将若干不同材质、不同厚度、不同涂层的钢材、不锈钢材、铝合金材等进行自动拼合和焊接而形成一块整体板材、型材、夹芯板等，以满足零部件对材料性能的不同要求，用最轻的重量、最优的结构和最佳的性能实现装备轻量化。在欧美等发达国家，激光拼焊不仅在交通运输装备制造业中被使用，还在建筑业、桥梁、家电板材焊接生产、轧钢线钢板焊接（连续轧制中的钢板连接）等领域中被大量应用。

　　世界著名的激光焊接企业有瑞士 Soudonic 公司、法国阿赛洛钢铁集团、德国蒂森克虏伯集团 TWB 公司、加拿大 Servo-Robot 公司、德国 Precitec 公司等。随着航空航天、微电子、医疗器械及核工业等的迅猛发展，对材料焊接性能的要求越来越高，传统的焊接方法难以满足要求，激光焊作为一种独特的加工方法日益受到重视。激光焊是激光技术最广泛的工业应用领域之一。

　　中国的激光焊接技术应用起步较晚，20 世纪 70 年代之前，由于没有高功率的连续激光器，那时激光应用大多是采用脉冲固体激光器。研究的重点是脉冲激光焊接，应用于小型精密零部件的点焊，或由单个焊点搭接形成缝焊。2002 年 10 月，中国第一条激光拼焊板专业生产线投入运行，由武汉蒂森克虏伯中人激光拼焊有限公司从德国蒂森克虏伯集团 TWB 公司引进。此后上海宝钢阿赛洛激光焊公司、一汽宝友激光焊有限公司等的激光拼焊板也相继投产。

　　激光焊作为一种独具优势的焊接技术日益受到重视。目前世界上 1kW 以上的激光加工设备已超过 3 万台，且每年以 20% 以上的速度增长，其中 1/3 用于焊接。激光焊在汽车、钢铁、船舶、航空航天、轻工等行业得到了日益广泛的应用。CO_2 激光焊的部分应用见表 3.3。

表 3.3　CO_2 激光焊的部分应用

应用部门	应用实例
航空	发动机壳体、机翼隔架、机身蒙皮与筋条、壁板、膜盒等
电子仪表	集成电路内引线、显像管电子枪、全钽电容、调速管、仪表游丝等
机械	精密弹簧、针式打印机零件、金属薄壁波纹管、热电偶、电液伺服阀等
钢铁冶金	焊接厚度为 0.2～8mm、宽度为 0.5～1.8mm 的硅钢片，高、中、低碳钢和不锈钢，焊接速度为 100～1000cm/min
汽车	车顶、车身、侧框、汽车底架、传动装置、齿轮、点火器中轴与拨板组合件等
高铁	车体蜂窝结构
船舶	甲板、船舱隔壁、客舱壁板、平板夹心构件
医疗	心脏起搏器以及心脏起搏器所用的锂碘电池等
食品	食品罐等，用激光焊代替传统的锡焊或接触高频焊，具有无毒、焊速快、节省材料以及接头美观、性能优良等特点
其他	燃气轮机、换热器、干电池锌筒外壳、核反应堆零件等

　　脉冲激光焊主要用于微型件、精密元件和微电子元件的焊接。低功率脉冲激光焊常用于直径在 0.5mm 以下的金属丝与丝（或薄膜）之间的点焊连接。脉冲激光焊已成功地用于焊接不锈钢、铁镍合金、铁镍钴合金、铂、铑、钽、铌、钨、钼、铜及铜合金、金、银、硅铝丝等。脉冲激光焊可用于显像管电子枪、核反应堆零件、仪表游丝及混合电路薄膜元件的导线连接等。用脉冲激光封装焊接继电器外壳、锂电池和钽电容外壳、集成电路等都是很有效的方法。

　　连续激光焊主要应用于厚板深熔焊。平板对接、搭接、端接、角接均可采用连续激光焊，常见的接头形式是对接和搭接。激光焊虽然在焊接熔深方面比电子束焊小一些，但由于不受电子束焊真空室对零件的局限、无需在真空条件下进行焊接，故其应用前景更为广阔。尤其是激光焊设备常与机器人结合起来组成柔性加工系统，使激光焊的应用范围进一步扩大。

　　在电厂的建造及化工行业，有大量的管-管、管-板接头，用激光焊可得到高质量的单面焊双面成形焊缝。在舰船制造业，用激光焊焊接大厚度板（可加填充金属），接头性能优于电弧焊，能降低产品成本，提高构件的可靠性，延长舰船的使用寿命。激光焊还应用于电动机定子铁芯的焊接，发动机壳体、机翼隔架等飞机零件的生产，航空发动机叶片的修复等。

　　激光焊还有其他多种形式的应用，如激光钎焊、激光-电弧复合焊、激光填丝焊、激光压焊等。激光钎焊主要用于印制电路板的焊接，激光压焊主要用于薄板或薄钢带的焊接。

采用强烈聚焦的激光束还可以焊接陶瓷、玻璃、复合材料等。焊接陶瓷时需要预热以防止产生裂纹，通常采用长焦距的聚焦透镜。为了提高接头强度，也可添加焊丝。用激光焊接金属基复合材料时接头区易产生脆性相，这些脆性相会导致裂纹和降低接头强韧度，但在一定条件下仍可获得满足使用要求的接头。

（4）激光焊示例

① 制造业。日本以 CO_2 激光焊代替了闪光对焊进行轧钢卷材的连接。超薄板焊接（如板厚在 $100\mu m$ 以下的箔片）无法熔焊，但通过有特殊输出功率波形的 YAG 激光焊可以成功地进行焊接，这显示了激光焊的广阔前景。

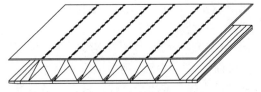

图 3.12　激光焊接的高铁车体蜂窝结构示意

日本川崎重工业公司在铁道车辆制造中，将传统的点焊工艺改为激光焊接，提高了车体强度、刚度和气密性，生产效率也显著提高。图 3.12 所示是激光焊接的高铁车体蜂窝结构示意。日本还成功开发了将 YAG 激光焊用于核反应堆中蒸汽发生器细管的焊接维修等技术。

② 汽车工业。20 世纪 80 年代后期，千瓦级激光焊成功地应用于工业生产，而今激光焊生产线已大规模地出现在汽车制造业中。德国的奥迪、奔驰、大众及瑞典的沃尔沃等欧洲的汽车制造厂早在 20 世纪 80 年代就率先采用激光焊接技术焊接车顶、车身、侧框等。20 世纪 90 年代美国通用、福特、克莱斯勒公司也竞相将激光焊接技术引入汽车制造中，尽管起步较晚，但发展很快。意大利菲亚特公司在大多数钢板组件的焊接装配中采用了激光焊接技术。日本的日产、本田、丰田公司在制造车身覆盖件中也都使用了激光焊接技术和切割工艺。

激光拼焊技术在国外轿车制造中得到广泛应用。早在 2000 年全球范围内剪裁坯板激光拼焊生产线就已超过 100 条，年产轿车构件拼焊坯板 7000 万件，并每年继续以较高速度增长。国内生产的引进车型帕萨特、别克、奥迪等也采用了一些剪裁坯板结构。

高强钢激光焊接装配件因其性能优良在汽车车身制造中的应用越来越多。根据汽车工业批量大、自动化程度高的特点，激光焊接设备向大功率、多路式方向发展。在焊接工艺方面，美国 Sandia 国家实验室与 Pratt Witney 联合进行在激光焊接过程中添加粉末和金属丝的研究，德国不莱梅应用光束技术研究所使用激光焊接铝合金车身骨架方面进行了大量的研究，认为在焊缝中添加填充金属有助于消除热裂纹，提高焊接速度，开发的生产线已在奔驰公司投入生产。

目前，激光焊接技术已在汽车生产线上大量采用，已用于底盘、车身、车顶、车门、侧框、发动机盖、发动机架、散热器架、行李厢、仪表板、变速齿轮箱、气门挺杆、车门铰链等结构和零部件。激光焊接技术的大量应用使汽车制造水平、产品质量和性能得到显著提高和改善，为实现轻量化、高强度和柔性设计与制造创造了条件。

③ 航空工业。激光焊接技术的应用，在航空制造业受到世界各发达国家的重视。例如，在欧洲，空中客车 A330/340 机身壁板结构就是激光焊接整体结构，采用激光焊接技术将机身蒙皮（6013-T6 铝合金）与筋条（6013-T6511）焊接成整体机身壁板，取代原有的铆接密封壁板，可减重 15%，并降低成本 15%。再如，采用额定功率 10kW 的 CO_2 激光器，焊接铝合金壁板（6013，厚度 2mm）与筋条（6013，厚度 4mm）的 T 形接头，填加 AlSi12 焊丝，在焊接速度为 10m/min 的条件下，实际焊接功率为 4kW，整体焊接壁板的宽度约 2m，激光焊接结构的应用效果良好。我国科技人员采用激光焊接技术制造的小格蜂窝芯，为提高航空发动机性能提供了技术保证。

以上几个典型实例显示了激光焊接技术在飞行器结构制造中有着很广阔的应用前景。在我国，5kW 工业用 CO_2 激光焊接装备在航空工业中的应用已逐步普及，10kW 以上的激光器也已进入工程化应用。

④ 造船工业。激光器功率的提高和光束品质的改善，使激光焊接技术越来越受到造船工业的青睐。欧洲造船业率先将激光焊接技术用于船舶建造和修理，例如用于大型豪华客轮、高速混装渡轮和先进军用舰艇等上层建筑结构，发挥其在焊接质量要求高的环境下的良好适用性。欧盟研发的适用于造船业的激光焊接系统，采用光纤传输和机器人操作，使激光焊接技术得以在船舱中各个工作层面进行，使其能胜任船舶建造中的焊接工作，并可节省 6%～8% 的船体建造成本。

针对船体结构中两块面板中间夹有加强腹板的平板夹芯构件，激光焊接可以穿过面板熔化下方的腹板，实现整体结构的连接，这种实现封闭结构内外连接的独特优势是其他焊接方法不具备的。德国 Meyer 船厂已将该项技术用于豪华客轮的甲板、船舱隔壁、客舱壁板等的焊接。与传统蜂窝状加混筋板的焊接结构相比，平板夹芯构件减重约 50%，占据空间减少 50%，减振能力和抗碰撞性大大增强，而且比传统加工方法减少现场工时 30%。此外，船体焊接工作量大，焊接构件易发生翘曲变形，船体建造中约有 25% 的工作量是对船板进行整形。激光焊接技术可以显著减小焊接变形，焊接长度为 12m 船板的公差可控制在 0.5mm 以内。德国 Meyer 船厂采用 12kW 的 CO_2 激光器和 Fronius TSP5000 数字式焊接电源进行激光-电弧复合焊，用于船体平面分段，可允许 1mm 的接头装配间隙，减少了船舶建造的焊前装配工作量。

⑤ 电子工业。激光焊接技术在电子工业中，特别是微电子工业中得到了广泛应用。由于激光焊接热影响区小、加热集中迅速、热应力小，因而在集成电路和半导体器件壳体的封装中显示出独特的优越性。在真空电子器件研制中，激光焊接技术也得到了应用，如钼聚焦极与不锈钢支持环、快热阴极灯丝组件等。传感器或温控器中的弹性薄壁波纹片厚度为 0.05～0.1mm，采用传统焊接方法难以焊接，钨极氩弧焊容易焊穿，等离子弧焊稳定性差，而采用激光焊效果很好，因而得到广泛应用。

⑥ 粉末冶金领域。由于粉末冶金材料具有特殊的性能和制造优点，在某些领域（如汽车、航空航天、工具刃具制造业）正在取代传统的冶铸材料。随着粉末冶金材料的日益发展，它与其他零件的连接问题显得日益突出，使粉末冶金材料的应用受到限制。在 20 世纪 80 年代初期，激光焊以其独特的优势进入粉末冶金材料加工领域，例如采用粉末冶金材料常用钎焊方法焊接金刚石，由于结合强度低，热影响区宽，特别是不能适应高温及强度要求而引起钎缝熔化脱落，采用激光焊可以提高接头强度及耐高温性能。

⑦ 生物医学领域。生物组织的激光焊接始于 20 世纪 70 年代，Klink 等用激光焊接输卵管和血管的成功及显示出的优越性，使更多研究者尝试采用激光焊接技术焊接各种生物组织，并推广到其他组织的焊接。有关激光焊接神经方面，目前国内外的研究主要集中在激光波长、剂量及其对功能恢复以及激光焊料的选择等方面的研究。激光焊接方法与传统的缝合方法相比，具有吻合速度快，愈合过程中没有异物反应，保持焊接部位的机械性质，被修复组织按其原生物力学性状生长等优点。激光焊接技术将在以后的生物医学中得到更广泛的应用。

⑧ 其他领域。在其他行业中，激光焊接技术也在逐渐扩大和增加应用，特别是在特种材料焊接中国内外已有许多研究，例如针对 BT20 钛合金、HE130 合金、锂离子电池、平板玻璃等的激光焊接研发等。

3.2　激光焊设备及工艺

3.2.1　激光焊设备及技术参数

3.2.1.1　激光焊设备的组成

激光焊设备主要包括激光器、光束传输和聚焦系统、气源（保护气体）、喷嘴、焊接机、工作台、操作盘、电源和控制系统等。激光焊设备的核心是激光器，由光学振荡器及放在振荡器空穴两端镜间的介质所组成。介质受到激发至高能状态时，开始产生同相位光波且在两端镜间来回反射，形成光电的串结效应，将光波放大，并获得足够的能量而开始发射出激光。

按激光工作物质不同，激光焊接设备分为 YAG 固体激光焊设备和 CO_2 气体激光焊设备；按激光器工作方式不同，分为连续激光焊设备和脉冲激光焊设备。无论哪一种激光焊设备，基本组成大致相似。激光焊设备组成及焊枪装置如图 3.13 所示。

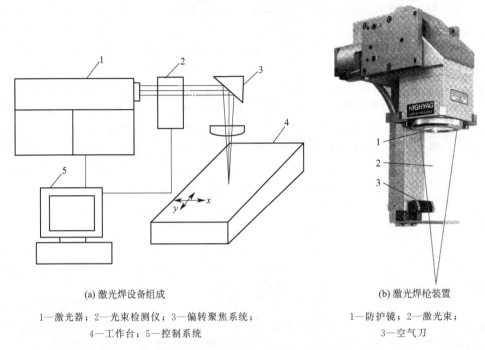

(a) 激光焊设备组成

1—激光器；2—光束检测仪；3—偏转聚焦系统；

4—工作台；5—控制系统

(b) 激光焊枪装置

1—防护镜；2—激光束；

3—空气刀

图 3.13　激光焊设备组成及焊枪装置

（1）激光器

激光器是激光设备的核心部分，焊接用激光器的特点见表 3.4。其中 CO_2 气体激光器按照气冷方式分为横流式、轴流式（分高速和低速）、扩散冷却式。不同 CO_2 激光器的性能特征见表 3.5。

与 CO_2 激光器相比，YAG 激光器的激光波长短，可通过光纤传输，使导光系统大为简化，适合三维激光焊接；有利于金属表面的吸收，更适合于高反射率材料（如铝合金等）的焊接。

表 3.4　焊接用激光器的特点

激光器	波长/μm	工作方式	重复频率/Hz	输出功率或能量范围	主要用途
红宝石激光器	0.69	脉冲	0~1	1~100J	点焊、打孔
钕玻璃激光器	1.06	脉冲	0~0.1	1~100J	点焊、打孔
YAG 激光器	1.06	脉冲 连续	0~400	1~100J 0~2kW	点焊、打孔 焊接、切割、表面处理
封闭式 CO_2 激光器	10.6	连续	—	0~1kW	焊接、切割、表面处理
横流式 CO_2 激光器	10.6	连续	—	0~25kW	焊接、表面处理
高速轴流式 CO_2 激光器	10.6	连续 脉冲	0~5000	0~6kW	焊接、切割

表 3.5　不同 CO_2 激光器的性能特征

项　　目	横流式	轴流式	扩散冷却式
输出功率等级	3～45kW	1.5～20kW	0.2～3.5kW
脉冲能力	DC	DC-1kHz	DC-5kHz
光束模式	TEM_{02} 以上	TEM_{00}，TEM_{01}	TEM_{00}，TEM_{01}
光束传播系数	≥0.18	≥0.4	≥0.8
气体消耗	小	大	极小
电-光转换效率	≤15%	≤15%	≤30%
焊接效果	较好	好	优良
切割效果	差	好	优良
相变硬化	好	一般	一般
表面涂层	好	一般	一般
表面熔覆	好	一般	一般

与传统的气体和固体激光器相比，近年来发展的光纤激光器具有如下特点。

① 玻璃光纤制造成本低、技术成熟，且光纤的可绕性带来小型化、集约化的优势。

② 光纤具有极高的表面积体积比，散热快、损耗低、转换效率高、激光阈值低。

③ 光纤激光器谐振腔内无光学镜片，具有免调节、免维护、高稳定性等特点。

④ 具有高功率和较高的光电效率，10kW 光纤激光器综合光电效率达 20% 以上。

⑤ 体积小、寿命长、易于集成系统，易于实现激光的远距离传输，且在高温、高压、高振动、高冲击的恶劣环境中均可正常运转。

正是由于大功率光纤激光器具有上述优点，其在材料加工领域中的应用范围不断扩大，具有极为广阔的应用前景。

（2）光束传输和聚焦系统

光束传输和聚焦系统又称外部光学系统，由圆偏振镜、扩束镜、反射镜或光纤、聚焦镜等组成，用来把激光束传输并聚焦在工件上，其端部安装提供保护或辅助气流的焊炬。

聚焦透镜的主要材料是 ZnSe，传输和聚焦性能良好，价格便宜。但在焊接过程中，聚焦透镜易受到烟雾和金属飞溅污染。当激光功率较低（＜2kW）时，常采用聚焦透镜，而大功率（＞2kW）焊接宜采用反射聚焦镜。反射聚焦镜采用对激光具有高反射率的金属制成。激光焊接中，通常采用带有不同涂层的铜制抛物面状反射镜。该类聚焦镜镜面稳定，可与水冷元件配合使用，热变形小，不易污染，但聚焦性能不如透镜。聚焦镜面与入射激光的相对位置精度要求高，调整困难，易引起聚焦光斑像散，且价格较高。

聚焦镜的焦距对聚焦效果和焊接质量有重要影响，一般为 127～200mm。减小焦距可以获得小的聚焦光斑和更高的功率密度，但焦距过小，聚焦镜易受污染和损伤。一旦镜面被污染，对激光的吸收显著增加，从而降低到达工件的功率密度，且易引起透镜破裂。

（3）气源（保护气体）

保护气体对于激光焊接而言是必要的。在大多数激光焊接过程中，保护气体都通过特殊的喷嘴输送到激光辐射区域。目前 CO_2 激光器大多采用 He、N_2、CO_2 混合气体作为工作介质和保护气体，其配比为 60%：33%：7%。He 价格昂贵，因此高速轴流式 CO_2 激光器运行成本较高，选用时应考虑其成本。

（4）喷嘴

喷嘴一般设计成与激光束同轴放置，常用的是将保护气体从激光束侧面送入喷嘴。典型的喷嘴孔径为 4～8mm，喷嘴到工件的距离为 3～10mm。一般保护气体压力较低，气体流速为 8～30L/min。图 3.14 所示为 CO_2 激光器和 YAG 激光器的应用较为广泛的喷嘴结构。

为了使激光焊的光学元件免受焊接烟尘和飞溅的影响，可采用几种横向喷射式喷嘴的设

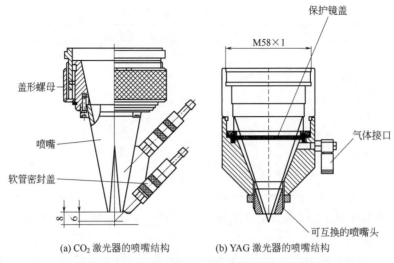

(a) CO_2 激光器的喷嘴结构　　(b) YAG 激光器的喷嘴结构

图 3.14　CO_2 激光器和 YAG 激光器的喷嘴结构

计，基本思想是考虑使气流垂直穿过激光束。针对不同的技术要求，或是用于吹散焊接烟尘，或是利用高动能使金属颗粒转向。

（5）激光焊接机

激光焊接机包括工作台和控制系统，主要用于实现激光束与工件之间的相对运动，完成激光焊接。激光焊接机分为焊接专机和通用焊接机两种，后者常用数控系统，有直角二维、三维焊接机或关节型焊接机器人。伺服电机驱动的工作台可供安放工件以实现焊接。控制系统多采用数控系统。

（6）电源

为保证激光器稳定运行，均采用响应快、恒稳性高的固态电子控制电源。

3.2.1.2　激光焊主要技术参数

表 3.6 列出了部分国产激光焊设备的主要技术参数。选购激光焊设备时，应根据焊件尺寸、形状、材质和设备的特点、技术指标、适用范围以及经济效益等综合考虑。

表 3.6　部分国产激光焊设备的主要技术参数

型号	NJH-30	JKG	DH-WM01	GD-10-1
名称	钕玻璃脉冲激光焊接机	钕玻璃数控脉冲激光焊接机	全自动电池壳 YAG 激光焊接机	红宝石激光点焊焊接机
激光波长 /μm	1.06	1.06	1.06	0.69
最大输出能量/J	130	97	40	13
重复率	1～5Hz	30 次/min（额定输出时）	1～100Hz（分 7 档）	16 次/min
脉冲宽度/ms	0.5（最大输出时）6（额定输出时）	2～8	0.3～10（分 7 档）	6（最大）
激光工作物质尺寸 /mm	—	φ12×350	—	φ10×165
用途	点焊、打孔	用于细线材、薄板对接焊、搭接焊和叠焊，焊接熔深可达 1mm	焊接电池壳。双重工作台，焊接过程全部自动化	点焊和打孔。适用板厚小于 0.4mm，线材直径小于 0.6mm

微型件、精密件的焊接可选用小功率激光焊接机，中厚件的焊接应选用功率较大的激光焊接机。点焊可选用脉冲激光焊接机，要获得连续焊缝则应选用连续激光焊接机或高频脉冲

连续激光焊接机。此外，还应注意激光焊接机是否具有监控保护等功能。

小功率脉冲激光焊接机适合于直径在 0.5mm 以下金属丝与丝、丝与板（或薄膜）之间的点焊，特别是微米级细丝、薄膜的点焊连接。连续激光焊接机特别是高功率连续激光焊接机大都是 CO_2 激光焊接机，可用于形成连续焊缝以及厚板的深熔焊。

3.2.2 脉冲激光焊工艺特点及工艺参数

3.2.2.1 脉冲激光焊的工艺特点

激光焊属于熔化焊接，以激光束为能源，冲击在焊件接头上。激光束可由平面光学元件（如镜子）导引，随后再以反射聚焦元件或镜片将光束投射在焊缝上。激光焊属非接触式焊接，作业过程不需加压，但需使用惰性气体以防熔池氧化，有时也使用填充金属。

脉冲激光焊类似于点焊，其加热斑点很小，为微米级，每个激光脉冲在金属件上形成一个焊点。主要用于微型、精密元件和微电子元件的焊接，是以点焊或由焊点搭接成缝焊的方式进行的。常用于脉冲激光焊的激光器有红宝石激光器、钕玻璃激光器和 YAG 激光器等几种。

3.2.2.2 脉冲激光焊的工艺参数

脉冲激光焊有四个主要焊接参数：脉冲能量、脉冲宽度、功率密度和离焦量。

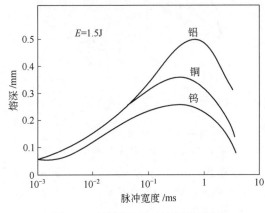

图 3.15 脉冲宽度对熔深的影响

（1）脉冲能量和脉冲宽度

脉冲激光焊时，脉冲能量决定加热能量大小，主要影响金属的熔化量。脉冲宽度决定焊接加热时间，影响熔深及热影响区的大小。图 3.15 所示为脉冲宽度对熔深的影响。脉冲加宽，熔深逐渐增加，当脉冲宽度超过某一临界值时，熔深反而下降。脉冲能量一定时，对于不同的材料，各存在一个最佳脉冲宽度，此时焊接熔深最大。钢件焊接的最佳脉冲宽度为 5～8ms。

脉冲能量主要取决于材料的热物理性能，特别是热导率和熔点。导热性好、熔点低的金属易获得较大的熔深。脉冲能量和脉冲宽度在焊接时有一定的关系，随着材料厚度与性质的不同而变化。

激光的平均功率 P 由式(3.1) 确定：

$$P = \frac{E}{\tau} \tag{3.1}$$

式中，P 为激光功率，W；E 为激光脉冲能量，J；τ 为脉冲宽度，s。

为了维持一定的功率，随着脉冲能量的增加，脉冲宽度必须相应增加，才能得到较好的焊接质量。

（2）功率密度

激光斑点的功率密度较小时，焊接以热导焊的方式进行，焊点的直径和熔深由热传导决定。当功率密度达到一定值（10^6W/cm^2）后，焊接过程中产生小孔效应，形成深宽比大于 1 的深熔焊点，这时金属虽有少量蒸发，并不影响焊点的形成。但功率密度过大后，金属蒸发剧烈，导致汽化金属过多，形成一个不能被液态金属填满的小孔，难以形成牢固的焊点。

脉冲激光焊时，功率密度由式(3.2) 确定：

$$P_{\mathrm{d}} = \frac{4E}{\pi d^2 \tau} \qquad\qquad (3.2)$$

式中，P_{d} 为激光光斑上的功率密度，$\mathrm{W/cm^2}$；E 为激光脉冲能量，J；d 为光斑直径，cm；τ 为脉冲宽度，s。

图 3.16 所示为不同厚度材料脉冲激光焊时脉冲能量和脉冲宽度的关系。脉冲能量 E 和脉冲宽度 τ 呈线性关系，随着焊件厚度的增加，激光功率密度相应增大。

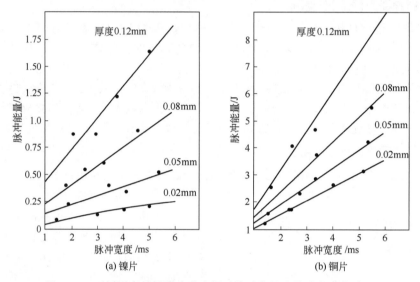

图 3.16　不同厚度材料脉冲激光焊时脉冲能量和脉冲宽度的关系

（3）离焦量

离焦量是指焊接时焊件表面离聚焦激光束最小斑点的距离（也称入焦量）。离焦方式有两种：正离焦与负离焦。焦平面位于工件上方称为正离焦，反之称为负离焦。激光束通过透镜聚焦后，有一个最小光斑直径，如果焊件表面与之重合，则离焦量 $F=0$；如果焊件表面在其下方，则 $F>0$，为正离焦量；反之则 $F<0$，为负离焦量。

改变离焦量，可以改变激光加热斑点的大小和光束入射状况。但离焦量太大会使光斑直径变大，降低光斑上的功率密度，使熔深减小。

脉冲激光焊时通常把反射率低、热导率大、厚度较小的金属选为上片；细丝与薄膜焊接前可先在丝端熔结直径为丝径 2～3 倍的小球，以增大接触面和便于激光束对准。脉冲激光焊也可用于薄板缝焊，这时焊接速度 $v = df(1-K)$，式中 d 为焊点直径，f 为脉冲频率，K 为重叠系数（依板厚取 0.3～0.9）。

各种材料焊件脉冲激光焊的工艺参数见表 3.7。表 3.8 为丝与丝脉冲激光焊的工艺参数及接头性能。

表 3.7　各种材料焊件脉冲激光焊的工艺参数

材　　料	厚度（直径）/mm	脉冲能量/J	脉冲宽度/ms	激光器类别
镀金磷青铜＋铝箔	0.3＋0.2	3.5	4.3	钕玻璃激光器
不锈钢片	0.15＋0.15	1.21	3.7	钕玻璃激光器
纯铜箔	0.05＋0.05	2.3	4.0	钕玻璃激光器
镍铬丝＋铜片	0.10＋0.15	1.0	3.4	—
不锈钢片＋铬镍丝	0.15＋0.10	1.4	3.2	红宝石激光器
硅铝丝＋不锈钢片	0.10＋0.15	1.4	3.2	红宝石激光器

表 3.8　丝与丝脉冲激光焊的工艺参数及接头性能

材料	直径/mm	接头形式	工艺参数		接头性能	
			输出功/J	脉冲宽度/ms	最大载荷/N	电阻/Ω
301 不锈钢 (1Cr17Ni7)	0.33	对接	8	3.0	97	0.003
		重叠	8	3.0	103	0.003
		十字	8	3.0	113	0.003
		T形	8	3.0	106	0.003
	0.79	对接	10	3.4	145	0.002
		重叠	10	3.4	157	0.002
		十字	10	3.4	181	0.002
		T形	11	3.6	182	0.002
	0.38+0.79	对接	10	3.4	106	0.002
		重叠	10	3.4	113	0.003
		十字	10	3.4	116	0.003
		T形	11	3.6	120	0.001
	0.79+0.40	T形	11	3.6	89	0.001
铜	0.38	对接	10	3.4	23	0.001
		重叠	10	3.4	23	0.001
		十字	10	3.4	19	0.001
		T形	11	3.6	14	0.001
镍	0.51	对接	10	3.4	55	0.001
		重叠	7	2.8	35	0.001
		十字	9	3.2	30	0.001
		T形	11	3.6	57	0.001
钽	0.38	对接	8	3.0	52	0.001
		重叠	8	3.0	40	0.001
		十字	9	3.2	42	0.001
		T形	8	3.0	50	0.001
	0.63	对接	11	3.5	67	0.001
		重叠	11	3.5	58	0.001
		T形	11	3.5	77	0.001
	0.65+0.38	T形	11	3.6	51	0.001
铜和钽	0.38	对接	10	3.4	17	0.001
		重叠	10	3.4	24	0.001
		十字	10	3.4	18	0.001
		T形	10	3.4	18	0.001

3.2.3　连续激光焊工艺及参数

不同的金属反射率及熔点、热导率等参数的差异，使连续激光焊所需输出功率差异很大，一般为数千瓦至数十千瓦。各种金属连续激光焊所需输出功率的差异，主要是由吸收率不同造成的。连续激光焊主要采用 CO_2 激光器和光纤激光器，焊缝成形主要由激光功率及焊接速度确定。CO_2 激光器因结构简单、输出功率范围大和能量转换率高而被广泛应用于连续激光焊。

3.2.3.1　接头形式及装配要求

常见的激光焊接头形式如图 3.17 所示。激光焊较多采用的是对接接头和搭接接头，对接接头和搭接接头的装配尺寸公差要求如图 3.18 所示。

激光焊对焊件装配质量要求较高，对接焊时，如果接头错边量太大，会使入射激光在板角处反射，导致焊接过程不稳定。薄板焊时，如果间隙太大，会使焊后焊缝表面成形不饱

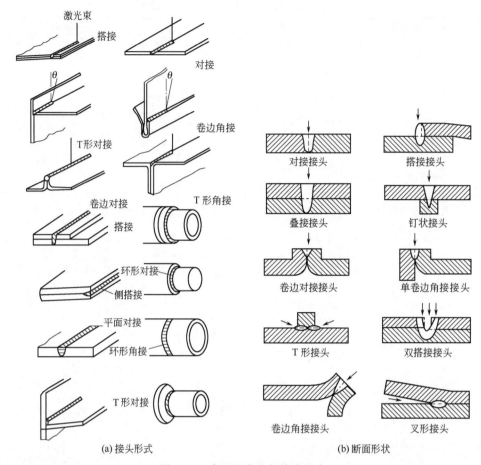

图 3.17　常见的激光焊接头形式

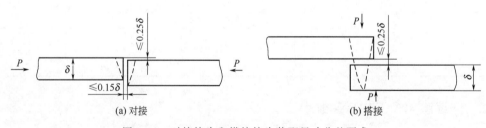

图 3.18　对接接头和搭接接头装配尺寸公差要求

满，严重时形成穿孔。搭接焊时，板间间隙过大易造成上下板间熔合不良。各类激光焊接头的装配要求见表 3.9。允许增大接头装配公差，改善激光焊接头准备的不理想状态。经验证表明，间隙超过板厚的 3%，自熔焊缝将不饱满。

激光焊过程中，焊件应夹紧，以防止焊接变形。光斑在垂直于焊接运动方向上相对焊缝中心的偏离量应小于光斑半径。对于钢铁材料，焊前焊件表面需要进行除锈、脱脂处理；要求较严格时，焊前需要酸洗，然后用乙醚、丙酮或四氯化碳清洗。

激光深熔焊可以进行全位置焊，起焊和收尾的逐渐过渡可通过调节激光功率的增强和衰减过程以及改变焊接速度来实现，在焊接环缝时可实现首尾平滑过渡。利用内反射来增强激光吸收的焊缝能提高焊接过程的效率和熔深。

表 3.9　各类激光焊接头的装配要求

接头形式	允许最大间隙	允许最大上下错边量
对接接头	0.10δ	0.25δ
角接接头	0.10δ	0.25δ
T 形接头	0.25δ	—
搭接接头	0.25δ	—
卷边接头	0.10δ	0.25δ

注：δ 是板厚。

3.2.3.2　填充金属（激光填丝焊）

激光焊适合于自熔焊，一般不添加焊接材料，靠被焊材料自身的熔化形成接头。但有时为了降低装配精度，改善焊缝成形和提高焊接结构的适应性，也需添加填充金属。添加填充金属可以改变焊缝化学成分，从而达到控制焊缝组织、改善成形和提高接头力学性能的目的。在有些情况下，还能提高焊缝抗结晶裂纹的能力。

图 3.19 为激光填丝焊示意。填充金属常以焊丝的形式加入，可以是冷态，也可以是热态。深熔焊时，填充金属量不能过大，以免破坏小孔效应。

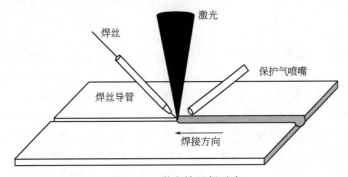

图 3.19　激光填丝焊示意

激光填丝焊的焊丝可以从激光前方引入，也可以从激光后方引入，如图 3.20 所示。常采用前置送丝方式，优点是拖动焊丝的可靠性较高，而且对接坡口对焊丝有导向作用。后置送丝方式焊缝表面的波纹较细，有更好的外观，缺点是一旦送丝精确度下降，焊丝可能粘在焊缝上。焊丝中心线与焊缝中心线必须重合，与激光光轴夹角一般为 $30°\sim75°$。焊丝应准确送入光轴与母材的交汇点，使激光首先对焊丝加热并使其熔化形成熔滴，稍后母材金属也被加热熔化形成熔池和小孔，焊丝熔滴随后进入熔池。否则，激光能量会从接头间隙中穿透，不能形成小孔，使焊接过程难以进行。

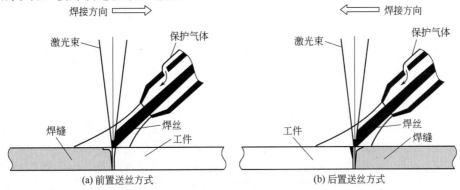

图 3.20　激光填丝焊的两种送丝方式

焊丝对激光能量也存在吸收和反射，吸收和反射程度与激光功率、送丝方式、送丝速度和焦距等因素有关。采用前置送丝方式时，激光辐射和等离子体加热的共同作用会使焊丝熔化，需要的能量大，所以焊接过程不稳定。采用后置送丝方式时，熔池的热量也参与加热焊丝，使依靠激光辐射加热的能量减少，激光能量可以更多地用于加热母材形成小孔。

送丝速度是激光填丝焊的重要工艺参数。激光填丝焊时的接头宽度和焊缝增高主要由焊丝熔敷金属形成，送丝速度的确定受焊接速度、接头间隙、焊丝直径等因素影响。送丝速度过快或过慢，导致熔化金属过多或过少，都影响激光、母材和焊丝三者之间的相互作用和焊缝成形。

激光填丝焊有利于对脆性材料和异种金属的焊接。例如，异种钢或钢与铸铁激光焊时，由于碳和合金元素的差异，焊缝中容易形成马氏体或白口等脆性组织，线胀系数不匹配也会导致较大的焊接应力，两方面的综合作用会导致焊接裂纹。填充焊丝可以对焊缝金属成分进行调整，降低碳含量和提高镍含量，抑制脆性组织的形成。激光多层填丝焊还可以用较小功率的激光焊设备实现大厚度板材的焊接，提高激光对厚板焊接的适应性。

3.2.3.3 工艺参数

连续激光焊的工艺参数包括激光功率、焊接速度、光斑直径、离焦量和保护气体的种类及流量等。

（1）激光功率 P

激光功率是指激光器的输出功率，没有考虑导光和聚焦系统所引起的损失，是连续激光焊最关键的参数之一。连续工作的低功率激光器可在薄板上以低速产生以低速产生热影响有限的焊缝。高功率激光器则可用小孔法在薄板上以高速产生窄的焊缝，也可用小孔法在中厚板上以低速（但不能低于 0.6m/s）产生深宽比较大的焊缝。在传热型激光焊接中，激光功率范围为 $10^4 \sim 10^6 \mathrm{W/cm^2}$。激光焊熔深与输出功率密切相关。对一定的光斑直径，焊接熔深随着激光功率的增加而增大。图 3.21 是不同材料连续激光焊时激光功率与熔深的关系。

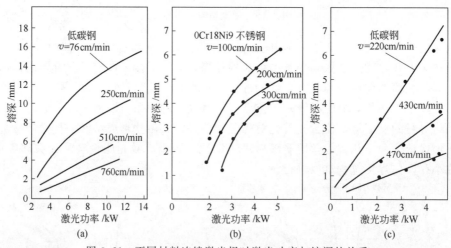

图 3.21 不同材料连续激光焊时激光功率与熔深的关系

（2）焊接速度 v

焊接速度的快慢会影响单位时间内的热输入量。焊接速度过慢，则热输入量过大，导致工件烧穿；焊接速度过快，则热输入量过小，造成工件焊不透。在一定激光功率下，提高焊接速度，热输入下降，焊缝熔深减小。适当降低焊接速度可增大熔深，但若焊接速度过低，熔深却不会再增加，反而使熔宽增大。焊接速度对不锈钢焊缝熔深的影响如图 3.22 所示。可见，当激光功率和其他参数保持不变时，焊缝熔深随着焊接速度加快而减小。

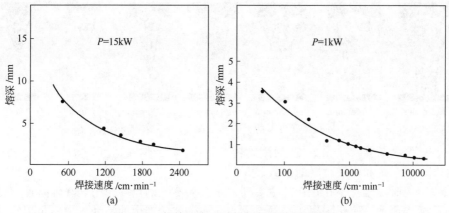

图 3.22 焊接速度对不锈钢焊缝熔深的影响

采用不同功率的激光焊,焊接速度与熔深的关系如图 3.23 所示。随着焊接速度的提高,熔深逐渐减小。激光焊焊接速度对碳钢熔深的影响以及不同焊接速度下所得到的熔深分别如图 3.24 和图 3.25 所示。

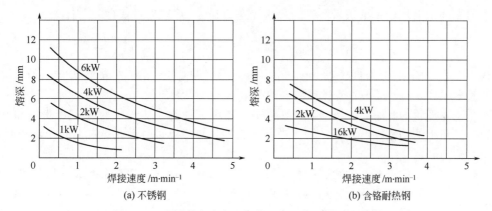

图 3.23 不同激光功率下焊接速度对焊缝熔深的影响

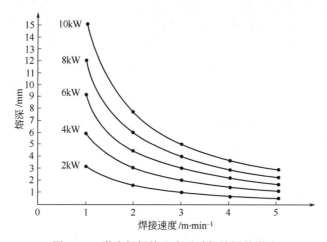

图 3.24 激光焊焊接速度对碳钢熔深的影响

熔深与激光功率和焊接速度的关系可用式(3.3)表示:

$$h = \beta P^{1/2} v^{-\gamma} \tag{3.3}$$

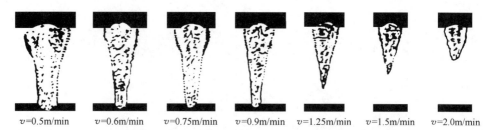

| $v=0.5$m/min | $v=0.6$m/min | $v=0.75$m/min | $v=0.9$m/min | $v=1.25$m/min | $v=1.5$m/min | $v=2.0$m/min |

图3.25　不同焊接速度下所得到的熔深（$P=8.7$kW，板厚12mm）

式中，h 为焊接熔深，mm；P 为激光功率，W；v 为焊接速度，mm/s；β 和 γ 为取决于激光源、聚焦系统和焊接材料的常数。

激光深熔焊时，维持小孔存在的主要动力是金属蒸气的反冲压力。在焊接速度低到一定程度后，热输入增加，熔化金属越来越多，当金属蒸气所产生的反冲压力不足以维持小孔的存在时，小孔不仅不再加深，甚至会崩溃，焊接过程蜕变为传热焊，因而熔深不会再加大。随着金属汽化的增加，小孔区温度上升，等离子体的浓度增加，对激光的吸收增加。这些原因使低速焊时，激光焊熔深有一个最大值。

（3）光斑直径 d_0

根据光的衍射理论，聚焦后激光的最小光斑直径 d_0 可以通过式（3.4）计算：

$$d_0=2.44\frac{f\lambda}{D}(3m+1) \tag{3.4}$$

式中，d_0 为最小光斑直径，mm；f 为透镜的焦距，mm；λ 为激光波长，mm；D 为聚焦前光束直径，mm；m 为激光振动模的阶数。

对于一定波长的光束，f/D 和 m 值越小，光斑直径越小。焊接时为了获得深熔焊缝，要求激光光斑上的功率密度较高。为了进行小孔型加热，焊接时激光焦点上的功率密度必须大于 $10^6\,W/cm^2$。

提高功率密度的方式有两种：一种是提高激光功率 P，它和功率密度成正比；另一种是减小光斑直径，功率密度与光斑直径的平方成反比。因此，减小光斑直径比增加功率的效果更明显。减小光斑直径 d_0，可以通过使用短焦距透镜和降低激光束横模阶数，低价模聚焦后可以获得更小的光斑。

（4）离焦量 F

离焦量不仅影响焊件表面激光光斑大小，而且影响光束的入射方向，因而对焊接熔深、焊缝宽度和焊缝横截面形状有较大影响。离焦量 F 很大时，熔深很小，属于传热焊；当离焦量 F 减小到某一值后，熔深发生跳跃性增加，此处标志着小孔产生。

按几何光学理论，当正、负离焦平面与焊接平面距离相等时，其所对应平面上功率密度近似相同，但实际上所获得的熔池形状不同。负离焦量时，可获得更大的熔深，这与熔池的形成过程有关。因为当负离焦量时，材料内部功率密度比表面还高，易产生更强的熔化、汽化，使光束能向材料更深处传递。在实际应用中，焊接较厚板材时，当要求熔深较大时，采用适当的负离焦量可以获得最大熔深；焊接薄材料时，

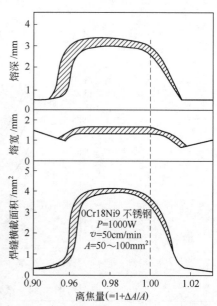

图3.26　离焦量对焊缝熔深、熔宽和横截面积的影响

宜用正离焦量。

图 3.26 所示为离焦量对焊缝熔深、焊缝熔宽和焊缝横截面积的影响，可见，离焦量减小到某一值后，熔深突变，即为产生穿透小孔建立了必要的条件。激光深熔焊时，熔深最大时的焦点位置位于焊件表面下方，此时焊缝成形最好。

（5）保护气体

激光焊时采用保护气体有两个作用：一是保护焊缝金属不受有害气体的侵袭，防止氧化污染，提高接头的性能；二是影响焊接过程中的等离子体，抑制等离子云的形成。深熔焊时，高功率激光束使金属被加热汽化，在熔池上方形成金属蒸气云，在电磁场的作用下发生电离形成等离子体，它对激光束起着阻隔作用，影响激光束被焊件吸收。

为了排除等离子体，通常用高速喷嘴向焊接区喷送惰性气体，迫使等离子体偏移，同时又对熔化金属起到隔绝大气的保护作用。保护气体多用 Ar 或 He。He 具有优良的保护和抑制等离子体的效果，焊接时熔深较大。若在 He 里加入少量 Ar 或 O_2，可进一步提高熔深。图 3.27 所示为保护气体对激光焊熔深的影响。

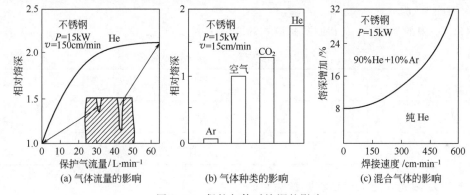

图 3.27 保护气体对熔深的影响

气体流量对熔深也有一定的影响，熔深随气体流量的增加而增大，但过大的气体流量会造成熔池表面下陷，严重时还会产生烧穿现象。不同气体流量下得到的焊缝熔深如图 3.28 所示。可见，气体流量大于 17.5L/min 以后，焊缝熔深不再增加。吹气喷嘴与焊件的距离不同，熔深也不同。图 3.29 所示是喷嘴到焊件的距离与焊缝熔深的关系。

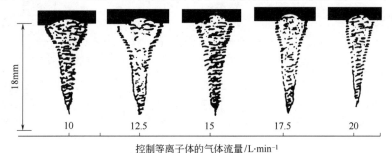

图 3.28 不同气体流量下的焊缝熔深

关于激光焊工艺参数（如激光功率、焊接速度等）与熔深、焊缝宽度以及焊接材料性质之间的关系，已有大量的经验数据，并建立了它们之间关系的回归方程：

$$\frac{P}{vh} = a + \frac{b}{r} \tag{3.5}$$

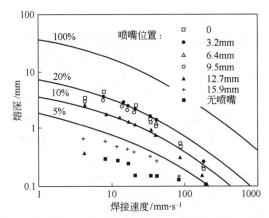

图 3.29　喷嘴到焊件的距离与焊缝熔深的关系（$P=1.7\text{kW}$，Ar 保护）

（图中百分数为各喷嘴位置相对于标准喷嘴与工件之间距离的百分比）

式中，P 为激光功率，kW；v 为焊接速度，mm/s；h 为焊接熔深，mm；a 和 b 为参数；r 为回归系数。

式（3.5）中的参数 a、b 和回归系数 r 的取值由表 3.10 给出。

表 3.10　几种材料 a、b、r 的取值

材　　料	激光类型	$a/\text{kJ·mm}^{-2}$	$b/\text{kJ·mm}^{-1}$	回归系数 r
SUS304 不锈钢（0Cr18Ni9）	CO_2	0.0194	0.356	0.82
低碳钢	CO_2	0.016	0.219	0.81
	YAG	0.009	0.309	0.92
铝合金	CO_2	0.0219	0.381	0.73
	YAG	0.0065	0.526	0.99

连续 CO_2 激光焊的工艺参数见表 3.11。

表 3.11　连续 CO_2 激光焊的工艺参数

材料	厚度/mm	焊速/cm·s^{-1}	缝宽/mm	深宽比	功率/kW
对接焊缝					
321 不锈钢 （1Cr18Ni9Ti）	0.13	3.81	0.45	全焊透	5
	0.25	1.48	0.71	全焊透	5
	0.42	0.47	0.76	部分焊透	5
17-7 不锈钢（0Cr17Ni7Al）	0.13	4.65	0.45	全焊透	5
	0.13	2.12	0.50	全焊透	5
	0.20	1.27	0.50	全焊透	5
	0.25	0.42	1.00	全焊透	5
302 不锈钢（1Cr18Ni9）	6.35	2.14	0.70	7	3.5
	8.9	1.27	1.00	3	8
	12.7	0.42	1.00	5	20
	20.3	21.1	1.00	5	20
	6.35	8.47	—	6.5	16
因康镍合金 600	0.10	6.35	0.25	全焊透	5
	0.25	1.69	0.45	全焊透	5
镍合金 200	0.13	1.48	0.45	全焊透	5
蒙乃尔合金 400	0.25	0.60	0.60	全焊透	5
工业纯钛	0.13	5.92	0.38	全焊透	5
	0.25	2.12	0.55	全焊透	5
低碳钢	1.19	0.32	—	0.63	0.65

续表

材料	厚度/mm	焊速/cm·s^{-1}	缝宽/mm	深宽比	功率/kW
搭接焊缝					
镀锡钢	0.30	0.85	0.76	全焊透	5
302 不锈钢(1Cr18Ni9)	0.40	7.45	0.76	部分焊透	5
	0.76	1.27	0.60	部分焊透	5
	0.25	0.60	0.60	全焊透	5
角焊缝					
321 不锈钢(1Cr18Ni9Ti)	0.25	0.85	—	—	5
端接焊缝					
321 不锈钢(1Cr18Ni9Ti)	0.13	3.60	—	—	5
	0.25	1.06	—	—	5
	0.42	0.60	—	—	5
17-7 不锈钢(0Cr17Ni7Al)	0.13	1.90	—	—	5
因康镍合金 600	0.10	3.60	—	—	5
	0.25	1.06	—	—	5
	0.42	0.60	—	—	5
镍合金 200	0.18	0.76	—	—	5
蒙乃尔合金 400	0.25	1.06	—	—	5
Ti-6A1-4V 合金	0.50	1.14	—	—	5

3.2.4　激光-电弧复合焊设备及工艺模式

激光复合焊接技术是指将激光与其他焊接方法组合起来的复合焊接技术，其优点是能充分发挥每种焊接方法的优势并克服某些不足。例如，由于激光焊的价格功率比太大，当对厚板进行深熔、高速焊接时，为了避免使用价格昂贵的大功率激光器，可将小功率的激光器与常规的气体保护焊结合起来进行复合焊接。

3.2.4.1　激光-电弧复合焊设备

激光-电弧复合焊一出现就引起众多焊接工作者的关注，于是纷纷开展研发工作。激光-电弧复合焊的设备有多种形式，图 3.30(a) 为激光-MIG/MAG 复合焊系统示意，该复合焊系统由以下几个部分组成。

① 激光-MIG/MAG 复合焊机头，如图 3.30(b) 所示。

② MIG/MAG 焊接系统（包括电源、送丝机构和焊丝盘）。

③ 激光器及其导光、聚焦和传输系统。

④ 焊接机器人及其控制箱。

⑤ 遥控器。

此外，还有保护气体、工作台、控制系统等。

复合焊机头也称复合焊枪，是将激光束与电弧热源结合在一起的部件，通过它灵活调节两者之间的相对位置（如光丝间距、光丝夹角、激光与电弧排序等），实现两热源的有效耦合，是复合焊设备的关键组成部分。

市场上已经推出了商用的复合焊枪，如日本三菱重工的同轴复合焊枪和奥地利 Fronius 公司的可方便连接到机器人上的复合焊枪 [图 3.31(a)]，以及德国 Fraunhofer 研究所研发的基于"集成喷嘴"原理的激光-MIG 旁轴复合焊枪 [图 3.31(b)]，该焊枪通过管具紧密固定，激光与电弧外面用环形水冷铜套进行保护，激光与 MIG 焊枪的夹角为 15°~30°，它可以使两热源最大限度地接近，从而缩小复合焊枪体积，使焊枪的使用更为灵活，易于实现三维自动焊接。

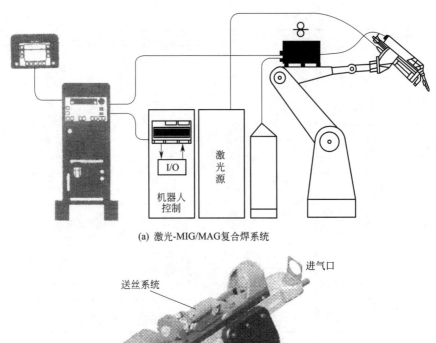

(a) 激光-MIG/MAG复合焊系统

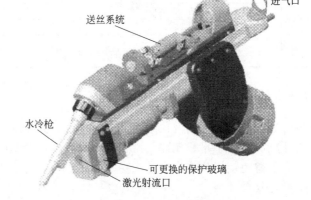

(b) 激光-MIG/MAG复合焊机头

图 3.30　激光-MIG/MAG 复合焊系统及复合焊机头

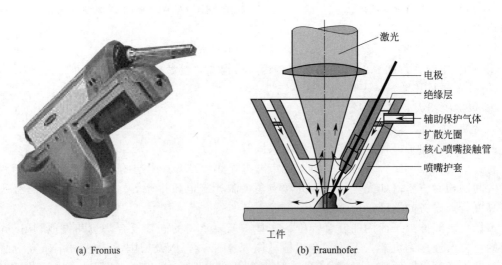

(a) Fronius　　　　　(b) Fraunhofer

图 3.31　Fronius 公司和 Fraunhofer 研究所的复合焊枪

　　除常规复合焊系统外，研究者还开发了同步调制激光-电弧复合焊接系统（HybSy）。该系统具有以下特点：激光-电弧控制机电一体化，工艺协同作用进一步扩展，焊接速度更快，加工材料适用范围更广，三维加工能力更强。试验结果表明，堆焊 6mm 厚的中强钢板时，相同工艺条件下 HybSy 要比常规复合焊熔深提高 40%。

3.2.4.2　激光-电弧复合焊工艺模式

对于激光-电弧复合焊，根据两种热源热输入比例的不同，物理机制及工艺模式也存在不同。依据复合焊中激光功率的大小，可把激光-电弧复合焊接归纳为三类：百瓦级激光-电弧复合，千瓦级激光-电弧复合，万瓦级激光-电弧复合。

（1）百瓦级激光-电弧复合焊

主要显现电弧焊的特性，焊接过程中不产生小孔。小功率激光能量主要起稳定和压缩电弧以及提高电弧能量利用率的作用，避免了一般电弧焊高焊速条件下出现的电弧飘移现象，并可抑制驼峰、咬边等缺陷的产生，从而大大提高焊接速度，比较适合薄板高速焊接。此类复合焊模式成本较低，受到人们越来越多的重视。

（2）万瓦级激光-电弧复合焊

主要显示激光深熔焊的特点，焊缝具有较大的深宽比。采用万瓦级的大功率 CO_2 激光器与电弧焊的复合，难以实现全位置柔性化焊接，主要应用方向是大平面船板的拼焊和筋板的焊接。由于设备投资较大（千万元人民币以上），暂时难以大范围普及推广应用。

（3）千瓦级激光-电弧复合焊

兼有激光焊和电弧焊的特性，能够充分发挥两者的优点，多用于激光-电弧焊的复合，适用于铝合金、镁合金、碳钢、不锈钢、低合金高强钢、超高强钢等材料的中板与厚板的焊接。千瓦级激光-电弧复合焊设备的投资适中，对不同焊接结构的适应性好，具有广泛的应用前景，是符合我国国情的激光-电弧复合热源技术。

3.2.5　激光钎焊工艺

激光钎焊是以激光为热源加热钎料使其熔化的钎焊技术。激光钎焊的主要特点是，利用激光的高能量密度实现局部或微小区域快速加热以完成钎焊过程。图 3.32 所示为激光钎焊的接头形式和送丝方式。

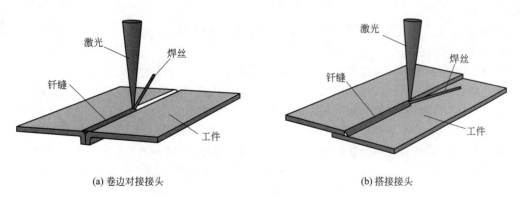

(a) 卷边对接接头　　　　　　　　　　　(b) 搭接接头

图 3.32　激光钎焊的接头形式和送丝方式

根据加热温度的不同，激光钎焊分为软钎焊和硬钎焊。钎料液相线温度低于 450℃ 的称为软钎焊，主要用于印制电路板与电子元器件的连接；钎料液相线温度高于 450℃ 而低于母材金属熔点的称为硬钎焊，主要用于结构钢和镀锌钢板等的连接。激光硬钎焊在有色金属的连接上也有优势。大多数有色金属对激光的反射率较高，材料的热导率较高，激光熔化焊需要较高的功率。激光硬钎焊对银、铜、镍、金、铝等有色金属有良好的效果，钎缝组织细小，接头性能良好。

激光钎焊时的钎料可以采用预置方式，也可以采用送丝方式。钎焊加热温度较低，对激光功率密度的要求较低，因此一般采用散焦的方式进行加热。这样既可以降低功率密度，又可以根据钎缝尺寸调节光斑大小和形状。激光钎焊接头通常采用卷边对接和搭接两种方式。卷边对接情况下，钎料从激光前端送入有利于钎焊过程稳定；搭接情况下，钎料从侧下方水平送入有利于钎焊过程稳定。

激光钎焊可以采用单光束，也可以采用双光束。双光束既可以通过两个独立的激光器获得，也可以通过激光分光镜分光获得。双光束钎焊可以更加灵活方便地控制辐照时间和位置，更好地控制钎焊过程。双光束激光钎焊搭接、对接和卷边对接的激光辐照方式如图 3.33 所示。

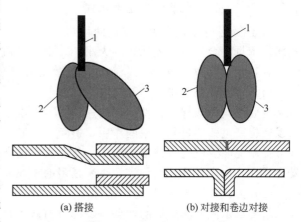

图 3.33　双光束激光钎焊示意
1—填充金属；2—加热点 1；3—加热点 2

双光束激光搭接情况下，一激光束加热熔化焊丝，另一激光束加热填充间隙使母材温度升高，促进钎料的润湿铺展，提高接头强度。对接情况下，两束激光重叠照射加热，除了能使加热钎料的效果得到改善，接头附近区域也同时被加热升温，促进了钎料的润湿铺展和均匀分布。

激光钎焊的工艺参数主要有如下几个。

① 激光功率。CO_2 激光器和 YAG 激光器都可以用于激光钎焊，钎焊时它们各自的特点与激光熔化焊相同。

② 光斑直径。激光钎焊通常采用散焦光斑，光斑大小取决于钎缝宽度。

③ 钎焊速度。根据实际钎焊的要求确定，取决于激光功率，激光功率越大，钎焊速度越快。

④ 送丝速度。其大小主要考虑钎缝填充和良好成形，送丝速度与钎焊速度应匹配，提高钎焊速度的同时应提高送丝速度。

此外，激光入射角、送丝角度、钎料形状尺寸也是激光钎焊的工艺参数。

激光钎焊时，钎料、钎剂、保护气体的选择与常规钎焊基本相同。在大多数情况下，激光钎焊可以不用钎剂和保护气体。

激光钎焊的关键在于合理地控制激光功率分配。激光束汇聚在钎料上，钎料温度过高导致熔化过快，而母材温度不足使钎料不能很好地润湿母材，影响填充效果，钎缝成形变差。激光束汇聚在母材上，钎料温度有可能过低导致钎料流动性或活性降低，母材可能过热熔化，导致钎料直接进入熔池形成熔化焊，形成的脆性相也影响钎缝性能。

激光软钎焊主要用于电子元器件和印制电路板集成电路的连接。采用激光辐射加热集成电路引线，通过钎剂或预置钎料向基板传递热量。当达到钎焊温度时，钎剂和钎料熔化，基板和引线润湿形成连接。激光软钎焊集成电路多采用 YAG 激光器。

半导体激光器是直接的电子-光子转换器，具有直接的调制能力，通过调节电源输出可以实现脉冲激光和连续激光的转变。半导体激光器的输出波长为 808nm，比 YAG 激光器的波长还短，更有利于钎料对激光的吸收，提高加热效率。半导体激光钎焊的特点是不会对被焊元器件产生热影响，激光温度场限定在引线范围内。钎料流动性可得到有效控制，避免了细间距引线间的钎料桥接。

3.2.6　手持式激光焊接工艺

手持式激光焊接机是材料加工激光焊接时使用的机器。这是一种以薄壁材料、精密零件焊接为重点的新型焊接方法。可以用于点焊、对接焊缝、重叠焊缝、密封焊缝等。

（1）手持式激光焊接的特点

近年来手持式激光焊接机发展迅速，正在被应用于各个行业。相比于传统的焊接方式，手持式激光焊接机具有诸多优势，在便捷性和高效性方面尤其突出。手持激光焊接机由于其小巧的设计，可方便地携带到各种工作场所，应用范围广泛，无论是金属、非金属都可应用。还可以实现异种材料的焊接，如不锈钢、碳钢板、镀锌板、铝材和钛材的焊接。

相比传统电弧焊，手持式激光焊接机节省电能 80%～90%，加工成本可下降约 30%。其焊接速度快，变形小，热影响区小，焊缝平整美观，无/少气孔，无污染，焊接后只需简单处理即可。手持式激光焊接机可进行微小零件和精密件焊接。

手持式激光焊接机有如下特点。

① 手持式激光焊接机使用手持式焊接枪，克服了工作台空间的局限性，焊接时没有限制，能够满足多角度多方位的焊接需求，灵活性更高。

② 手持激光焊接机的焊枪前端通常搭配铜嘴，焊接过程中铜嘴可以挨着工件，降低焊枪重量以及增加焊接的稳定性，不管是常规形状还是异形的焊接，手持焊枪都能够沿着工件形状进行移动并完成焊接。

③ 手持激光焊接机具有极高的精度，激光束聚焦直径小，焊接过程对周边材料产生的影响较小，避免了传统焊接过程中易出现的材料损伤，对于更加脆弱的材料也可以减少后续处理工序，提升生产效率。

④ 手持激光焊接机焊接速度快，焊接效率高，在大批量产品生产中，这一优势尤为突出。手持激光焊接机还可以适应自动化生产线，实现完全自动化作业，不仅能够保证产品品质，还能大幅缩短产品生产周期。

（2）手持激光焊接机的工作原理

手持激光焊接机的工作原理是利用高能量密度的激光束对工件表面进行局部加热，使金属材料熔化并形成焊接接头。具体过程如下。

① 激光发生器产生激光束。激光发生器产生具有高单色性和高方向性的激光束，通过光纤传输到焊接头。

② 激光束聚焦加热。操作者手持焊接头，将激光束对准待焊接的工件表面。激光束聚焦后，能量高度集中在一个小范围内，瞬间将金属材料加热至熔化状态。手持激光焊接机高能激光脉冲在材料的小区域局部加热，激光辐射的能量通过热传导扩散到材料内部，熔化材料后形成特定的熔池。

③ 熔化金属形成焊接接头。熔化的金属在表面张力的作用下重新凝固，形成稳固的焊接接头。

手持激光焊接机也称为能量负反馈激光焊接机，自动化程度高，焊接过程简单，非接触式操作方法可以满足清洁环保的要求。使用手持激光焊接机加工工件可提高生产率，完成的焊接工件外观美观，焊缝小，焊接深度大，焊接质量高。手持激光焊接机广泛应用于键盘焊接、薄板焊接、传感器焊接、电池密封盖焊接等领域。

手持激光焊接机的关键特性之一是它的高灵活性和便携性，能够进行复杂部件的焊接或在狭小空间中操作。由于激光焊接的热影响区小，焊接过程中变形和热应力较小，焊缝质量高。此外，手持激光焊接机通常配有控制系统，能够根据材料类型、厚度及焊接要求自动调整激光功率、脉冲频率和焊接速度，以达到最佳的焊接效果。

手持激光焊接机适用于多种材料的焊接，如碳钢、不锈钢、铝合金等，广泛应用于金属加工、汽车制造、航空航天、电子产品及家电制造等行业。相比传统焊接方法，手持激光焊接具有焊接速度快、效率高、焊缝精致美观等优势，且无须额外的焊材和填充物，降低了生产成本。

总之，手持激光焊接机通过激光束的精确控制，实现了高效、高质量的焊接操作，已成为现代制造业中不可或缺的重要工具。

（3）手持激光焊接的工艺步骤

手持式激光焊接机是一种先进的焊接设备，广泛应用于各种金属材料的焊接工作。它的操作相对简单，但仍需要掌握一定的技巧和安全知识。操作前需检查设备、选择材料、确定工艺参数并确保安全。操作步骤包括开机预热、调整激光头、开始和结束焊接。操作时需注意安全、具备熟练的操作技术、合理选择参数和定期维护保养。

① 操作前的准备

在操作手持激光焊接机之前，应确保以下准备工作已完成。

a. 检查设备。确保手持激光焊接机设备正常，电源线、激光头等部件连接牢固，无松动现象。

b. 选择合适的焊接材料。根据实际需要，选择合适的焊接材料，如焊丝、焊剂等。

c. 确定焊接工艺参数。根据材料的厚度、材质和焊接要求，设置合适的焊接工艺参数，如激光功率、焊接速度、焦点位置、送丝速度等。

d. 确保安全。佩戴好防护装备，如眼镜、手套、口罩等安全防护用品，确保工作区域整洁、无易燃易爆物品。

② 操作步骤

a. 固定工件。将待焊接的工件固定在合适的位置，确保焊接过程中不会发生移位。开机预热：打开手持激光焊接机的电源进行预热，一般预热时间为5～10min，确保设备稳定运行。

b. 调整激光头位置。根据工件厚度和工作距离，调整激光头的位置、焦距和角度，确保激光束与被焊接工件表面垂直。

c. 开始焊接。将焊丝放入送丝机构，调整送丝速度，使焊丝与激光束同步移动。按下焊接开关开始焊接。在焊接过程中，要保持稳定的焊接速度和送丝速度，按照预设的焊接参数进行焊接，确保焊缝质量。

d. 监控焊接质量。在焊接过程中，实时观察焊接质量，如有需要，及时调整焊接参数。

e. 结束焊接。当达到焊接要求时，关闭手持激光焊接机，关闭送丝机构，卸下工件，等待设备冷却。

③ 操作注意事项

a. 安全第一。在操作手持激光焊接机时，要严格遵守安全操作规程，确保人身安全和设备安全。

b. 熟练掌握技术。操作人员应具备一定的焊接技术和经验，能够熟练掌握手持激光焊接机的操作技巧。操作过程中，切勿将眼睛直接对准激光束，以免损伤视力。

c. 合理选择参数。根据材料的厚度、材质和焊接要求，合理选择焊接工艺参数，确保焊缝质量和设备稳定运行。

d. 维护保养。定期对手持激光焊接机进行维护保养，保持工作环境整洁，清理设备表面和内部灰尘，检查各部件是否松动或损坏，确保设备的正常运行。遵循设备使用说明书，切勿超负荷工作。

手持激光焊接机是一种便携式设备，能够在各种环境中进行高精度的焊接作业。在操作这种设备时，掌握正确的技巧至关重要。

3.3　不同材料的激光焊

激光焊的特点之一是适用于多种材料的焊接。激光焊的高功率密度及高焊接速度，使激光焊焊缝及热影响区窄，变形小。用 $10 \sim 15kW$ 的激光功率，单道焊缝熔深可达 $15 \sim 20mm$。

3.3.1　钢的激光焊

采用传统熔焊方法可以焊接的大部分钢结构都可以用激光焊进行焊接，这是因为激光焊的热应变区很窄和氢含量很低。用于激光焊的钢材要限定杂质含量，如 S、P 含量要少，以免焊接中产生结晶裂纹；钢材应经过很好的脱氧（除气）处理以尽量减少气孔，具体的限定条件取决于钢材的厚度和焊接工艺。

很多用传统熔焊方法很难焊接或不能焊接的钢材，也可以采用激光焊，而且不需要特殊的填充材料或预热。不少研究者针对钢材成分和焊接参数对结晶裂纹的影响进行研究并取得进展，通过综合控制焊缝成分和焊接参数可以避免结晶裂纹的产生，此外还应考虑板厚和焊缝形状的影响。表 3.12 给出了一般情况下控制结晶裂纹的焊缝中最小 Mn/S 比率。

表 3.12　控制结晶裂纹的焊缝中最小 Mn/S 比率

C 含量(质量分数)	0.06%～0.11%	0.11%～0.15%	0.15%～0.18%
Mn/S	22	40	60

（1）碳素钢

激光焊加热速度和冷却速度非常快，焊接碳素钢时，随着碳含量的增加，焊接裂纹和缺口敏感性也会增加。板厚范围从小于 1mm 到大于 25mm 的 C-Mn 结构钢可以采用激光单道焊，控制成分可以得到高质量的焊缝。激光焊过程中的快速焊接热循环会导致焊缝金属的抗拉强度和硬度过高，因此有必要加入填充材料改变焊缝金属的成分，如果要求较高的断裂韧性或较低的淬硬性（低硬度），可进行焊后热处理。

碳素钢激光焊的焊缝碳含量应限制在小于 0.17% 的范围内。如果为了避免过高的焊缝硬度，碳含量需要进一步限定，或采用较高的热量输入。

目前对民用船体结构钢 A、B、C 级的激光焊已趋成熟。试验用钢的厚度范围分别为：A 级 9.5～12.7mm；B 级 12.7～19.0mm；C 级 25.4～28.6mm。在其成分中，钢中碳的质量分数均不大于 0.25%，锰的质量分数为 0.6%～1.03%，脱氧程度和钢的纯度从 A 级到 C 级递增。焊接时，使用的激光功率为 10kW，焊接速度为 0.6～1.2m/min，焊缝除 20mm 以上厚板需双道焊外均为单道焊。船体用 A、B、C 级钢的焊接接头抗拉性能良好（均断在母材处），并具有足够的韧性。

板厚为 0.4～2.3mm、宽度为 500～1280mm 的冷轧低碳钢板，用功率 1.5kW 的 CO_2 激光器焊接，最大焊接速度达 10m/min，投资成本仅为闪光对焊的 2/3。

镀锡板俗称马口铁，主要特点是表层有锡和涂料，是制作小型喷雾罐身和食品罐身的常用材料。用高频电阻焊工艺，设备投资成本高，并且电阻焊焊缝是搭接的，耗材也多。小型喷雾罐身由厚度约 0.2mm 的镀锡板制成，采用 1.5kW 激光器，焊接速度可达 26m/min。厚度 0.25mm 镀锡板食品罐身，用 700W 的激光功率，焊接速度为 8m/min 以上，接头的强度不低于母材，没有脆化倾向，具有良好的韧性。英国某公司用激光焊方法焊接罐头盒纵缝，每秒可焊 10 条，每条焊缝长 120mm，并可对焊接质量进行实时监测。

和常规的熔焊方法不同的是，低碳钢的激光焊缝中可以包含一些微小的类似于结晶裂纹的缺陷，而一般的熔焊焊缝不允许这类微裂纹存在。细小的类似结晶裂纹这样的缺陷对激光焊缝的总体性能可能影响不大，对于高生产效率的低碳钢的非关键部位激光焊来说，焊缝中少量的结晶微裂纹是可以接受的。

（2）低合金高强钢

在很多低合金高强钢焊接中，例如飞机发动机和汽车变速箱等，采用激光焊可以获得良好的焊接效果并可在焊接状态下使用。只要工艺参数适当，低合金高强钢的激光焊可得到与母材力学性能相当的接头。在这种情况下，低杂质含量和低碳含量是必要的，特别是在要求良好韧性的条件下。

HY-130 钢是一种经过淬火-回火处理的低合金高强钢，具有很高的强度和良好的韧性。采用常规焊接方法时，焊缝和热影响区组织是粗晶、部分细晶及原始组织的混合体，焊接接头区的韧性和抗裂性比母材要差得多，而且焊态下焊缝和热影响区组织对冷裂纹很敏感。

HY-130 钢激光焊后，可得到与母材力学性能相当的焊接接头，不但焊接接头的强度高，而且韧性和抗裂性好。焊后沿焊缝横向制作拉伸试样，使焊缝金属位于试样中心，拉伸结果表明激光焊的接头强度不低于母材，塑性和韧性比焊条电弧焊和气体保护焊接头好，接近于母材的性能。HY-130 钢激光焊接头的冲击吸收功大于母材金属的冲击吸收功，具体见表 3.13。

表 3.13　HY-130 钢激光焊接头的冲击吸收功

激光功率 /kW	焊接速度 /cm·s^{-1}	试验温度 /℃	冲击吸收功/J	
			焊接接头	母材
5.0	1.90	−1.1	52.9	35.8
5.0	1.90	23.9	52.9	36.6
5.0	1.48	23.9	38.4	32.5
5.0	0.85	23.9	36.6	33.9

低合金高强钢激光焊接头具有高强度、良好的韧性和抗裂性，原因有以下几点。

① 激光焊焊缝组织细小、热影响区窄。焊接裂纹并不总是沿着焊缝或热影响区扩展，常常是扩展至母材。冲击断口上大部分区域是未受热影响的母材，因此整个接头的断裂实际上很大部分是由母材提供的。

② 从接头区的硬度和显微组织的分布来看，激光焊有较高的硬度和较陡的硬度梯度，这表明可能有较大的应力集中。但是，硬度较高的区域对应于细小的组织，高的硬度和细小组织的共生效应使接头既有较高的强度，又有足够的韧性。

③ 激光焊热影响区的组织主要为板条马氏体，这是由它的焊接速度快、热输入小所造成的。

④ 低合金高强钢激光焊时，焊缝中的有害杂质元素大大减少，产生了净化效应，提高了接头的韧性。

（3）不锈钢

采用激光焊可以加工多种类型的不锈钢，例如奥氏体不锈钢、铁素体不锈钢、马氏体不锈钢或双相不锈钢，也可以焊接沉淀硬化型马氏体不锈钢。双相不锈钢和奥氏体不锈钢有的加氮进行合金化，因此应通过除氮措施使气孔含量降低至最小。对由于氮的散失而对相平衡和稳定性造成的不利影响，应有补偿的焊接工艺措施。

激光焊有能量密度高和焊接速度快的特点，对保证不锈钢焊缝金属的耐腐蚀性能很有利。Cr18-Ni8 奥氏体不锈钢激光焊的焊缝组织为细晶奥氏体＋少量 δ 铁素体，可以改善耐晶间腐蚀的能力。

不锈钢线胀系数大，导热性差，能量吸收率和熔化率高。激光焊的焊接速度快，可以减轻不锈钢焊接接头区的过热、应力和变形。不锈钢激光焊的焊缝无气孔、夹杂等缺陷，成形良好，平滑美观，接头强度和母材相当。例如，铁素体不锈钢（如 304 不锈钢）原始组织是等轴晶加退火孪晶，激光焊后焊缝组织为柱状树枝晶；与碳素钢焊缝不同，不锈钢激光焊的焊缝硬度没有明显提高，而只是略有提高。

双相不锈钢激光焊时，需要采用预防措施来控制最终的焊缝组织，通常的预防措施是使用合适的填充金属和使用含有氮气的保护气体。沉淀硬化型不锈钢进行激光焊时，焊缝的抗拉强度有少量的降低，如果需要保证强度性能，可进行焊后时效处理。

对 Ni-Cr 系奥氏体不锈钢进行激光焊时，材料具有很高的能量吸收率和熔化效率。用 CO_2 激光焊焊接奥氏体不锈钢时，在功率为 5kW、焊接速度为 1m/min、光斑直径为 0.6mm 的条件下，光的吸收率为 85%，熔化效率为 71%。由于焊接速度快，减轻了不锈钢焊接时的过热现象和线胀系数大的不良影响，焊缝无气孔、夹杂等缺陷，接头强度和母材相当。

不锈钢激光焊的另一个特点是，用小功率 CO_2 激光焊焊接不锈钢薄板，可以获得外观成形良好、焊缝平滑美观的接头。不锈钢激光焊可用于核电站不锈钢管、核燃料包等的焊接，也可用于石油化工、轻工、食品机械等工业部门。

（4）硅钢

硅钢片是一种应用广泛的电磁材料，但采用常规的焊接方法难以进行焊接。目前采用 TIG 焊的主要问题是接头脆化，焊态下接头的反复弯曲次数低或不能弯曲，因而焊后不得不增加一道火焰退火工序。

用 CO_2 激光焊焊接硅钢薄板中焊接性最差的 Q112B 高硅取向变压器钢片（板厚为 0.35mm），获得了满意的结果。硅钢片焊接接头的反复弯曲次数越高，接头的塑、韧性越好。几种焊接方法（TIG 焊、电子束焊和激光焊）的接头反复弯曲次数的比较表明，激光焊接头最为优良，焊后不经热处理即可满足生产线对接头韧性的要求。

生产中半成品硅钢片，一般厚度为 0.2～0.7mm，幅宽为 50～500mm，如采用 TIG 焊，焊后接头脆性大，用 1kW 的 CO_2 激光焊焊接这类硅钢薄片，焊接速度可达 10m/min，焊后接头的性能得到了很大改善。

3.3.2　有色金属的激光焊

3.3.2.1　铝合金的激光焊

铝合金激光焊的主要困难是它对激光束的反射率较高，例如铝合金对 CO_2 激光束的反射率高达 90% 以上。铝是热和电的良导体，高密度的自由电子使它成为光的良好反射体，起始表面反射率超过 90%。也就是说，铝合金激光深熔焊必须在小于 10% 的输入能量开始，这就要求很高的输入功率以保证焊接开始时必需的功率密度。而小孔一旦生成，它对光束的吸收率迅速提高，甚至可达 90%，从而可使焊接过程顺利进行。

铝合金的热导率大，焊接时必须采用高能量密度的激光束，对激光器的输出功率和光束质量有较高的要求，因此铝合金激光焊有一定的技术难度。

（1）铝合金激光焊的主要问题

① 气孔。这是铝合金激光焊的主要缺陷。铝合金焊缝中多存在气孔，深熔焊时根部可能出现气孔，焊道表面成形较差。

产生气孔的原因如下。

a. 铝及铝合金激光焊时，随温度的升高，氢在铝中的溶解度急剧升高，高温下熔池金属溶解的氢在冷却过程中随溶解度急剧下降而聚集形成氢气孔，成为焊缝的缺陷源。

b. 铝合金中含有 Si、Mg 等高蒸气压的合金元素，易蒸发导致出现气孔。

c. 激光焊熔池深宽比大，液态熔池中的气体不易上浮逸出；激光束引起熔池金属波动，小孔形成不稳定，熔池金属紊流导致产生气孔。

d. 铝合金表面氧化膜吸收水分导致出现气孔。

此外，铝合金激光焊产生气孔还与材料表面状态、保护气体种类、流量及保护方法、焊接参数等有关。

② 热裂纹。铝合金的热裂纹（也称结晶裂纹）形成于焊缝凝固过程中，是铝合金激光焊的常见缺陷。铝合金激光焊热裂纹产生的原因如下。

a. 铝合金激光焊的焊缝凝固收缩率高达 5%，焊接应力大。

b. 铝合金焊缝金属结晶时沿晶界形成低熔点共晶组织，结晶温度区间越宽，热裂纹倾向越大。

c. 保护效果不好时焊缝金属与空气中的气体发生反应，形成的夹杂物也是裂纹源。

合金元素种类及数量对铝合金焊接热裂纹有很大影响，Al-Si、Al-Mn 系铝合金焊接性好，不易产生热裂纹；Al-Mg、Al-Cu、Al-Zn 系铝合金的热裂纹倾向较大。

添加 Zr、Ti、B、V、Ta 等合金元素细化晶粒有利于抑制热裂纹；通过调整焊接参数控制加热和冷却速度也可以减小热裂纹倾向。例如，激光脉冲焊时通过调节脉冲波形，控制热输入，降低凝固和冷却速度，可以减少结晶裂纹；激光填丝焊也可以有效防止焊接热裂纹。

③ 咬边和未熔合。铝合金的电离能低，焊接过程中光致等离子体易于过热和扩展，焊接过程不稳定。液态铝合金流动性好、表面张力小，激光焊过程不稳定会造成熔池剧烈波动，容易出现咬边、未熔合缺陷（包括焊缝不连续、粗糙不平、波纹不均匀等），严重时会造成小孔突然闭合而产生孔洞、热裂纹等。

采用 YAG 激光器进行激光焊时不易形成光致等离子体，工艺过程较稳定，较为适合焊接铝合金。采用双光束或多光束激光进行焊接，可以增大激光功率，提高焊接熔深。扩大激光深熔焊小孔的孔径，避免小孔闭合，有利于改善焊接过程的稳定性，减少焊缝中的气孔、未熔合等缺陷。

（2）铝合金激光焊的技术要点

铝及铝合金对输入能量强度和焊接参数很敏感，应提高激光束的功率密度和焊接速度。要获得良好的无缺陷焊缝，必须严格选择焊接参数，并对等离子体进行控制。例如，铝合金激光焊时，用 8kW 的激光功率可焊透厚度 12.7mm 的铝材，焊透率约为 1.5mm/kW。

连续激光焊可以对铝及铝合金进行从薄板精密焊到板厚 50mm 深熔焊的各种焊接。铝及铝合金 CO_2 激光对接焊的工艺参数示例见表 3.14。

市场上的大部分锻铝合金可以采用激光焊得到满意的结果，不过焊缝的力学性能相对于母材可能有所降低。激光焊过程中挥发性元素的蒸发，特别是 7000 系列和 5000 系列的铝合金，可能出现合金成分的损失，导致焊缝性能降低，因此焊前对工件进行清理很重要。很多铸造铝合金也能采用激光焊，但焊缝质量依赖于铸造铝合金的质量，特别是残余气体的成分。

表 3.14　铝及铝合金 CO_2 激光对接焊的工艺参数示例

材　　料	激光功率/kW	焊接速度/cm·s^{-1}	熔深/mm	保护气体
铝及铝合金	5.0	4.17	2.0	Ar
铝合金	2.4	6.67	1.0	He
铝合金	2.4	9.16	1.5	Ar
铝合金	2.4	4.33	3.0	Ar

激光填丝焊是铝合金激光焊中常采用的技术，有很多优点。通过焊丝成分设计和选择可以改善焊缝的冶金特性，降低坡口准备和接头装配精度的要求，防止焊缝气孔和热裂纹，提高焊接接头的力学性能。激光填丝焊必须保证焊丝对中和送丝速度稳定，否则熔池金属成分不均匀，容易导致焊接缺陷。

通过填充焊丝向熔池提供辅助电流，借助辅助电流在熔池中产生的电磁力控制熔池的流动状态，实现熔池中热量的重新分配，可以提高激光能量的有效利用和焊接效率。辅助电流在熔池中形成的磁流体效应使熔池动荡不定的运动变得有序和可控，从而改善了焊接过程的稳定性。采用加辅助电流的激光填丝焊可以增加焊缝熔深，减小熔宽，使焊缝成形均匀、美观。

激光-电弧复合焊对于铝合金焊接在提高激光吸收率方面有特殊的意义。电弧对光致等离子体的稀释和对铝合金母材的预热，可以有效提高激光能量的利用率。激光-电弧复合焊稳定电弧的效果对铝合金焊接是很有利的，已获得应用并有很好的前景。

3.3.2.2　钛合金的激光焊

采用激光焊可以容易地对钛及钛合金进行焊接，并且没有氧化、氢脆和塑、韧性降低，但焊接过程中需进行良好的气体保护。因此，激光焊被广泛应用于航空和飞机制造业对安全要求苛刻的钛合金部件的焊接。

钛及钛合金由于具有许多独特的优良性能，如高抗拉强度、强耐腐蚀性及高比强度和比刚度，在飞机制造业中所占的比例不断扩大。钛合金轧制后表面覆盖了一层氧化膜，在氧化膜下，局部可能吸收较多的氧和氮，这种表面下区域称为富气层，使其焊接难度增大。典型的 Ti-6Al-4V 钛合金退火状态下的组织是 α+β 两相混合物，α 相为基体，β 相分布在 α 相晶界上。Al 是稳定 α 相的元素，V 是稳定 β 相的元素。

钛合金较适合采用激光焊，可以得到性能优良的焊接接头。在激光焊条件下，钛合金中的 V 元素几乎没有蒸发损失，Al 元素蒸发损失较显著，使焊缝中合金元素 V 含量相对提高，β 相向针状 α 相的转变减少。

（1）气孔倾向

气孔是钛合金激光焊中容易产生的缺陷。钛合金焊缝出现气孔归因于液态金属对空气中各种气体的溶解度较大。在常温下钛合金表面致密的氧化膜使其保持稳定，但随着温度升高，Ti 与气体发生剧烈反应，例如在 250℃开始吸氢，400℃开始吸氧，600℃开始吸氮。温度越高，吸收 H_2、O_2、N_2 的能力越强。焊前清理、加强保护和选择合理的焊接参数是抑制气孔的主要途径。

（2）接头脆化及接头性能

在激光焊过程中，随着温度升高，H_2、O_2、N_2 等气体在钛合金中的溶解度迅速上升，使钛合金受到污染，导致钛合金焊接接头脆化，在焊缝或热影响区形成冷裂纹。焊接区 H_2、O_2、N_2 的污染是造成脆化和冷裂纹的主要原因。

激光焊能量集中，采用较小的热输入及采取净化效应等措施有利于控制钛合金焊接缺陷（如气孔、脆化、裂纹等）。焊接工艺或焊前装配不当易导致未焊透、烧穿、咬边、弧坑等。

钛合金激光焊接头的强度性能明显高于母材，拉伸试样均断裂在母材。因为激光焊熔池凝固冷却速度较快，焊缝可得到针状马氏体组织。焊后退火的焊缝组织与焊态组织相似，有少量 β 相在马氏体板条界析出，焊缝硬度略有增加。因为焊缝、热影响区、母材组织性能不均匀，激光焊接头的塑性明显下降，一般仅为母材的 60% 左右。

（3）焊前清理和气体保护

激光焊前清理钛合金焊件时不仅要清除氧化膜，还必须将富气层除掉。清理焊件可用机械方法，也可用化学方法。用化学方法清洗时所用的酸洗溶液成分和工艺见表 3.15。

表 3.15　钛合金激光焊前酸洗溶液成分和工艺

编号	酸洗液成分		浸蚀时间	
			基体金属	焊丝
1	氢氟酸(浓度为40%)　4.5%，硝酸(浓度为60%)　17%，水　78.5%(按体积计算)		3min	1min
2	盐酸(二级)　200mL/L，硝酸(二级)　35mL/L		基体金属	焊丝
	氟化钠(二级)　40g/L		7min	3min

气体保护是钛合金激光焊的重要环节。由于钛合金激光焊时接头区的温度远远高于 600℃，为避免接头脆化、产生气孔，钛合金激光焊时必须采取惰性气体保护措施或将焊件置于真空室中。通常情况下，钛合金激光焊时采用高纯氩气对熔池、焊缝正面、焊缝背面进行保护。钛合金板材对接焊时，为了更好地对激光加热处、焊缝后部高温区及焊缝背面进行保护，必须设计专用夹具和气体保护拖罩。

熔池保护气流与激光束同轴，从焊枪喷嘴垂直向下吹出。焊缝正面保护通过拖罩装置来实现，拖罩可以与焊枪喷嘴相连，焊缝背面保护设计在焊接夹具上。焊接夹具如图 3.34 所示。

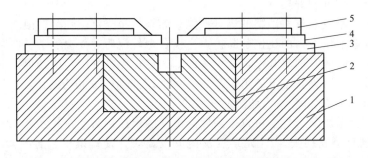

图 3.34　钛合金板材激光焊夹具示意
1—底板；2—铜垫板；3—钛合金板；4—铜冷却板；5—压板

铜垫板和冷却板起散热作用。焊接时，在铜垫板的方形槽中通入氩气保护钛合金板的焊缝背面，而且应在焊前 8~10min 左右预先使方形槽中充满氩气。气体保护拖罩如图 3.35 所示。拖罩长度应大于 120mm，以保证焊缝区处于氩气保护之内，宽度为 40~50mm。氩气由进气管导入，经气体均布管上端的排气孔导出，并将拖罩中的空气挤出，再经过气体透镜（100 目纯铜网）使氩气均匀地覆盖在接头区域。

对焊缝正、反面进行氩气保护时应注意通入氩气的流速不能过大，否则会产生紊流现象而使氩气与空气混合，反而造成不良后果。焊后可从热影响区及焊缝金属表面的颜色判断接头质量的优劣。氩气保护效果好时，焊缝表面呈光亮的银白色，金属的塑性最好，产品合格。氩气保护不良，随着有害气体污染的加剧，焊缝表面的颜色由浅黄色向深黄色、浅蓝色、深蓝色和蓝灰色变化，接头塑性也相应降低。

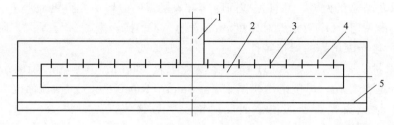

图 3.35　气体保护拖罩示意
1—进气管；2—气体均布管；3—排气孔；4—拖罩外壳；5—气体透镜

对工业纯钛和 Ti-6Al-4V 合金的 CO_2 激光焊研究表明，使用 4.7kW 的激光功率，焊接厚度 1mm 的 Ti-6Al-4V 合金，焊接速度可达 15m/min。检测表明，接头致密，无气孔、裂纹和夹杂，也没有明显的咬边。焊接接头的屈服强度、抗拉强度与母材相当，塑性不降低。在适当的焊接参数下，Ti-6Al-4V 合金激光焊接头具有与母材同等的弯曲疲劳性能。

钛及钛合金焊接时，氧气的溶入对接头的性能有不良影响。激光焊时，只要使用了保护气体，焊缝中的氧就不会有显著变化。激光焊焊接高温钛合金，也可以获得强度和塑性良好的接头。

3.3.2.3　镁合金的激光焊

镁是比铝还轻的一种有色金属，其熔点（650℃）、密度（$1.738g/cm^3$）均比铝低。镁合金具有较高的比强度和比刚度，并具有高的抗振能力，能承受比铝合金更大的冲击载荷。镁合金还具有优良的切削加工性能，易于铸造和锻压，所以在航空航天、光学仪器、通信以及汽车、电子产业中获得了越来越多的应用。

虽然采用激光焊可以对大部分镁合金进行焊接，但镁合金导热性好，线胀系数大，化学活性强，焊接难度较大。与铝合金的激光焊相似，镁合金激光焊时最好采用大功率的设备和高速焊接，以避免焊缝和热影响区过热、晶粒长大和脆化。

（1）镁合金焊接的问题

① 镁的氧化性极强，在焊接过程中表面易形成氧化膜导致焊缝夹杂。

② 镁合金的线胀系数大，在焊接过程中应力大、易变形。

③ 镁合金含低熔点易挥发元素，焊接热输入过大易出现氧化燃烧，焊缝下塌严重。

④ 氢在镁中溶解后不易逸出，在焊缝凝固过程中会形成气孔。

⑤ 镁合金与其他金属形成低熔点共晶组织，导致结晶裂纹或过烧。

采用激光焊可以解决一些镁合金的焊接问题。镁合金激光焊的焊缝连续性好、成形良好、变形小、热影响区小，焊接区晶粒细小，焊缝硬度和力学性能与母材相当。例如，AZ31 镁合金母材为粗大的等轴晶组织，激光焊的接头成形良好，焊缝为细小的柱状晶组织。焊缝区由细小的初生 α-Mg 相、Al_2Mg 等合金相和 Mg-Mn-Zn 共晶相组成。激光焊能量集中，镁合金焊后冷却速度快，熔合区晶粒细化，热影响区晶粒细小。

镁合金激光焊的主要问题是易产生气孔。母材中的微小气孔在焊接过程中聚集、扩展和合并形成大气孔。焊接熔合区气孔倾向随着焊接热输入的增大而增加，而减小激光热输入、提高焊接速度，有利于减少气孔倾向。

（2）中厚度镁合金板激光焊

由于镁合金具有易氧化、线胀系数和热导率高等特点，镁合金在焊接过程中易出现氧化燃烧、裂纹以及晶粒粗大等，并且这些问题随着焊接板厚的增加变得更加严重。中国兵器科学研究院谭兵等采用 CO_2 激光焊对厚度 10mm 的 AZ31 镁合金板进行焊接，研究了中厚度镁合金板 CO_2 激光深熔焊的焊接特性。

① 焊接材料及焊接工艺。AZ31 镁合金板尺寸为 200mm×100mm×10mm，经固溶处理，化学成分见表 3.16。焊接采用德国 Rofin-Sinar TRO50 的 CO_2 轴流激光器，最大焊接功率为 5kW，激光头光路经四块平面反射镜反射后聚焦，焦距为 280mm，光斑直径为 0.6mm。焊接接头不开坡口，采用对接方式固定在工装夹具上，两板之间不留间隙，背部采用带半圆形槽的钢质撑板，采用 He 作为保护气体。焊接工艺参数：激光功率为 3.5kW；焊接速度为 1.67cm/s；离焦量为 0；保护气体流量为 25L/min。

表 3.16　AZ31 镁合金板的化学成分（质量分数）　　　　　　　　%

Al	Zn	Mn	Ca	Si	Cu	Ni	Fe	Mg
2.5~3.5	0.5~1.5	0.2~0.5	0.04	0.10	0.05	0.005	0.005	余量

② 焊缝形貌及微观组织。观察表明该焊接工艺能保证厚度为 10mm 的 AZ31 镁合金板全部焊透，并且焊缝背部成形均匀、良好，但焊缝表面纹理均匀性较差，并存在少量的圆形凹坑，原因如下。

a. 焊缝金属流到焊缝根部和两板之间，存在一定间隙造成焊缝金属量不足。

b. 镁合金表面张力小，在高功率密度脉冲电流的冲击过程中，易造成汽化物和熔化物的抛出。

c. 由于镁合金挥发点低，焊接过程中焊缝金属汽化，一部分金属会挥发掉。

焊缝截面深宽比约为 5:1，焊缝截面的上部宽度约为 4mm，中部和下部宽度约为 2mm，为典型的激光深熔焊的焊缝截面形貌。

由于激光焊的能量密度高，且镁合金的热导率大，焊缝在快速冷却过程中，使焊缝晶粒尺寸小于母材组织。焊缝上部为激光与等离子体热量同时集中作用的区域，因此焊缝宽度、熔池温度也是该区域最高，从而冷却速度也最慢，导致该区域晶粒尺寸大于焊缝其他区域。热影响区宽度为 0.6~0.7mm，与母材组织对比，热影响区的晶粒有一定的长大，并且从焊缝到母材，晶粒长大越来越不明显。

③ 焊缝区元素及物相分析。图 3.36 所示为镁合金焊缝边界线左右各 0.5mm 区域的元素分布。焊缝中 Mg 的质量分数减小，Al 的质量分数增大，Zn 的质量分数没有明显的变化。这是因为 Mg 的沸点低于 Al 的沸点，所以 Mg 更易于挥发到空气中。

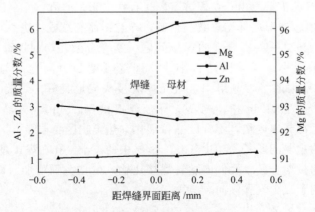

图 3.36　焊缝界面附近的元素分布

检测表明焊缝中主要物相是 α-Mg，未检测出 Al-Mg 低熔点相。主要因为激光焊速度快、热输入小，焊缝中的 Al 来不及向晶界扩散就已凝固，因而在焊缝晶界很难形成富集的能与 Mg 反应的 Al 元素。

④ 焊接接头力学性能。镁合金激光焊接头的维氏硬度分布如图 3.37 所示。焊缝中心区硬度最高，为 52.7HV，热影响区硬度最低，为 47.2HV。一方面由于焊缝的晶粒较细而有利于提高焊缝的硬度；另一方面由于 Mg 元素的烧失，铝元素的相对含量增加，有利于增加焊缝的硬度。热影响区受焊缝热作用出现晶粒长大造成组织软化，但由于焊接速度和导热速度快，热影响区软化现象并不太严重。

AZ31 镁合金母材及激光焊接头的力学性能见表 3.17。

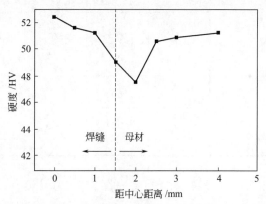

图 3.37　焊接接头的维氏硬度分布

表 3.17　AZ31 镁合金母材及激光焊接头的力学性能

试样	抗拉强度/MPa	伸长率/%
母材（AZ31）	255	8.2
焊接接头	212（205，215，215）	3.9（3.8，4.0，4.0）

注：括号中的数据为实测值。

焊缝抗拉强度和断后伸长率平均值都小于母材。在镁合金激光深熔焊过程中会形成小孔，但小孔的形成会造成 Mg 元素的蒸发，容易产生气孔。虽然中厚板镁合金激光焊的焊缝组织优于母材，但由于激光深熔焊过程中存在较多的微气孔，从而造成接头的强度低于母材强度。

3.3.3　高温合金的激光焊

激光焊可以焊接各类高温合金，包括常规电弧焊难以焊接的含高 Al、Ti 的时效处理合金。常用的很多镍基高温合金都可以用激光焊进行焊接，对于纯镍合金、镍-铜合金和很多镍-铁合金，采用激光焊都没有什么困难。在高温下有很高的抗蠕变能力的多元高温合金可以优先考虑采用激光焊，因为激光焊产生最小的冶金学干扰和很低的热应力。对于更复杂的高温合金，应注意防止热影响区液化裂纹和在焊后热处理中产生的裂纹。

用于高温合金焊接的一般为 CO_2 连续或脉冲激光器，功率为 1~25kW。

激光焊焊接这类高温材料时，容易出现裂纹和气孔。采用 2kW 快速轴流式激光器，对厚度为 2mm 的镍基合金，最佳焊接速度为 8.3mm/s；对厚度为 1mm 的镍基合金，最佳焊接速度为 34mm/s。

高温合金激光焊推荐采用 He 或 He 与少量 Ar 的混合气体作为保护气体。使用 He 成本较高，但是 He 可以抑制离子云，增加焊缝熔深。高温合金激光焊的接头形式一般为对接和搭接，母材厚度可达 10mm，对接头制备和装配的要求很高。高温合金激光焊的主要参数是输出功率和焊接速度，根据母材厚度和热物理性能通过试验确定。

高温合金激光焊接头的力学性能较高，表 3.18 列出了几种高温合金激光焊接头的力学性能。

表 3.18　高温合金激光焊接头的力学性能

母材牌号	厚度 /mm	状态	试验温度 /℃	拉伸性能			强度系数
				抗拉强度 /MPa	屈服强度 /MPa	伸长率 /%	
GH141	0.13	焊态	室温	859	552	16.0	0.99
			540	668	515	8.5	0.93
			760	685	593	2.5	0.91
			990	292	259	3.3	0.99
GH3030	1.0	焊态	室温	714	—	13.0	0.89
	2.0			729	—	18.0	0.90
GH163	1.0	固溶＋时效		1000	—	31.0	1.0
	2.0			973	—	23.0	0.99
GH4169	6.4			1387	1210	16.4	1.0

3.3.4　异种材料的激光焊

　　异种材料的激光焊是指两种不同材料的激光熔焊。激光焊的一个显著特点是由于激光束强度高，可对热导率和熔点不同的异种金属进行焊接，而不是先熔化低熔点的金属。尽管由于冶金原因和不良金属间化合物的影响，不是所有的异种金属都可以采用激光焊，但是激光焊还是可以对很多异种金属进行焊接。应该引起注意的是异种金属激光焊时产生的热电偶效应。在异种金属的界面结合处发生脆化的地方，可加入共熔的过渡材料或添加适当的中间夹层进行激光焊或激光熔-钎焊。

　　异种材料是否可采用激光焊以及接头强度性能如何，取决于两种材料的热物理性质，如熔点、沸点等。如果两种材料的熔点、沸点接近，能形成较为牢固连接的激光焊参数范围较大，接头区可获得良好的组织性能。

　　图 3.38 为两种材料的熔点和沸点的示意。材料 A 的熔点为 $A_{熔}$，沸点为 $A_{沸}$，材料 B 的熔点为 $B_{熔}$，沸点为 $B_{沸}$，且 $B_{沸} > A_{熔} > B_{熔}$、$A_{沸} > B_{沸} > A_{熔}$，则材料表面温度可以在 $A_{熔}$ 和 $B_{沸}$ 之间调节。$A_{熔}$ 和 $B_{沸}$ 之间差距越大，激光焊参数范围越大。图 3.38（a）所示材料 B 的沸点高于材料 A 的熔点，这两个温度构成了一个重叠区，焊接过程中若能使焊缝熔融金属的温度保持在重叠区范围内，这两种材料就能发生熔化或汽化，实现焊接。重叠区的温度范围越大，两种材料焊接参数的选择范围越宽。

　　反之，当一种材料的熔点比另一种材料的沸点还高，即 $A_{熔} > B_{沸} > B_{熔}$ 时，两种材料形

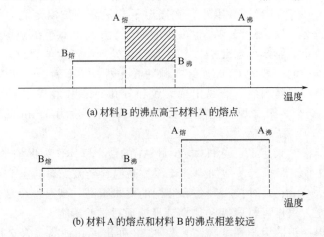

(a) 材料 B 的沸点高于材料 A 的熔点

(b) 材料 A 的熔点和材料 B 的沸点相差较远

图 3.38　两种材料的熔点和沸点的示意

成牢固熔焊的范围很窄，甚至不可能。如图 3.38(b) 所示材料 A 的熔点和材料 B 的沸点相差较远，这两种材料就很难实现激光焊接，原因是这两种材料不能同时熔化，从而无法形成牢固的接头。在这种情况下，可以采用在两种材料之间加入中间层（第三种材料）的方法，再进行焊接。所选的中间层作为焊接材料，既能与材料 A 结合，也能与材料 B 结合，即它们的熔点、沸点应满足图 3.38(a) 的条件。

许多异种材料的连接可以采用激光焊完成。在一定条件下，Cu-Ni、Ni-Ti、Cu-Ti、Ti-Mo、黄铜-铜、低碳钢-铜、不锈钢-铜及其他一些异种材料，都可以进行激光焊。Ni-Ti 异种材料焊接熔合区主要由高分散度的微细组织组成，并有少量金属间化合物分布在熔合区界面。

对于可伐合金（Ni29-Co17-Fe54）-铜的激光焊，接头强度为退火态铜的 92%，并有较好的塑性，但焊缝金属呈化学成分不均匀性。激光焊不仅可以焊接异种金属，还可以用于焊接陶瓷、玻璃、复合材料及金属基复合材料等非金属。

3.4　激光-电弧复合焊

为了消除或减少激光焊的缺陷，提出了一些用其他热源与激光进行复合焊接的工艺，主要有激光与电弧、激光与等离子弧、激光与感应热源复合焊接以及多光束激光焊接等。此外还提出了各种辅助工艺措施，如激光填丝焊（可细分为冷丝焊和热丝焊）、外加磁场辅助增强激光焊、保护气控制熔深激光焊、激光辅助搅拌摩擦焊等。

3.4.1　激光-电弧复合焊的原理及热源分类

3.4.1.1　激光-电弧复合焊的原理

激光-电弧复合焊技术最初是由英国学者 W. M. Steen 于 20 世纪 70 年代末提出的，主导思想是有效利用电弧热量，这里所说的"电弧"主要是指钨极氩弧（TIG）和熔化极氩弧（MIG/MAG），也称为激光-TIG/MIG 复合焊技术。奥地利 Fronuis 公司 2001 年在埃森国际焊接展览会上展出的"激光-MIG 复合焊"设备，引起了焊接界的极大兴趣，最近几年，由于工业生产上的需要，其逐步成为国际焊接界的关注焦点，并得到重视。

激光-电弧复合焊技术是将激光与 MIG 电弧同时作用于焊接区，通过激光与电弧的相互影响，产生良好的复合效应。在较小的激光功率条件下获得较大的焊接熔深，同时提高激光焊对接头间隙的适应性，实现高效率、高质量的焊接过程。图 3.39 所示为激光-电弧复合焊原理及典型焊缝截面形态。

激光作用于金属表面，焊缝上方因激光作用而产生光致等离子云，等离子云对入射激光的吸收和散射会降低激光能量利用率。外加电弧后，低温低密度的电弧等离子体使光致等离子体被稀释，激光能量传输效率提高；同时电弧对母材进行加热，使母材温度升高，母材对激光的吸收率提高，焊接熔深增加。激光熔化金属，为电弧提供自由电子，降低了电弧通道的电阻，电弧的能量利用率也提高，最终使总的能量利用率提高，熔深进一步增加。当激光束穿过 MIG 电弧时，其穿透金属的能力比在一般大气中有了明显的增强。激光束对电弧还有聚焦、引导作用，使焊接过程中的电弧更加稳定。

激光复合焊接技术中应用较多的是激光-电弧复合焊技术，主要目的是有效地利用电弧能量获得较大的熔深，降低激光焊的装配精度。例如，激光与 TIG/MIG 电弧组成的激光-TIG/MIG 复合焊，在较小的激光功率条件下可实现大熔深焊接，同时热输入比 TIG/MIG 电弧大为减小。

(a) 激光-电弧复合焊原理　　　　(b) 激光-电弧复合焊典型焊缝截面形态

图 3.39　激光-电弧复合焊原理及典型焊缝截面形态

焊接金属件时，YAG 激光器输出的激光束能量密度约为 10^6 W/cm^2。当激光束撞击材料表面时，受热表面立即达到蒸发温度，并且因为流动的金属蒸气的作用，在被焊金属中产生凹坑，能得到较大的焊接深宽比。而 MIG 电弧的能量密度略大于 10^4 W/cm^2，能得到较宽的焊缝，其深宽比小。从激光-电弧复合焊原理［图 3.39(a)］可知，激光束与电弧在待焊处的同一区域合成，两者之间相互影响，提高了能量的利用率。激光-MIG 复合焊的焊缝形态如图 3.39(b) 所示，比单一能源的焊接效果好。

单一激光焊时，激光束直径细，要求坡口装配间隙小。对焊缝跟踪精度要求高，同时尚未形成熔池时热效率很低。而激光-电弧复合焊恰好可以弥补这些不足，这可反映在以下几个方面。

① 激光焊与 MIG 焊复合，熔池宽度增加，对坡口装配要求降低，容易进行焊缝跟踪。

② MIG 焊电弧首先加热焊件表面形成熔池，从而能提高其对激光辐射的吸收率；MIG 焊的气流也可以保护激光束激发的金属蒸气；MIG 焊熔化的焊丝产生的液态金属能够填充焊缝，避免咬边。

③ 激光产生的等离子体增强了 MIG 电弧的引燃和维持能力，激光-MIG 复合电弧更为稳定。

总之，激光与 MIG 电弧之间的相互作用是补充和强化的，可以获得更好的焊接效果。

例如，在 2m/min 的焊接速度下，功率为 0.2kW 的激光束与焊接电流为 90A 的 TIG 电弧复合，可以焊出熔深为 1mm 的焊缝，而通常需要用功率 5kW 的激光束才能达到同样的效果。此外，连续激光束在距离电弧中心线 3～5mm 时，有吸引电弧并使之稳定燃烧的作用，可以提高激光焊速度。激光与电弧复合并不是两种焊接工艺的简单叠加，它不仅使两种热源充分发挥了各自的优势，又相互弥补了对方的不足，实现了"1＋1＞2"的协同效应，使其成为工业生产中最具前景的高效焊接技术之一。

3.4.1.2　激光-电弧复合热源分类

采用激光与电弧的复合方式可以充分地发挥两种热源的优势，又相互弥补了对方的不足，形成了一种新型、优质、高效、节能的热源。在同等条件下，激光-电弧复合焊比单一的激光焊或 TIG/MIG 电弧焊具有更强的适应性，焊缝的成形性更好。激光-电弧复合焊在德国、日本等发达国家已先后进入了工业化应用阶段。

激光-电弧复合热源使用的激光器一般有 CO_2 气体激光器、YAG 固体激光器、半导体激光器以及光纤激光器。根据电弧种类的不同，激光与电弧复合热源主要有激光-TIG 复合、激光-MIG/MAG 复合、激光-双电弧复合、激光-等离子弧复合等几种。

（1）激光-TIG 复合热源

激光-电弧复合热源的最早研究是从 CO_2 激光与非熔化极 TIG 电弧的旁轴复合开始的。激光与 TIG 电弧的复合工艺过程相对简单，光束与电弧可以是同轴排布，也可以是旁轴排布。光束与电弧的夹角、电弧电流大小和输入形式、激光功率、排布方向、作用间距、电弧高度、保护气体流量等是影响复合焊效果的主要因素。

图 3.40 为激光-TIG 复合焊示意。激光-TIG 复合热源在快速焊接条件下可以得到稳定的电弧，焊缝成形美观，同时减少了气孔、夹杂、咬边等焊接缺陷。尤其是在小电流、高焊速和长电弧时，激光-TIG 复合热源的焊接速度甚至可以达到单独激光焊的 2 倍以上，这是常规 TIG 焊难以做到的。激光-TIG 电弧复合热源多用于薄板高速焊接，也可用于不等厚板材对接焊缝的焊接。较大间隙板材焊接时，可采用填充金属。

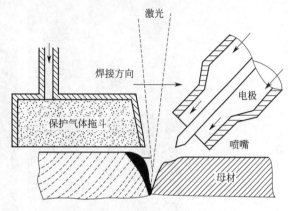

图 3.40　激光-TIG 复合焊示意

研究表明，当焊速为 0.5～5m/min 时，用 5kW 的激光束配合 TIG 电弧的焊接熔深是单独使用 5kW 激光束焊接的熔深的 1.3～2 倍，而且焊缝不出现咬边和气孔等缺陷。电弧复合激光后，其电流密度得到明显提高。

（2）激光-MIG/MAG 复合热源

激光-MIG/MAG 复合焊是应用广泛的一种复合热源焊接方法，在汽车、船舶制造等领域都已得到应用。激光-MIG/MAG 复合焊利用 MIG/MAG 焊填丝的优点，在提高焊接熔深、增强适应性的同时，还可以改善焊缝冶金和组织性能。

图 3.41 所示为激光-MIG/MAG 复合焊示意。由于激光-MIG/MAG 复合热源焊接存在送丝与熔滴过渡等问题，其物理过程较激光-TIG 或激光-PAW 复合热源焊接更为复杂，绝大多数都采用旁轴复合方式进行焊接。

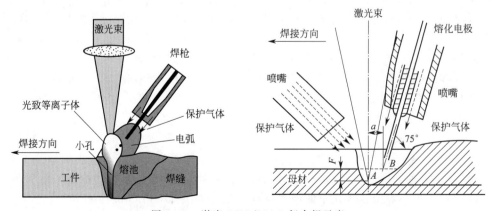

图 3.41　激光-MIG/MAG 复合焊示意

图 3.42 所示为两种不同类型的激光-MIG 复合焊的枪头，一些公司专门从事激光-MIG/MAG 复合焊枪头的设计与制造。MIG 焊丝和保护气体以一定角度斜向送入焊接区，被电弧熔化的焊丝形成轴向过渡的熔滴，然后熔滴和被激光、电弧加热熔化的母材一起形成焊接熔池。由于填丝的存在，可以提高焊接熔深，增强工艺的适应性以及改善焊缝的组织性能。

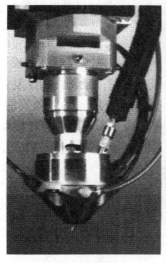 

(a) CO_2激光重型焊枪头　　　　　(b) YAG激光超细焊枪头

图 3.42　激光-MIG 复合焊的枪头

若工艺参数设置不当，焊丝及熔滴也容易造成对激光的干扰，影响焊接质量。如果工件表面激光的辐射照度达到材料汽化的临界辐射照度，则会产生小孔效应和光致等离子体，实现深熔焊过程。与激光-TIG 复合焊相比，激光-MIG/MAG 复合焊具有很好的应用前景，可以焊接的板厚更大，焊接适应性更强。特别是由于 MIG/MAG 电弧具有方向性强以及阴极雾化等优势，适合于大厚度板材以及铝合金等激光难焊金属的焊接。

激光-MIG 复合焊利用填丝的优势可以改善焊缝金属的冶金性能和微观组织结构，常用于焊接中厚板。因此，这种方法主要用于造船业、管道运输业和重型汽车制造业。在德国已将这种复合技术研制到了实用阶段，例如 Fraunhofer 研究所研制出一套激光-MIG 复合热源焊接储油罐的焊接系统，能有效地焊接厚度为 5～8mm 的油罐。

与激光-TIG 或激光-PAW 复合焊相比，激光-MIG/MAG 复合焊由于存在焊丝，多采用旁轴复合结构，可以用较大的电流密度施焊，熔覆效率较高，能获得更大的熔深和熔宽。用于厚大板件的焊接，对工件间隙、错边、对中度偏离的敏感性更小，适应性更强，焊接效率更高。此外，激光-MIG/MAG 复合焊还可以通过选择合适的焊丝，向焊缝金属中添加有益元素，改善焊缝的冶金性能和微观组织结构，可以减小焊缝裂纹倾向，保证冲击韧性和强度，更适合焊接高强结构钢、铝合金等材料。正是基于这些特点，激光-MIG/MAG 复合焊成为国内外备受推崇的激光-电弧复合热源焊接方式。

（3）激光-双电弧复合热源

激光-双电弧复合热源焊是将激光与两个 MIG 电弧同时复合在一起组成的焊接工艺。两个 MIG 焊枪都有独立的电源和送丝机构，通过各自的供电体系分享焊接枪头。每个 MIG 焊枪都可以相对于另一焊枪和激光束的位置任意调整，如图 3.43 所示。

由于三个热源要同时作用在一个区域内，其相互之间的位置排布尤为重要。为了使复合焊接机头在垂直方向上相对于激光束的位置可重新定位，在研究与设计试验装置时需要精心考虑 MIG 焊枪与激光束聚焦尺寸。

无间隙接头焊接时，激光-双电弧复合焊的焊接速度比一般的激光-MIG 复合焊提高约 30%，比埋弧焊提高约 80%。单位长度的热输入比常规的激光-MIG 复合焊减少约 25%，比埋弧焊减少约 80%，而且焊接过程非常稳定，远远超过常规的激光-MIG 复合焊的焊接效率。

由于激光前后都存在 MIG 热源，避免了单一激光-MIG 复合热源焊接方向所受的限制，更易于实现大厚度板材的自动化焊接。

（4）激光-等离子弧复合热源

等离子弧具有刚性好、温度高、方向性强、电弧引燃性好、加热区窄、对外界的敏感性小等优点，有利于进行复合热源焊接。等离子弧与激光复合在薄板

图 3.43　激光-双电弧复合热源焊接枪头

对接焊、不等厚板连接、镀锌板搭接焊、铝合金焊接、切割和表面合金化等方面的应用都获得了良好的效果。

采用激光-等离子弧复合焊高速焊接厚度为 0.16mm 的镀锌板表明，焊接时电弧非常稳定，即使是在 90m/min 时电弧也很稳定，不会出现单独激光焊时的缺陷。而单独激光焊在 48m/min 时就会出现电弧不稳现象，而且还会出现焊接缺陷。

同激光-TIG 复合焊一样，激光-等离子弧（PAW）复合焊可以旁轴复合，也可以同轴复合。

3.4.2　激光-电弧复合焊的特点

激光-电弧复合焊结合了激光和电弧两个独立热源各自的优点（如激光热源具有较高的能量密度、极优的指向性以及透明介质传导的特性；电弧等离子体具有较高的热-电转化效率、低廉的设备成本和运行成本、技术发展成熟等优势），避免了两者的缺点（如由金属材料对激光的高反射率造成的激光能量损失、激光设备的高成本、较低的电-光转化效率等；电弧热源较低的能量密度、高速移动时电弧稳定性差等）。同时两者的有机结合衍生出了很多新的特点（高能量密度、高能量利用率、高电弧稳定性、较低的工装精度及待焊接工件表面质量等），使之成为具有极大应用前景的新型焊接热源。

可以用于复合的激光有：CO_2 激光、YAG 激光、半导体激光、光纤激光等。可以用于复合的焊接电弧热源有：TIG、MIG、MAG、等离子弧等。

上述激光和电弧可以不限种类不限方式地任意组合构建复合热源。激光-电弧复合技术有如下主要特点。

（1）电弧预热提高激光热效率

金属材料的光学特性与试验温度有密切的关系，当温度升高时，金属对激光能量的吸收率呈非线性增长。复合焊过程中，电弧加热使工件升温、熔化，激光束穿过电弧直接作用于液态金属表面，大大降低了工件对红外激光（尤其是波长较大的 CO_2 激光）的反射率，提高了工件对激光的吸收率。此外，电弧等离子体的温度和电离度相对较低，对光致等离子体有稀释作用，使其电子密度降低，从而减少了光致等离子体对激光的吸收和折射，增加了入射到工件表面的激光能量。但这种影响比较复杂，当焊接电流较大时，可能出现负作用。

激光与电弧复合焊接时，TIG 或 MIG 电弧先将母材熔化，紧接着用激光照射熔融金

属，提高母材对激光的吸收率，可有效利用电弧能量，降低激光功率。激光与电弧的相互作用会提高焊接效率，焊接速度可达9m/min。由于电弧的作用，使用较小功率的激光器就能达到很好的焊接效果，与激光焊相比可以降低生产成本，符合"高效、节能、经济"要求，可有效利用激光能量。

（2）提高电弧热流密度和焊接稳定性、增大熔深

激光能量密度极高，焊接过程中引起金属蒸发，形成大量金属等离子体，从而为电弧提供了良好的导电通路，对电弧有强烈的吸引和收缩作用，可减小引弧压力，降低场强，增强电弧的稳定性。由于激光的稳弧作用，使复合热源在高速焊接过程中不易出现电弧飘移或断弧现象，使整个焊接过程非常稳定，飞溅极小。由于激光使电弧收缩，热流密度增大，压缩弧根，进一步增大了熔深。

单独TIG或MIG时，焊接电弧有时不稳定，特别是在小电流情况下，当焊接速度提高到一定值时会引起电弧飘移，使焊接过程无法进行。而采用激光-电弧复合焊技术时，激光产生的等离子体有助于稳定电弧，激光作用在熔池中会形成匙孔，它对电弧有吸引作用，也增加了焊接稳定性；而且匙孔会使电弧的根部压缩，从而增大电弧能量的利用率。复合电弧（特别是MIG电弧）使焊缝熔宽增大，降低了热源对接头间隙的装配精度、错边量及对中敏感性的要求，减少了工件对接加工、装配的工作量，可以在较大的接头间隙下实现焊接，提高了生产效率。

在电弧的作用下母材熔化形成熔池，而激光束又作用在电弧形成熔池的底部，液态金属对激光束的吸收率高，因而复合焊较单纯激光焊的熔深大。与同等功率下的激光焊相比，复合热源焊接的熔深可增加一倍。特别是在窄间隙大厚度板材的焊接中，采用激光-电弧复合焊时，在激光的作用下电弧可潜入到焊缝深处，减少填充金属的熔敷量，实现大厚度板材深熔焊接。

（3）提高焊接效率，降低成本

由于电弧的预热作用，提高了工件对激光能量的吸收率，从而增大了焊缝熔深。此外电弧热量也可经激光产生的小孔作用于工件内部，使熔深进一步增大。厚度为6mm的1Cr18Ni9Ti不锈钢板不同焊接工艺（激光焊、MIG焊和激光-MIG复合焊）焊缝截面形状的比较如图3.44所示。

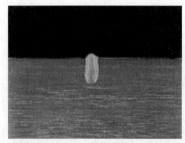
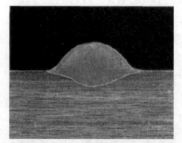
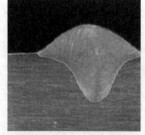

激光功率为1kW，焊接速度为0.9m/min   焊接电流为157A，焊接速度为0.9m/min   激光功率为1kW，焊接电流为157A，焊接速度为0.9m/min

(a) 激光焊   (b) MIG焊   (c) 激光-MIG复合焊

图3.44 1Cr18Ni9Ti不锈钢板不同焊接工艺焊缝截面形状的比较（6mm厚）

激光与电弧的相互作用，使复合焊的能量效应大于两个单独热源的能量效应之和，也使激光-电弧复合焊相比单种焊接工艺具有明显的优势。在相同熔深的条件下焊接速度可提高1～2倍，大大提高了焊接效率，降低了对激光功率的要求，降低了设备投资和生产成本。

（4）减少焊接缺陷，改善焊缝成形，焊接质量好

复合热源作用于工件时，高能量密度激光束可以改善熔化金属与固态母材的润湿性，便于消除高速焊时易出现的咬边、驼峰等缺陷。与单独激光焊相比，激光-电弧复合焊对小孔的稳定性、熔池流动情况等会产生影响。能够减缓熔池金属凝固时间，有利于组织转变和焊接熔池中气体逸出，能够减少气孔、裂纹、咬边等焊接缺陷。因此，与单独焊接工艺相比，复合焊在提高焊接效率的同时，焊接质量也明显提高。

激光和电弧的能量还可以单独调节，将两种热源适当配比可获得不同的焊缝深宽比，改善焊缝形状系数。高能量密度与高焊接速度得到较低的热输入，可得到较窄的焊缝和热影响区，焊缝具有更好的力学性能。

采用 TIG 电弧与 YAG 激光复合焊接厚度为 5mm 的 SUS304 不锈钢板，与单独的 YAG 激光焊相比，气孔大大减少。采用 1.7kW 的 YAG 激光焊接时，由于没有焊透工件，焊缝中存在气孔，但与 100A 焊接电流的 TIG 电弧复合后，虽然熔深增加，但气孔数量和尺寸都明显减少了。根据对激光-电弧复合焊过程电弧、小孔的观察（图 3.45），TIG-YAG 复合焊能够减少气孔有如下两方面的原因。

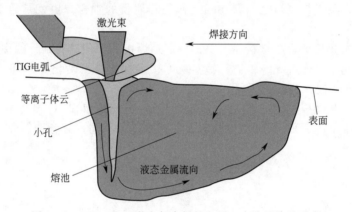

图 3.45　TIG-YAG 激光复合焊的电弧、小孔及熔池示意

① 由于复合电弧的作用，小孔直径变大了，增加了小孔的稳定性。

② 电弧被激光斑点吸引，电弧根部被压缩在小孔表面，引起强烈的金属蒸发，有阻止保护气体侵入小孔的作用。

（5）减小焊接应力和变形

与常规 TIG 或 MIG/MAG 电弧焊相比，激光-电弧复合热源热输入较小，焊接热影响区及工件焊后变形也较小。焊缝的加热时间短，焊接速度快，热输入小，热影响区小，因而不易产生晶粒粗化，焊接区变形及残余应力小，可改善焊缝组织性能。特别是在大厚度板材焊接时，由于焊接道数减少，相应地减少了焊接后整形的工序和工作量，提高了工作效率。

（6）增强焊接适应性，扩展应用范围

激光-电弧复合焊过程中，电弧与焊丝的存在，增大了工件的加热区域，使焊接过程对工件间隙、对中、错边的敏感性减小。对坡口间隙的搭桥能力强是激光-电弧复合焊相对于单激光焊的最大优势，有很大的工程实用价值。对于单一激光焊，对接板之间的间隙通常不超过其厚度的 1/10，错边量不大于板厚的 1/6，否则会出现咬边、凹陷、侧壁未熔合等缺陷，甚至出现激光束漏过对接板间隙，完全无法熔化母材的情况，对工件装配精度要求苛刻。激光-电弧复合焊放宽了对工件装配精度的要求，提高了激光焊的适应性。

例如，厚度为 3mm 的不锈钢板对接，若采用单一 CO_2 激光焊，坡口间隙为 0.1mm 时

焊缝存在一定凹陷，坡口间隙为 0.5mm 时坡口间隙两侧有一半边缘没有完全融化；若采用激光-MIG/MAG 复合热源焊，坡口间隙在 0.5mm 的情况下，能保证边缘熔合及焊透，且焊缝成形良好。研究表明，厚度为 8mm 的钢板的激光-MIG/MAG 复合焊允许的最大间隙为 1.5mm。

激光-电弧复合焊还有对错边的良好适应性。厚度为 10mm 的钢板可一次性焊透，在错边量达到 2mm 甚至 4mm 的情况下，仍可获得良好的焊缝成形。这对于单热源焊接来说是难以实现的。很显然，激光-电弧复合焊是将电弧与较小功率的激光配合从而获得大熔深的焊接方法。它是将两种物理性质、能量传输机制截然不同的热源复合在一起，共同作用于工件表面，对工件加热完成焊接的过程。

3.4.3 激光与电弧的复合方式

激光与电弧联合应用进行焊接有两种方式。一种是沿焊接方向，激光与电弧间距较大，前后串联排布，两者作为独立的热源作用于工件，主要是利用电弧热源对焊缝进行预热或后热，达到提高激光吸收率、改善焊缝组织性能的目的。另一种是激光与电弧共同作用于熔池，焊接过程中，激光与电弧之间存在相互作用和能量的耦合，也就是通常所说的激光-电弧复合焊。

由于固体激光波长短，在材料加工中，特别是焊接加工中具有独特的优势（如材料对激光的吸收率高，光束易通过光纤传输，易实现焊接柔性化、自动化等），使固体激光＋电弧复合热源焊接受到了越来越多的重视。

生产实践中，激光-电弧复合热源，多采用 CO_2 激光器和 YAG 激光器（近年来半导体光纤激光器逐步推广应用）。根据激光与电弧的相对位置不同，有旁轴复合与同轴复合之分，如图 3.46 所示。

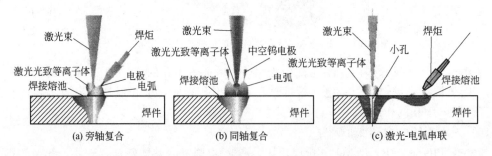

图 3.46　激光-电弧旁轴复合与同轴复合示意

（1）旁轴复合

旁轴复合是指激光束与电弧以一定的角度共同作用于工件的同一位置，即激光从电弧的外侧穿过达到工件表面，可在电弧前方送入，也可在电弧后方送入，如图 3.47(a) 所示。旁轴复合较易实现，可以采用非熔化极的钨极氩弧焊（TIG）电弧，也可以采用熔化极气体保护焊（MIG）电弧，是目前广泛应用的一种方式。激光与电弧的旁轴复合根据不同情况又可分为激光在电弧前和激光在电弧后两种。

（2）同轴复合

同轴复合是指激光与电弧同轴且共同作用于工件的同一位置，即激光穿过电弧中心或电弧穿过环状激光束中心到达工件表面，如图 3.47(b) 所示。同轴复合难度较大，工艺也较复杂，因此多采用 TIG 电弧或 PAW（Plasma Arc Welding，等离子弧焊）电弧。

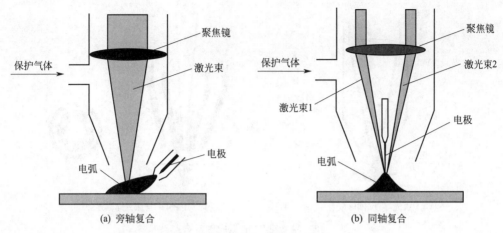

图 3.47 激光-电弧的复合方式

（3）激光前后位置的影响

激光与电弧的相对位置会对焊缝表面成形和组织性能产生影响。研究表明，激光束在电弧前，焊缝的上表面成形均匀且饱满美观，特别是在焊接速度较大的情况下效果更明显；而电弧在激光束前，焊缝的上表面会出现沟槽。

通过对焊缝的成分及性能进行分析，得知两种情况下元素含量都是从焊缝上部到下部递增。激光在电弧前，焊缝上部的硬度小于下部的硬度，激光在电弧后，焊缝上部的硬度大于下部的硬度。出现这种情况的原因是电弧在后时，热源作用面积大，热源移走后焊缝冷却慢而有利于熔池中的气体逸出，成形好；电弧热源作用于激光后相当于对焊缝进行一次回火而其热量不能传输到焊缝较深处，故下部未回火，因此焊缝上部的硬度小于下部。

不仅激光与电弧的前后不同对焊接过程有影响，激光与电弧的间距不同对焊接过程也有影响。激光与电弧间距对复合焊熔滴过渡有影响。在高速 MIG 焊时熔滴过渡很不稳定，而激光-MIG 复合焊时，由于激光等离子体对熔滴的热辐射作用和对电弧的吸收作用改变了电弧的形态及熔滴的受力状态，使熔滴过渡发生了变化。不同的焊接电流，存在不同的最佳激光与电弧间距。在最佳间距下，熔滴过渡形式为单一的稳定射流过渡，电流电压恒定，焊缝成形良好。

图 3.48(a) 中电弧位于两束激光中间，YAG 激光束从光纤输出后，分为两束，通过一组透镜重新聚焦，电极与电弧安置在透镜的下方，激光的聚焦点与电弧辐射点重合。图 3.48(b) 所示为激光从电弧中间穿过实现激光与 TIG 电弧的同轴复合。此时采用了 8 根钨极，在一定直径的圆环上呈 45°均匀分布。钨极分别由独立的电源供电，焊接过程中根据焊枪移动的方向，控制相应方向上的两对电极工作，形成前后方向的热源。设计空心钨极，使激光束从环状电弧中心穿过，也是激光与电弧同轴复合的常用方法。激光-电弧同轴复合解决了旁轴复合的方向性问题，适合于三维结构件的焊接，难点是焊枪的设计比较复杂。

（4）激光-电弧复合焊电压、电流的变化

激光与电弧相互作用形成的是一种增强适应性的焊接方法，它避免了单一焊接方法的不足，具有提高能量、增大熔深、稳定焊接过程、降低装配要求、实现高反射材料的焊接等许多优点。

图 3.49 所示为单纯 TIG 焊和激光-TIG 复合焊时电弧电压和焊接电流的波形。图 3.49 (a) 中焊接速度为 135cm/min、TIG 焊接电流为 100A，可以看出，激光-TIG 复合焊时电弧

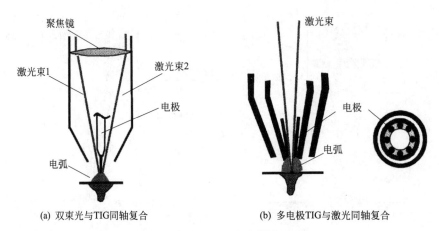

(a) 双束光与TIG同轴复合　　　　　　　(b) 多电极TIG与激光同轴复合

图 3.48　激光-TIG 电弧同轴复合热源

电压明显下降，焊接电流明显上升。图 3.49(b) 中焊接速度为 270cm/min、TIG 焊接电流为 70A，可以看出，单纯 TIG 焊时电弧电压及焊接电流不稳定，很难进行焊接，而激光-TIG 复合焊时电弧电压和焊接电流很稳定，可以顺利地进行焊接。

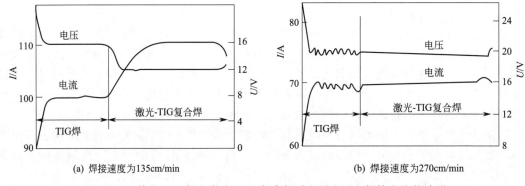

(a) 焊接速度为135cm/min　　　　　　　(b) 焊接速度为270cm/min

图 3.49　单纯 TIG 焊和激光-TIG 复合焊时电弧电压和焊接电流的波形

激光加丝焊接是指在进行激光焊接的同时，向焊缝填充焊丝。添加焊丝有两个目的：一是在接头间隙不很理想的情况下，仍可进行正常焊接，使焊缝成形良好；二是改变焊缝的成分和组织，使焊缝满足一定的性能要求。

采用加丝深熔焊时，应注意不要使焊丝添加得太快，以免使熔池小孔受到破坏。试验表明，采用加丝激光焊时，在其他焊接条件不变的情况下，其焊缝宽度比不加焊丝时的窄，这是由于在同样的热输入作用下，填充焊丝的熔化消耗了部分光能，用于熔化母材的能量相应减少的缘故。

3.4.4　激光-电弧复合焊参数对焊缝成形的影响

（1）激光功率的影响

清华大学陈武柱等针对激光功率对激光-MAG 复合焊焊缝熔深和熔宽影响的试验结果如图 3.50 所示，采用的是 CO_2 激光器，焊接时 MAG 电弧在前，激光在后。

由图 3.50(a) 可见，当激光功率较小时（图 3.50 中 $P \leqslant 1.5kW$），处于热导焊的范围，无论是单一的激光焊，还是复合焊，焊缝熔深随激光功率的增加变化很小；当激光功率大于 1.5kW 后，焊缝熔深随着激光功率的增加近似呈线性增长，而且复合焊具有与单独激光焊斜率相近的增长曲线。所不同的是随 MAG 电流不同，复合焊的熔深比单独激光焊有了不同程度的提升。由图 3.50(b) 可见，复合焊的熔宽也随着激光功率的增加有所增长，但变化范围不大。

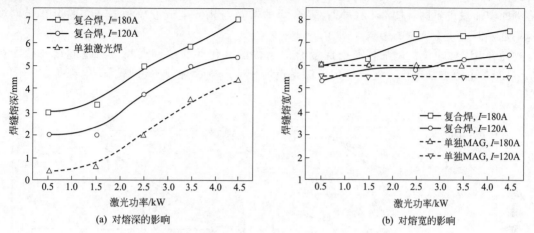

图 3.50　激光功率对 CO_2 激光-MAG 复合焊熔深、熔宽的影响

[厚度为 7mm 的 Q235 钢，MG-51T 焊丝（ϕ1.0mm），MAG 电弧在前，CO_2 激光在后，

保护气体为 He-Ar（20L/min），焊接速度为 0.8m/min]

　　图 3.51 给出了另一研究报告提供的试验结果，采用的是 YAG 激光和脉冲 MAG 复合，焊接时 YAG 激光在前，MAG 电弧在后。

　　与图 3.50 比较可见，虽然两者所用的激光器不同，两热源排列顺序不同，但激光功率对熔深的影响规律是一致的：小功率的热导焊阶段（图 3.51 中，$P<$0.9kW），复合焊和单独激光焊一样，焊缝熔深随激光功率的增加变化很小；$P>$0.9kW 的深熔焊阶段，焊缝熔深随着激光功率的增加近似呈线性增长，复合焊与单独激光焊具有斜率相近的增长曲线；复合焊的熔深比单独激光焊有一定程度的提升。所不同的是，CO_2 激光-MAG 复合焊对熔深的提升作用比 YAG 激光-MAG 复合焊更明显。

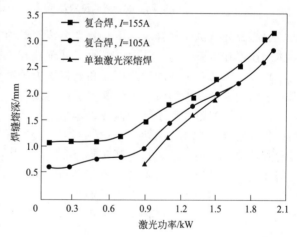

图 3.51　激光功率对 YAG 激光-MAG 复合焊熔深的影响

（Q235 钢，YAG 激光在前，MAG 电弧在后，焊接速度为

0.8m/min，激光焦斑为 ϕ0.6mm，焊丝直径为 ϕ1.2mm，

保护气体为 82%Ar+18%CO_2）

　　产生这种情况可能有以下两方面的原因。

　　① 单独激光焊时，材料原本对 CO_2 激光的吸收率就比 YAG 激光低，所以显示出复合焊中电弧的预热对提高材料对 CO_2 激光的吸收率更明显。

　　② 陈武柱等的试验中，MAG 在前，电弧相对于焊缝为后倾，而另一组试验中 MAG 在后，为电弧前倾。电弧后倾促使电弧吹力将熔池液态金属推向熔池尾部，电弧穿透深度增加，也将加强 MAG 电流增加熔深的总体效果。而电弧前倾却是使熔池液态金属流向熔池前端，阻碍电弧向深度方向穿透，MAG 电流增加熔深的效果受到影响。

（2）MAG 电流的影响

MAG 电流对激光-MAG 复合焊熔深、熔宽的影响如图 3.52 所示，试验条件与图 3.50 相同。可见，激光-MAG 复合焊的熔深大于相同功率单独激光焊的熔深，MAG 电流不同，熔深的增加量也不同［图 3.52(a)］；复合焊的熔宽与相同电流下单独 MAG 的熔宽变化规律相近，但大于 MAG 的熔宽［图 3.52(b)］。

随着 MAG 电流的增加，所引起复合焊熔深的变化并非单调增长，而是起伏变化，在 90～120A 电流增加范围，复合焊的熔深是负增长。产生这种现象可归因于电弧等离子体的变化。

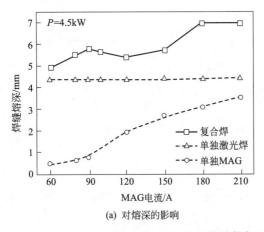

(a) 对熔深的影响

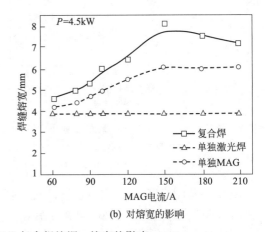

(b) 对熔宽的影响

图 3.52　MAG 电流对激光-MAG 复合焊熔深、熔宽的影响

引起激光-MAG 复合焊比单一激光焊熔深增加有三方面的因素：电弧的预热、电弧等离子体的作用和电弧吹力。其中电弧对工件预热和电弧吹力这两个因素产生正效应，即 MAG 电流越大，电弧对工件的加热程度和电弧吹力越激烈，熔深的增长越大。电弧等离子体对熔深的影响较复杂，因为激光光致等离子体温度高，电弧等离子体对激光光致等离子体有稀释作用，减小了光致等离子体对激光的吸收和折射，增加了辐射到工件的激光能量。但随着焊接电流的增加，在电弧等离子体的密度大到一定程度时，不仅没有了稀释光致等离子体的作用，反而会增加激光穿越电弧时的能量损耗，降低工件表面吸收的能量。

（3）激光与电弧间距的影响

激光与电弧间距（DLA），是指工件表面激光辐射点与焊丝瞄准点之间的距离，也称光丝间距（指焊丝轴线和工件上表面的交点与激光束中心轴之间的距离，如图 3.53 所示）。这是激光-MIG/MAG 复合焊的一个重要参数，对焊接过程的稳定性和焊缝成形有很大的影响。

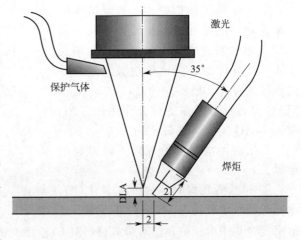

图 3.53　激光-MIG/MAG 复合热源焊示意

图 3.54 所示为激光与电弧间距对激光-MAG 复合焊熔深、熔宽的影响，试验中两热源

的排列顺序采用了两种方式：MAG 导前方式和激光导前方式。从试验结果看，相同的激光与电弧间距情况下，MAG 导前方式比激光导前方式的熔深大，而熔宽较窄。但从变化趋势看，两种排列方式的熔深和熔宽随激光与电弧间距的变化规律是一致的：熔深的变化具有最大值，而熔宽随激光与电弧间距的变化不大。

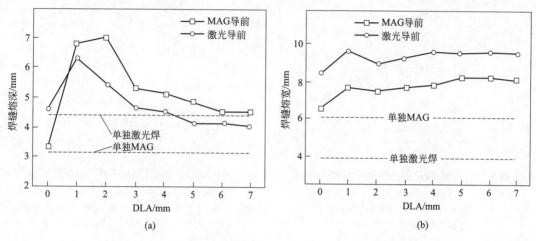

图 3.54　激光与电弧间距对激光-MAG 复合焊熔深、熔宽的影响

激光和电弧的排列方式不同引起熔深、熔宽的变化，主要原因是电弧倾角方向不同。MAG 导前方式中电弧是后倾的，而激光导前方式中电弧是前倾的，电弧后倾比电弧垂直或前倾熔深大、熔宽窄，这和一般电弧焊的成形规律是一样的。

由图 3.54(a) 可见，如果激光辐射点和电弧燃烧点完全重合（DLA 为零），激光和电弧两热源的作用不是加强了，而是削弱了，熔深几乎降至最低，甚至比单独激光焊还要低。原因是激光与电弧间距为零时，激光能量主要集中在焊丝熔化上，削弱了小孔效应。随着激光与电弧间距的增加，MAG 电弧对激光的加强作用显露出来，熔深不断增加。当激光与电弧间距达到某一值时（对 MAG 导前方式为 1～2mm，对激光导前方式为 1mm），熔深达到最大值；当 DLA＞3mm 后，由于电弧离激光越来越远，电弧的加强作用越来越弱，熔深越来越小；当 DLA＞4mm 后，电弧已显不出什么作用，复合焊熔深和单独激光焊的熔深基本上一样了。

（4）离焦量的影响

离焦量即激光束焦点位置与工件表面之间的距离。通常将激光束焦点刚好在工件表面上的离焦量定义为零离焦量，焦点在工件表面之上为正离焦量，焦点在工件表面之下为负离焦量。离焦量实质上用于改变辐射到工件表面的激光功率密度，但其作用不止如此。一般负离焦量时工件内部的功率密度大于表面处，焦点处的高能量密度完全用于熔化工件，可获得更大熔深。此外，离焦量小于零时，工件与喷嘴端部较近，保护气体因流动路径的缩短而挺度增加，有利于消除等离子体。

在复合焊过程中，离焦量对电弧的稳定性、熔宽影响不大，但对熔深有较大的影响，存在一个获得最大熔深的最佳位置。如图 3.55 所示，在复合焊堆焊过程中，熔深在离焦量为 −1～0mm 时获得最大值；当离焦量大于 0mm 后，熔深迅速下降，而熔宽随激光离焦量变化有限。图 3.56 给出了 YAG 激光-短路过渡 MAG 复合焊与激光焊熔深随离焦量的变化。可以看出，复合焊熔深随离焦量变化的规律与图 3.55 类似，而复合焊和单一激光焊的最佳离焦量不同，两者获得最大熔深的离焦量分别为 0mm 和 −1mm，这是因为复合焊中填充金属与电弧压力改变了熔池液面位置。

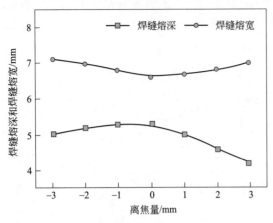

图 3.55　CO_2 激光离焦量对熔深的影响

[激光功率为 4kW，焊接电流为 150A（25V），焊接速度为 0.8m/min，He-Ar 保护气体，流量 20L/min]

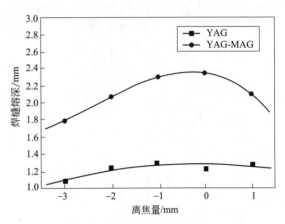

图 3.56　YAG 激光离焦量对熔深的影响

（6mm 厚 1Cr18Ni9Ti 不锈钢，激光在前，激光功率为 1.5kW，焦斑直径为 0.6mm，焊接电流为 150A，保护气体为 85%Ar+15%CO_2，焊接速度为 0.9m/min）

　　复合焊中，离焦量要根据具体的焊接工艺过程来确定，与电弧焊的熔滴过渡形式有很大的关系。电弧焊短路过渡时熔池液面高于工件表面，射滴过渡和射流过渡时熔池液面下凹，低于工件表面，所以对不同的过渡形式，复合焊所选取的离焦量不同，但一般选取负离焦量（即激光焦点位于工件表面以下）。针对短路过渡电弧与 YAG 激光复合焊，最佳离焦量是 -1mm；在对接焊过程中，由于坡口间隙的存在，激光能量易于进入工件内部，故离焦量比堆焊时要大。图 3.57 所示为激光-射流过渡 MIG 复合焊对接时熔深随离焦量的变化，最佳离焦量为 -8～-4mm。

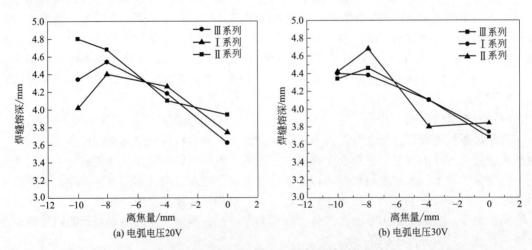

图 3.57　离焦量对复合焊对接焊缝熔深的影响

（308L 不锈钢，I 形坡口对接，激光功率为 3.0kW，保护气体为 40%He+57%Ar+3%O_2，焊接速度为 1m/min）

　　（5）电弧电压的影响

　　在送丝速度、激光功率等工艺参数保持不变的条件下，随着电弧电压的增大，电弧长度增加，电弧热流作用范围随之增大，工件表面润湿区域变宽，有利于填充金属铺展，从而使复合焊熔宽增大。

当电弧电压增大到某一值时，复合焊熔宽达到最大值；继续增大电弧电压时，工件表面润湿区域进一步变宽，但由于送丝速度没有变化，无足够填充金属铺展，因此复合焊熔宽无明显变化，但热循环区域进一步扩大，可能出现咬边缺陷，如图 3.58 所示。

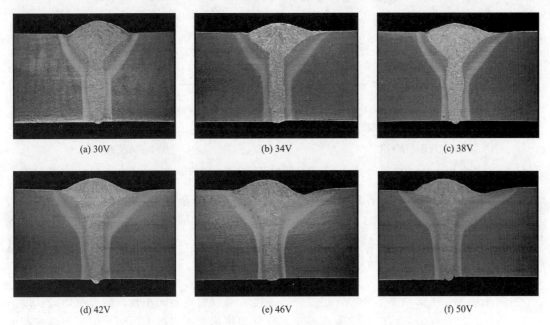

(a) 30V   (b) 34V   (c) 38V

(d) 42V   (e) 46V   (f) 50V

图 3.58　不同电压下激光-MIG 复合热源焊缝的截面形貌
（6mm 厚高强钢 DX420，CO_2 激光在前，脉冲 MIG 电弧在后，焊丝直径为 1mm，
V 形坡口，送丝速度为 8m/min，焊接速度为 1.8m/min）

研究表明，由于电弧电压增大导致电弧长度变大，从而使激光束入射到工件表面所要穿过的电弧路径距离增加，减少了辐射到工件的激光能量。因此当电弧电压增大时，复合焊熔深变浅。这种变化规律在送丝速度较小时较为明显；当送丝速度较大时，由于激光能量对复合焊熔深的影响相对较小，因此电弧电压增大时，复合焊熔深变化不明显。

（6）电源类型的影响

在复合焊过程中，电源类型（如直流、交流、脉冲电流等）对激光-电弧复合焊焊缝成形有较大影响。与脉冲电弧相比，激光-MIG 复合焊在直流电弧条件下的熔滴过渡稳定性较差。这可能是因为激光为电弧提供的导电通道使电弧的弧柱大大压缩，焦斑尺寸也随之减小，强大的斑点力向上阻碍熔滴的过渡。而电磁力又使熔滴向激光小孔处产生质心偏离，使熔滴体积增大，难于脱离焊丝。对于脉冲电弧，由于峰值电流较大，斑点力的影响不是很明显。因此，将激光与脉冲 MIG 结合进行复合焊接时，填充金属更易铺展，熔滴对激光束的干扰较小，复合焊焊缝熔深和熔宽也相对较大。

图 3.59（a）给出了直流和脉冲两种电流模式下的激光-MIG 复合焊焊缝尺寸，其中脉冲 1 和直流 1 的工艺参数为：激光功率 3.5kW，送丝速度 6.0m/min，保护气体 He 40L/min ＋Ar 15L/min，离焦量 2mm，光丝间距 2mm，焊接速度 1m/min。脉冲 2 和直流 2 的工艺参数为：激光功率 3.5kW，送丝速度 7.5m/ min，保护气体 He 40L/min ＋ Ar 15L/min，离焦量 2mm，光丝间距 2mm，焊接速度 1m/min。可以看出，与激光-直流 MIG 复合焊相比，激光-脉冲 MIG 复合焊熔深和熔宽较大，而余高较小。

图 3.59（b）所示为 YAG 激光分别与直流和交流脉冲 MIG 复合焊接时的熔深。工件为

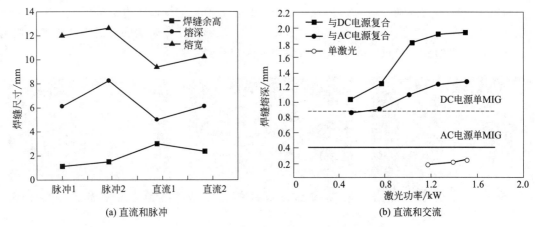

(a) 直流和脉冲　　　　　　　　　　(b) 直流和交流

图 3.59　不同电源类型对复合焊熔深的影响

3mm 厚的 A5052 铝合金板，焊丝为 ϕ1.2mm 的 A5356 铝合金焊丝。激光在前，电弧在后，焊接电流为 175A，电弧电压为 19.5V，焊接速度为 4m/min。由于交流脉冲 MIG 焊过程中，极性不断变化，电弧稳定性较差，熔深较浅，因此采用交流脉冲 MIG 焊机时，其复合焊熔深较采用直流脉冲 MIG 焊机小。

（7）焊接速度的影响

当激光功率和电弧功率不变时，提高焊接速度，可以稳定激光小孔，但单位焊缝长度的热输入降低，复合焊缝的熔深、熔宽都减小；降低焊接速度可以增大熔深，但是当焊接速度过低时，单位长度焊缝的熔敷金属过多，容易使小孔崩溃，此时熔深不会增加，反而可能减小，且焊接过程不稳定，易产生飞溅，在复合焊过程中，焊接速度处在一个合适的范围内才能获得最大的熔深。

图 3.60 给出了焊接速度对 YAG 激光-MAG 复合焊熔深的影响。可见，与激光焊相比，低焊速时的复合焊熔深并没有明显增大；在较高焊速条件下，复合焊熔深则高于激光焊。随着焊接速度的增加，复合焊熔深先增加，并在焊接速度为 1.0m/min 时达到最大值，随后再减小，但始终大于单独激光焊。当焊接速度达到 2.4m/min 时，激光焊焊缝呈现热导焊效果，而复合焊仍具有深熔焊特征。如果要求焊接熔深相同，则复合焊可以用比激光焊更高的速度进行。也就是说，复合焊的焊接效率较单一激光焊有较大提高。对于复合焊熔宽，由于受激光能量影响较小，因此随着焊接速度增大逐渐减小。

图 3.61 所示为焊接速度对 CO_2 激光-MAG 复合焊熔深的影响。可见，随着焊接速度的提高，激光-MAG 复合焊焊缝的熔深与单独激光焊焊缝的熔深以相近的斜率急剧下降。但在焊接速度相同的情况下，复合焊熔深比单独激光焊熔深还是提高了。如果要求焊缝熔深相同（即焊透相同的板厚），复合焊可以用比单独激光焊大得多的速度进行焊接。

（8）激光与电弧相对位置的影响

在旁轴复合焊过程中，激光与电弧的前后相对位置对复合焊质量同样有重要影响。CO_2 激光-MIG 旁轴复合焊时，在其他工艺参数相同的条件下，激光后置时复合焊熔深较激光前置时大，而熔宽比激光前置时小。这种变化规律在铝合金激光-MIG 复合焊试验中也得到了证实。

研究认为，当激光前置时，电弧前倾，电弧压力使熔池内流体流向熔池前端，不利于电弧向深度方向穿透，同时激光作用于较冷金属中，吸收率相对较低；当激光后置时，电弧后倾，电弧吹力将熔池液态金属吹向熔池尾部，有助于增加电弧及激光能量穿透，而且激光直接作用于高温熔融金属上，吸收率较高，激光后置时电弧更稳定。也有研究表明，激光前置比激光后置时的焊缝熔深和熔宽都大，而余高小，这可能与电弧的倾斜角度及电弧功率有关。

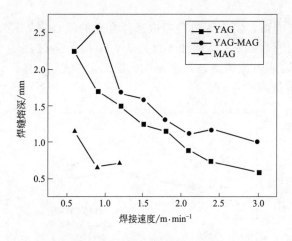

<table>
<tr><td>图 3.60　焊接速度对熔深的影响</td></tr>
<tr><td>（激光功率为 1.5kW，焊接电流为 150A，离焦量为 0mm）</td></tr>
</table>

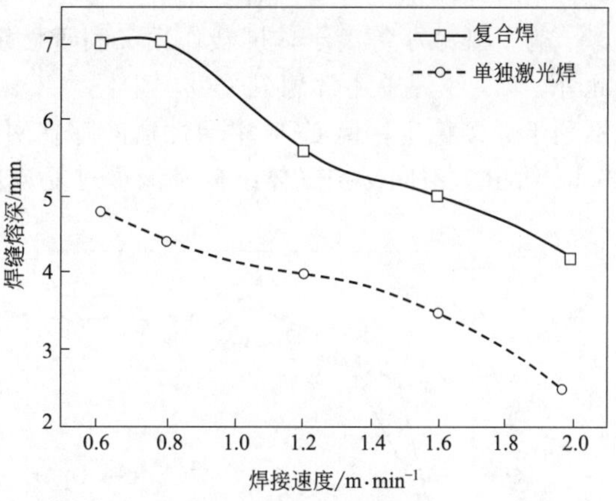

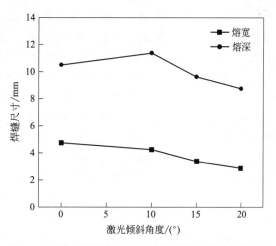

图 3.61　焊接速度对 CO_2 激光-MAG
复合焊熔深的影响

　　对铝合金进行激光-MIG 复合焊时发现，由于激光后置时熔池容易受到保护气流的干扰，激光前置时焊缝成形比激光后置美观，因此认为激光前置优于后置。激光前置时，由于 MIG 保护气体在熔池后部的清理作用，焊缝表面较激光后置时清洁。对于气孔产生的情况，两者相似，认为激光前置优于后置。可见，激光与焊缝的相对位置应依据具体工艺或焊接质量要求而定。

　　（9）激光束轴线与焊枪角度的影响

　　激光-MIG 旁轴复合焊时，一般情况下激光束垂直于工件表面，MIG 焊枪相对其倾斜一定角度。研究表明，采用 YAG 激光-MIG 复合焊对 A5056 铝合金进行焊接，激光前置且垂直于工件，当焊枪与激光束之间的角度在 26°～40°范围内变化时，焊缝熔深几乎不变。但随着电弧焊枪倾斜角度的增大，出现了飞溅。

　　采用激光倾斜一定角度的方式可以防止反射光线损伤光镜，可以减少等离子体对激光的吸收，提高激光能量的利用率。但激光的倾斜角度不能过大，过大的角度使激光直接作用于焊缝的填充金属上，不利于激光深入工件内部，即存在某一最佳激光倾斜角度，可得到最大熔深。如图 3.62 所示，激光倾斜角度为 10°时，熔深最大。

　　（10）保护气体的影响

　　保护气体种类对于复合焊过程中等离子体形成和电弧稳定性有重要的影响。与氩气（Ar）相比，氦气（He）电离势较高，焊接过程中产生的等离子体密度较小，等离子体对激光的屏蔽作用也较小，有利于低焊速和高功率激光焊接。氩气作为保护气体，由于其电离势低，焊接过程中等离子体密度较高，

图 3.62　激光倾斜角度对复合焊熔深和熔宽的影响
（CO_2 激光功率为 3.5kW，MIG 焊枪与工件夹角为 75°，
送丝速度为 6.0m/min，焊接速度为 1m/min，
光丝间距为 2mm）

对激光能量的吸收能力较强，屏蔽作用较大，不利于产生较大熔深，却有利于电弧稳定。因此，两者在功能上存在互补。

为了既减小等离子体屏蔽作用又利于稳定电弧，复合焊过程中应选择合适的混合气体。此外，MAG焊中还常用到CO_2气体，CO_2使弧压增大，增加了斑点力，阻碍熔滴过渡，不利于焊接稳定；但CO_2中活性氧的存在对熔池内流体流态产生影响，继而影响熔深。图3.63给出了不同保护气体组分及流量对复合焊熔深的影响。

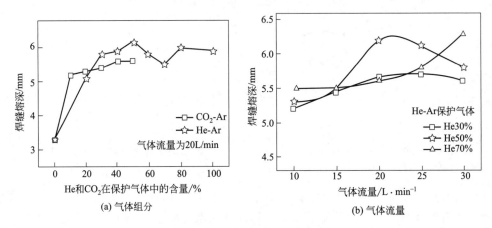

(a) 气体组分   (b) 气体流量

图3.63　保护气体对复合焊熔深的影响

(7mm厚Q235钢板，MAG电弧在前，CO_2激光在后，激光功率为4.5kW，焊接电流为180A，电弧电压为29V，焊丝直径为1mm，焊接速度为0.8m/min，保护气体喷嘴与激光同轴)

焊接过程中，保护气体喷嘴与激光同轴。由图3-63(a)可以看出，随着保护气体中He和CO_2含量的增加，复合焊熔深显著增加。纯Ar保护时复合熔深为3.3mm，而He＋Ar和CO_2＋Ar保护时最大熔深可分别达到6.2mm和5.6mm。这是因为相较于高电离势的Ar，He的加入可有效减小激光光致等离子体密度，降低对CO_2激光能量的吸收和散焦，使激光热效率和热流密度增大，进而使熔深增大。CO_2的加入也有类似效果，尽管不如He明显，但CO_2中氧的存在，使熔池表面张力梯度方向改变，使熔池中流体由周围向中心流动，也可有效增大熔深。但He和CO_2含量的增加使焊接稳定性变差，两者含量过大时，不能对熔池形成有效保护，熔深反而变小。因此，He＋Ar和CO_2＋Ar都存在一个获得最大熔深的最佳配比。He＋Ar中He的最佳含量为50%，CO_2＋Ar中CO_2的最佳含量为40%。图3.63(b)给出了不同保护气体流量对复合焊熔深的影响。不同气体组分，随气体流量变化时，熔深呈现不同的变化规律。He含量为30%和50%时，获得最大熔深的最佳流量分别为25L/min和20L/min，He含量为70%时的最佳流量为30L/min。这种规律的出现与He的加入所带来的双重效果有关。

图3.64所示为保护气体喷嘴后置的条件下不同气体流量对复合焊熔深和熔宽的影响。焊接过程中，激光垂直于工件，电弧前置，与激光束成30°角；保护气体喷嘴后置，与激光成45°角。熔深变化规律与图3.63类似。

在保护气体流量较低（＜20L/min）时，随着保护气体流量的增加，复合焊熔深变化不大，但当保护气体流量超过20L/min时，复合焊熔深随着气体流量的增大而迅速增大，并在气体流量为30L/min达到最大值，再进一步增大气体流量时，复合焊熔深反而减小。而保护气体流量对熔宽的影响根据光丝间距的不同而不同。当光丝间距为7mm时，复合焊与激光焊和MIG焊类似，熔宽在保护气体流量超过某一值时迅速下降；当光丝间距为20mm

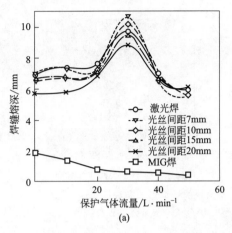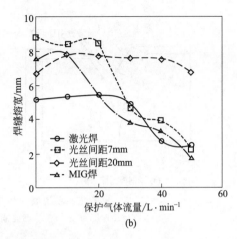

(a)　　　　　　　　　　　(b)

图 3.64　保护气体流量对复合焊熔深与熔宽的影响

(12mm 厚 SS400 钢板，MIG 电弧前置，CO_2 激光后置，激光功率为 5kW，焊接电流为 200A，

电弧电压为 25V，焊丝直径为 1.2mm，焊接速度为 0.6m/min，保护气体为 He＋Ar，

保护气体喷嘴后置，与激光成 45°角)

时，复合焊熔宽受保护气体流量影响不明显。与保护气体喷嘴和激光同轴相比，保护气体喷嘴前置或后置都不利于电弧稳定，熔深相对较小，参数调节范围较窄。

3.4.5　激光-电弧复合焊的应用

近年来，激光-电弧复合热源焊接技术显示出巨大的应用潜力，可用于厚板的高速焊接、熔覆以及精密工件的点焊等多个应用领域。从工艺角度看，激光-电弧复合热源正是利用各自的优势，弥补相互之间的不足，显示了很好的焊接性和适应性。从能量的角度看，提高焊接效率是复合热源最显著的特点，事实上，复合热源有效利用的能量远远大于两种热源的简单叠加。

（1）铝合金激光-电弧复合热源焊接

激光焊接铝合金存在反射率大、易产生气孔和裂纹、成分变化等问题，激光-电弧复合热源焊接铝合金可以解决这些问题。铝合金液态熔池的反射率低于固态金属，由于电弧的作用，激光束能够直接辐射到液态熔池表面，增大吸收率，提高熔深。采用交流 TIG 直流反接（DCEP）可在激光焊之前清理氧化膜。同时，电弧形成的较大熔池在激光束前方运动，增大熔池与固态金属之间的润湿性，防止形成咬边。由于电弧的加入，通常不适于焊接铝合金的 CO_2 激光器也可胜任各种铝合金结构的焊接。

（2）激光-电弧复合热源高速焊接

激光高速焊接薄板的主要问题是焊缝成形连续性差，焊道表面易出现隆起等焊接缺陷。采用等离子弧辅助 YAG 或 CO_2 激光进行薄板（厚度 0.16mm）复合焊接，可以解决激光高速焊接时表面成形连续性差的问题，焊接速度比单独激光焊提高约 100%。特别是由于等离子弧与激光之间的相互作用，使焊接电弧非常稳定，即使焊接速度高达 9m/min 时电弧也没有出现不稳定的状态，可以获得较宽的焊道和光滑的焊缝表面。

对于厚钢板，也可以采用激光-MIG 电弧复合热源实现高速焊接。例如，图 3.65 所示为复合热源单道高速焊接 12mm 厚钢板的坡口形式和焊缝截面。在坡口设计时专门为激光束提供引导通道，在激光引导作用下，电弧可到达焊缝更深的位置，因此可获得比常规激光焊更大的熔深和焊接速度，接头间隙和坡口处的金属主要依靠电弧熔化。

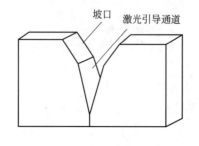

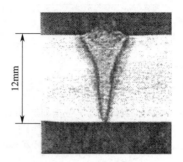

(a) 厚钢板的坡口形式　　　　(b) 激光-MIG 复合焊的焊缝截面

图 3.65　复合热源单道高速焊接厚钢板的坡口形式和焊缝截面

（焊接速度为 2m/min，激光能量为 7kW，电弧能量为 7kW）

应用示例

激光-电弧复合焊接的焊缝满足技术要求，表现出高韧性、高强度和熔深大等优势，对焊接质量要求高的航空制造领域有巨大的应用前景。对于汽车上的铝合金框架和众多不同厚度的薄板接头，要求热输入量小，焊接变形小，激光-电弧复合焊接表现出优异的特点。目前广泛应用于航空航天、高速列车、高速舰船等领域的高强铝合金材料。由于其较高的反射率和热导率，采用激光-电弧复合焊接是一种高效、可行的先进技术。

激光-电弧复合焊接技术在船舶制造工业中获得了广泛的应用。例如德国 Meyer 船厂利用激光-MIG 复合焊接技术实现平板对接和筋板焊接；丹麦 Odense 造船厂装备的激光-MIG 复合焊接设备，单边焊接厚度达 12mm，双面焊接厚度达 20mm，焊接速度达250cm/min。

大众汽车公司约 80% 的汽车焊缝优先采用激光焊接技术，其中大部分焊接采用激光-电弧复合焊接技术。大众汽车公司已经将激光-MIG 复合焊接技术应用于汽车的大批量生产中，例如用于焊接汽车侧面铝制车门的框架，还用于 Golf 轿车的镀锌板焊接。

德国大众 VW Phaeton 高档轿车的车门焊接，为了在保证强度的同时减轻车门的重量，采用冲压、铸件和挤压成形的铝合金件代替厚而重的铸铝件。车门的焊缝总长度为4980mm，焊接工艺是 7 条 MIG 焊缝（长度为 380mm）、11 条激光焊缝（长度为1030mm）、48 条激光-MIG 复合焊缝（长度为 3570mm）。这项技术保证了高强度性能的同时满足了轻量化的要求，且在汽车开动时保持最低噪声。

奥迪公司也加强了激光-MIG 复合焊接技术的应用，在 A2 系列轿车的铝合金车架生产中采用了复合焊接技术，在较薄的车身蒙皮、较厚的铝板或铝型材焊接中也采用了复合焊接技术。激光复合焊接也用于奥迪 A8 汽车的生产，A8 侧顶梁的各种规格和型式的接头采用了激光复合焊接工艺，焊缝总长度为 4500mm。

激光-电弧复合焊接技术具有焊缝深宽比大、焊接变形小、能够满足造船厂对装配间隙的要求等优点，在我国船舶行业具有广阔的应用前景。船舶焊接技术是现代造船模式中的关键技术之一。在船体建造中，焊接工时约占船体建造工时的 40%～50%，焊接成本约占船体建造成本的 30%～40%。因此，船舶焊接技术水平和生产率直接影响船舶建造周期、生产成本、产品质量。我国是世界造船大国，但要成为造船强国，就要重视高效焊接技术的研发和应用。目前，传统的电弧焊方法依然是造船过程中主要的连接方法，但会带来焊接变形和大量的焊后矫形工作。激光-电弧复合焊因其具有低热输入量、高焊速、大深宽比焊缝、窄热影响区、极小的焊接变形等优点，在船舶制造过程中越来越受到重视。

3.5　激光焊的应用示例

3.5.1　42CrMo 钢锥齿轮轴的窄间隙激光焊

齿轮作为机械传动的重要部件,受加工条件限制,大直径锻造齿轮整体制造存在很大困难,甚至必须分体加工后通过焊接实现连接。焊接结构齿轮已在很大程度上取代了大尺寸的铸造齿轮以及镶圈式结构齿轮,成为经济可行的制造方法之一。激光焊接由于焊接速度快,热输入小,热影响区小,避免了热影响区的软化,接头强度高,焊态下的接头具有相当或优于母材的性能,同时受工件空间的约束较小,因此,正逐步成为齿轮加工制造的主要连接方法,已在航空航天、汽车制造、机车车辆、船舶等工业领域得到了日益广泛的应用。

锥齿轮轴采用的是 42CrMo 中碳高强钢,其化学成分见表 3.19。42CrMo 钢具有良好的综合力学性能和较高的淬透性,但由于碳含量高,合金元素含量也较高,淬硬倾向比较大。为了避免裂纹的形成,采用窄间隙激光填丝法进行焊接。锥齿轮轴的结构如图 3.66 所示。

表 3.19　42CrMo 钢及填充材料的化学成分　　　　　　　　　　　　　%

材料	C	Si	Mn	Cr	Mo	Ni	P	S	Fe
42CrMo	0.38~0.45	0.17~0.37	0.5~0.8	0.9~1.2	0.15~0.25	≤0.030	≤0.030	≤0.030	余量
TCS-2CM	0.09	0.32	0.71	2.26	1.04	—	≤0.033	≤0.005	余量

焊接设备采用德国某公司的 CO_2 激光器,最大输出功率为 3.5kW,焊接工作台为五轴联动工作台。光束采用抛物铜镜反射聚焦系统,焦距为 300mm,聚焦光斑直径为 0.26mm。焊接时,装卡好的齿轮轴在回转工作台的带动下旋转,双层喷嘴侧吹保护气体。填充材料为日本 TCS-2CM 焊丝（相当于 ER62-B3）,化学成分见表 3.19。

由于受激光器输出功率限制,为了实现完全焊透,同时兼顾送丝速度和焊接过程稳定性,采用窄间隙激光填丝多层焊接技术,其中第一层为自熔焊,焊接装置如图 3.67 所示。42CrMo 钢锥齿轮轴激光焊的工艺参数见表 3.20。

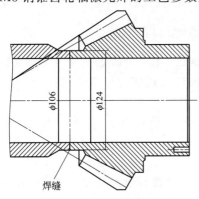

图 3.66　锥齿轮轴的结构

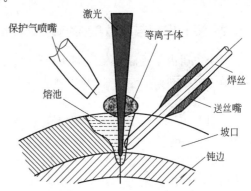

图 3.67　42CrMo 钢锥齿轮轴的激光焊装置

表 3.20　42CrMo 钢锥齿轮轴激光焊的工艺参数

焊层	激光功率 /kW	焊接速度 /m·min^{-1}	送丝速度 /m·min^{-1}	保护气流量 /L·min^{-1}
第一层	3.5	1.0	—	2.5Ar+15He
第二层	3.5	0.7	2.5	2.5Ar+15He
第三层	3.5	0.5	2.5	2.5Ar+15He

42CrMo 钢锥齿轮轴激光焊接头表面成形良好。采用金相分析，42CrMo 钢锥齿轮轴激光焊焊缝内部没有裂纹、气孔等缺陷。图 3.68(a) 是激光焊接头附近各区域显微硬度的分布曲线。齿轮轴激光焊熔合区显微硬度约为 $580HV_{0.2}$，母材硬度约为 $300HV_{0.2}$，在热影响区中不存在软化现象。

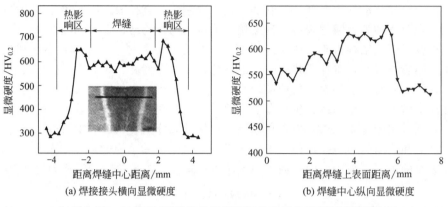

图 3.68　42CrMo 钢锥齿轮轴激光焊接头区的显微硬度分布

42CrMo 钢锥齿轮轴激光焊焊缝中心处纵向的硬度分布如图 3.68(b) 所示。从焊缝上部到根部，硬度逐渐升高。焊缝下部的底层焊缝为自熔焊接，没有填充焊丝，焊缝中较高的碳含量，使硬度维持在一个较高的水平上；而上层焊道中，在低碳 TCS-2CM 焊丝的中和作用下，焊缝中碳含量降低，造成硬度降低。但是焊缝中较低的碳含量，减少了高碳马氏体的形成，降低了焊缝的冷裂倾向。

采用窄间隙填丝激光焊技术焊接的 42CoMo 高强钢锥齿轮轴焊接接头的抗拉强度为 980～1080MPa，断裂发生在母材，断口呈现典型的韧性断裂。接头强度与母材相当（42CoMo 钢调质态的抗拉强度约为 1000MPa）。金相组织分析表明，获得的焊缝组织为细小的针状贝氏体，热影响区为贝氏体及少量板条马氏体的混合组织，避免了过热区的脆化。

3.5.2　冷轧钢板与高强度镀锌钢板车身的 CO_2 激光拼焊

钢铁公司由于受轧机的限制难以生产宽度较大的钢板，而汽车制造对宽板的要求日趋增加，采用激光拼焊法，将冷轧钢板与高强度镀锌钢板进行连接，可以满足生产宽体车的要求。

采用 PHC-1500 型 CO_2 激光器，激光功率为 1.5kW，波长为 $10.6\mu m$，聚焦元件是焦距 f 为 127mm 的硒化锌透镜，聚焦前的光束直径为 28mm，焦斑直径约为 0.42mm。焊接材料是瑞典高强度镀锌钢板 DOGAL 800DP，厚度为 1.5mm；冷轧钢板采用 Q195 低碳钢，冷轧钢板的厚度分别为 1.0mm、1.5mm、2.0mm。高强度镀锌钢板与冷轧钢板的化学成分及力学性能见表 3.21。

表 3.21　高强度镀锌钢板与冷轧钢板的化学成分及力学性能

材料	板厚/mm	C	Si	Mn	Al	Ti	P	S	抗拉强度/MPa	屈服强度/MPa	伸长率/%
		质量分数/%									
镀锌钢板	1.5	≤0.18	≤0.5	≤2.0	—	—	≤0.025	≤0.015	800～950	500	≥10
冷轧钢板	1.0	≤0.08	—	≤0.45	≥0.02	—	≤0.03	≤0.025	≥270	120～240	≥42
	1.5	≤0.08	—	≤0.4	≥0.015	≤0.2	≤0.025	≤0.02	≥260	120～210	≥44
	2.0	≤0.08	—	≤0.4	≥0.02	—	≤0.025	≤0.02	≥270	120～210	≥40

焊接接头采用对接，间隙控制在板厚的 1/10 以内。焊前用丙酮清洗焊接部位。采用自制的焊接夹具固定工件，两工件下表面平齐。采用 N_2 作为保护气和等离子体控制气，同轴气流量为 $3m^3/h$，侧吹气体通过一个内径为 6mm 与焊接平面的夹角为 30°左右的圆管供应，气流方向与焊接速度方向相反。激光光束相对试样表面的法线向薄板一侧倾斜 5°，被焊接件随工作台移动。冷轧钢板与高强度镀锌钢板激光拼焊的工艺参数见表 3.22。

表 3.22　冷轧钢板与高强度镀锌钢板激光拼焊的工艺参数

板厚(镀锌钢板＋冷轧钢板/mm)	激光功率/kW	焊接速度/m·min^{-1}	侧吹角度/(°)	侧吹气流量/m^3·h^{-1}	离焦量/mm
1.5＋1.0	0.9	0.8	30	2.0	−0.6
	1.0	1.4	30	1.6	−0.4
1.5＋1.5	1.2	0.8	35	2.2	−0.2
	1.3	1.2	30	2.2	0
1.5＋2.0	1.4	0.8	40	1.8	−0.4
	1.4	1.2	30	2.2	0

焊后在显微镜下观察，焊接熔合区的组织是上贝氏体＋低碳马氏体，热影响区的组织是上贝氏体＋低碳马氏体＋铁素体。由于冷却条件不同，热影响区的晶粒明显比熔合区的晶粒细小。焊接接头的抗拉强度为 353MPa，拉伸试验时断裂位置处于冷轧钢板一侧，说明接头强度高于冷轧钢板母材。

3.5.3　铝/钢异种金属的激光-MIG 复合焊

随着铝与钢复合结构件在制造中的不断应用，铝与钢异种金属的优质、高效激光-MIG复合焊也成为制备铝与钢复合结构件的主要焊接方法。激光-MIG 复合焊冷轧镀锌钢板尺寸为 200mm×30mm×1.2mm，5A02 防锈铝（LF2）板尺寸为 200mm×30mm×1.5mm，焊丝采用 AlSi5。

采用德国 Nd:YAG 激光器，最大额定功率为 2kW，激光头焦距为 200mm；采用奥地利某公司 TPS5000 型数字化 MIG 焊机，焊接过程采用脉冲 MIG 焊，熔滴过渡频率为 1 滴/脉冲。

焊前采用丙酮对镀锌钢板表面进行清洗，用砂纸对 5A02 防锈铝板表面进行打磨以去除氧化膜，随后用丙酮清洗。将表面处理干净的镀锌钢板与 5A02 防锈铝板组合成搭接接头，如图 3.69 所示。

采用激光-MIG 复合热源进行焊接，焊接过程通过调节激光功率密度和送丝速度实现对焊接热输入的精确控制，从而保证铝合金板母材熔化而镀锌钢板母材不发生熔化。激光功率密度是通过固定激光光斑（光斑直径为 6.8mm）大小和改变激光功率实现的。

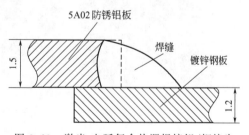

图 3.69　激光-电弧复合热源焊接铝/钢接头

焊后采用金相分析，激光-MIG 复合热源焊接得到的铝/钢焊接接头具有良好的铺展性，钢母材与焊缝为钎焊连接，钎焊界面有一薄金属 Zn 中间层，靠近焊缝一侧的钢母材未见熔化，且热影响区组织明显细化，Zn 层有向焊缝中生长的柱状晶组织，焊缝近 Zn 层侧可见富 Zn 相。

将激光-MIG 复合热源焊接得到的铝/钢接头进行拉伸性能试验。拉伸应力-位移曲线如

图3.70所示。

拉伸试验中最大负载8.97kN，最大拉应力
132.8MPa，接头强度达5A02防锈铝板母材的
65.3%，与5A02防锈铝板电弧熔焊接头强度
相当。并且拉伸试样破坏位置发生在防锈铝板
母材的焊接热影响区而非钎焊界面。结果表明，
利用激光-MIG复合热源焊接可以获得组织性能
良好的铝/钢接头，最高焊接速度可达5m/min
以上。

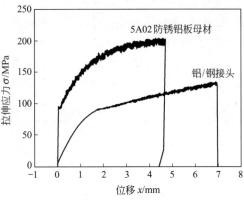

图3.70 铝/钢接头拉伸应力-位移曲线

3.5.4 大厚度不锈钢板的激光焊

随着核电工业的发展，对不锈钢厚板的焊
接要求越来越高，传统的电弧焊方法效率低、变形大、焊接区组织粗大、抗核辐照性能差，
难以满足使用要求。北京工业大学肖荣诗等采用德国Rofin-Sinar公司的DC035 Slap CO_2激
光器（最大输出功率为3.5kW）及SR200 CO_2激光器（最大输出功率为20kW），试验研究
了厚板万瓦级激光自熔焊接、窄间隙激光填丝焊接及激光-钨极氩弧焊（TIG）填丝复合焊
接，对厚度超过10mm的不锈钢板激光对接焊工艺有推进意义。

（1）焊接工艺及焊缝状态

① 万瓦级激光自熔焊接。采用20kW的SR200 CO_2激光器对12mm厚的1Cr18Ni9Ti
（TP304）不锈钢板进行自熔焊接。焊接时不开坡口，不填充材料，焊接保护气为He。焊接
工艺参数：$f=200mm$，$P=18kW$，$v=2.2m/min$，保护气流量为38L/min。焊缝的横截
面如图3.71(a)所示，焊缝深宽比大，焊缝成形良好，热影响区小。焊缝中没有发现气孔、
裂纹等缺陷。

  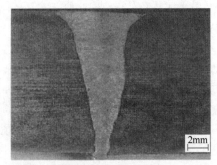

(a)万瓦级激光自熔焊接　(b)窄间隙激光填丝多层焊接　(c)激光-TIC填丝复合焊接

图3.71 激光焊接焊缝的横截面

② 窄间隙激光填丝多层焊接。采用DC035 Slap CO_2激光器对$\phi48mm\times10mm$ HR3C
（TP310）新型奥氏体耐热不锈钢管进行窄间隙填丝多层焊接。其中填充材料为直径1mm的
T-HR3C焊丝，对接坡口采用U形坡口。钝边为6mm，坡口间隙为1.8mm、分上、下两层
焊接，下层为自熔焊接，上层为填丝焊接。激光功率为3.5kW、上、下层的焊接速度分别
为0.75m/min和1.8m/min。保护气为流量5L/min的Ar和流量15L/min的He的混合气
体。焊缝正、反面表面成形良好，经X射线检验和渗透检验，100%合格。解剖焊缝也没有
发现气孔、裂纹等缺陷，焊缝横截面如图3.71(b)所示。

③ 激光-TIG 填丝复合焊接。采用 DC035 Slab CO_2 激光器，对 10mm 厚的 TP304 不锈钢板进行了激光-TIG 电弧复合焊接，填充材料为直径 1mm 的 SMP-347 焊丝。对接坡口也是 U 形坡口。焊接工艺参数：激光功率为 3.5kW，焊接电流为 200A，焊接速度为 0.8m/min，送丝速度为 4.5m/min，保护气为流量 25L/min 的 He，从 TIG 焊枪送出。焊接接头的正、反面成形良好，焊接接头的横截面如图 3.71(c) 所示。解剖焊缝未见气孔、裂纹等缺陷。

（2）三种激光焊接工艺的特点比较

以上三种激光焊接工艺中，万瓦级激光自熔焊接接头的深宽比大，焊缝上部和下部的熔宽基本相当。但是由于目前万瓦级 CO_2 激光器光束质量差，性能不稳定，焦点位置随激光输出功率和光束传输距离的改变而变化很大，焊接质量难以保证。

窄间隙激光填丝多层焊接采用常用工业级激光器即可实现不锈钢厚板的焊接，焊接工艺简单，焊接过程稳定性好，成本低，同时由于填充材料的加入，有利于对热裂纹敏感钢种的焊接。但这种工艺的不利因素是填充材料主要集中于焊缝上部的坡口中，焊接接头的组织和力学性能存在一定的不均匀性，但力学性能试验结果表明接头的整体性能可以满足使用要求。

相比窄间隙激光填丝多层焊，复合焊可以提高焊接效率；同时由于电弧的加入，增加了搭桥能力，降低了对装配质量的要求。另外由于激光和电弧的相互作用，焊接过程稳定性明显改善，减少了气孔的出现。采用填充焊丝的激光-TIG 复合焊，焊接过程中不涉及熔滴过渡等复杂物理过程，电弧稳定性好，可以获得较高质量的焊接接头。

（3）接头组织和性能

HR3C 激光填丝多层焊接接头的焊缝组织主要为细小的柱状奥氏体晶群（晶体学取向相同的晶粒），同时各板条状晶群间夹杂着细小的等轴状晶，晶粒尺寸较母材大幅度减小。在熔合区附近没有观察到明显的热影响区，熔合区附近的母材晶粒也没有长大。

图 3.72 所示为激光填丝焊接接头与热丝 TIG 对接头的高温持久强度值对比。其中热丝 TIG 接头进行过焊后固溶处理。可见，激光填丝焊较热丝 TIG 焊的高温持久强度有明显提高，尤其是在应力为 230MPa 时，其断裂时间提高了约 160%。

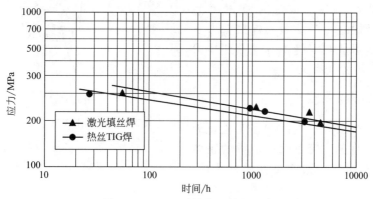

图 3.72　650℃时的高温持久强度

3.5.5　不锈钢超薄板的脉冲激光焊

316L 不锈钢因其良好的力学性能，低廉的价格，成为最常用的医用材料。脉冲激光焊作为一种精密的连接方法，在医疗器械的制造中发挥着重要的作用。而奥氏体不锈钢热导率小、线胀系数大、焊接过程中由热收缩而引起工件横向位移、连接时对接缝间隙过大或过小等原因，难以保证焊接质量，薄板对接焊中最易产生的缺陷是烧穿；而且激光焊时在焊缝起焊和收尾处易出现半椭圆形缺口等缺陷。大连理工大学阎小军等针对上述问题试验研究了 0.1mm 厚 316L 不锈钢超薄板脉冲激光焊的工艺参数配合，分析了焊接接头的组织和力学性能。

（1）焊接工艺特点

母材为厚度仅 0.1mm 的 316L 不锈钢超薄板，采用平板对接焊的方式。焊机为国产 500W 脉冲激光焊机，最小电流为 100A，最大频率为 100Hz，脉冲宽度为 0.1～12ms。试板尺寸为 25mm×12mm×0.1mm。对接接头用砂纸打磨平整，用丙酮清洗除去表面油污。

通过改变工艺参数焊接试板表明，采用脉冲激光焊时，在选择工艺参数时应遵循"小电流、大脉宽、高速度、高频率"的原则。因为小电流、大脉宽既可以防止因功率密度大造成的局部汽化，又可以降低液态熔池的温度梯度，减小表面张力的不良影响，有利于焊缝成形和接头强度的提高。提高焊接速度有利于减小焊缝起焊和收尾处的半椭圆形缺口尺寸，但对于脉冲激光焊，提高焊接速度，单个焊点之间的重叠率会降低，这样很容易出现焊接缺陷，所以在提高焊接速度的同时必须提高脉冲频率，从而提高单个焊点之间的重叠率，保证焊接质量。

（2）接头的组织特征

焊接接头完全是奥氏体组织，中心是等轴晶而边缘是柱状晶。等轴晶和柱状晶交界处局部有明显分界线。而且焊接热影响区非常窄，几乎看不到。在焊缝中没有发现 δ 铁素体，这与激光焊时熔池的冷却速率快及合金元素含量有关。

（3）接头的力学性能

图 3.73 所示为 316L 不锈钢激光焊接头的显微硬度分布。焊缝的硬度较母材的硬度高，焊缝边缘（细小柱状晶区）的硬度比焊缝中心部位（细小等轴晶）的硬度高。

316L 不锈钢薄板脉冲激光焊接头拉伸试验表明，母材的抗拉强度为 778MPa，焊缝的抗拉强度为 739MPa，可达到母材的 95%；母材的伸长率为 14%，焊缝的伸长率为 12%，可达到母材的 85%。激光焊接头力学性能降低的原因可能与焊缝中等轴晶和柱状晶交界处产生的分界线有关。

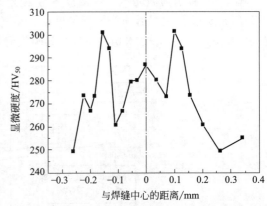

图 3.73　316L 不锈钢激光焊接头的显微硬度分布

3.5.6　管线钢的激光焊

管线建设是一项大规模的焊接工程，焊接质量在很大程度上决定了管线建设的整体水平以及管线在运营中的安全性和可靠性。管线钢厚板焊接一般采用多丝埋弧焊、熔化极气体保护焊等方法，焊接时要求开坡口并进行多层焊接。与传统电弧焊工艺相比，激光深熔焊模式可以获得大深宽比的焊缝，一次熔深大，所需焊道数少，从而大大减小了焊接变形。上海交通大学吴毅雄等采用高功率激光焊接设备，对 16mm 厚的 X52 管线钢板进行焊接，取得良好的效果。

(1) 焊接工艺特点

采用德国 TRUMPF 生产的 CO_2 激光器进行焊接，最大输出功率为 15kW，激光波长为 $10.6\mu m$，焦距为 350mm。试验材料为 X52 管线钢板，其主要合金元素及含量如表 3.23 所示，试验板厚为 16mm，不开坡口对接焊。激光焊接参数：激光功率为 14kW，焊接速度为 0.8m/min，侧吹 He 的气体流量为 30L/min，离焦量为 -2mm。

表 3.23 X52 管线钢板的化学成分 ％

C	Si	Mn	S	P	Nb	Ti	V	Fe
0.13	0.34	1.36	0.009	0.006	0.017	0.013	0.027	余量

(2) 接头区组织特征

激光焊工艺性试验表明，激光焊的焊缝表面平整光洁，熔宽均匀一致，上表面宽度为 8mm 左右，下表面宽度为 2mm 左右。图 3.74 所示为 X52 管线钢板激光焊接头横断面的宏观形貌。焊缝形状呈典型的 Y 形，焊缝窄而深，这是由于对激光能量的吸收不同所造成的。上部受热大，冷却慢，下部受热小，冷却快，导致焊缝上部和下部的结晶特性有所差异。焊缝上部形成柱状晶，柱状晶生长方向为沿散热最快方向，垂直于熔池凝固界面指向熔池表面。焊缝下部凝固组织与上部有所不同，散热最快的方向垂直于焊缝，最初晶粒由两侧熔合区相向生长形成柱状晶，最后在焊缝中心处的液态金属温度梯度较小，形成细小的等轴晶。X52 管线钢板激光焊接头不同区域的组织及特征见表 3.24。

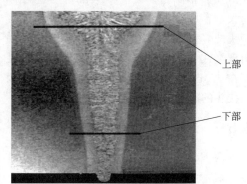

图 3.74 X52 管线钢板激光焊接头横断面的宏观形貌

标注：上部、下部

表 3.24 X52 管线钢板激光焊接头不同区域的组织及特征

区域	组织	特征
X52 母材	铁素体+珠光体	—
焊缝	大量的针状铁素体、少量的细小先共析铁素体、粒状贝氏体和板条马氏体	由于激光焊接的热输入小，因而获得的针状铁素体组织比常规焊接方法细小得多，有利于提高焊缝金属的韧性和强度
熔合区	块状铁素体+针状铁素体+粒状贝氏体+板条马氏体	—
过热区	板条马氏体+铁素体+粒状贝氏体	晶粒比较粗大，是接头中最薄弱的环节，但激光焊接时该区域较窄，晶粒也较小，因而对接头的整体性能影响较小
相变重结晶区	铁素体+珠光体+极少量粒状贝氏体	晶粒比较细小
不完全重结晶区	铁素体+絮状细珠光体	—

(3) 接头力学性能

表 3.25 分别给出了对接试板的拉伸、弯曲及低温冲击韧性试验结果，各项性能均达到技术要求。特别值得注意的是冲击吸收功达到 200J 以上，说明韧性很高，完全满足使用要求，与目前采用的一般焊接方法相比要高出很多，体现了激光焊的优势。

表 3.25　X52 管线钢板激光焊接头的力学性能

拉伸试验		弯曲试验(180°)		冲击韧性 A_{kV}/J(−20℃)										
抗拉强度 /MPa	断裂位置	前弯	背弯	焊缝				熔合区				热影响区		
				1	2	3	平均	1	2	3	平均	1	2	3	平均
480	母材	无裂纹	无裂纹	242	300	296	279	288	280	278	282	216	206	214	212

（4）接头硬度分布

图 3.75 所示为 X52 管线钢板激光焊接头的硬度分布。

焊接接头上部和下部的硬度分布是不同的，接头上部的最大硬度在靠近熔合区的热影响区部位，接头下部的最大硬度在焊缝中心附近，而传统焊接方法的硬度最大值在热影响区。硬度最大的部位淬硬倾向大，容易导致裂纹的产生，因而该焊接接头的焊缝下部需要引起重视，因为容易出现裂纹等缺陷。但由于该接头的最高硬度在 270HV$_{0.5}$ 左右，硬度不是很高，从而该接头的冷裂纹敏感性较低，焊接性较好。

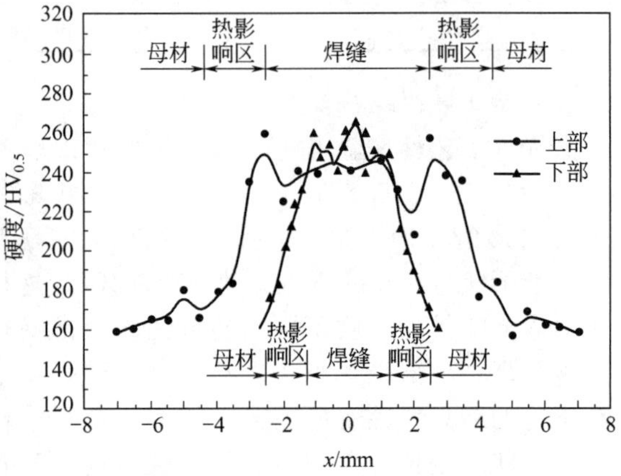

图 3.75　X52 管线钢板激光焊接头的硬度分布

3.5.7　汽车高强钢板光纤激光焊

我国汽车工业对轻量化、安全、排放、成本控制及燃油经济性要求越来越高，这就驱使汽车工业采用高强钢板和一些高强度轻量化材料。北京工业大学王鹏等采用 IPG YLR-6000-ST2 光纤激光器对宝钢生产的车用 1.5mm 厚高强钢板进行焊接，并对焊接质量与缺陷进行了分析。

（1）焊接材料及方法

试验材料为宝钢生产的高强钢板，抗拉强度为 700MPa，厚度为 1.5mm，其化学成分及力学性能见表 3.26。试样尺寸为 100mm×50mm×1.5mm，50mm 边对接焊，不开坡口。焊接设备采用 IPG 公司生产的 YLR-6000-ST2 激光器，最大输出功率为 6kW，使用 200μm 的光纤进行传输，扩束镜直径为 150mm，焊接头为 Precitec 公司生产的 YW50，焦距为 250mm，聚焦光斑直径为 0.33mm。

表 3.26　高强钢成分及力学性能

C/%	Si/%	Mn/%	P/%	Nb/%	S/%	Cr/%	Fe/%	抗拉强度 /MPa	屈服强度 /MPa
0.15	0.43	1.8	0.014	0.019	0.003	0.015	余量	700	625

焊接前采用丙酮对焊接部位进行清洗，然后将工件固定在自制的焊接夹具上，装配间隙控制在板厚的 1/10 以内，保证焊缝均匀平整。焊接过程中采用 Ar 作为保护气和等离子体控制气。焊接中采用的工艺参数见表 3.27。

表 3.27　高强钢板激光焊的工艺参数

材料	功率/kW	焊接速度/mm·s^{-1}	离焦量/mm	保护气体	气体流量/L·min^{-1}
高强钢板(厚度 1.5mm)	2.8	120	+2	Ar	10

（2）工艺参数对熔深、熔宽的影响

激光功率对焊缝熔深和熔宽的影响如图 3.76 所示。在激光功率为 1～2kW 时，焊缝熔深随着功率的增大而增加，此时焊接的主要形式为热导焊接；当激光功率达到 2.2kW 时，熔深突然增大，这是因为焊接的模式由热导焊接转变为深熔焊接。深熔焊接模式的特征是小孔的出现，小孔出现后材料对激光的吸收率急剧增大，熔深增加；当功率达到一定值，激光的能量过强导致蒸发金属也被电离，出现等离子体对激光的屏蔽作用，熔深反而减小。

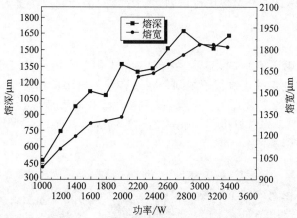

图 3.76　激光功率对焊缝熔深和熔宽的影响（$v=80$mm/s）

　　熔宽随激光功率变化的规律与熔深相似。功率较低时，熔宽随功率的逐渐增大而慢慢变宽。当功率超过 3kW 之后，熔宽反而随功率的增加而减小，可能是因为等离子体对激光屏蔽作用的加强，导致到达材料表面的能量降低，熔宽变窄。

　　焊接速度和焊接熔深与功率之间的变化如图 3.77 所示。相同功率下，熔深随焊接速度的增加而减小。这是由于随着焊接速度的增加，激光热输入减小，明显地降低了激光作用到材料表面的能量，因此熔深减小。对于高强钢板来说，要增加焊缝熔深，可适当增大激光功率或降低焊接速度。

　　（3）接头组织特征

　　激光焊接头的热影响区较窄，截面上表面处热影响区宽度约为 0.2mm，下表面处约为 0.25mm。焊缝组织均匀细小，为低碳马氏体，含有极少量的铁素体和残余奥氏体，还有针状铁素体存在，有效提高了焊缝横向的抗拉强度，力学性能优于母材。热影

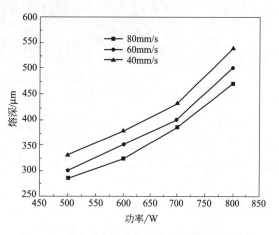

图 3.77　激光功率及焊接速度对焊接熔深的影响

响区过热粗晶区组织也为低碳马氏体，但相对尺寸比常规电弧焊接头要小。由于激光焊热输入大，冷却速度快，在焊缝和熔合区附近容易形成淬冷后的马氏体组织。热影响区细晶区发生完全重结晶，形成了细小的铁素体和马氏体组织。

　　（4）接头的性能

　　对激光焊接头试样进行拉伸试验，加载速度为 1mm/min，结果两次均断于母材，可知激光焊接头的抗拉强度（1020MPa）高于母材，这是由于焊缝组织含有一定量的板条马氏体，提高了焊缝强度。激光焊接头试样无明显的拉长，断口也没有明显的缩颈现象，可以判定断裂为脆性断裂。

3.5.8 大厚度板材复合热源深熔焊接

焊接研究者一直在探索利用激光焊接厚板，但是严格的装配要求、焊缝力学性能以及大功率激光器的高成本限制了厚板激光焊的应用。采用激光-电弧复合焊接技术不仅可以进行大厚度板材的深熔焊接，而且对焊接坡口制备、光束对中性和焊接接头装配间隙有很好的适应性。

（1）对接焊

对于厚度 12mm 以下钢板的焊接，复合热源焊最大的优势是有很好的适应性，对于 1mm 的装配间隙，即使工件边缘很不规则，在没有辅助措施的情况下，激光-电弧复合焊也能得到良好的焊缝质量。复合焊另一优势是对错边具有较大适应性，图 3.78 为激光-MIG复合焊在不同错边情况下焊接厚度为 10mm 的钢管的焊缝截面，在最大错边量达 4mm 的情况下仍可获得良好的焊接成形。

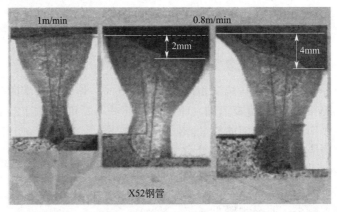

图 3.78　激光-MIG 复合焊接 10mm 厚管道用钢

（CO$_2$ 激光功率 10.5kW，焊丝 G3Si1，焊丝直径 1.2mm，送丝速度 5.2m/min，单边 V 形坡口对接）

厚度在 12mm 以上的厚板焊接一直是激光-电弧复合焊研究的重点。日本材料加工研究所采用功率为 5kW 的 CO$_2$ 激光器与电流为 400A 的 MIG 复合焊接厚度 12mm 的低碳钢板，在全熔透情况下，焊接速度可达 0.8m/min。德国 Fraunhofer 激光技术中心采用 CO$_2$ 激光-MIG 复合热源焊接 S355NL 结构钢，单道焊缝熔深可达 15mm，如图 3.79 所示。

激光-电弧复合热源焊接技术成功地应用于大厚度板材的最大的受益者是造船工业。为了满足海军舰船日益紧迫的建造要求和保证舰船结构焊接质量的稳定性，美国海军连接实验室针对低合金高强钢厚板，在船板的加强筋板焊接过程中对激光-MIG 复合热源焊接的效率、组织性能、应力与变形等进行了系统的试验研究，取得如下成果。

① 应用激光-电弧复合热源焊接技术，可在舰船结构中实施高强钢的不预热焊接，这在一般的舰船焊接条件下是不可行的；

② 增加了焊接速度，放宽了对舰船结构接头间隙的敏感性，降低了焊接应力和变形，提高了焊接质量。

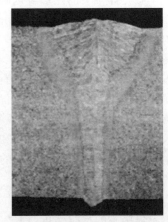

图 3.79　CO$_2$ 激光-MIG 复合热源焊接结构钢的焊缝截面

　　试验结果表明，舰船结构焊缝总长度的 50% 应用了激光-电弧复合热源焊接技术，单道焊熔深可达 15mm，双道焊熔深可达 30mm，焊接变形量仅为双丝焊的 1/10，焊接厚度为 6mm 的 T 形接头时，焊接速度可达 3m/min，焊接效率大幅度提高。

　　（2）搭接焊

　　激光-电弧复合热源搭接焊缝广泛应用于汽车的框架和底板结构中，随着对汽车质量要求的提高以及对环境保护的紧迫性，目前汽车壳体焊接中很多都采用了镀锌钢板搭接焊和铝材焊接。复合热源焊接技术应用于汽车底板的搭接焊中不仅可以减小焊接部件的变形量，消除下凹或焊接咬边等缺陷，还可以大幅度提高焊接速度。例如，采用 10kW 的 CO_2 激光与 MIG 电弧复合热源焊接低碳钢板的搭接接头，可实现间隙为 0.5～1.5mm 的搭接焊，熔深可达底板厚度的 40%。采用 2.7kW 的 YAG 激光-MIG 电弧复合高速焊接的铝合金搭接接头，焊接速度可达 8m/min 以上。

3.5.9　有色金属激光-电弧复合焊

　　由于激光-MIG 复合热源焊综合了激光焊与熔化极气体保护焊（MIG）的双重优点，可用于有色金属以及异种金属焊接，如铝合金、镁合金、钛合金、铜合金以及钢/铝等焊接。图 3.80 所示为钛合金板激光-MIG 复合焊的焊缝形貌。钛合金焊接中易出现脆化、气孔、裂纹等缺陷，影响焊接接头性能。采用激光-MIG 复合热源焊接时，焊接接头抗拉强度远高于母材，接头伸长率也要优于单一激光焊，具有很好的强度和韧性匹配，而且焊接速度可高达 9m/min。

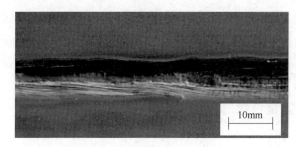
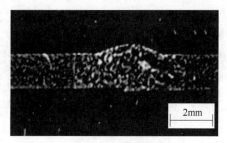

(a) 焊缝上表面　　　　　　　　　　　　　　　　(b) 焊缝横截面

图 3.80　钛合金板激光-MIG 复合焊的焊缝形貌

（钛合金板厚度为 1.5mm，直径为 1.2mm 的 ERTi-2 焊丝，光纤激光功率
为 2kW，焊接电流为 220A，电弧电压为 20V，保护气体为 Ar，焊接速度为 9m/min）

　　作为 21 世纪的绿色工程材料，镁合金具有巨大的应用前景，但其熔点低、线胀系数和热导率大，焊接时易出现热裂纹、气孔、变形、合金元素烧损等缺陷，焊接性较差。采用 CO_2 激光-MIG 复合热源对厚度为 10mm 的 MB8 镁合金板进行无间隙对接，图 3.81 所示为镁合金板激光-MIG 复合焊的焊缝形貌。复合焊接头抗拉强度达到镁合金母材的 87.2%，远高于激光焊接头的抗拉强度；复合焊的焊接速度也较激光焊提高 25%。

　　激光复合焊接在汽车轻量化方面有广泛的用途，特别是在采用激光焊接无法实现零件公差或不够经济时，激光复合焊接工艺的优势更加明显。这种功能强大的焊接工艺，可以达到减少投资、降低制造成本、提高生产率的目的，从而提高综合竞争能力。

　　对于铝、铜等高反射率材料，单独激光焊的难度很大，如铝合金对 YAG 激光的反射率达 92%，对 CO_2 激光的反射率更达 98%，因此在焊接过程中，需要更高的激光功率密度。而对于激光-MIG 复合热源焊接，由于电弧的预热，而且激光束可以直接辐射到液体熔池表面，与低温固体表面相比，可显著提高材料对激光的吸收率，产生更大的熔深，继而明显改善高反射率金属及合金的激光焊接性。

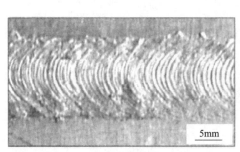

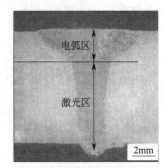

(a) 焊缝上表面　　　　　　　　　　　(b) 焊缝横截面

图 3.81　镁合金板激光-MIG 复合焊的焊缝形貌

（激光在前，MIG 电弧在后，激光功率为 4kW，焊接电流为 120A，电弧电压为 25V，
直径为 2.0mm 的 AZ31 镁合金焊丝，焊接速度为 1.2m/min）

激光复合焊接工艺给铝材焊接开辟了一条新途径。近年来固体激光器输出功率的提高，使这种工艺的稳定性成为可能。在复合焊接工艺里，激光焊接和电弧焊接被理解为只有一个单一的工艺区（等离子云和熔焊）。选择正确的工艺参数，就可以有选择性地影响焊缝性能，如几何形状、结构组成等。增加填充金属，电弧焊接工艺就可以提高桥接能力，同时也可以确定焊缝宽度，减少工件焊接坡口的准备工作量。

激光-电弧复合焊的焊缝满足技术要求，表现出高韧性、高强度和熔深大等优势，对焊接质量要求高的航空制造领域有巨大的应用前景。目前广泛应用于航空航天、高速列车、高速舰船等领域的高强铝合金材料，由于铝合金高的反射率和热导率，采用激光-电弧复合焊接是一种高效、可行的先进技术。

3.5.10　液化天然气（LNG）集装船因瓦合金薄板激光叠焊

（1）液化气集装船特点

随着船舶结构日益复杂，对焊接质量要求不断提高。激光焊接凭借焊缝质量优、焊接效率高、适应性强等优势，在液化天然气集装船建造中受到关注。LNG（liquefied natural gas，液化天然气）船是专门用于运输液化天然气的船舶。LNG 船的液货舱较为重要，通常采用薄膜结构，其隔热内衬材料多选用因瓦合金（Invar）。液货舱因瓦合金板材厚度较薄，一般低于 3mm，例如 1.5～0.5mm、1.5～0.7mm、0.7/0.5/0.7mm 等厚度搭配，最薄处仅 0.5mm。

因瓦合金由 36%Ni 和 64%Fe 组成，热胀系数低且稳定，具有低导热等特点。因其独特的热物性，因瓦合金也被用于航空航天用复合材料模具、卫星定位系统、精密激光、光学测量等领域。

（2）焊接要求及难点

因瓦合金焊接必须确保焊缝的密封性和完整性，焊缝不允许存在任何漏点。焊接难点是因瓦合金薄板焊接时容易出现变形、焊穿和焊缝背面严重氧化等缺陷。

（3）焊接设备及材料

焊接设备由 IPG 光纤激光器、大族激光焊接头、三维五轴机器人等组成。其中，焊接光斑直径为 0.33mm。试验中采用的因瓦合金牌号为 4J36。采用三层薄板 0.7/0.5/0.7mm 叠焊形式，板材尺寸为 100mm×60mm×δ(0.7/0.5/0.7mm)。

（4）焊接方法

① 激光束与待焊工件表面呈 90°角，不采用斜角焊接。

② 利用侧吹保护气法，将保护气嘴与激光入射方向设为 45°，减小焊缝表面氧化程度。

③ 试验中仅对焊缝表面进行 Ar 气保护，背部不保护。

（5）试验及结果

① 单因素试验。激光功率 1400～2000W；焊接速度 24～48mm/s；离焦量 -2～$+2$mm；保护气流量 5～20L/min。

② 正交试验。基于单因素试验结果，采用四因素三水平，以激光功率、焊接速度、保护气流量、离焦量为影响因素，以第三层板的熔透率及焊缝熔宽为评价指标。

③ 最佳参数。

a. 激光功率 1800W，焊接速度 36mm/s，离焦量 0mm，保护气流量 10L/min。

b. 因瓦合金焊缝表面成形良好，正面呈银白色、鱼鳞纹连续均匀，焊接热影响区均匀对称，无飞溅、咬边等缺陷，背部无凸起。

3.5.11　新能源汽车驱动电机部件的激光焊

新能源汽车驱动电机对功率密度和结构的紧凑性有较高的设计要求。焊接接头的形貌、接头缺陷等会影响电机铜线的导热及导电性能，进而影响驱动电机的功率、电机转化效率、运转速度、寿命等性能参数。环形光斑激光能够有效抑制焊接过程中铜材的飞溅，使用环形光斑激光焊对新能源汽车驱动电机定子用扁铜线进行焊接试验，并对焊接工艺参数及接头性能进行了分析。

汽车驱动电机定子所用的扁铜线材料为纯铜，表面带有漆皮，宽度为 2.94mm，厚度为 1.93mm。试验开始前，将铜线截取成长度为 200mm 的小段。铜线的焊接端需进行去漆处理，去漆段长度为 10mm，确保焊接位置没有漆皮和氧化膜残留，以保证焊接质量。所用激光器为锐科 RFL-4000/2000-ABP 光纤激光器，最大输出功率为 6kW，支持环形光斑中芯、环芯功率独立调节，其中中芯功率最高为 4kW，环芯功率最高为 2kW。由于焊接部位尺寸较小，为了保证焊接精度，使用正离焦量进行焊接，离焦量为 $+5$mm。使用激光在铜线线端的端面上进行环焊缝焊接，通过热源的环形运动，使熔融的铜材发生搅动并在重力作用下形成焊球，焊接圈数为 3 圈。表 3.28 为环形光斑激光焊接的工艺参数，主要考察不同激光功率、功率分布及焊接速度对接头性能的影响。

表 3.28　环形光斑激光焊接的工艺参数

中芯功率/W	环芯功率/W	焊接速度/mm·s^{-1}	离焦量/mm
2300	1300	290	+5
2400	1400	290	+5
2500	1500	290	+5
2600	1600	290	+5
2700	1700	290	+5
3500	500	290	+5
3000	1000	290	+5
2000	2000	290	+5
2500	1500	270	+5
2500	1500	280	+5
2500	1500	300	+5

环形光斑激光焊接得到的接头组织形貌如图 3.82 所示，接头区分为热影响区、熔合区和焊缝中心。热影响区为粗大晶粒，这是因为铜材的热导率很高，激光焊接时处于热影响区的晶粒受热出现明显的晶粒长大现象，冷却后得到晶粒粗化的过热组织。熔合区为细长晶粒，是铜材在激光作用下熔化并随后冷凝形成的，晶粒表现出明显的方向性。焊缝中心为更多的细长晶粒，并夹杂有少量等轴细晶粒。

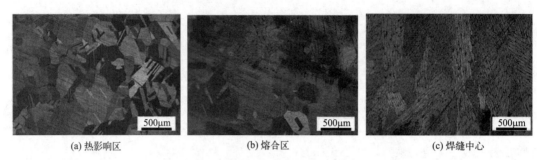

|(a) 热影响区|(b) 熔合区|(c) 焊缝中心|

图 3.82　环形光斑激光焊接头不同区域的组织形貌

焊缝剪切强度与激光功率、焊接速度的关系如图 3.83 所示。随着中芯/环芯功率比例的降低，剪切强度呈现先增大后减小的趋势。当功率为 2500W/1500W 时，剪切强度最大，为 132MPa，此时接头具有最佳的力学性能。气孔及裂纹在剪切试验的过程中会成为裂纹源，当受到剪切应力时，裂纹就会从裂纹源沿晶界等结合力相对薄弱的位置在接头区内扩展，宏观上表现为接头断裂。对于孔隙率较高的试件，由于裂纹源的密度增加，焊接接头在剪切过程中的脆断倾向更明显，因此其强度降低。

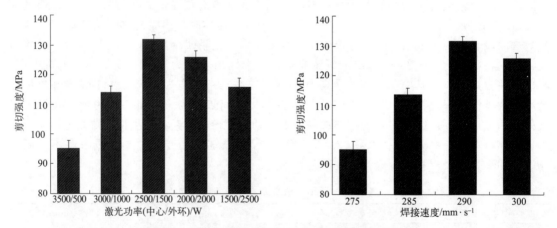

图 3.83　焊缝剪切强度与激光功率、焊接速度的关系

由焊缝剪切强度与焊接速度的关系可看出，随着焊接速度的提高，抗拉强度呈现先增大后减小的趋势，当焊接速度为 290mm/s 时，剪切强度达到最大值，为 132MPa，此时焊接接头具有最佳的力学性能。

对该焊接接头的显微硬度进行测量，结果如图 3.84 所示。焊缝的硬度最高为 $140HV_{0.2}$，热影响区（HAZ）硬度较低，约为 $110HV_{0.2}$，母材硬度约为 $70HV_{0.2}$。原因是随着母材到热影响区再到熔合区，晶粒在逐渐细化，晶界的各向异性使位错等缺陷在组织中难以扩展，因此强度与硬度呈上升趋势。

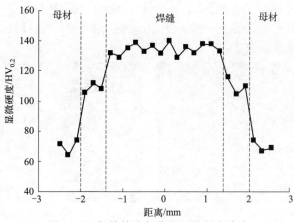

图 3.84　焊接接头部位的显微硬度分布

3.5.12　高速列车铝合金横梁构件的激光焊

随着高速列车运行速度的不断提高，铝合金因其低密度、高强度的特点被越来越多地用于制造列车车体。激光-MIG 复合焊结合了激光焊和 MIG 焊的优点，且相比于 MIG 焊，激光-MIG 复合焊的效率大幅度提升，热输入降低约 70%，填充焊丝减少约 95%，具有更高的焊接速度、更深的熔深、更小的焊接变形和更好的力学性能等明显的技术优势。对标准动车组横梁不等厚铝合金构件进行激光-MIG 复合焊，试验母材为高速列车铝合金横梁构件用、厚度为6mm 的 5083-O 铝合金板材和厚度为9mm 的 6005AT6 铝合金型材。其中，5083-O 铝合金加工单边 V 形坡口；激光-MIG 复合焊的坡口角度为 30°、钝边高度为 4mm、组对间隙为 0mm。填充材料为直径为 1.2mm 的 ER5356 铝合金焊丝。试验母材和填充焊丝的化学成分见表 3.29。焊接前对母材进行了机械打磨和丙酮擦洗预处理，去除表面的氧化膜和油脂污垢。

表 3.29　试验母材和填充焊丝的化学成分　　　　　　　　　　　　　　%

材料	Si	Fe	Cu	Mn	Mg	Cr	Zn	Ti	Al
6005A-T6	05~0.9	≤0.35	≤0.3	≤0.5	0.4~0.7	≤0.3	≤0.2	≤0.1	余量
5083-O	≤0.4	≤0.4	≤0.1	0.4~1.0	4.0~4.9	0.05~0.2	≤0.25	≤0.15	余量
ER5356	0.10	0.4	0.1	0.15	4.8	0.1	0.1	0.13	余量

激光-MIG 复合焊采用单面焊双面成形的工艺，背部自由成形。采用的激光器为TRUMPF TruDisk 16003 碟片式激光器，激光波长为 $1.07\mu m$，光斑直径为 0.8mm；采用的 MIG 弧焊电源为 FRONIUS TPS 5000 智能焊机，电弧电流、电弧电压和送丝速度一元化调节。针对激光-MIG 复合焊，激光在前、电弧在后，热源间距为 3mm，离焦量为 2mm，激光与焊枪和试板夹角分别为 85°和 60°，采用流量为 50L/min 的高纯氩气作为保护气。激光-MIG 复合焊的工艺参数见表 3.30。

表 3.30　激光-MIG 复合焊的工艺参数

焊接速度/m·min^{-1}	电弧电流/A	电弧电压/V	激光功率/kW	热输入/J·mm^{-1}
2.00	190	22.5	6.8	333

激光-MIG 复合焊可以获得成形质量优异的焊缝，焊缝横截面和表面未发现明显的成形缺陷，且焊缝内部不存在明显的气孔缺陷。焊缝的表面熔宽和背部熔宽远小于普通 MIG 焊缝。由于激光熔透能力强且不存在组对间隙，激光-MIG 复合焊两侧焊缝尺寸基本相同。焊

缝中心区域为典型的树枝状晶，如图 3.85 所示。激光-MIG 复合焊的焊接速度快、冷却速度快，有利于柱状晶的形成。激光-MIG 复合焊的热输入低，且焊接区域的高温停留时间短，母材发生半熔化现象不明显。

(a) 焊缝中心

(b)熔合区附近

图 3.85 激光-MIG 复合焊接头区的显微组织

激光-MIG 复合焊显微硬度最低点位于靠近型材的熔合区附近，焊缝中心的平均硬度为 $76HV_{0.2}$，如图 3.86 所示。激光-MIG 复合焊的平均抗拉强度为 218.7MPa，达到母材（5083-O，275MPa）的 79.5%，如图 3.87 所示。激光-MIG 复合焊接头的拉伸试样断裂在熔合区附近，断裂路径的扩展方向基本与熔合区一致。激光-MIG 复合焊接头的 5083-O 母材侧熔合区附近显微硬度最低，断裂因此发生在 5083-O 母材侧。

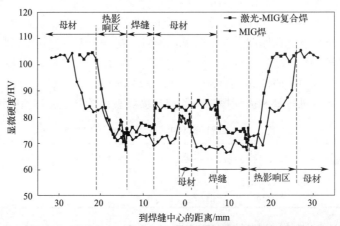

图 3.86 激光-MIG 复合焊和 MIG 焊接头的显微硬度分布

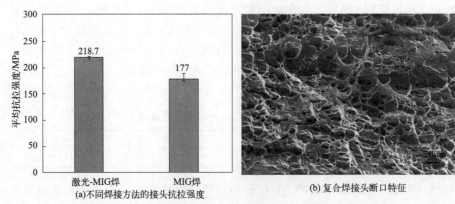

(a)不同焊接方法的接头抗拉强度

(b) 复合焊接头断口特征

图 3.87 不同焊接方法的接头抗拉强度及复合焊接头断口特征

扫码看视频

第**4**章

激光切割

激光切割是利用高能量密度的激光束作为"切割刀具"对材料进行热切割的一种加工方法，是材料加工中一种先进的和应用较为广泛的切割工艺。20 世纪 70 年代初用 CO_2 激光切割包装用夹板，开辟了激光切割在工业领域中的应用。随着激光切割设备的不断更新和切割工艺的日益进步，采用激光切割技术可以实现各种金属与非金属板材、复合材料、硬质材料及众多复杂零件的切割，在汽车工业、航空航天、工程机械、国防等领域获得了广泛应用。

4.1 激光切割的原理、特点及应用

4.1.1 激光切割的原理及分类

4.1.1.1 激光切割的原理

激光切割利用经聚焦的高功率密度激光束扫描工件表面，在极短时间内将材料局部加热到几千至上万摄氏度，使被照射的材料迅速熔化、汽化、烧蚀或达到燃点，同时借助与光束同轴的高速气流吹除熔融物质，将工件割开，以达到切割材料的目的。如果吹出的气体和被切割材料产生热效反应，则此反应将提供切割所需的附加能源；气流还有冷却切割面、减小热影响区和保证聚焦镜不受污染的作用。

激光切割是一种热切割过程。激光切割的原理如图 4.1 所示。

无论是使用 CO_2 激光器还是使用 Nd：YAG 激光器进行切割，其原理基本上是相同的。实际应用中，激光切割头中安装有一透镜，可以将激光聚焦到一个很小的焦点（光斑），焦点处的功率密度极高，将焦点调整到工件表面，用以熔化或汽化被切割材料。

激光切割区如图 4.2 所示。激光切割过程发生在切口终端处的表面，称为烧蚀前沿。激光和气流在该处进入切口，激光能量一部分被烧蚀前沿吸收，一部分穿过切口或经烧蚀前沿向切口空间反射。烧蚀前沿由吸收的激光和切割过程中的放热反应加热、熔化或汽化，并被气流吹除。部分热量通过热传导传入基体材料，或通过辐射损耗，以及通过对流换热被气流带走。

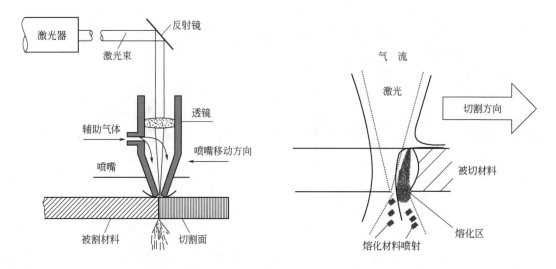

图 4.1　激光切割的原理示意　　　　图 4.2　激光切割区示意

激光切割的一个重要因素是入射激光在工件切口烧蚀前沿的吸收，它是有效进行激光切割的基础。激光的吸收决定于激光的偏振性、模式、汇聚角，也决定于烧蚀前沿的形状和倾角，以及材料的性质和氧化程度等。

激光切割利用高能激光束熔化或汽化切口部位的材料，并用高速辅助气流将其吹除完成切割。激光切割的功率密度可达 $10^4 \sim 10^6 \, \text{W/cm}^2$。激光源一般用 CO_2 激光束，工作功率为 $500 \sim 2500 \text{W}$。该功率的水平比许多家用电暖气所需要的功率还低，但是通过透镜和反射镜，激光束聚集在很小的区域。能量的高度集中能够进行迅速局部加热，使材料蒸发。此外，由于能量非常集中，仅有少量热传到材料的其他部分，所造成的变形很小或没有变形。利用激光可以非常准确地切割复杂形状的坯料，所切割的坯料不必再进一步处理。

尽管高能 CO_2 激光器可以切割厚度为 25mm 的碳钢板，但如果希望得到高质量的切口，板厚一般不应大于 10mm。

4.1.1.2　激光切割的分类

激光切割可以使用辅助气体来帮助去除熔化或汽化的材料，也可以不使用辅助气体。根据采用的辅助气体的不同，激光切割可分为汽化切割、熔化切割、氧化助熔切割和控制断裂切割四类。

（1）汽化切割

利用高能量密度的激光束加热工件，使材料表面温度迅速上升，在非常短的时间内达到材料的沸点，足以避免热传导造成的熔化，材料开始汽化，部分材料汽化成蒸气而消失。这些蒸气的喷出速度很快，在蒸气喷出的同时，部分材料作为喷出物从切缝底部被辅助气体流吹走，在材料上形成切口。汽化切割过程中，蒸气随之带走熔化质点和冲刷碎屑，形成孔洞。汽化过程中，大约 40% 的材料化作蒸气消失，而有 60% 的材料是以熔滴的形式被气流去除的。材料的汽化热一般很大，所以激光汽化切割时需要很大的功率和功率密度。

一些不能熔化的材料，如木材、碳素材料和某些塑料等，就是通过这种方法切割成形的。激光汽化切割多用于极薄金属材料和非金属材料（如纸、布、木材、塑料和橡胶等）的切割。

（2）熔化切割

用激光束加热，使金属材料熔化，当入射的激光束功率密度超过某一值后，光束照射处材料内部开始蒸发，形成孔洞。这种小孔一旦形成，它将作为黑体吸收所有的入射光束能量。小孔被熔化金属壁包围，然后通过与光束同轴的喷嘴喷吹非氧化性气体（Ar、He、N_2 等），依靠气体的强大压力使孔洞周围的液态金属排出，随着工件移动，小孔按切割方向同步移动，形成一条切口。激光束继续沿着切口的前沿照射，熔化材料持续或脉动地从切口内被吹走。

激光熔化切割不需要使金属完全汽化，所需能量只有汽化切割的 1/10。激光熔化切割主要用于一些不易氧化的材料或活性金属的切割，如不锈钢、钛、铝及其合金等。

（3）氧化助熔切割

原理类似于氧-乙炔切割。它是用激光作为预热热源，用氧气或其他活性气体作为切割气体。喷吹出的气体一方面与切割金属发生氧化反应，放出大量的氧化热；另一方面把熔融的氧化物和熔化物从反应区吹出，在金属中形成切口。由于切割过程中的氧化反应产生了大量热，所以激光氧化助熔切割所需要的能量只是熔化切割的 1/2，而切割速度远远大于激光汽化切割和熔化切割。

氧化助熔切割的基本原理如下。

① 利用氧气或其他活性气体。材料表面在激光束照射下很快被加热到燃点温度，与氧气发生激烈的燃烧反应，放出大量热。在此热量作用下，材料内部形成充满蒸气的小孔，小孔的周围被熔融的金属壁所包围。

② 燃烧物质转移成熔渣控制氧和金属的燃烧速度，氧气流速越高，燃烧化学反应和去除熔渣的速度越快。氧气流速不是越高越好，因为流速过快会导致切缝出口处反应产物（即金属氧化物）的快速冷却，这对切割质量是不利的。

③ 氧化助熔切割过程存在着两个热源，即激光照射能和氧与金属化学反应产生的热能。切割钢材时，氧化反应放出的热量约占切割所需全部能量的 60%。与惰性气体比较，使用氧作辅助气体可获得较高的切割速度。

④ 拥有两个热源的氧化助熔切割的切割过程中，如果氧的燃烧速度高于激光束的移动速度，割缝显得宽而粗糙；如果激光束移动的速度比氧的燃烧速度快，所得切缝窄而光滑。

激光氧化助熔切割主要用于钢材的切割，是应用最广的切割方法。

（4）控制断裂切割

对于容易受热破坏的脆性材料，利用高能量密度的激光束在脆性材料的表面进行扫描，使材料受热蒸发出一条小槽，然后施加一定的压力，通过激光束加热进行高速、可控的切断，脆性材料就会沿小槽处裂开。这种切割过程的原理是激光束加热脆性材料局部区域，引起该区域较大的热梯度和严重的机械变形，导致材料形成裂缝。只要保持均衡的加热梯度，激光束可引导裂缝在任何需要的方向产生和扩展。

控制断裂利用激光刻槽时所产生的陡峭的温度分布，在脆性材料中产生局部热应力，使材料沿小槽断开。需要注意的是，这种控制断裂切割不适合切割锐角和角边切缝。切割特大封闭外形也不容易获得成功。控制断裂切割的切割速度快，不需要太高的功率，否则会引起工件表面熔化，破坏切缝边缘。主要控制参数是激光功率和光斑大小。

4.1.2　激光切割的特点

激光切割技术与其他热切割方法相比有明显的优势，总的特点是切割速度快、质量高。其具体的特点可概括如下。

（1）切割质量好

由于激光光斑小、能量密度高、切割速度快，因此激光切割能获得较好的切割质量。激光切割切口细窄，切割零件的尺寸精度可达 ±0.05mm。切割表面光洁美观，表面粗糙度只有几十微米（一般 Ra 为 $12.5\sim25\mu m$），甚至激光切割可以作为最后一道工序，其切缝一般不需要再加工即可焊接，零部件也可直接使用。材料经过激光切割后，热影响区宽度很小，切缝附近材料的性能也几乎不受影响，并且工件变形小，切割精度高，切缝的几何形状好，切缝横截面形状呈现较为规则的长方形。

激光切割、氧-乙炔切割和等离子切割方法的比较见表 4.1，切割材料为 6.2mm 厚的低碳钢板。

表 4.1　激光切割、氧-乙炔切割和等离子切割方法的比较

切割方法	切缝宽度/mm	热影响区宽度/mm	切缝形态	切割速度	设备费用
激光切割	0.2～0.3	0.04～0.06	平行	快	高
氧-乙炔切割	0.9～1.2	0.6～1.2	比较平行	慢	低
等离子切割	3.0～4.0	0.5～1.0	楔形且倾斜	快	中高

（2）切割效率高

由于激光的传输特性，激光切割机上一般配有多台数控工作台，整个切割过程可以全部实现数控。操作时，只需改变数控程序，就可适用于不同形状零件的切割，既可进行二维切割，又可实现三维切割。

（3）切割速度快

用功率为 1.2kW 的激光切割 2mm 厚的低碳钢板，切割速度可达 600cm/min；切割 5mm 厚的聚丙烯树脂板，切割速度可达 1200cm/min。用功率为 2kW 的激光切割 8mm 厚的碳钢板，切割速度为 1.6m/min，切割 2mm 厚的不锈钢板，切割速度为 3.5m/min，热影响区小，变形极小。材料在激光切割时不需要装夹固定，既可节省工装夹具，又节省了上、下料的辅助时间。

（4）清洁、安全、无污染

激光切割时割炬与工件无接触，不存在工具的磨损。加工不同形状的零件，不需要更换"刀具"，只需改变激光器的输出参数。激光切割过程噪声低、振动小、无污染，大大改善了操作人员的工作条件。

（5）切割材料的种类多

与氧-乙炔切割和等离子切割相比较，激光切割材料的种类多，包括金属、非金属、金属基和非金属基复合材料、皮革、木材及纤维等。不同的材料，由于自身的热物理性能及对激光的吸收率不同，表现出不同的激光切割适应性。采用 CO_2 激光器，各种材料的激光切割特性见表 4.2。

表 4.2　各种材料的激光切割特性

材料			吸收激光的能力	切割特性
金属		Au、Ag、Cu、Al	对激光的吸收率小	一般来说较难加工，1～2mm 的 Cu 和 Al 的薄板可进行激光切割
		W、Mo、Cr、Ta、Zr、Ti（高熔点材料）	对激光的吸收率大	若用低速加工，薄板能进行切割。但 Ti、Zr 等金属需用 Ar 作辅助气体
		Fe、Ni、Pb、Sn		比较容易加工
非金属	有机材料	丙烯酰、聚乙烯、聚丙烯、聚酯、聚四氟乙烯	可透过白热光	大多数材料都能用小功率激光器进行切割。但因这些材料是可燃的，切割面易被炭化。丙烯酰、聚四氟乙烯不易炭化。一般可用氮气或干燥空气作辅助气体
		皮革、木材、布、橡胶、纸、玻璃、环氧树脂、酚醛塑料	透不过白热光	
	无机材料	玻璃、玻璃纤维	热膨胀大	玻璃、陶瓷、瓷器等在加工过程中或加工后易发生开裂。厚度小于 2mm 的石英玻璃切割性良好
		陶瓷、石英玻璃、石棉、云母、瓷器	热膨胀小	

激光切割的不足是受激光器功率和设备体积的限制，其只能切割中、小厚度的板材和管材，而且随着工件厚度的增加，切割速度明显下降。激光切割设备费用高，一次性投资大。

就切割精度和切口表面粗糙度而言，CO_2 激光切割不超过电加工；就切割厚度而言难以达到火焰和等离子切割的水平。但是以上显著的优点足以证明，CO_2 激光切割已经正在取代一部分传统的切割方法，特别是各种非金属材料的切割。它是发展迅速和应用日益广泛的一种先进加工方法。

4.1.3　激光切割的应用范围

工业生产中，激光切割技术是激光加工应用最广泛的加工方法之一，约占整个材料激光加工应用的 60%。

大多数激光切割机都由数控程序进行控制、操作或被做成切割机器人。激光切割作为一种精密的加工方法，几乎可以切割所有的材料，包括薄金属板的二维或三维切割。激光切割在电气制造、运输机械、石油化工、汽车制造、工程机械、医疗器械、装饰、包装业等得到广泛应用。

在汽车制造领域，小汽车顶窗等空间曲线的激光切割技术已经获得广泛应用。德国大众汽车公司用功率为 500W 的激光器切割形状复杂的车身薄板及各种曲面件。在航空航天领域，激光切割技术主要用于特种航空材料的切割，如钛合金、铝合金、镍合金、铬合金、不锈钢、氧化铍、复合材料、塑料、陶瓷及石英等。用激光切割加工的航空航天零部件有发动机火焰筒、钛合金薄壁机匣、飞机框架、钛合金蒙皮、机翼长桁、尾翼壁板、直升机主旋翼、航天飞机陶瓷隔热瓦等。

激光切割技术在非金属材料领域也有着广泛的应用。激光切割所需的功率相对较低，一般情况下，1kW 以下的连续 CO_2 激光器就足已用来切割薄工件。不仅可以切割硬度高、脆性大的材料，如氮化硅、陶瓷、石英等，还能切割柔性材料，如布料、纸张、塑料板、橡胶、皮革等，如用激光进行服装剪裁，可节约衣料 10%～12%，提高功效 3 倍以上。

激光束的能量密度稍低于电子束的能量密度，这两种能束的切割能力基本上是一样的。与电子束切割相比，激光切割在大气气氛下可切割厚度达 25mm 的金属，可用自动切割设备以很高的速度进行切割，切口很窄，切口角度几乎是垂直的，切口质量优异。表 4.3 列出了激光切割与等离子切割、氧-乙炔切割的比较。

适合采用 CO_2 激光切割的产品大体上可归纳为以下三大类。

① 第一类。从技术经济角度不宜制造模具的金属钣金件，特别是轮廓形状复杂、批量不大的工件，如厚度为 12mm 的低碳钢板、厚度为 6mm 的不锈钢板、厚度为 20mm 的非金属材料，以节省制造模具的成本与周期。采用 CO_2 激光切割的典型产品有自动电梯结构件、升降电梯面板、机床及粮食机械外罩、各种电气柜与开关柜、纺织机械零件、工程机械结构件、大电机硅钢片等。其对三维空间曲线的切割，在汽车、航空工业中也获得了应用。

② 第二类。装饰、广告、服务业用的不锈钢（一般厚度为 3mm）或非金属材料（一般厚度为 20mm）的图案、标记、字体等，如艺术照相册的图案，公司、单位、宾馆、商场的标志，车站、码头、公共场所的各种文字等。

③ 第三类。要求切缝均匀的特殊零件。最广泛应用的典型零件是包装印刷行业用的模切版，它要求在厚度为 20mm 的木模板上切出缝宽为 0.7～0.8mm 的槽，然后在槽中镶嵌刀片，使用时装在模切机上，切下各种已印刷好图形的包装盒。国内近年来应用的另一个新领域是石油筛缝管，为了防止泥沙进入抽油泵，在壁厚为 6～9mm 的合金钢管上切出 0.3mm 宽的均匀切缝，起割穿孔处小孔直径不能大于 0.3mm。

表 4.3　激光切割与等离子切割、氧-乙炔切割的比较

切割方法	激光切割(CO_2激光器，2kW)	等离子切割	氧-乙炔切割
能源	红外	等离子弧	氧与乙炔发生氧化反应
能量密度	小	中	小
切割材料	碳钢、低合金钢、 不锈钢、非金属材料	低碳钢、低合金钢、 不锈钢、铝合金	低碳钢、 低合金钢
切割速度 （板厚12mm）	中 （1.0m/min）	大 （2.7m/min）	小 （0.5m/min）
切口宽度 （板厚12mm）	小 （0.4～0.5mm）	大 （2.5～3.0mm）	中 （0.5mm）
切割精度	良（0.2mm以下）	一般（0.5～1.0mm）	差（1～2mm）
切割面	非常好	一般	好
切割粗糙度	一般	好	一般
多层同时切割	困难	—	—
无人操作	最好	困难	困难
环境污染	小	有灰尘	一般
价格	高	较高	低

从生产单位的类型看：一类是大中型制造企业，这些企业生产的产品中有大量板材需要下料、切料，具有较强的经济和技术实力；另一类是加工站，是专门对外承接激光加工业务的，自身无主导产品，它的存在可满足一些中小企业加工的需要，在推广应用激光切割技术方面起到宣传示范的作用。20世纪80年代我国激光加工站主要从事激光热处理工作，20世纪90年代后激光切割逐步增加。近年来，越来越多的企业采用了CO_2激光切割技术。

除上述应用外，激光切割还在不断扩展其应用领域，具体如下。

① 采用三维激光切割系统或配置工业机器人，切割空间曲线，开发各种三维切割软件，以加快从画图到切割零件的过程。

② 为了提高生产效率，研究开发各种专用切割系统、材料输送系统、直线电机驱动系统等，目前切割系统的切割速度已超过100m/min。

③ 为扩展工程机械、造船工业等的应用，可切割低碳钢板厚度已超过30mm，并特别研究用氮气切割低碳钢板的工艺技术，以提高切割厚板的切口质量。

扩大CO_2激光切割的应用领域，解决新的应用中一些技术难题仍然是工程技术人员的重要课题。

4.1.4　工程材料的激光切割

（1）金属材料的激光切割

虽然几乎所有的金属材料在室温下对红外波能量都有很高的反射率，但发射处于远红外波段（10.6μm）光束的CO_2激光器还是成功地应用于许多金属的激光切割。金属材料对10.6μm激光束吸收性差，起始吸收率只有0.5%～10%；但是当功率密度超过10^6W/cm^{2}的聚焦激光束照射到金属表面时，却能在微秒级的时间内很快开始熔化。处于熔融态的大多数金属的吸收率急剧上升，一般可提高60%～80%。

① 碳钢。激光切割碳钢板的厚度可达25mm，利用氧化助熔切割机切割碳钢板的切缝可控制在满意的宽度范围内，薄板切缝可窄至0.1mm左右。

② 合金钢。大多数合金结构钢和合金工具钢都能用激光切割的方法获得良好的切边质量。当用氧气作为加工气体时，切割边缘会轻微氧化。对于厚度达4mm的板材，可用氮气

作为加工气体进行高压切割。这种情况下，切割边缘不会被氧化。厚度在 10mm 以上的板材，激光器采用特殊极板并且在加工中给工件表面涂油可以得到较好的效果。对于高强度钢，只要工艺参数控制得当，也可获得平直、无粘渣的切边。但对于含钨的高速工具钢和热锻模钢，激光切割时容易发生熔蚀和粘渣现象。

③ 不锈钢。对以不锈钢薄板为主的制造业来说，激光切割是有效的加工方法。在严格控制激光切割热输入的情况下，可以限制切边热影响区的宽度，从而保证了不锈钢良好的耐腐蚀性。在边缘氧化不要紧的情况下可以使用氧气，而使用氮气可以得到无氧化无毛刺的边缘，就不需要再进行处理了。在板材表面涂抹一层油膜会得到更好的穿孔效果，而不降低加工质量。

④ 铝及其合金。对铝及其合金的激光切割属于熔化切割机制，所用的辅助气体主要用于从切割区吹除熔融产物，通常可获得较好的切口质量。对某些铝合金来说，要注意防止切缝表面晶间微裂纹的产生。尽管铝合金有较高的反射率和良好的热传导性，仍可采用激光切割的方法切割厚度 6mm 以下的铝材，这取决于合金类型和激光器功率。当用氧气时，切割表面粗糙而坚硬；用氮气时，切割表面平滑。纯铝非常难切割，只有在系统上安装有"反射吸收"装置时才能切割，否则反射会毁坏光学组件。

⑤ 铜及其合金。纯铜（紫铜）由于太高的反射率，基本上不能用 CO_2 激光束实施切割，切割黄铜（铜合金）应使用较高的激光功率，辅助气体采用空气或氧气，可以对较薄的板材进行切割。纯铜和黄铜都具有高反射率和非常好的热传导性。厚度在 1mm 以下的黄铜板可以用氮气切割；厚度在 2mm 以下的铜板的切割，加工气体必须用氧气。只有在系统上安装有"反射吸收"装置时才能切割纯铜和黄铜，否则反射会毁坏光学组件。

⑥ 钛及其合金。纯钛能很好地耦合聚焦激光束转化的热能，辅助气体采用氧气时化学反应剧烈，切割速度快，但易在切边处生成氧化层，还可能引起过烧。采用空气作为辅助气体可以保证切割质量。飞机制造业常用的钛合金激光切割质量较好，虽然切缝底部会有少许粘渣，但很容易清除。钛板材用氩气和氮气作为加工气体来切割。

⑦ 镍基合金。也称高温合金，品种很多，其中的大多数都可以实施激光氧化助熔切割，切口质量良好。

利用激光切割设备可切割 4mm 以下的不锈钢板，在激光束中加氧气可切割 25mm 厚的碳钢板，但加氧切割后会在切割面形成薄薄的氧化膜。激光切割的最大厚度可达 30mm，但切割部件的尺寸误差较大。

表 4.4 列出了一些金属材料对不同激光器发出的不同波长激光束的常温吸收率。

表 4.4　不同金属对不同波长激光束的常温吸收率

金属	吸收率(20℃)			
	Ar(0.5μm)	红宝石（0.7μm）	Nd-YAG (1.06μm)	CO_2(10.6μm)
铝	0.09	0.11	0.08	0.019
铜	0.56	0.17	0.10	0.015
金	0.58	0.07	—	0.107
铱	0.36	0.30	0.22	—
铁	0.68	0.64	—	0.035
铅	0.38	0.35	0.16	0.045
钼	0.48	0.48	0.40	0.027
镍	0.40	0.32	0.26	0.030
铌	0.58	0.50	0.32	0.036
铂	0.21	0.15	0.11	0.036
铼	0.47	0.44	0.28	—

金属	吸收率(20℃)			
	Ar(0.5μm)	红宝石（0.7μm）	Nd-YAG（1.06μm）	CO_2(10.6μm)
银	0.05	0.04	0.04	0.014
钽	0.65	0.50	0.18	0.144
锡	0.20	0.18	0.19	0.034
钛	0.48	0.45	0.42	0.080
钨	0.55	0.50	0.41	0.026
锌	—	—	0.16	0.027

材料对激光束的吸收率大小在加热起始阶段有重要作用，一旦工件内部小孔形成，小孔的黑体效应使材料对光束的吸收率接近100%。在激光切割实践中，可利用材料表面状态对光束吸收率的影响改善材料的切割性能，例如在铝表面涂上吸收材料层，就可明显提高切割速度。

（2）非金属材料的激光切割

对 CO_2 激光器发射出的 10.6μm 波长的远红外光束来说，非金属材料对它的吸收较好，即具有较高的吸收率；非金属材料导热性不好和较低的蒸发温度又使吸收的光束几乎全部输入材料内部，并在激光光斑照射处瞬间汽化，形成起始孔洞，进入切割过程的良性循环。

可用激光切割的有机材料包括塑料（聚合物）、橡胶、木材、纸制品、皮革等。可用激光切割的无机材料包括石英、玻璃、陶瓷、石材等。轻质加强纤维聚合复合材料很难用常规方法进行加工。利用激光无接触加工的特点，可以对固化前的层叠薄片进行高速切割修剪、定型，在激光束的加热下薄片边缘被融合，避免了纤维屑的生成。对完全固化后的厚大件，尤其是硼纤维和碳纤维合成材料，激光切割时要防止切边可能有炭化、分层和热损伤发生。与塑料切割一样，合成材料切割过程中需要及时排除废气。

对不透明的材料，吸收率＝1－反射率，反射率与材料表面状态、温度及波长有关。图4.3所示是材料对 10.6μm 的激光束吸收率随温度的变化。

还有一种叠层的复合材料，由两种性能不同的材料上下复合在一起，为了获得较好的切割质量，激光切割的原则是先切割具有较好切割性的那一面。

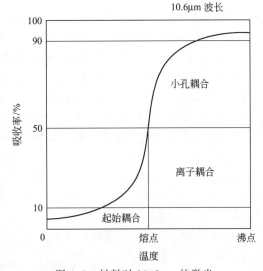

图4.3　材料对 10.6μm 的激光束吸收率随温度的变化

4.2　激光切割设备

世界上第一台 CO_2 激光切割机是 20 世纪 70 年代在澳大利亚 Farley Larlab 公司诞生的。由于应用领域的不断扩大，CO_2 激光切割机不断改进，目前国际国内已有多家企业从事生产各种 CO_2 激光切割机以满足市场的需求，有二维平板切割机、三维空间曲线切割机、管子切割机等。国外知名企业有德国 Trumpf 公司，意大利 Prima 公司，瑞士 Bystronic 公司，澳大利亚 HG Farley LaserLab 公司（前身为 Farley Larlab 公司），日本 Amada 公司、MAZAK 公司、NTC 公司等。国内能提供平板切割机的企业有武汉法利莱公司，上海团结普瑞玛公司，沈阳普瑞玛公司，济南捷迈公司，武汉楚天公司等。近年来我国生产的 CO_2 激光切割机有了较快的发展。

4.2.1　激光切割设备的组成

激光切割设备与焊接设备基本类似，区别是焊接需要使用激光焊枪，而切割需要使用激光割炬（又称割枪）。

激光切割设备按激光工作物质不同，可分为固体激光切割设备和气体激光切割设备；按激光器工作方式不同，分为连续激光切割设备和脉冲激光切割设备。目前，除了少数场合采用 YAG 固体激光器外，激光切割绝大部分采用快轴流的高功率 CO_2 激光切割设备，因为快轴流激光器射出的光束模式较好。激光切割设备主要由激光器、导光系统、数控运动系统、割炬、操作台、气源、水源及抽烟系统组成，输出功率在 $0.5 \sim 3kW$ 之间。典型的 CO_2 激光切割设备的基本构成如图 4.4 所示。

激光切割设备各结构的作用如下。

① 激光电源。供给激光振荡用的高压电源，产生的激光经反射镜、导光系统把激光导向切割工件所需要的方向。

② 激光振荡器。产生激光的主要设备。

③ 反射镜。用于将激光导向所需要的方向。为使光束通路不发生故障，所有反射镜都要用保护罩加以保护。

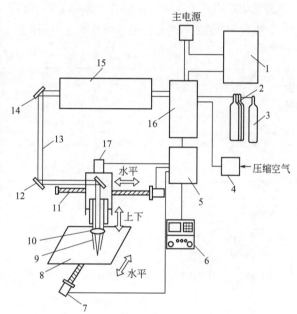

图 4.4　典型的 CO_2 激光切割设备的基本构成

1—冷却水装置；2—激光气瓶；3—辅助气体瓶；4—空气干燥器；5—数控装置；6—操作盘；7—伺服电机；8—切割工作台；9—割炬；10—聚焦透镜；11—丝杆；12—反射镜；13—激光束；14—反射镜；15—激光振荡器；16—激光电源；17—伺服电机和割炬驱动装置

④ 割炬。主要包括枪体、聚焦透镜和辅助气体喷嘴等零件。

⑤ 切割工作台。用于安放被切割工件，并能按控制程序正确而精确地进行移动，通常由伺服电机驱动。

⑥ 割炬驱动装置。用于按照程序驱动割炬沿 X 轴和 Z 轴方向运动，由伺服电机和丝杆等传动件组成。

⑦ 数控装置。对切割平台和割炬的运动进行控制，同时也控制激光器的输出功率。

⑧ 操作盘。用于控制整个切割装置的工作过程。

⑨ 气瓶。包括激光工作介质气瓶和辅助气瓶，用于补充激光振荡的工作气体和供给切割用辅助气体。

⑩ 冷却水装置。用于冷却激光振荡器。激光器是利用电能转换成光能的装置，如 CO_2 气体激光器的转换效率一般为 20%，剩余的 80% 能量就变换为热量。冷却水把多余的热量

带走以保持振荡器的正常工作。

⑪ 空气干燥器。用于向激光振荡器和光束通路供给洁净的干燥空气，保持通路和反射镜的正常工作。

激光切割设备的价格较贵，但是由于降低了后续工艺处理的成本，所以在大规模生产中采用这种设备是可行的。由于没有刀具加工成本，所以激光切割设备也适于生产小批量的原先不能加工的各种尺寸的部件。目前，激光切割设备通常采用计算机化数字控制（CNC）技术，采用该技术可以利用网络通信从计算机辅助设计（CAD）工作站接收切割数据。

4.2.2 激光切割用的激光器

激光切割用激光器主要有 CO_2 气体激光器和钇铝石榴石固体激光器（通常称 YAG 激光器）。CO_2 激光器与 YAG 激光器的基本特性及主要用途见表 4.5，切割加工性能的比较见表 4.6。

表 4.5 CO_2 激光器与 YAG 激光器的基本特性及主要用途

激光器	激光波长/μm	振荡形式	输出功率	效率[1]/%	用途
CO_2 激光器	10.6	脉冲/连续	1.8kW（脉冲能量 0.1～150J）	3	打孔、焊接、切割、烧刻
YAG 激光器	1.06	脉冲/连续	20kW	20	打孔、切割、焊接、热处理

[1] 效率指投入激光器工作介质的能量与激光输出能量之比。

表 4.6 CO_2 激光器与 YAG 激光器切割加工性能的比较

项目	CO_2 激光器	YAG 激光器
聚焦性能	光束发散角小，易获得基模，聚焦后光斑小，功率密度高	光束发散角大，不易获得单模式(仅超声波 Q 开关 YAG 激光器能生产单模式)，聚焦后光斑较大，功率密度低
金属对激光的吸收率（常温）	低	高
切割特性	好（切割厚度大，切割速度快）	较差（切割能力低）
结构特性	结构复杂，体积较小，对光路的精度要求高	结构紧凑，体积小，光路和光学零件简单
维护保养性	差	良好
加工柔性	差（光束的传送依靠反射镜，难以传送到不同加工工位）	好（可利用光纤传送光束，一台激光器可用于多个工位，也能多台同型激光器连用）

（1）CO_2 气体激光器

用于切割的 CO_2 气体激光器的基本结构如图 4.5 所示。气体通过施加高压电形成辉光放电状态，借助设在容器两端的反射镜使其在反射镜之间的区域不断受激励并产生激光。

CO_2 气体激光器主要有气体封闭容器式、低速轴流式、高速轴流式和横流式（即放电方向、光轴方向与气体流动方向正交）等类型。激光切割一般使用轴流式 CO_2 激光器。

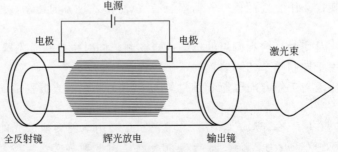

图 4.5 用于切割的 CO_2 气体激光器的基本结构示意

几种 CO_2 激光器的主要特性见表 4.7。

表 4.7　几种 CO_2 激光器的主要特性

类型	构成简图	实用输出功率/W	优点	缺点
气体封闭式		100	结构简单	功率小，实用性差
低速轴流式		1000	可获得稳定的基模式激光	外形尺寸大，维护保养较难
高速轴流式		3000	可在体积不大的条件下获得较高的输出功率，维护保养方便	输出功率的稳定性取决于鼓风机的可靠性
横流式		1500	可获得较高的输出功率	光束能量分布为复式，效率较低

注：⟹ 表示激光束，➔ 表示气体流，→ 表示冷却介质流。

（2）YAG 固体激光器

用于切割的 YAG 固体激光器的结构如图 4.6 所示。它借助光学泵作用将电能转化的能量传送到工作介质中，使之在激光棒与电弧灯周围形成一个泵室。同时通过激光棒两端的反光镜，使光对准工作介质，对其进行激励以产生光放大，从而获得激光。

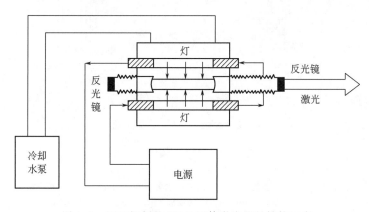

图 4.6　用于切割的 YAG 固体激光器的结构示意

切割用 YAG 激光器的种类和主要用途见表 4.8。

表4.8　切割用 YAG 激光器的种类和主要用途

项目	连续激光器		脉冲激光器
	一般连续振荡	Q 开关振荡	
激励用灯	电弧灯	—	闪光灯
Q 开关	—	超声波 Q 开关	—
脉冲宽度	—	$50\sim500$ns	$0.1\sim20$ms
重复频率/kHz	—	<50	$(1\sim500)\times10^{-6}$
峰值功率/kW	—	$10\sim250$	$1\sim20$
平均输出功率/W	$1\sim1800$	100	1000
脉冲能量/mJ	—	$1\sim30$	$100\sim150000$
主要用途	用于碳钢、不锈钢薄板（厚度小于3mm）的切割	陶瓷和铝合金薄板（厚度约1mm）的精密切割	铜、铝合金板（厚度小于20mm）的精密切割

4.2.3　激光切割的割炬

激光切割用割炬的结构示意如图4.7所示，主要由割炬体、聚焦透镜、反射镜和辅助气体喷嘴等组成。激光切割时，割炬必须满足下列要求。

① 割炬能够喷射出足够的气流。

② 割炬内气体的喷射方向必须和反射镜的光轴同轴。

③ 割炬的焦距能够方便调节。

④ 切割时，保证金属蒸气和切割金属的飞溅不会损伤反射镜。

割炬的移动通过数控运动系统进行调节，割炬与工件之间的相对移动有以下三种情况。

① 割炬不动，工件通过工作台运动，主要用于尺寸较小的工件。

② 工件不动，割炬移动。

③ 割炬和工作台同时运动。

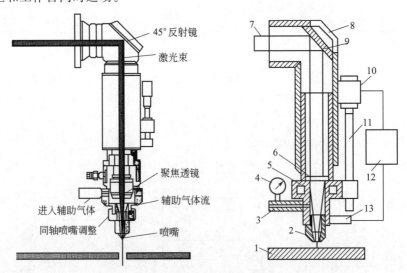

图4.7　激光切割用割炬的结构示意

1—工件；2—切割喷嘴；3—氧气进气管；4—氧气压力表；5—透镜冷却水套；
6—聚焦透镜；7—激光束；8—反射冷却水套；9—反射镜；10—伺服电机；
11—滚珠丝杆；12—放大控制及驱动电器；13—位置传感器

（1）切割头

激光切割头位于光束传输系统的末端，包括聚焦透镜和切割喷嘴。图4.8所示为 CO_2

激光器和 YAG 激光器使用的典型切割头结构。

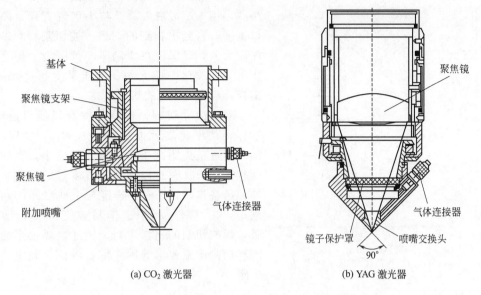

(a) CO_2 激光器

(b) YAG 激光器

图 4.8 CO_2 激光器和 YAG 激光器使用的典型切割头结构

聚焦透镜主要按焦距长短进行划分,大多数激光切割设备均配备了几个不同焦距的切割头。以 CO_2 激光切割为例,常见的焦距有 127mm（5in●）和 190mm（7.5in）两种。短焦距透镜得到的焦斑小、焦深短,对降低切口宽度、得到更精细的切口有利;长焦距透镜得到

的焦斑大、焦深长,与短焦距透镜相比,长焦距透镜在焦点附近可满足材料加工激光能量密度的聚焦光束的要求。因此,短焦距透镜多用于薄板的精细切割,而对较厚的材料则需要使用长焦距透镜以获得足够的焦深,保证在切割厚度范围内,光斑直径变化不大,有足够的功率密度。

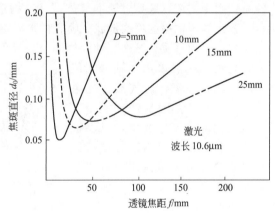

图 4.9 焦斑直径 d_0 与透镜焦距 f 和入射激光束直径 D 之间的关系

聚焦透镜用于对射入割炬的平行激光束进行聚焦,以获得较小的光斑和较高的功率密度。透镜采用能透过激光波长的材料制造。固体激光器常用光学玻璃,而 CO_2 气体激光器因透不过普通玻璃,则采用 ZnSe、GaAs 和 Ge 等材料制造,其中最常用的是 ZnSe。

透镜的形状有双凸形、平凸形和凹凸形三种。透镜的焦距对聚焦后的光斑直径和焦点深度有很大的影响。焦斑直径 d_0 与透镜焦距 f 和入射激光束直径 D 之间的关系如图 4.9 所示。可见,当入射激光束直径 D 值一定时,存在一个最佳的透镜焦距 f 值使焦斑直径 d_0 最小。

焦深 f_d 与透镜焦距 f 的关系如图 4.10 所示。随着透镜焦距的减小,焦深也变小。

● 1in＝25.4mm。

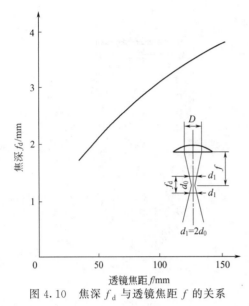

图 4.10　焦深 f_d 与透镜焦距 f 的关系

焦距应根据被切割材料的厚度选取，兼顾焦斑直径和焦深两个方面。被切割材料薄，焦距应小些，用 5in 切割头，以减小焦斑直径，降低切口宽度，得到更精细的切口；被切割材料厚，焦深应大些，以保证在切割厚度范围内焦斑直径变化不大，故焦距应大些，例如厚度超过 4mm 的钢板，应用 7.5in 的切割头。

对于激光切割，希望焦斑直径尽可能减小，这样，功率密度就能提高，有利于实现高速切割。但透镜焦距减小时，焦深也较小，在切割厚度较大的板材时难以获得垂直度好的切割面。另外，透镜焦距较小时，透镜与工件之间的距离也缩小，在切割过程中透镜易被飞溅等熔融物弄脏，影响切割的正常进行。因此，要根据切割厚度和切割质量要求等因素综合考虑、确定适当的焦距。

（2）反射镜

反射镜的功能是改变来自激光器的光束方向。对固体激光器发出的光束可使用由光学玻璃制造的反射镜，而 CO_2 气体激光切割装置中的反射镜常用铜或反射率高的金属制造。在使用过程中，为避免反射镜受光照过热而损坏，通常需用水进行冷却。

（3）辅助气体喷嘴

喷嘴用于向切割区喷射辅助气体，其结构形状对切割效率和质量有一定影响。图 4.11 所示为激光切割常用的喷嘴形状，喷孔的形状有圆柱形、锥形和缩放形等。喷嘴的选用一般根据切割工件的材质、厚度、辅助气体压力等再经试验后确定。

激光切割一般采用同轴（气流与光轴同轴）喷嘴，若气流与光束不同轴，则在切割时易产生大量飞溅。喷嘴孔的孔壁应光滑，以保证气流的顺畅，避免因出现紊流而影响切口质量。为了保证切割过程的稳定性，应尽量减小喷嘴端面至工件表面的距离，常取 0.5～2.0mm。

喷嘴孔径必须保证激光束能够顺利通过，避免孔内光束触及喷嘴内壁。孔径越小，光束准直越困难。在一定的辅助气体压力下，有一个最佳的喷嘴孔径范围，孔径过小或过大都会影响切缝内熔融产物的吹除，也会影响切割速速。

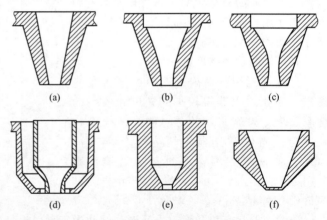

图 4.11　激光切割常用的喷嘴形状

一定激光功率和辅助气体压力下喷嘴孔径对切割速度的影响如图 4.12 和图 4.13 所示。可见，有一个可获得最大切割速度的最佳喷嘴孔径。无论是氧气还是氩气作为辅助气体，这个最佳值均约为 1.5mm。

对切割难度较大的硬质合金的激光切割试验表明，最佳喷嘴孔径与上述结果很接近，如

图 4.14 所示。喷嘴孔径还会影响切缝宽度和热影响区宽度的大小。如图 4.15 所示，随着喷嘴孔径的增大，切缝变宽而热影响区变窄。热影响区变窄的主要原因是辅助气流对切割区母材的冷却作用加强了。

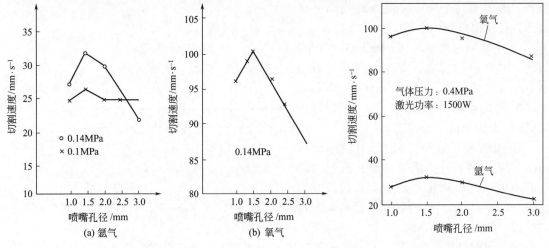

图 4.12　切割速度与喷嘴孔径的关系

图 4.13　切割速度与喷嘴孔径的关系（2mm 厚低碳钢板）

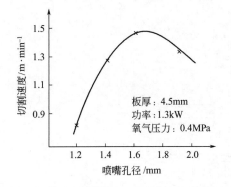

图 4.14　喷嘴孔径对硬质合金激光切割的影响

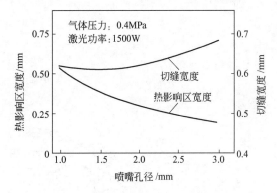

图 4.15　喷嘴孔径对切缝宽度和热影响区宽度的影响（2mm 厚低碳钢板）

当用惰性气体切割某些金属时，为保护切口区金属不致因空气侵入（一般喷嘴在切割方向突然改变时常有空气卷入切割区）而发生氧化或氮化，则宜使用加保护罩的喷嘴。加玻璃绒保护罩的喷嘴结构如图 4.16 所示。

4.2.4　数控激光切割机和激光切割机器人

（1）数控激光切割机

数控激光切割机一般由三部分组成，即工作台（一般为精密机床）、光束传输系统（也称外光路，即在激光器发出的光束到达工件前，在整个光程内传输光束的光学、机械构件）和微机控制系统。

按割炬与工作台相对移动的方式，数控激光切割机可分为以下三种类型。

① 在切割过程中，由割炬射出的激光束与工作台都移动，一般激光束沿 Y 方向移动，工作台沿 X 方向移动。典型的产品如澳大利亚激光实验室公司（Laser Lab）生产的激光切割机。这类切割机的割炬接触工件，用以调整焦点位置；传感器有两种类型，一种是接触式

电感传感器，另一种是非接触式电容传感器。我国制造的激光切割机大多属割炬与工作台都移动的类型，如济南锻压机械研究所、中国大恒公司、上海激光集团公司和北京机床研究所的产品。

② 在切割过程中，只有激光束（割炬）移动，工作台不移动。典型的产品有意大利 Prima 工业集团、瑞士 Laser Work 公司生产的激光切割机和 Laser Comb 公司的 MMS 激光切割机。

③ 在切割过程中，只有工作台移动，而激光束（割炬）则固定不动。典型的产品有美国切割公司生产的 HP 系列激光切

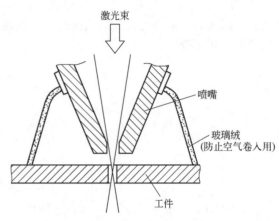

图 4.16　加玻璃绒保护罩的喷嘴结构

割机（Laser Cut，配美国 PRC 公司生产的激光器）和日本 Amada 公司生产的激光切割机。

（2）激光切割机器人

激光切割机器人有 CO_2 气体激光切割机器人和 YAG 固体激光切割机器人。通常激光切割机器人既可进行切割又能用于焊接。

① CO_2 激光切割机器人。L-1000 型 CO_2 激光切割机器人结构如图 4.17 所示。

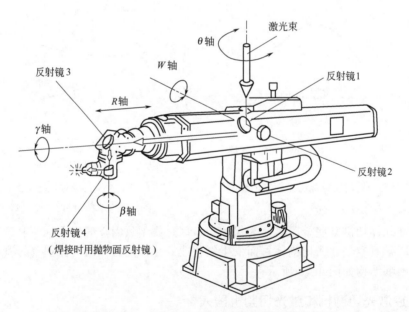

图 4.17　L-1000 型 CO_2 激光切割机器人结构简图

L-1000 型 CO_2 激光切割机器人是极坐标式五轴控制机器人，配有 C1000～C3000 型激光器。光束经设置在机器人手臂内的四个反射镜传送，聚焦后从喷嘴射出。反射镜用铜制造，表面经过反射处理，使光束传递损失不超过 0.8%，而且焦点的位置精度相当好。为了防止反射镜受到污损，光路完全不与外界接触，同时还在光路内充入经过滤器过滤的洁净空气，并具有一定的压力，从而防止周围的灰尘进入。

L-1000 型 CO_2 激光切割机器人的主要技术参数见表 4.9。

表 4.9　L-1000 型 CO_2 激光切割机器人的主要技术参数

项目		技术参数
动作形态		极坐标式
控制轴数		五轴 $(\theta, W, R, \gamma, \beta)$
设置状态		固定在地面或悬挂在门架上
工作范围	θ 轴/(°)	200
	W 轴/(°)	60
	R 轴/mm	1200
	γ 轴/(°)	360
	β 轴/(°)	280
最大动作速度	θ 轴/(°)·s^{-1}	90
	W 轴/(°)·s^{-1}	70
	R 轴/mm·s^{-1}	90
	γ 轴/(°)·s^{-1}	360
	β 轴/(°)·s^{-1}	360
手臂前端可携带质量/kg		5
驱动方式		交流伺服电机伺服驱动
控制方式		数字伺服控制
位置重复精度/mm		±0.5
激光反射镜数量		4
激光进入口直径/mm		62
辅助气体管路系统		2 套
光路清洁用空气管路系统		1 套
激光反射镜冷却水系统		进、出水各 1 套
机械结构部分的质量/kg		580

② YAG 激光切割机器人。日本研制的多关节型 YAG 激光切割机器人的结构如图 4.18 所示。多关节型 YAG 激光切割机器人用光纤把激光器发出的光束直接传送到装于机器人手臂的割炬中，因此比 CO_2 气体激光切割机器人更为灵活。这种切割机器人是由原来的焊接机器人改造而成的，采用示教方式，适用于三维板金属零件，如轿车车体模压件等的毛边修割、打孔和切割加工。

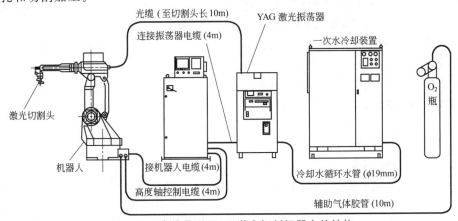

图 4.18　多关节型 YAG 激光切割机器人的结构

4.2.5　激光切割设备的技术参数

随着激光切割应用范围的日益扩大，为适应不同尺寸零件切割加工的需要，开发出许多具有不同特性和用途的切割设备。常用的主要有割炬驱动式切割设备、XY 坐标切割台驱动式切割设备、割炬-切割台双驱动式切割设备、一体式切割设备和激光切割机器人等。

（1）割炬驱动式切割设备

割炬驱动式切割设备中，切割割炬安装在可移动式门架上并沿门架大梁横向（Y 向）运动，门架带动割炬沿 X 向运动，工件固定在切割台上。由于激光器与割炬分离设置，在切割过程中，激光的传输特性、沿光束扫描方向的平行度和折光反射镜的稳定性都会受到影响。

割炬驱动式切割设备可以加工尺寸较大的零件，切割生产区占地相对较小，易与其他设备组成生产流水线，但是定位精度只有 ±0.04mm。

割炬驱动式切割设备的典型结构如图 4.19 所示。采用 CO_2 气体连续激光切割机，光束从激光器传送到割炬的距离为 18m。为了保持光束直径在这一传送距离内的形状变化不妨碍切割加工的进行，振荡器反光镜的组合应仔细设计。

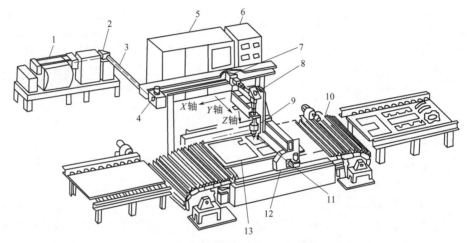

图 4.19　割炬驱动式切割设备的典型结构

1—激光器；2—反射镜1；3—激光束；4—反射镜2；5—激光电源；6—数控装置；7—反射镜3；
8—反射镜4；9—聚焦透镜；10—传送带；11—高度传感器；12—齿轮与齿条；13—钢板

割炬驱动式切割设备的主要技术参数如下。

激光器输出功率：1.5kW（单模式），3kW（多模式）。

割炬行程：X 轴 6.2m，Y 轴 2.6m。

驱动速度：0～10m/min（可调）。

割炬高度（Z 向）浮动行程：150mm。

割炬高度调节速度：300mm/min。

加工钢板最大尺寸：12mm×2400mm×6000mm。

控制设备：数控综合控制方式。

（2）XY 坐标切割台驱动式切割设备

XY 坐标切割台驱动式切割设备，割炬固定在机架上，工件置于切割台上。切割台按数控指令沿 X、Y 方向运动，驱动速度一般为 0～1m/min（可调）或者 0～5m/min（可调）。由于割炬相对于工件固定，在切割过程中对激光束的调准对中影响小，因此能进行均一且稳定的切割。当切割工作台尺寸较小、机械精度较高时，定位精度为 ±0.01mm，切割精度相当好，特别适合于小零件的精密切割。另外也可采用 X 轴方向行程 2300～2400mm、Y 轴方向行程 1200～1300mm 的切割工作台来加工较大尺寸的零件。

XY 坐标切割台驱动式切割设备的主要技术参数如下。

激光器：CO_2 气体激光（半封闭直管式）。

激光电源：输入电压为 200V AC，输出电压为 0~30kV，最大输出电流为 100mA。

激光输出功率：550W。

切割台行程：X 轴 2300mm，Y 轴 1300mm。

切割台驱动速度（分级可调）：0.4~5.0m/min，0.2~2.5m/min，0.1~1.3m/min，0.05~0.6m/min。

割炬高度（Z 向）浮动行程：180mm。

加工板材的最大尺寸：6mm×1300mm×2300mm。

控制设备：数控方式。

（3）割炬-切割台双驱动式切割设备

割炬-切割台双驱动式切割设备介于割炬驱动式与 XY 坐标切割台驱动式之间。割炬安装在门架上并沿门架大梁横向（Y 向）运动，切割台沿纵向驱动，兼有切割精度高和节省生产场地的优点。定位精度为 ±0.01mm，切割速度调节范围为 0~20m/min，是应用较多的一种切割设备。其中较大的切割设备的 Y 轴方向行程为 2000mm，X 轴方向行程为 6000mm，可切割大尺寸零件。

激光振荡器和割炬一起安装在门架上，采用割炬-切割台双驱动式切割设备切割圆孔的精度相当好。这种设备的生产效率也很高，在 1mm 厚的钢板上，每分钟能切割直径为 10mm 的圆孔 46 个。

（4）一体式切割设备

一体式切割设备中，激光器安装在机架上并随机架纵向移动，而割炬同其驱动机构组成一体在机架大梁上横向移动，利用数控方式可进行各种成形零件的切割。为弥补割炬横向移动带来的光路长度变化，通常备有光路长度调整组件，能在切割区范围内获得均质的光束，保持切割面质量的同质性。

一体式切割设备一般采用大功率激光器，适用于中厚板（8~35mm）大尺寸钢结构件的切割加工。表 4.10 列出了一体式激光切割设备的加工能力。LMX 型一体式激光切割设备的主要技术参数见表 4.11。

表 4.10　一体式激光切割设备的加工能力

激光功率/kW	1.4	2	3	6
有效切割范围/mm	1830×7000	2440×36000	4200×36000	2600×36000
切割碳钢最大厚度/mm	9	16	19	40

表 4.11　LMX 型一体式激光切割设备的主要技术参数

型号	LMX25	LMX30	LMX35	LMX40
有效切割宽度/mm	2600	3100	3600	4100
有效切割长度/mm	可根据用户要求（标准 6m）			
轨距/mm	有效切割宽度+1700			
轨道总长/mm	有效切割宽度+4800			
切割机高度/mm	2200			
割炬高度浮动行程/mm	200			
驱动方式	齿条和齿轮双侧驱动式			
切割进给速度/mm·min^{-1}	6~5000			
快速进给速度/mm·min^{-1}	24000			
割炬上下移动速度/mm·min^{-1}	1200			
原点返回精度/mm	±0.1			
定位精度/mm	±0.0001			
激光器（CO_2 气体激光器）	TF3500（额定功率 3kW）或 TF2500（额定功率 2kW）			

4.3 激光切割工艺

4.3.1 激光切割的工艺参数

（1）光束横模

① 基模 TEM_{00}。又称高斯模，是切割最理想的模式，主要出现在功率小于1kW的激光器中。

② 低阶模。与基模比较接近，主要出现在 $1 \sim 2kW$ 的中功率激光器中。

③ 多模。是高阶模的混合，出现在功率大于3kW的激光器中。

光束的模式越低，聚焦后的光斑尺寸越小，辐射照度越大，功率密度和能量密度越大，切口越窄，切割效率和切割面质量也越高。在切割低碳钢时，采用基模 TEM_{00} 的切割速度要比低阶模 TEM_{01} 提高 10%，而切口表面粗糙度 TEM_{00} 模式比 TEM_{01} 模式低 $10\mu m$，在选用最佳切割参数时，切口表面粗糙度 Ra 可达 $0.8\mu m$。因此，切割金属材料时，从获得较高切口质量的角度考虑，一般选用 TEM_{00} 模式的高光束质量的激光。

图 4.20 所示为两种光束模式对切口表面粗糙度的影响。用基模 TEM_{00} 激光切割厚度为 2mm 的板材，切口表面粗糙度 Ra 只有 $10\mu m$，达到非常光洁的程度；用低阶模 TEM_{01} 激光切割的切口质量稍差，但仍保持较好的水平。

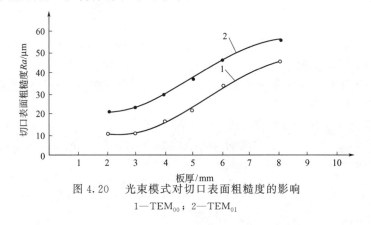

图 4.20　光束模式对切口表面粗糙度的影响

1—TEM_{00}；2—TEM_{01}

切割速度与横模及板厚的关系如图 4.21 所示。300W 的单模激光和 500W 的多模激光有同等的切割能力。但是，多模的聚焦性差，切割能力低，单模激光的切割能力优于多模激光。500W 用基模 TEM_{00} 激光切割厚度 2mm 不锈钢时，切割速度可达 2m/min，而用低阶模 TEM_{01} 激光切割时仅为 1m/min。

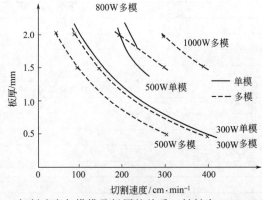

图 4.21　切割速度与横模及板厚的关系（材料为 SUS304 不锈钢）

为了获得较好的切割质量和较高的切割效率，激光切割最好选择基模 TEM_{00} 激光，至少不应高于低阶模 TEM_{01}。模式再高的激光无法保证切割质量，不宜采用。常用材料的单模激光切割工艺参数见表 4.12，多模激光切割工艺参数见表 4.13。

表 4.12　常用材料的单模激光切割工艺参数

材料	厚度 /mm	辅助气体	切割速度 /cm·min^{-1}	切缝宽度 /mm	功率 /W
低碳钢	3.0	O_2	60	0.2	
不锈钢	1.0	O_2	150	0.1	
钛合金	40.0	O_2	50	3.5	
钛合金	10.0	O_2	280	1.5	
有机透明玻璃	10.0	N_2	80	0.7	
氧化铝	1.0	O_2	300	0.1	
聚酯地毯	10.0	N_2	260	0.5	250
棉织品（多层）	15.0	N_2	90	0.5	
纸板	0.5	N_2	300	0.4	
波纹纸板	8.0	N_2	300	0.4	
石英玻璃	1.9	O_2	60	0.2	
聚丙烯	5.5	N_2	70	0.5	
聚苯乙烯	3.2	N_2	420	0.4	
硬质聚氯乙烯	7.0	N_2	120	0.5	
纤维增强塑料	3.0	N_2	60	0.3	
木材（胶合板）	18.0	N_2	20	0.7	
低碳钢	1.0	N_2	450		
	3.0	N_2	150	—	
	6.0	N_2	50		
	1.2	O_2	600	0.15	500
	2.0	O_2	400	0.15	
	3.0	O_2	250	0.2	
不锈钢	1.0	O_2	300		
	3.0	O_2	120	—	
胶合板	18.0	N_2	350		

表 4.13　常用材料的多模激光切割工艺参数

材料	板厚 /mm	切割速度 /cm·min^{-1}	切缝宽度 /mm	功率 /kW
铝	12	230	1	15
碳钢	6	230	1	15
304 不锈钢	4.6	130	2	20
硼/环氧复合材料	8	165	1	15
纤维/环氧复合材料	12	460	0.6	20
胶合板	25.4	150	1.5	8
有机玻璃	25.4	150	1.5	8
玻璃	9.4	150	1	20
混凝土	38	5	6	8

（2）激光束的偏振性

像任何类型电磁波传输一样，激光束也具有相互成 90°并与光束运行方向垂直的电、磁分矢量，在光学领域把电矢量方向作为激光束的偏振方向。在切割金属和陶瓷时，明显表现出切边质量的不一致，如切缝宽度与切口粗糙度、垂直度的变化，就是偏振效应引起的，它能影响瞬间耦合到材料的光束能量的吸收程度。

激光束的偏振性对切割质量和效率有很大影响。如果采用线偏振光进行切割，切割方向相对于光束的偏振方向发生变化，切割前沿对激光的吸收率就发生变化，从而影响激光切割的效率。

① 当切割方向与偏振方向平行时，切割前沿对激光的吸收率最高，所以切缝窄，切口垂直度高、粗糙度低，切割速度快，如图 4.22(a) 所示。

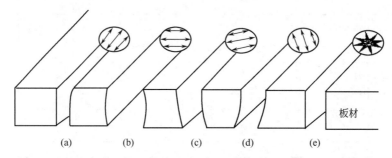

图 4.22 光束偏振方向与切割质量的关系

② 当切割方向与偏振方向垂直时，切割前沿对激光的反射率最高，吸收率最小，而横向吸收率反而提高，所以切割速度下降，切口变宽，切割面粗糙度也增大，如图 4.22(b) 所示。

③ 当切割方向与偏振方向成一斜角时，对激光吸收率最大的方向也与切割方向成一角度，结果使切缝下部产生偏斜，如图 4.22(c)、(d) 所示。

④ 为了防止切割方向的改变引起切口形状和切割面质量的变化，应采用圆偏振光进行切割。圆偏振光的电矢量幅值在各个方向上都是相等的，切割前沿对激光的吸收率不会因切割方向的改变而变化，切口均匀整齐，如图 4.22(e) 所示。

激光束的偏振特性对激光切割质量的影响如图 4.23 所示。光束偏振位相（平行、偏角、垂直）对切口质量的影响如图 4.24 所示。切割方向与光束偏振面平行时，切缝窄、切边平直；切割方向从偏振面移开，会导致能量吸收的递减，切割速度越慢，切口越宽，切边越粗糙，并与材料表面不垂直。一旦切割方向与偏振面完全垂直，切割不再倾斜，切割速度越慢，切口越宽，切割质量越差。

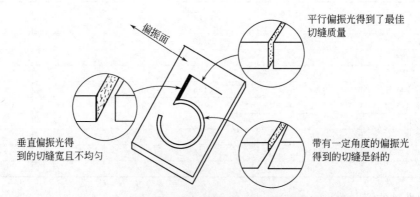

图 4.23 激光束的偏振特性对激光切割质量的影响

对形状复杂的工件来说，很难始终保持偏振方向平行于切割方向，为此现代激光切割系统配备了一种光学镜片，以获得等量耦合，消除不均一性，而不管切割方向如何。这种镜片称为圆偏振镜。因此，为了将激光器输出的线偏振光转变为圆偏振光，需在激光束出口处加装圆偏振镜。

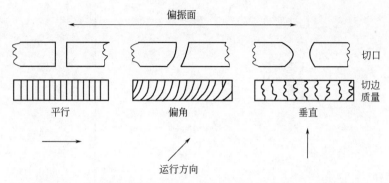

图 4.24　光束偏振位相（平行、偏角、垂直）对切口质量的影响

（3）激光功率

激光切割时，要求激光器输出的光束经聚焦后的光斑直径最小，功率密度最高。激光切割所需要的激光功率主要取决于切割类型以及被切割材料的性质。汽化切割所需要的激光功率最大，熔化切割次之，氧气助熔切割最小。激光功率对切割厚度、切割速度和切口宽度等有很大影响。一般激光功率增大，所能切割材料的厚度也增加，切割速度加快，切口宽度也有所增加。

激光功率与板厚和切割速度的关系如图 4.25 所示。激光功率对切口宽度的影响如图 4.26 所示。

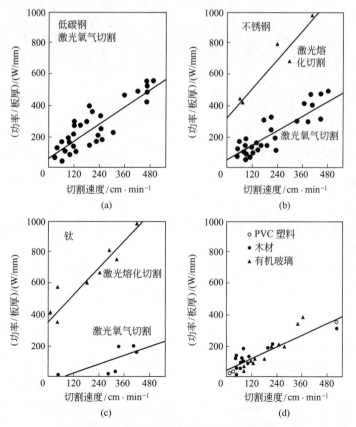

图 4.25　激光功率与板厚和切割速度的关系

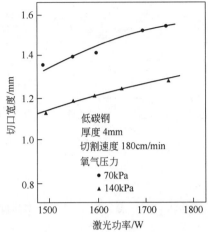

图 4.26　激光功率对切口宽度的影响

（4）焦点位置（离焦量）

离焦量对切口宽度和切割深度影响较大。离焦量对切口宽度的影响如图 4.27 所示。一般选择焦点位于材料表面下方约 1/3 板厚处，切割深度最大，切口宽度最小。采用激光功率为 2.3kW、切割不同厚度钢板时，离焦量对切割质量的影响如图 4.28 所示。

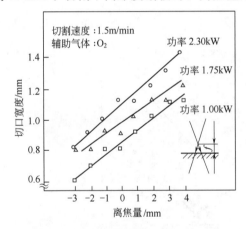

图 4.27　离焦量对切口宽度的影响

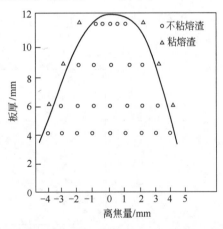

图 4.28　离焦量对切割质量的影响

（5）焦点深度

切割较厚钢板时，应采用焦点深度大的光束，以获得垂直度较好的切割面。但焦点深度大，光斑直径也增大，功率密度随之减小，使切割速度降低。若要保持一定的切割速度，则需要增大激光的功率；切割薄板宜采用较小的焦点深度，这样光斑直径小，功率密度高，切割速度加快。

（6）切割速度

切割速度直接影响切口宽度和切口表面粗糙度。不同的板厚，不同的切割气体压力，切割速度有一个最佳值，这个最佳值约为最大切割速度的 80%。

采用 2kW 激光功率，8mm 厚的碳钢切割速度为 1.6m/min，2mm 厚的不锈钢切割速度为 3.5m/min，热影响区小，变形极小。切割速度与板厚的关系如图 4.29 所示，图中的上、下曲线分别表示能够切透材料的最大和最小切割速度。切割速度对切口宽度的影响如图 4.30 所示。切割速度对切口表面粗糙度的影响如图 4.31 所示。

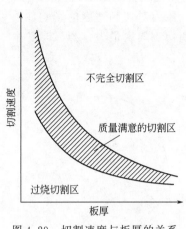

图 4.29　切割速度与板厚的关系

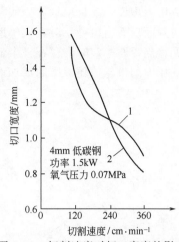

图 4.30　切割速度对切口宽度的影响

1—切口顶面；2—切口底边

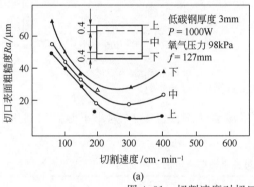

(a)

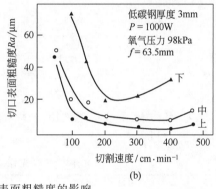

(b)

图 4.31　切割速度对切口表面粗糙度的影响

（7）辅助气体的种类和压力

切割低碳钢多采用 O_2 作辅助气体，以利用铁-氧燃烧反应热促进切割过程，而且切割速度快，切口质量好，可以获得无挂渣的切口。切割不锈钢时，常使用 $O_2 + N_2$ 混合气体或双层气流，仅用 O_2 在切口底边会发生挂渣。

氧气纯度对切割速度有一定的影响，研究表明，氧气纯度降低 2%，切割速度就会降低 50%。氧气纯度对切割速度的影响如图 4.32 所示。

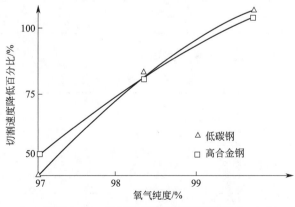

图 4.32　氧气纯度对切割速度的影响

　　气体压力增大，动量增加，排渣能力增强，因此可以使无挂渣的切割速度增加。但压力过大，切割面反而会粗糙。激光氧气助熔切割时，氧气压力对切割速度的影响如图4.33所示。可见，当板厚一定时，存在一个最佳氧气压力，使切割速度最大；当激光功率一定时，切割氧气压力的最佳值随板厚的增加而减小。

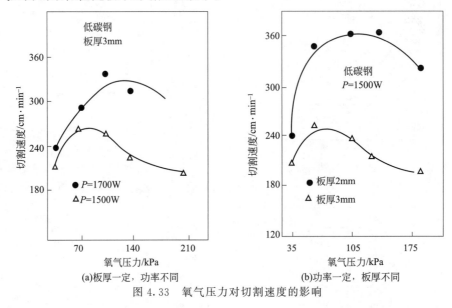

图 4.33　氧气压力对切割速度的影响

　　激光切割时，还需要根据被切割材料选用辅助气体。表4.14列出了激光切割用主要辅助气体的适用材料。

表 4.14　激光切割用主要辅助气体的适用材料

辅助气体	适用材料	备注
空气	铝	切割厚度在1.5mm以下，能获得良好的切割效果
	塑料、木材、合成材料、玻璃、石英	—
	氧化铝陶瓷	所有气体均适用，空气成本最低
氧气（O_2）	碳钢	切割速度高、质量好、切割面上有氧化物
	不锈钢	切割速度高，切割面上有较厚的氧化层。切割边用于焊接时需要进行机加工
	铜	切割厚度在3mm以下时，能获得良好的切割面
氮气（N_2）	不锈钢	切割速度低，但切割边的耐腐蚀能力不降低
	铝	切割厚度在3mm以下时，切口整洁，切割面无氧化物
	镍合金	—
氩气（Ar）	钛	也可用于其他材料的切割

　　常用金属材料激光切割工艺参数见表4.15。

表 4.15　常用金属材料激光切割工艺参数

材　料	厚度/mm	辅助气体	切割速度/cm·min⁻¹	激光功率/W
低碳钢	1.0	O_2	900	1000
	1.5		300	300
	3.0		200	300
	6.0		100	1000
	16.2		114	4000
	35		50	4000

续表

材　料	厚度/mm	辅助气体	切割速度/cm·min^{-1}	激光功率/W
30CrMnSi	1.5	O_2	200	500
	3.0		120	500
	6.0		50	500
不锈钢	0.5	O_2	450	250
	1.0		800	1000
	1.6		456	1000
	2.0		25	250
	3.2		180	500
	4.8		400	2000
	6.0		80	1000
	6.3		150	2000
	12		40	2000
钛合金	3.0	O_2	1300	250
	8.0		300	250
	10.0		280	250
	40.0		50	250

4.3.2　激光切割的操作程序及关键技术

4.3.2.1　激光切割的操作程序

（1）焦点位置的检出

激光切割前需先根据材质调整光束焦点在工件上的位置，由于激光特别是 CO_2 气体激光，一般肉眼看不到，可采用图 4.34 所示的楔形聚丙烯块检测出焦点位置，然后调节割炬的高度，使焦点处于设定位置。

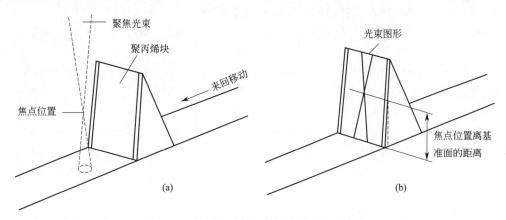

图 4.34　利用聚丙烯块检测焦点位置的方法

（2）穿孔操作要点

实际切割加工时，有的零件需从板材的内部开始切割，这就需要先在板材上打孔。一种方法是采用连续激光在薄板上穿孔，可以用正常的辅助气体压力，光束照射 0.2～1s 就能贯穿工件，然后即可转入切割。当工件厚度较大（如板厚为 2～4mm）时，采用正常的气体压力穿孔，在工件表面上会形成尺寸较大的熔坑，不但影响切割质量，而且熔融物质溅出可能损坏透镜或喷嘴。此时宜适当增大辅助气体的压力，同时略微增大喷嘴的孔径和喷嘴与工件的距离。这种方法的缺点是气体流量增加并使切割速度降低。

另一种方法是采用脉冲激光穿孔，贯穿工件后再转为连续激光进行切割。用这种方法时，每一个脉冲的能量要高，而脉冲间隔时间宜稍长一些，这样可获得质量较好的穿孔，但脉冲穿孔所花的时间稍多些。

（3）防止工件锐角转折处的烧熔

用连续激光切割带有锐角的零件时，如切割参数匹配不当或操作不当，在锐角的转折处很容易发生自烧熔现象，不能形成转角处的尖角。这不仅使该部位的质量变差，而且还会影响随后的切割。解决这一问题的方法是选择适宜的切割参数。而采用脉冲激光切割时不存在锐角转折处的烧熔问题。

4.3.2.2 激光切割的关键技术

CO_2 激光切割是光、机、电一体化的综合技术。激光束的参数、机器与数控系统的性能和精度直接影响激光切割的效率和质量。特别是对于切割精度要求较高或厚度较大的零件，应掌握以下几项关键技术。

（1）焦点位置控制技术

激光切割的优势之一是光束的能量密度高，一般达 $10^4 W/cm^2$ 以上。由于能量密度与 $4/(\pi d^2)$ 成正比，所以焦点光斑直径应尽可能小，以便产生一窄切缝。焦点光斑直径与透镜的焦深成正比，聚焦透镜焦深越小，焦点光斑直径就越小，但切割有飞溅，透镜离工件太近容易将透镜损坏，因此工业应用中一般大功率 CO_2 激光切割采用 127mm 和 190mm 的焦距，实际焦点光斑直径在 0.1~0.4mm 之间。

对于高质量的切割，有效焦深还与透镜直径及被切割材料有关。例如用焦距为 127mm 的透镜切割碳钢，焦深在焦距的 +2% 范围内，即 5mm 左右。因此控制焦点相对于被切割材料表面的位置十分重要。考虑到切割质量、切割速度等因素，厚度为 6mm 的碳钢板，焦点在表面之上；厚度 6mm 的不锈钢板，焦点在表面之下。具体尺寸由试验确定。

在工业生产中确定焦点位置的简便方法有以下三种。

① 打印法。使切割头从上往下运动，在塑料板上进行激光束打印，打印直径最小处为焦点。

② 斜板法。将和垂直轴成一角度斜放的塑料板水平拉动，激光束的最小处为焦点。

③ 蓝色火花法。去掉喷嘴，吹空气，将脉冲激光打在不锈钢板上，使切割头从上往下运动，直至蓝色火花最大处为焦点。

对于飞行光路的切割机，由于光束发散角，切割近端和远端时光程长短不同，聚焦前的光束尺寸有一定差别。入射光束的直径越大，焦点光斑的直径越小。为了减少聚焦前光束尺寸变化带来的焦点光斑尺寸的变化，国内外激光切割系统的制造商提供了一些专用装置供用户选用。

下面几种焦点位置控制方法可以采用。

① 增加平行光管。这是一种常用的方法，即在 CO_2 激光器的输出端加一平行光管进行扩束处理，扩束后的光束直径变大，发散角变小，使在切割工作范围内近端和远端聚焦前光束尺寸接近一致。

② 在切割头上增加一独立移动透镜的下轴，它与控制喷嘴到材料表面距离的 Z 轴是两个相互独立的部分。当机床工作台移动或光轴移动时，光束从近端到远端也同时移动，使光束聚焦后的光斑直径在整个加工区域内保持一致。

③ 控制聚焦镜（一般为金属反射聚焦系统）的水压。若聚焦前光束尺寸变小而使焦点光斑直径变大，自动控制水压改变聚焦曲率使焦点光斑直径变小。

④ 在飞行光路切割机上增加 X、Y 方向的补偿光路系统。当切割远端光程增加时使补偿光路缩短；反之，当切割近端光程减小时，使补偿光路增加，以保持光程长度一致。

（2）切割穿孔技术

热切割技术在使用过程中除少数情况可以从板边缘开始外，一般都需在板上穿一小孔。早先在激光冲压复合机上是用冲头先冲出一小孔，然后再用激光束从小孔处开始进行切割。对于没有冲压装置的激光切割机有以下两种穿孔的基本方法。

① 爆破穿孔。材料经连续激光的照射后在中心形成一凹坑，然后由与激光束同轴的氧流很快将熔融材料去除形成一小孔。一般小孔的大小与板厚有关，爆破穿孔平均直径为板厚的一半。因此对较厚的板材爆破穿孔孔径较大，且不圆，不宜在要求较高的零件上使用（如石油筛缝管）。由于穿孔所用的氧气压力与切割时相同，飞溅较大。

② 脉冲穿孔。采用高峰值功率的脉冲激光使少量材料熔化或汽化，常用空气或氮气作为辅助气体，以减少放热氧化带来的小孔扩展，气体压力较切割时的氧气压力小。每个脉冲激光只产生较小的微粒喷射，逐步深入，因此厚板穿孔时间需要几秒钟。一旦穿孔完成，立即将辅助气体换成氧气进行切割。这样穿孔直径较小，穿孔质量优于爆破穿孔。为此所使用的激光器不但应具有较高的输出功率，更重要的是光束的时间和空间特性，因此一般横流 CO_2 激光器不太适应激光切割的要求。

脉冲穿孔还需有较可靠的气路控制系统，以实现气体种类、气体压力的切换及对穿孔时间的控制。采用脉冲穿孔的情况下，为了获得高质量的切口，从工件静止时的脉冲穿孔到工件等速连续切割的过渡技术是很重要的。从理论上讲可改变加速段的切割条件，如焦距、喷嘴位置、气体压力等，但实际上由于时间太短，改变以上条件的可能性不大。在生产中主要采用改变激光平均功率的办法，具体措施有以下三种：改变脉冲宽度；改变脉冲频率；同时改变脉冲宽度和频率。实践表明，同时改变脉冲宽度和频率的效果最好。

（3）喷嘴设计及气流控制技术

激光切割钢材时，氧气通过喷嘴喷射到被切割材料处，从而形成一个气流束。对气流的基本要求是进入切口的流量要大，速度要高，以便有足够的氧化气氛使切口材料充分进行放热反应，同时又有足够的动量将熔融材料喷射吹出。因此除光束的质量及控制直接影响切割质量外，喷嘴的设计及气流的控制（如喷射压力、工件在气流中的位置等）也是十分重要的因素。

激光切割用的喷嘴一般采用简单的结构，即一锥形孔带端部小圆孔。通常用试验方法进行设计。喷嘴一般用紫铜制造，体积较小，是易损零件，需经常更换。在使用时从喷嘴侧面通入一定压力 p_n（表压为 p_g）的气体（称喷嘴压力），从喷嘴出口喷出，经一定距离到达工件表面，其压力称切割压力 p_c，最后气体膨胀到大气压力 p_a。研究表明，随着 p_n 的增加，气流流速增加，p_c 也不断增加。

气体流速可用式(4.1) 计算。

$$v = 8.2d^2(p_g + 1) \tag{4.1}$$

式中　v——气体流速，L/min；

　　　d——喷嘴直径，mm；

　　　p_g——喷嘴压力（表压），bar[❶]。

对于不同的气体有不同的压力阈值，喷嘴压力超过此值时，气流为正常斜激波，流速从亚声速向超声速过渡。此阈值与 p_n、p_a 的比值及气体分子的自由度（n）两因素有关：如氧气、空气的 $n=5$，其阈值 $p_n = 1.89$bar。

❶　1bar＝0.1MPa。

当喷嘴压力更高（p_n 为 4bar）时，气流正常斜激波变为正激波，切割压力 p_c 下降，气流速度降低。低速气流在工件表面形成涡流，削弱了气流去除熔融金属的作用，影响了切割速度。因此，采用锥孔带端部小圆孔的喷嘴，氧气的喷嘴压力应在 3bar 以下。

为进一步提高激光切割速度，可根据空气动力学原理，在提高喷嘴压力的前提下不产生正激波，设计制造一种缩放型喷嘴，即拉伐尔（Laval）喷嘴。德国汉诺威大学激光中心使用功率为 500W 的 CO_2 激光器，透镜焦距为 2.5in，采用小孔喷嘴和拉伐尔喷嘴分别进行试验，结果表明小孔径喷嘴在氧气压力 p_n 为 400kPa（4bar）时切割速度只能达到 2.75m/min（碳钢板厚为 2mm），两种拉伐尔喷嘴在 p_n 为 500～600kPa 时切割速度可达到 3.5m/min 和 5.5m/min。应指出，切割压力 p_c 是工件与喷嘴距离的函数。由于斜激波在气流的边界多次反射，使切割压力呈周期性变化。

第一高切割压力区紧邻喷嘴出口，工件表面至喷嘴出口的距离为 0.5～1.5mm，切割压力 p_c 大而稳定，是目前工业生产中切割常用的工艺参数。第二高切割压力区为距喷嘴出口 3～3.5mm 处，切割压力 p_c 也较大，同样可以取得好的切割效果，并有利于保护透镜，提高其使用寿命。其他高切割压力区由于距喷嘴出口太远，与聚焦光束难以匹配而无法采用。

CO_2 激光切割技术在我国工业生产中正得到越来越多的应用，而且正在研发更高切割速度和更厚钢板的切割技术与装置。为了满足生产中对质量和生产效率越来越高的要求，应重视各种关键技术，以使激光切割技术获得更广泛的应用。

4.3.3　激光切割的质量及控制

4.3.3.1　评价切割质量的主要指标

激光切割质量的评价指标可大体分为两类：一类属于切割缺陷，如过烧、挂渣等，一旦产生这样的缺陷，可判定为不合格的切割产品；另一类是可以量化的切割质量指标，如切口宽度、切口表面粗糙度等。

（1）激光切割缺陷

① 过烧。由于激光功率过大或切割速度过慢，使工件的熔化范围大于高压气流所能吹除的范围，熔融金属未能被气流完全吹除而产生过烧，切割面被熔化成不规则的形态。

② 挂渣。是辅助气流未能将切割过程中产生的熔化或汽化的材料彻底吹除，在切割面的下缘附着熔渣的现象。严格地说，如果切口下缘附着的不是或不完全是熔渣，而是凝固的金属，应称此附着物为结瘤（也属于挂渣缺陷的一种）。

（2）可量化的切割质量指标

① 切口表面粗糙度。是反映切割质量的一个重要指标。表面粗糙度（Ra）可视为在切割表面取样长度内的轮廓线上五个最高点至五个最低点的平均距离。

② 切口宽度。主要取决于光束模式和聚焦光斑的直径以及切割参数。

③ 切口锥度。切割厚板，当切割参数选择不当或辅助气体压力不足时，切口容易呈现上宽下窄的锥度。对薄板切割来说，切口锥度不是难解决的问题。

4.3.3.2　激光切割质量的判据

金属材料在激光束作用下产生熔化，同时在与激光束同轴的高压气流的作用下，克服金属表面张力和黏着拉力，使大部分熔融金属被吹除，但切割边缘仍有少量熔融金属，在高速冷却条件下，又重新凝固而附着在金属切口端面，形成切口表面。这些因素的共同作用，决定了金属切口表面的粗糙度等级。对于激光切割，评价其切割质量主要包括以下几个方面。

① 切缝垂直度。要求垂直度好，切缝表面光洁、无条纹。

② 切口宽度。与光束模式和聚焦后的光斑直径有很大的关系，根据光束模式和焦距，CO_2 激光束聚焦后的光斑直径一般为 0.15～0.3mm。

③ 热影响区宽度。热影响区应尽可能小，没有材料燃烧，没有熔化层形成，没有较多的熔渣，没有脆性断裂。

④ 切口表面粗糙度。是衡量激光切割表面质量的关键。厚度小的工件比厚度大的工件容易得到较高等级的粗糙度。切割金属的同一切口表面上、中、下部分的粗糙度并不相同，靠近激光束上端表面的粗糙度 Ra 最小，越往下端的粗糙度 Ra 越大。对较薄工件而言，如厚度小于 3mm，激光切割表面的上、中、下部分的粗糙度差别很小。激光切割表面质量等级一般以下端粗糙度为标准，这样较切合实际，也易于掌握。

激光切口表面粗糙度 Ra 一般为 12.5～25μm，切缝一般不需要再加工即可组装和焊接。

4.3.3.3　光束质量对激光切割的影响

激光切割质量的影响因素可归纳为三个方面：切割材料、激光束和辅助气体，如图 4.35 所示。

在影响激光切割的因素中特别要强调激光束质量。为了得到高的功率密度和精细的切口，激光束的聚焦光斑直径要小。例如在切割低碳钢时，采用基模 TEM_{00} 的切割速度比 TEM_{01} 模式高 10%，而切口表面粗糙度基模 TEM_{00} 比 TEM_{01} 模式低 10μm。因此，切割用的激光首先要有高光束质量，激光束的模式应尽可能接近基模，这时光束聚焦性能最好，切割质量最好。

聚焦系统的焦深对激光切割质量有重要的影响。如果聚焦光束的焦深短，聚焦角较大，光斑尺寸在焦点附近的变化就比较大，不同的焦点位置将使作用在材料表面的激光功率密度变化很大，对切割会产生很大的影响。一般规定焦点位置位于工件表面以下为负离焦，位于工件表面以上为正离焦。进行激光切割时，焦点位置位于工件表

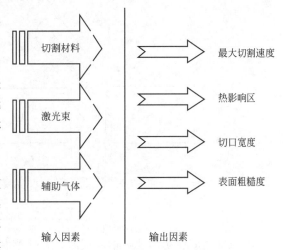

图 4.35　激光切割质量的影响因素

面上或略低于工件表面，可以获得最大的切割速度，较小的切口宽度。

在大范围 CO_2 激光加工中，焦点位置在不同的加工部位是不同的，这将影响到激光切割质量的稳定性。因此，激光束质量一方面决定了激光切割中聚焦透镜的选择，另一方面决定了有效加工范围。

激光功率密度对切割速度影响很大，因此保持焦点与工件的相对位置恒定对保证切割质量很重要。由于焦点处的功率密度最高，大多数情况下激光切割的聚焦光斑位置应靠近工件表面，并略在工件表面以下，这时喷嘴与工件表面的间距一般为 0.5～1.5mm。当焦点处于最佳位置时，切口宽度最小，效率最高，可获得最佳的切割效果。

焦距和焦点位置应根据切割需求选取，光束质量越好的激光加工系统，可以选择的焦距越长，可在更大的范围内保证切割质量的稳定性。切割较薄的钢板时，一般将焦点位置设在切割工件表面上，离焦量为零，切口宽度基本上等于光斑直径，无论离焦量为正或为负都会增加上部或下部切口宽度，增大切割面的倾斜角，也会增加切口表面粗糙度。对于厚度较大的工件，如果焦点设在工件表面，切割后会形成楔形切口，而且上部切口宽度往往大于光斑

直径。要获得较好的切口，应将焦点位置设在工件表面下 1/3～1/2 处，这样易获得均匀的切口宽度。

4.3.3.4　激光切割质量的控制

（1）零件的尺寸精度

激光切割的热变形很小，切割零件的尺寸精度主要取决于切割设备（包括驱动式工作平台）的机械精度和控制精度。

在脉冲激光切割中，采用高精度的切割设备和控制技术，尺寸精度可达到微米级。CO_2 脉冲激光在切割厚度 3mm 的碳钢时尺寸偏差小于 $50\mu m$。在连续激光切割时，零件的尺寸精度通常为 $\pm0.2mm$，有时可达到 $\pm0.1mm$。

（2）切口质量

激光切割的切口质量主要包括切口宽度、切割面的倾斜角和切口表面粗糙度等。切口质量要素如图 4.36 所示。

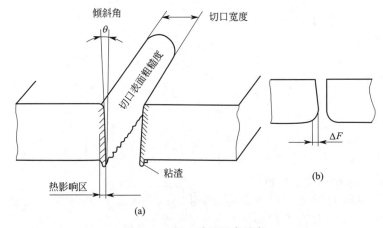

图 4.36　切口质量要素示意

① 切口宽度。切割低碳钢薄板时，在适当加快切割速度的情况下，由于焦点设在工件的表面，切口宽度大致等于光斑直径。随着切割板厚的增加，切割速度下降，就形成上宽下窄的楔形切口 ［图 4.36（a）］，而且上部的切口宽度通常大于光斑直径。

切口宽度随激光功率的增大而增大，随切割速度的增加而减小，如图 4.37 所示。CO_2 激光切割碳素钢时，切口宽度一般为 0.2～0.4mm。

② 切割面的倾斜角（θ）。激光切割厚板时，通常切口呈上宽下窄的楔形切口，有时切口下缘也出现倒 V 形 ［图 4.36（b）］。切割面的倾斜角 θ 与切割方向有关。例如，CO_2 连续激光切割八边形碳素钢试件（图 4.38）时切割面的倾斜角实测值见表 4.16。

表 4.16　CO_2 连续激光切割八边形碳素钢试件切割面的倾斜角实测值

切割方向及测定位置	A	B	C	D	E	F	G	H
第 1 次测定值/(°)	1	1	1	0	0	0	0	0
第 2 次测定值/(°)	1	1	0	0	1	1	1	1
平均值/(°)	1	1	0.5	0	0.5	0.5	0.5	0.5

注：1. 激光器为 CO_2 连续激光，单模式，额定输出功率 2kW。

2. 切割速度为 65cm/min。

由表 4.16 可见，无论哪一个切割方向，切割面的倾斜角 θ 都在 0°～1°之间，基本上看不出明显的倾斜。CO_2 激光切割不锈钢时，为避免粘渣，焦点位置通常设在钢板表面以下部位，

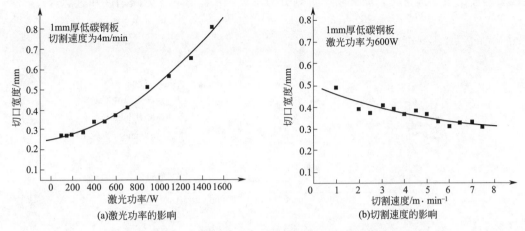

图 4.37　激光功率和切割速度对切口宽度的影响

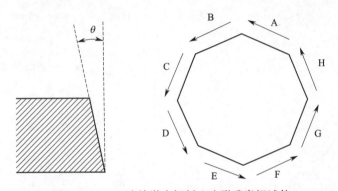

图 4.38　CO_2 连续激光切割八边形碳素钢试件

(19mm 厚低碳钢；A、B、C、D、E、F、G、H 指切割顺序、方向和测定位置；切割速度为 65cm/min)

因此倾斜角 θ 比切割碳素钢时略大，而且，即使切割不锈钢薄板时也经常出现倾斜的切割面。

切口下缘倒 V 形榻角量 ΔF，在激光照射功率密度 $P_0 = 3 \times 10^6$ W/cm^2 的条件下，其值大致为

$$\Delta F \approx (10 \sim 25)t \tag{4.2}$$

式中，ΔF 为榻角量，μm；t 为板厚，mm。

当激光照射功率密度 P_0 增大时，榻角量 ΔF 减小。因此采用高功率密度的激光束切割时，切口下缘倒 V 形榻角量就不明显。

③ 切口表面粗糙度。沿板厚方向，切口表面粗糙度存在很大的差异，一般上部粗糙度值较小，下部粗糙度值较大。CO_2 连续激光切割钢材时，切口表面的平均粗糙度随着激光照射功率密度 P_0 的增大相应减小。

a. 焦点位置的影响。焦点位置对切口表面粗糙度的影响如图 4.39 所示，图中横坐标为工件至聚焦透镜的距离与焦距的比值 a_b。可见，切口表面最光洁的范围是 $0.983 < a_b < 1.003$，所以一般切割时常将焦点置于工件表面至表面下 1mm 的范围。

b. 激光功率的影响。在一定的板厚和切割速度下，有一个最佳的激光功率范围，在这个范围内切口表面粗糙度最小，偏离最佳功率范围粗糙度就会增大，进一步增加或减小激光功率就会产生过烧或挂渣缺陷。

图 4.40（a）所示为 2mm 厚低碳钢板在切割速度为 20mm/s 的情况下激光功率与切口

表面粗糙度的关系。可见，激光功率可划分为三个区：挂渣区、无缺陷区和过烧区。

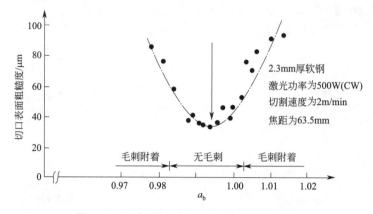

图4.39 焦点位置对切口表面粗糙度的影响

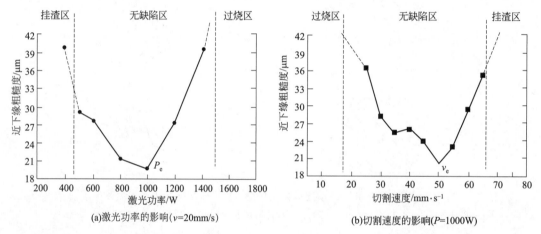

(a)激光功率的影响(v=20mm/s)   (b)切割速度的影响(P=1000W)

图4.40 激光功率和切割速度对切口表面粗糙度的影响（厚度2mm低碳钢）

ⅰ. 如激光功率太大，造成热输入过大使工件的熔化范围大于高压气流所能去除的范围，熔融金属未能被气流完全吹除而产生过烧。

ⅱ. 如激光功率太小，热输入不足，越靠近板材下缘熔融产物的温度越低，而黏度越大，因而未能被高压气流彻底吹除而滞留在切割面的下缘，产生挂渣，严重时甚至不能切割形成切口。

ⅲ. 在无缺陷区内，有一个最佳的激光功率范围（为800～1000W），此区域切口表面粗糙度最小。

c. 切割速度的影响。在一定的板厚和激光功率下，有一个最佳的切割速度，此时的切口表面粗糙度最小。偏离最佳切割速度粗糙度就会增大，进一步增加或减小切割速度会产生过烧或挂渣缺陷。

图4.40（b）所示是2mm厚低碳钢板在激光功率为1000W的情况下，切割速度对切口表面粗糙度的影响。可见，切割速度也可以划分为过烧区、无缺陷区和挂渣区。如切割速度太小，则造成热输入过大而产生过烧；切割速度太大，则产生挂渣，甚至切割不透。切割速度大引起挂渣的原因，除了热输入不足、温度低引起熔融产物黏度大之外，还由于较大的切割速度使切割前沿大大向后倾斜（后拖量增大），不利于气流对熔融产物的吹除。

在激光切割的无缺陷区内，有一个最佳的切割速度（约为 50mm/s），此处切口表面粗糙度最小。

图 4.41 所示为低碳钢切口表面平均粗糙度与板厚的关系。可见，低碳钢切口表面平均粗糙度随板厚增大而变大。

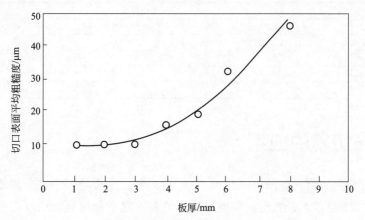

图 4.41　低碳钢切口表面平均粗糙度与板厚的关系
（1000W 的 CO_2 连续激光切割）

CO_2 激光切割低碳钢中厚板时切口表面最大粗糙度的实测值见表 4.17，切口表面最大粗糙度与板厚的关系如图 4.42。

表 4.17　CO_2 激光切割低碳钢中厚板时切口表面最大粗糙度的实测值

板厚/mm		9	12	16	19
切口表面最大粗糙度/μm	上	11.00	13.88	17.32	25.96
	中	11.72	19.48	20.72	29.64
	下	17.76	35.56	43.16	54.16
平均值/μm		13.49	22.97	27.07	36.58

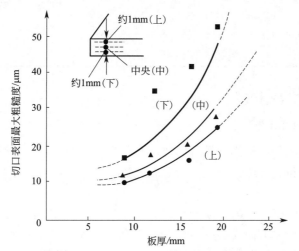

图 4.42　CO_2 激光切割低碳钢中厚板时切口表面最大粗糙度与板厚的关系
（激光功率为 3kW；辅助气体为 O_2，压力为 0.37～0.47MPa；离焦量为 +0.5mm）

由表 4.17 和图 4.42 可以看出，不同板厚和沿板厚的不同位置切口表面粗糙度有所差别。CO_2 脉冲切割切口表面粗糙度大大低于连续激光切割，在选用切割参数恰当的条件下，切口表面粗糙度仅为 $1 \sim 2\mu m$。

激光功率为 1000W，CO_2 连续激光切割铝合金时切割面的割纹深度的实测值见表 4.18。可见，铝合金的激光切割切口表面粗糙度比碳钢大得多。

表 4.18　CO_2 连续激光切割铝合金时切割面的割纹深度的实测值

板厚/mm	割纹深度/μm		
	AlCuMg 合金（Mg 2%）	AlZnMgCu 合金（Cu 1.5%）	AlMgSiCu 合金
0.8	44	50	35
1.2	132	58	53
1.4	152	70	64
1.6	192	164	71

4.4　激光切割的应用

金属材料的激光切割大多采用快轴流 CO_2 激光器，主要是因为其光束质量好。尽管大多数金属对 CO_2 激光器光束的反射率相当高，但在室温下金属表面的反射率随温度和氧化程度的升高而增加，一旦金属表面破坏后，金属的反射率接近 1。对金属激光切割来说，较高的平均功率是必要的，高功率 CO_2 激光器才具备这一条件。

金属材料的激光切割参数见表 4.19。

表 4.19　金属材料的激光切割参数

金属	适应程度	激光器类型	功率/kW	厚度/mm	辅助气体
低碳钢	好	CO_2 或 Nd^{3+}:YAG	$0.3 \sim 10$（CO_2）或 $0.1 \sim 0.4$（Nd^{3+}:YAG）	$0.5 \sim 18$（CO_2）或 $0.1 \sim 3$（Nd^{3+}:YAG）	O_2
合金钢	好				
奥氏体不锈钢	好				
马氏体和铁素体不锈钢	好				
铝合金	较好			$0.3 \sim 5$	O_2 或空气
镍合金	好			$1 \sim 6$（CO_2）或 $0.4 \sim 3$（Nd^{3+}:YAG）	O_2
钛合金	好	CO_2	$0.3 \sim 5$	$1 \sim 6$	Ar 或空气
钴合金	好				O_2

4.4.1　钢铁材料的激光切割

4.4.1.1　CO_2 连续激光切割

CO_2 连续激光切割的主要工艺参数包括激光功率、辅助气体的种类和压力、切割速度、焦点位置、焦点深度和喷嘴高度。

（1）激光功率

激光功率对切割厚度、切割速度和切口宽度等有很大的影响。功率为 $0.5 \sim 1.4$kW 的 CO_2 连续激光切割低碳钢时激光功率与切割厚度和切割速度的关系如图 4.43（a）所示；功率为 $0.25 \sim 2$kW 的 CO_2 连续激光切割不锈钢时激光功率与切割厚度和切割速度的关系如图 4.43（b）所示。

其他参数一定的情况下，切割速度随切割板厚的增加而减小，随激光功率的增大而增加。也就是说，激光功率越大，所能切割的板厚增大，切割速度也快，切口宽度随之略有加大。通常，激光功率可根据加工板厚和对切割速度的要求按下述方法估算。

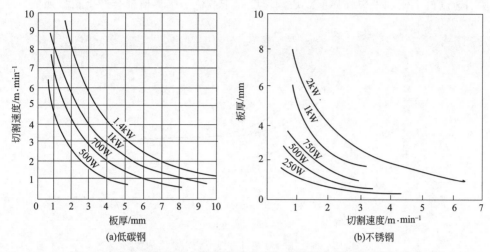

图 4.43　CO_2 连续激光切割时激光功率与切割厚度和切割速度的关系

$$P_1 = E_0 vd \tag{4.3}$$

式中，P_1 为激光照射功率，W；E_0 为激光能量密度，J/cm^2；v 为切割速度，cm/s；d 为激光束聚焦后光斑的直径，cm。

按式（4.3）求出激光照射功率 P_1 后，再计算从激光器输出的光束和光学传送系统中因透镜和反射镜等吸收热量所造成的能量损失，即可得出所需的激光器功率值。

图 4.44 所示为德国 RofinSinar 公司 CO_2 激光切割 CrNi 不锈钢时，随切割厚度的增加切割速度减小的示例。

（2）辅助气体的种类和压力

切割低碳钢都采用 O_2 作辅助气体，以利用铁-氧燃烧反应热促进切割过程，切割速度高、切口质量好，尤其是可获得无粘渣的切口。切割不锈钢时采用 O_2，切口下部容易发生粘渣，常使用 $O_2 + N_2$ 混合气或双层气流。

辅助气体的压力对切割效果有明显的影响。适当增大气体压力，由于气流动量增大，排渣能力提高，可使无粘渣的切割速度增加。但压力过大，切割面反而变粗糙。氧气压力对切口表面平均粗糙度的影响如图 4.45 所示。

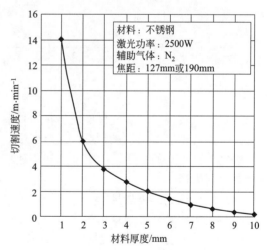

图 4.44　切割速度与不锈钢板厚度的关系

气体压力还取决于板厚。用 1kW 的 CO_2 激光切割低碳钢时，氧气压力和板厚的关系如图 4.46 所示。

工件厚度小于 3mm 时，氧气压力相应高些，可取 0.3MPa 或更高些，而切割工件厚度大于 5mm 时，压力宜适当降低到 0.1～0.15MPa。切割碳钢和不锈钢成形零件时，为获得最佳的切割效果，氧气纯度宜为 99.8%～99.9%。

（3）切割速度

切割速度对切割质量有显著影响。在激光功率一定的条件下，切割低碳钢时存在相应的良好切割速度的上限和下限临界值。切割速度高于或低于临界值都会产生粘渣现象。

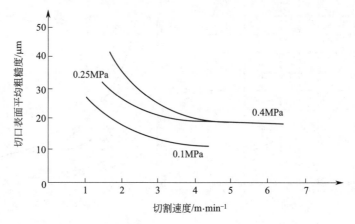

图 4.45 氧气压力对切口表面平均粗糙度的影响

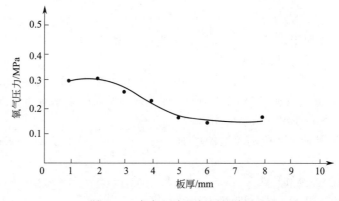

图 4.46 氧气压力和板厚的关系

切割速度较慢时，因氧化反应热在切口前沿的作用时间延长，切口宽度增大，切割面变粗糙。随着切割速度的加快，切口逐渐变窄，直至上部的切口宽度相当于光斑直径。此时，切口略呈上宽下窄的楔形。继续增加切割速度，上部切口宽度仍然继续变小，但切口下部相对变宽成倒楔形。

（4）焦点位置（离焦量）

切割低碳钢时一般把聚焦的光斑设在工件的上表面，即离焦量为零，有时也设置离焦量为+0.5mm。这样可以提高切口前沿的温度，从而获得较高的切割速度。

（5）焦点深度

焦点深度对切割面的质量和切割速度有一定的影响。切割较厚的钢板时，应采用焦点深度大的光束，切割薄板时，宜采用焦点深度小的光束。

（6）喷嘴高度

喷嘴高度指辅助气体喷嘴端面至工件上表面的距离。喷嘴高度大，喷出的辅助气流的动量易产生波动，影响切割质量和速度。因此，激光切割时一般都尽量减小喷嘴高度，通常为0.5～2.0mm。

采用 CO_2 激光切割钢铁材料时，应根据材质、厚度及对切割速度和质量的不同要求，选择切割参数或参照激光切割机制造厂的推荐参数。常用钢材 CO_2 连续激光切割的工艺参数示例见表4.20。

表 4.20　常用钢材 CO_2 连续激光切割的工艺参数示例

材料	板厚/mm	激光功率/kW	切割速度/cm·min⁻¹	辅助气体	切口宽度/mm 上口	切口宽度/mm 下口
低碳钢	1.5	0.3	300	O_2	—	
	3	0.3	200			
	1.0	1.0	900			
	6.0	1.0	100			
	16	4.0	114			
	35	4.0	50			
30CrMnSi 钢	1.5	0.5	200	O_2	—	
	3.0	0.5	120			
	6.0	0.5	50			
40CrNiMo 钢	3.2	0.75	130	O_2	0.81	1.32
	3.2	3.0	330		0.69	1.07
	3.2	6.0	500		0.53	0.61
	9.8	3.0	80	O_2	1.42	3.28
	9.8	6.0	150	O_2	1.37	3.18
	3.2	3.0	200	CO_2	0.33	0.38
	3.2	3.0	200	空气	0.61	0.36
不锈钢	2.0	0.25	25	O_2	—	—
	3.2	0.5	180			
	1.0	1.0	800			
	1.6	1.0	456			
	6.0	1.0	80			
	4.8	2.0	400			
	6.3	2.0	150			
	12	2.0	40			

4.4.1.2　CO_2 脉冲激光切割

CO_2 脉冲激光切割可获得宽度窄而均一的切口、垂直而光洁的切割面，但切割速度大大低于 CO_2 连续激光切割，主要用于精细、高精度零件的切割加工和打孔。

CO_2 脉冲激光切割的主要工艺参数是激光平均输出功率、脉冲峰值功率、脉冲频率、脉冲持续时间（脉冲宽度）、切割速度、焦点位置（离焦量）和辅助气体。

（1）平均输出功率

脉冲激光切割低碳钢时，平均输出功率 P_a 与切口宽度的关系如图 4.47 所示。可见，随着平均输出功率 P_a 的增大，切口宽度也增大。因此，选择的平均输出功率要恰当，P_a 选得过大，切口宽度也会太大，影响切割质量。

（2）峰值功率

峰值功率 P_p 对切口表面粗糙度和热影响区宽度有明显的影响。峰值功率与切口表面粗糙度的关系如图 4.48 所示。图中数据是 10 点测量的平均值。

随着峰值功率的增大，切口表面粗糙度降低。但当峰值功率大于某一临界值后，切

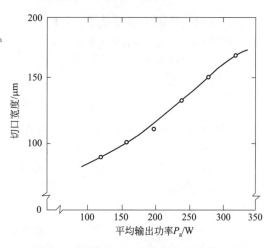

图 4.47　平均输出功率与切口宽度的关系
（低碳钢，板厚为 2.3mm，脉冲频率为 300Hz，焦距为 95.25mm，离焦量为 0，切割速度为 30cm/min）

口表面粗糙度不再降低。切口表面粗糙度沿板厚方向有所不同，切割面上部粗糙度较小而下部较大，两者相差约$10\mu m$。钢板越薄，切口表面粗糙度越小，切割面上、下部的差异也越小。厚度为1.2mm的钢板切口表面平均粗糙度在$10\mu m$以下。

峰值功率对5mm厚高碳钢板切口热影响区宽度的影响如图4.49所示，图中所示为离钢板上、下表面一定距离和钢板中央处的热影响区宽度的测定值。

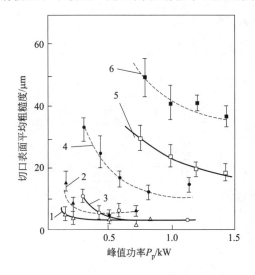
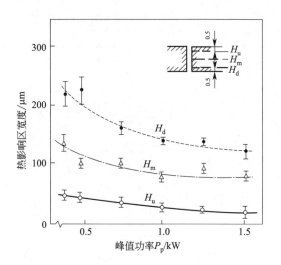

图4.48 峰值功率与切口表面粗糙度的关系
（低碳钢，脉冲频率为200Hz，切割速度为30cm/min）
1—板厚$t=1.2$mm，$P_a=100$W，R_u；
2—板厚$t=1.2$mm，$P_a=100$W，R_d；
3—板厚$t=3.2$mm，$P_a=250$W，R_u；
4—板厚$t=3.2$mm，$P_a=250$W，R_d；
5—板厚$t=6.0$mm，$P_a=550$W，R_u；
6—板厚$t=6.0$mm，$P_a=550$W，R_d
R_u—离钢板表面0.3mm处的粗糙度；
R_d—离钢板底面0.3mm处的粗糙度

图4.49 峰值功率对切口热影响区宽度的影响
（高碳钢，厚度为5mm，激光平均输出功率为350W，
脉冲频率为80Hz，切割速度为30cm/min）

切口两侧的热影响区宽度是相同的，但沿板厚方向从上至下，热影响区宽度逐渐增大。峰值功率较小时，热影响区宽度大，且切口下部更大。随着峰值功率的增大，热影响区宽度明显减小，在峰值功率达到一定值后，热影响区宽度不再变化。

（3）脉冲频率

脉冲频率影响切口表面粗糙度和热影响区宽度。切割1mm厚低碳钢板时脉冲频率对切口表面粗糙度的影响如图4.50所示。切割高碳钢板时脉冲频率对切口热影响区宽度的影响如图4.51所示。

随着脉冲频率的增大，切口表面粗糙度降低，但频率高于一定值，粗糙度反而增大。为降低切口表面粗糙度，脉冲峰值功率和脉冲频率以取较高值为宜。同时，随着脉冲频率的增大，板厚上部的热影响区宽度H_u和中央处热影响区宽度H_m变化不大，而下部热影响区宽度H_d则明显增大。因此，从减小热影响区宽度而言，脉冲频率宜低一些，尤其在切割带尖角的零件时。脉冲激光和连续激光切割尖角零件时尖角部形状的对比如图4.52所示。

（4）切割速度

与连续激光切割一样，脉冲激光切割时，如切割速度过慢，切口宽度增大；切割速度过

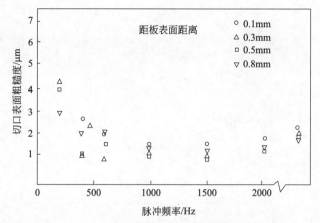

图 4.50　脉冲频率对切口表面粗糙度的影响

（低碳钢，厚度为 1mm，激光平均输出功率为 100W，切割速度为 90cm/min）

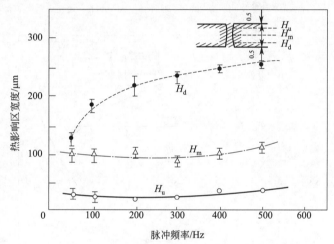

图 4.51　脉冲频率对切口热影响区宽度的影响

（高碳钢，厚度为 5mm，激光平均输出功率 350W，峰值功率为 1.5kW，切割速度为 30cm/min）

快，切口不整齐，切口表面粗糙度增大。脉冲激光切割低碳钢时切口宽度与切割速度的关系如图 4.53 所示。可见，脉冲激光切割低碳钢时存在着一个使切口宽度最小的最佳切割速度。

（5）焦点位置（离焦量）

脉冲激光切割时离焦量对切口宽度的影响如图 4.54 所示。当离焦量为零时，上部切口宽度和下部切口宽度都达到最小值。

脉冲激光切割时辅助气体的选用与连续激光切割相同。

脉冲激光切割时，在正确选择切割参数的条

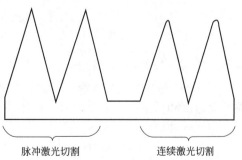

图 4.52　脉冲激光和连续激光切割
尖角零件时尖角部形状的对比

件下，可以获得很窄的切口宽度和光滑的切割面，且尺寸精度能控制在 ±0.05mm 以内，特别适合于细微加工。

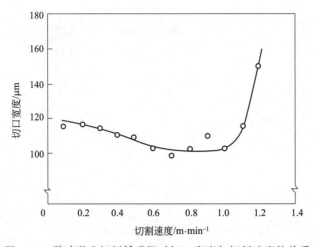

图 4.53　脉冲激光切割低碳钢时切口宽度与切割速度的关系

（低碳钢，厚度为 2.3mm，激光平均输出功率为 200W，脉冲频率为 300Hz，透镜焦距为 95.25mm，离焦量为 0）

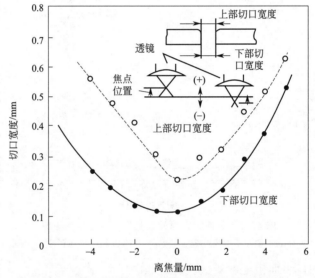

图 4.54　脉冲激光切割时离焦量对切口宽度的影响

（激光平均输出功率为 470W，透镜焦距为 95.25mm，切割速度为 250cm/min）

4.4.1.3　YAG 脉冲激光打孔

用 YAG 脉冲激光打孔能获得质量和精度很高的小孔，尤其适用于精密零件的打孔。影响打孔速度和质量的主要工艺因素是脉冲峰值功率、脉冲宽度和焦距。

（1）脉冲峰值功率

图 4.55 所示为脉冲峰值功率对孔深的影响。可见，峰值功率越大，孔深越大，打孔速度越快。采用较高的脉冲峰值功率有利于厚板的快速打孔。

（2）脉冲宽度

图 4.56 所示为不同峰值功率时脉冲宽度（脉冲持续时间）对打孔速度的影响。

（3）焦距

图 4.57 所示为焦距对打孔速度的影响。可见，采用长焦距透镜聚焦的光束能加快打孔速度。这是由于焦点深度增大，使每次照射的打孔深度加大的缘故。

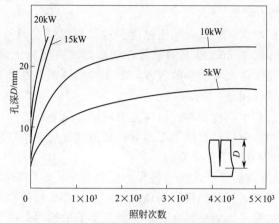

图 4.55　脉冲峰值功率对孔深的影响

（碳钢，厚度为 25mm，激光器为 JK704，脉冲宽度为 1ms，焦距为 300mm，辅助气体为 O_2，压力为 0.49MPa）

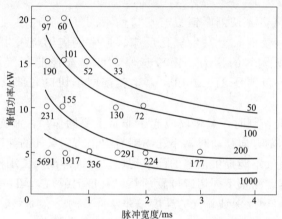

图 4.56　不同峰值功率时脉冲宽度对打孔速度的影响

（低碳钢，厚度为 10mm，激光器为 JK704，焦距为 200mm，辅助气体为 O_2，压力为 0.49MPa，

图中数字表示打穿孔所需要的照射次数，50、100、200、1000 表示平均照射次数趋势）

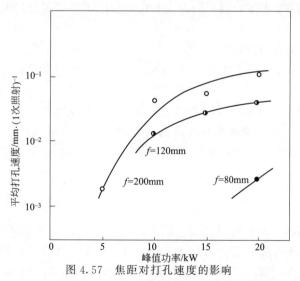

图 4.57　焦距对打孔速度的影响

（低碳钢，厚度为 10mm，激光器为 JK704，脉冲宽度为 0.3ms，辅助气体为 O_2，压力为 0.49MPa）

4.4.1.4　厚钢板的激光切割

随着切割钢板厚度的增大，切口表面粗糙度和挂渣现象越发明显，侧向燃烧也很严重。一般情况下，激光切割厚度 10mm 以上的钢板，切割速度将明显下降，切口的可重复性变差。近年来，随着大功率激光光束质量的改善，激光切割厚钢板也得到了快速发展。

（1）厚钢板切割存在的问题

在实际的激光切割过程中，能切透的板厚是有限的，这与切口前沿金属不能稳定燃烧密切相关。目前，激光切割厚钢板存在的主要问题是切割速度低、切口质量差（挂渣和侧向燃烧），引起这些问题的原因有以下几个方面。

① 热损失大。热损失的主要形式是热传导，板厚越大，热传导损失越大，切割速度也越低。切割速度降低，切割区域的热损失增加，使切口底部材料的吹除变得不一致。虽然激光穿透了厚钢板，但有大量的熔渣黏结在底部。挂渣形成的原因是由于切口底部的切割温度很低造成的，而温度低又是由能量损失大引起的。为了去除挂渣，需要再切割一次，这样就造成切口质量不高。

② 侧向燃烧。研究激光切割厚钢板时切口前沿的气流特性发现，当切割区域周围温度高到可以在氧气中燃烧时，会发生氧化反应。通常侧向燃烧发生在切口的顶部，为防止侧向燃烧，需要降低氧气的压力。钢板越厚，可供选择的氧气压力范围越窄，只有 7kPa（薄板切割的压力范围是 21～35kPa），这就削弱了切口底部氧化反应，降低了熔融物的吹除能力。

③ 氧气纯度。激光切割时，氧化反应起了非常重要的作用。激光入射到工件表面形成小孔，当激光束沿着切割方向移动时，小孔周围有熔化物。氧气的纯度对激光切割产生很大影响，杂质含量多的氧气不能提供足够的能量到切口底部形成高流动性的熔化物，从而降低了切割质量和切割速度。测量不同切口位置的氧气纯度时发现，切口越深，氧气纯度越低，Fe-O 反应越难以维持，因此保证氧气的纯度是非常重要的。

④ 板厚。激光切割厚钢板时，切口熔化前沿的倾角变得凸出，这导致钢板对激光吸收率的降低，进而降低了切割速度。

⑤ 焦深大小。激光切割厚钢板时，焦点在工件表面以下，焦深必须很大，足以维持切口深处有较高的激光功率密度，这就对激光的模式提出了更高要求，也给激光高速切割厚钢板带来了很大难度。

（2）厚钢板切割采取的措施

主要思路是侧重于激光器、聚焦光学系统以及辅助气流的改进。

① 激光器方面。

a. 提高激光器功率。研制更大功率的激光器是增大切割厚度的直接有效方法。

b. 脉冲方式加工。脉冲激光具有很高的峰值功率，可以穿透厚钢板。应用高频率、窄脉宽的脉冲激光切割技术可以在不增加激光功率的情况下实现厚钢板的切割，切口尺寸较连续激光切割要小些。

c. 使用新型激光器。

② 光学系统方面。

a. 自适应光学系统。与传统激光切割的不同之处在于，其无需将焦点置于切割面以下，焦点位置沿着钢板厚度方向上下波动几毫米时，自适应光学系统中焦距会随焦点位置的偏移而改变。焦距的上下变化与激光和工件之间相对运动的重合，导致焦点位置沿着工件深度上下变化。焦点位置随外界条件变化的切割过程，可以得到高质量的切口，这种方法的不足是切割深度有限，一般不超过 30mm。

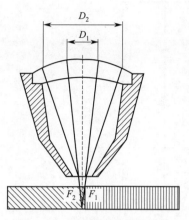

图 4.58　双焦点切割技术示意

b. 双焦点切割技术。采用特殊的透镜使光束在不同部位两次聚焦。如图 4.58 所示，D_1 为透镜中心部分的直径，D_2 为透镜边缘部分的直径。透镜中心的曲率半径比周围大，形成了双焦点。切割过程中，上焦点位于工件上表面，下焦点位于工件下表面附近。这种特殊的双焦点激光切割技术有很多优点。对于切割低碳钢来说，它既能在金属的上表面保持高强度的激光束，以满足材料起燃所需的条件，又能在金属下表面附近保持高强度的激光束，以满足在整个材料厚度范围产生洁净切口的需要。这一技术扩展了获得高质量切割的参数范围。例如，采用 3kW 的 CO_2 激光器，常规切割厚度只能达到 15～20mm，而采用双焦点切割技术的切割厚度能达到 30～40mm。

③ 喷嘴与辅助气流方面。合理设计喷嘴，改善气流流场特征。超声速喷嘴内壁直径先收缩后放大，可以在出口处产生超声速气流，供气压力可以很大但不产生激波。利用超声速喷嘴进行激光切割时，切割质量也很理想，由于超声速喷嘴在工件表面的切割压力比较稳定，因此特别适用于厚钢板的激光切割。

4.4.2　有色金属的激光切割

4.4.2.1　铝及其合金的激光切割

纯铝因其熔点低、热导率高，特别是对 CO_2 激光的吸收率很低，比钢铁材料难切割，不但切割速度慢，而且切口下缘易粘渣，切割面也比较粗糙。铝合金因含有其他合金元素，固态时对 CO_2 激光的吸收率提高，比纯铝易切割，可切割厚度和切割速度也稍大。目前铝及其合金通常采用 CO_2 连续或脉冲激光切割。

（1）CO_2 连续激光切割

① 激光功率。切割铝及其合金时所需要的激光功率比切割钢铁材料时要大。功率为 1kW 的激光可切割工业纯铝板的最大厚度约为 2mm，可切割铝合金板的最大厚度约为 3mm；功率为 3kW 的激光可切割工业纯铝板的最大厚度约为 10mm；功率为 5.7kW 的激光可切割工业纯铝板的最大厚度约为 12.7mm，切割速度可达 80cm/min。

② 辅助气体的种类和压力。切割铝及其合金时，辅助气体的种类和压力对切割速度、切口底部粘渣和切口表面粗糙度都有很大的影响。

采用 O_2 作为辅助气体，切割中伴随氧化放热反应，有利于提高切割速度。但切口中形成有高熔点、高黏性的氧化物熔渣 Al_2O_3，这种熔渣在切口内的流动过程中，因其热量高，使已形成的切割面二次熔化而变粗糙。另外，熔渣在向切口底部排出时，因受辅助气流的冷却和工件的导热作用，黏度进一步增大，流动性更差，往往在工件底面形成难以剥离的粘渣。为此需要加大气体的压力。切割工业纯铝时氧气压力与切割速度的关系如图 4.59 所示。可见，氧气压力大于 1MPa 时才能获得无粘渣的切口。但无粘渣的最大切割速度较高，可达 3m/min。

采用 O_2 作辅助气体切割铝及其合金时切口表面粗糙度与切割速度的关系如图 4.60 所示。可见，采用 O_2 作辅助气体获得的切割面比较粗糙，而接近最大切割速度时切口表面粗糙度有所改善。铝合金的切口表面粗糙度与纯铝无明显差异。

采用 N_2 作辅助气体，因切割过程中 N_2 基本上不与母材发生反应，所形成的熔渣黏性

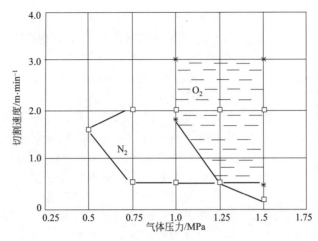

图 4.59 切割工业纯铝时气体压力与切割速度的关系

（材料为纯铝 99.5%，厚 2mm，CO_2 连续激光功率为 1.5kW，喷嘴孔径为 1.4mm）

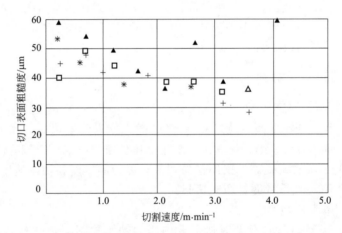

图 4.60 O_2 作辅助气体切割铝及其合金时切口表面粗糙度与切割速度的关系

（O_2 压力为 1.25MPa，CO_2 连续激光功率为 1.5kW）

＊—Al99.5%；□—AlMg1；+—AlMgSi1；▲—AlMg3

不大，即使挂在切口底部也容易清除，因此气体压力大于 0.5MPa 就能获得无粘渣的切口，但切割速度要比 O_2 作辅助气体时低。

采用 N_2 作辅助气体切割铝及其合金时切口表面粗糙度与切割速度的关系如图 4.61 所示。可见，与用 O_2 作辅助气体切割时相反，切口表面粗糙度与切割速度基本上呈线性关系，且切割速度较小时，切口表面粗糙度反而降低。另外，合金元素含量低的铝合金，切口表面粗糙度大，而合金元素含量高的铝合金，切口表面粗糙度小。

采用空气作辅助气体，切口粘渣少于用氧气作辅助气体切割，且也随切割速度增加而减少。空气压力在 0.4MPa 左右时，切割面上出现向后弯曲的后拖线，顺着后拖线在底部出现粘渣。当空气压力增至 0.79MPa 时，后拖线变直，粘渣也消失。目前切割铝及其合金基本上采用氮气或空气作为辅助气体，而气体压力一般取 0.8MPa 或稍高一些。

在切割航空用铝合金时，也可采用双重辅助气流，即内喷嘴喷出氮气，而外喷嘴喷出氧气，气体压力均为 0.8MPa，可获得无粘渣的切割面。

③ 切割工艺参数。CO_2 连续激光切割铝及其合金的主要工艺问题是消除背面粘渣和改

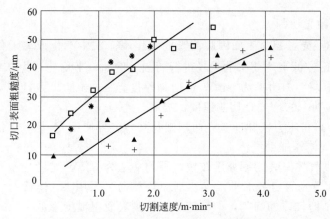

图 4.61　N_2 作辅助气体切割铝及其合金时切口表面粗糙度与切割速度的关系

(N_2 压力为 1.25MPa，CO_2 连续激光功率为 1.5kW)

＊—Al99.5%；□—AlMg1；+—AlMgSi1；▲—AlMg3

善切口表面粗糙度。除选用合适的辅助气体和切割速度外，为防止粘渣还可采取如下措施。

a. 在铝板背面预先涂石墨系粘渣防止剂。

b. 将铝合金板包装用的薄膜置于下面，也能防止粘渣。

CO_2 连续激光切割铝及其合金的工艺参数示例见表 4.21~表 4.23。

表 4.21　纯铝和 A5052 铝合金的 CO_2 连续激光切割工艺参数

材料	厚度/mm	辅助气体		切割速度/cm·min^{-1}
		种类	压力/MPa	
纯铝	1			270
	2			50
A5052 铝合金	1	空气	≥0.79	400
	2			140
	3			50

表 4.22　AlCuMgMn 铝合金的 CO_2 连续激光切割工艺参数

板厚/mm	切割速度/cm·min^{-1}	备注
0.8	550	①CO_2 连续激光功率：1.44kW
1.6	400	②聚焦透镜：ZnSe 高压型，直径为 38.1mm
2.0	300	③焦距：127mm
3.5	140	④喷嘴：环形（双重气流喷嘴） ⑤辅助气体：N_2、O_2（内嘴喷 N_2，外嘴喷 O_2），压力为 0.8MPa ⑥喷嘴高度：0.3mm

注：AlCuMgMn 合金的主要成分为 Cu 4.5%、Mg 1.5%、Mn 0.6%。

表 4.23　AlCuMg、AlZnMgCu、AlMgSiCu 铝合金的 CO_2 连续激光切割工艺参数

板厚/mm	切割速度/cm·min^{-1}			备注
	AlCuMg(Mg 2%)	AlZnMgCu(Cu 1.5%)	AlMgSiCu	
0.8	400	390	420	①CO_2 连续激光功率：1.44kW
1.2	350	340	400	②聚焦透镜：ZnSe 高压型，直径为 38.1mm
1.4	250	200	250	③焦距：127mm
1.6	150	150	160	④喷嘴：环形（双重气流喷嘴） ⑤辅助气体：N_2、O_2（内嘴喷 N_2，外嘴喷 O_2），压力为 0.5MPa ⑥喷嘴高度：尽可能靠近工件

（2）CO_2 脉冲激光切割

使用 CO_2 脉冲激光，铝材表面因脉冲光能的作用而发生汽化或离子化，提高了对激光的吸收率，因此能用较低平均功率的激光进行切割。例如，平均功率为 300W 就可切割厚度为 1.2mm 的铝合金，平均功率为 640W 可切割厚度至 4mm 的工业纯铝（用 O_2 作辅助气体）。随着激光平均功率的增加，切割速度也提高。

① 辅助气体种类和压力。脉冲激光切割铝及其合金可使用 O_2 和 N_2 作辅助气体，也有采用 $Ar+O_2$ 混合气体作辅助气体。

采用 O_2 作辅助气体时，切割速度较快，平均功率为 635W 的脉冲激光的最大切割速度可接近 1500W 连续激光的切割水平，但切割面较粗糙。采用 N_2 作辅助气体时，最大切割速度远低于 O_2 作辅助气体的切割，但粘渣少，切割表面粗糙度降低。

采用 $Ar+O_2$ 混合气体作辅助气体时，切割性能比单用 O_2 或 N_2 时要好。但 Ar 气的价格较高，且两种气体混合在操作上不太方便。

从获得无粘渣切口的角度出发，辅助气体的压力一般应取 $0.8\sim1.0$MPa。

② 切割工艺参数。CO_2 脉冲激光切割铝及其合金的主要参数是脉冲能量、脉冲频率和脉冲宽度比。

CO_2 脉冲激光切割铝及其合金时，无粘渣最大切割速度随脉冲能量增加而提高，但高于某一值后，切割速度反而降低。另外，板厚增加时，脉冲能量也需要相应增大。

脉冲宽度比对最大切割速度、粘渣量和切口表面粗糙度的影响如图 4.62 所示。可见，最大切割速度越高，粘渣越多。而最大切割速度取决于脉冲宽度比。脉冲宽度比变小，最大切割速度下降，粘渣量随之增加，切割面也变粗糙。当脉冲宽度比小于 70% 时，就不能实现切割了。

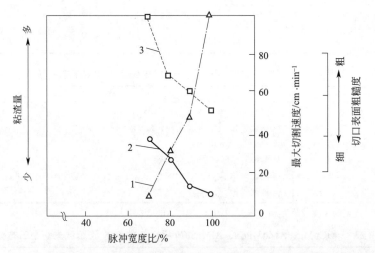

图 4.62　脉冲宽度比对最大切割速度、粘渣量和切口表面粗糙度的影响
（材料为 2mm 厚的 A5052 铝合金）
1—最大切割速度；2—粘渣量；3—切口表面粗糙度

脉冲重叠率对切口表面粗糙度也有明显的影响。采用 O_2 作辅助气体脉冲激光切割厚度为 2mm 纯铝板时，切口表面粗糙度与脉冲重叠率的关系如图 4.63 所示。脉冲重叠率为 60% 左右时，切口表面粗糙度最低。

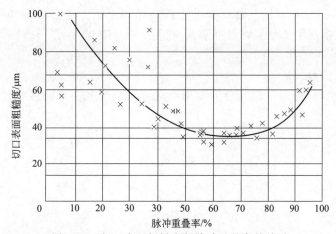

图 4.63　切口表面粗糙度与脉冲重叠率的关系

（Al 99.5%，厚度为 2mm，激光平均功率为 640W，O_2 作辅助气体，压力为 1MPa）

4.4.2.2　钛及其合金的激光切割

激光切割利用高功率密度激光束使材料熔化或汽化，随激光束的移动将材料切开。钛及其合金对 $10.6\mu m$ 波长的 CO_2 激光束有一定的吸收率，特别是当钛合金表面被加热到一定温度或形成氧化膜后，其吸收率会大幅度提高，从而获得较好的切割效果。

激光切割钛及其合金时，主要是切缝和热影响区宽度受切割工艺参数的影响较大。此外，钛熔点较高，纯钛不仅极易与氧反应生成 TiO_2，而且也与氮进行放热反应而生成 TiN（熔点为 2930℃）。这些高熔点物质会对激光切割过程和质量带来不利的影响。另外，氧和氮进入固溶体中会使切口热影响区的硬度升高，塑性明显下降。因此，辅助气体的正确选择也是保证其获得较好切割质量的关键。

（1）辅助气体

钛合金激光切割采用 O_2 作辅助气体，由于产生 Ti-O 反应，其切割速度快，粘渣少，但反应热使其切割面粗糙，且表面形成厚约 $10\mu m$ 的氧化膜。热影响区除发生硬化外，有时还出现显微裂纹，因此切割后需对切割面进行机加工。

采用惰性气体 Ar，切割速度比用 O_2 切割要慢得多，因无氧化反应发生，切割面较光滑。虽由于切割速度慢，热影响区较大，但硬度值增高不大（图 4.64），在切割过程中应避免空气中 O_2 和 N_2 侵入切割面。

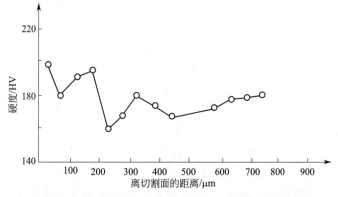

图 4.64　用 Ar 切割纯钛（厚度为 2mm）时切割面的硬度值

（CO_2 连续激光，功率为 1kW，焦距为 127mm，气体压力为 0.4MPa，切割速度为 450cm/min，离焦量为 −1mm）

采用 Ar 中加入 O_2 作辅助气体，有助于提高切割速度。使用 Ar＋20％O_2 时，切割面下部粘有熔化后重新凝固的金属，硬度很高。使用 O_2＋10％Ar 作辅助气体时，切口宽度和热影响区较小。

（2）切割工艺参数

CO_2 激光切割钛合金时，激光功率和切割速度对切缝和热影响区宽度的影响如图 4.65 和图 4.66 所示。

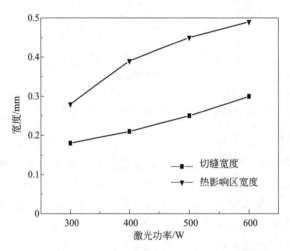

图 4.65　激光功率对切缝和热影响区宽度的影响

（材料钛合金，厚度为 1mm，切割速度为 60cm/min，辅助气体为氩气）

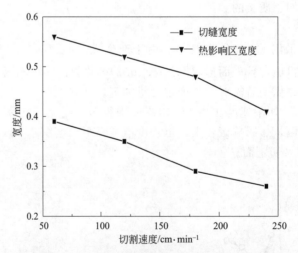

图 4.66　切割速度对切缝和热影响区宽度的影响

（材料钛合金，厚度为 1mm，激光功率为 500W，辅助气体为压缩空气）

钛及其合金激光切割时，增加激光功率和减慢切割速度时，可以增加激光的能量密度，使金属获得较多的热量，温度升高较大，造成切缝宽度增加，热影响区变大。相反，较低的激光功率和较快的切割速度，使激光能量密度降低，有利于减小切缝和热影响区宽度，获得较高的切割质量。但是激光功率过低或切割速度太快，会出现切不透现象。CO_2 激光切割钛及钛合金的工艺参数见表 4.24。

表 4.24　CO_2 激光切割钛及钛合金的工艺参数

材料	厚度/mm	辅助气体	切割速度/cm·min^{-1}	激光功率/W
纯钛	2.0	Ar	200	900
	5.0	O_2	300	1000
钛合金	1.0	Ar	130	400
	3.0	O_2	1300	250
	8.0		300	250
	10.0		280	250
	40.0		50	250

4.4.3　非金属材料的激光切割

在工业应用中，常采用连续 CO_2 激光器切割加工各种各样的非金属材料，包括布匹和纸板等。由于非金属材料对 CO_2 激光吸收率高，故大多使用不超过 500W 的中等功率激光器。CO_2 激光切割非金属材料的工艺参数示例列于表 4.25 中。另一组非金属材料 CO_2 激光切割的工艺参数示例见表 4.26。

表 4.25　CO_2 激光切割非金属材料的工艺参数示例一

激光功率/kW	材料	厚度/mm	切割速度/cm·min^{-1}	辅助气体及压力	切口宽度/mm
0.25	有机玻璃	10	80	N_2	0.7
	聚酯毛毡	10	260	N_2	0.5
	线织物（多层）	15	90	N_2	0.5
	纸板	0.5	300	N_2	0.4
		2.6	300	N_2	0.5
	石英玻璃	1.9	60	O_2	0.2
	聚丙烯板	5.5	70	N_2	0.5
	聚苯乙烯板	3.2	420	N_2	0.4
0.5	聚氯乙烯板	4	170	空气,0.15MPa	—
	有机玻璃	10	120		
	五层胶木板	5	210		
1.0	纤维板	15.6	450	N_2	—
	多层胶合板	6.2	900		
	聚氯塑料层压板	3.1	1050		
	木屑板	3.9	1800		
		3.1	2250		
	丙烯酰板	2.8	3390		
		3.2	2970		
		3.5	2720		
0.05	聚丙烯	2.0	100	—	
	人造革	0.8	250		
0.3	石膏板	9.0	50		
	胶合板	10.0	110		
	派热克斯玻璃	2.2	50		
	橡胶板	5	50		
	皮革	4	220		
	化纤布	6.5	220		
		0.75	1200		
0.375	石英	1.0	150	空气或 N_2	—
	ABS 树脂	0.13	152		
	环氧树脂	0.5	300		

续表

激光功率/kW	材料	厚度/mm	切割速度/cm·min^{-1}	辅助气体及压力	切口宽度/mm
0.45	聚丙烯树脂	8	100	—	—
		20	20		
0.5	石英玻璃	3	50	—	—
	聚丙烯塑料	20	50	—	
	层压板	18	350	N_2	

表 4.26　CO_2 激光切割非金属材料的工艺参数示例二

材料	厚度/mm	激光功率/kW	切割速度/cm·s^{-1}
胶黏剂纸	0.005	0.25	500
白纸板	0.0075	0.25	265
胶合板	0.5	0.225	2
	2.0	0.225	0.46
	2.5	8	2.50
波纹纸	0.45	3.9	175
碱性玻璃	0.4	0.2	0.16
	0.2	0.35	1.25
	0.02	0.2	8.3
玻璃	0.94	20	2.5
石英	0.20	0.25	0.16
	0.31	0.50	1.2
氧化铝	0.075	0.1	2.5
水泥	3.75	8	0.08
纤维	0.025	0.375	2000
ABS 塑料	0.025	0.375	1000
聚碳酸酯	0.025	0.375	100
聚乙烯	0.025	0.375	30
聚苯乙烯泡沫塑料	2	0.3	0.017
皮革	0.3	0.225	5.1
人造皮	0.15	0.35	28
橡胶	0.45	0.35	2.5
石灰石	3.75	3.5	0.2

非金属材料的激光切割具有很好的应用前景。激光可用来切割木材、纸张、布匹、塑料、橡胶、复合材料、玻璃、陶瓷等非金属材料。例如，用激光切割木材可大大减少噪声；用激光切割纸张，切割速度高达 15m/s；激光用于切割航空工业中的复合材料也越来越普遍。

4.4.4　汽车桥壳的激光切割

某厂原汽车桥壳的上桥片是用 5mm 厚的 Q345（16Mn）钢板通过冲裁下料模具和成形模具两次加工完成的，然后与加工工艺相同的下桥片对接，中间再用两个三角块填补，最后焊接成桥壳，如图 4.67 所示。

这种制造工艺中，板材毛坯冲裁的轮廓和精度不高，造成上、下桥片成形后与三角块一起对接时，割缝宽窄不一、高低不齐，为后续桥壳的自动焊接带来装配、加工和质量问题。车桥成品检验时，在三角区常出现漏气现象。因此，三角区必须采用手工焊接，生产效率低。而激光切割光斑小，切口细窄，切缝两边平行并且与表面垂直，切割零件的尺寸精度可达 ±0.05mm，切割表面光洁美观，表面粗糙度只有几十微米。采用激光切割代替传统的板材毛坯冲裁可以避免三角区的漏气现象。

采用 CO_2 激光切割设备，激光器功率为 1.2kW，加工范围为 1.25m×2m，切口宽度为

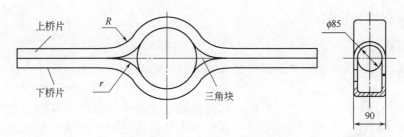

图 4.67　原汽车桥壳结构示意

0.18mm，加工精度为 ±0.1mm，切口粗糙度 $Ra=20\sim30\mu m$。

　　首先，将原桥壳上、下桥片的边缘尺寸 r 圆弧改为直线（图 4.68），使三角块的两个焊接边缘也成为直线，这样桥壳上焊接路径变为三段直线，便于全程自动化焊接。针对上、下桥片的成形尺寸，初步设计出桥片毛坯轮廓（图 4.69）。通过修正 R_1、R_2、R_3 这三个半径尺寸和 L_1、L_2 两个长度尺寸，确保图 4.68 中 1 区平、2 区直、3 区与 $R109$ 圆弧尺寸相吻合。采用激光切割设备进行桥片毛坯的下料。

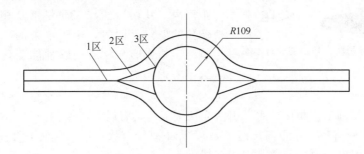

图 4.68　改进后的桥壳结构示意

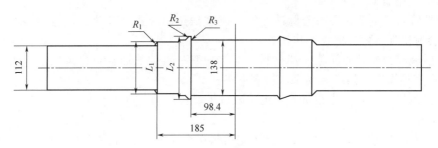

图 4.69　改进后桥片毛坯示意

　　将激光首次切割下来的桥片毛坯在成形模具上试压成形，再将成形后的上、下桥片和三角块放在一起进行对缝检查，割缝宽度要求为 $0\sim1mm$。对三个区域中不合格的边缘通过激光切割进行修正。激光切割加工精度很高，而且调整尺寸很方便，只需修改前一次激光切割参数控制程序中需调整的数据。修正后的桥片毛坯在再次试压成形后，检查割缝情况。重复上述过程，直到满足割缝要求，割缝宽度控制在 1mm 以内，并且保证割缝平直。

　　由于激光切割得到理想的板材毛坯轮廓，上、下桥壳和三角块的连接能够采用全程自动化焊接，所以桥壳的外观和内在质量良好。焊接后试漏返修率由原来的 20% 以上降低到 1% 以下，焊接操作人员比原来减少了 2/3，焊接效率也提高了 2 倍以上。

4.4.5 水导引激光切割

（1）基本原理

水导引激光切割是将激光和水射流两者结合在一起的一项技术，其基本原理如图 4.70

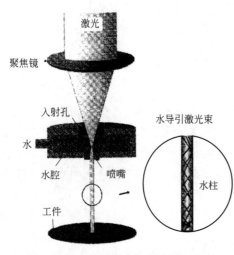

图 4.70 水导引激光切割的原理示意

所示。其中水射流使用 5～50MPa 纯净的去离子水和过滤水。喷嘴由蓝宝石或钻石制成，以确保能够产生长而稳定的水射流。激光束由激光器通过光纤传输而来，经校准、扩束后汇聚穿过一个石英窗口，进入喷嘴。当激光进入水刀中，由于空气与水折射率的不同，激光在空气/水界面发生全反射，激光被完全限制在水束中，喷射水束就如同一根光纤被用来引导激光。

水束直径仅为 20～200μm，水束长度可达 50～100mm，喷射水束的有效工作距离保证了一致的焦点直径，只要把工件放在水束的有效工作距离内，其切口的加工质量都是相同的，避免了调焦的麻烦。同时，由于水束的冷却作用，热影响区、热变形和材质组织性能变化的问题几乎可以不考虑。

（2）特点

与传统激光切割工艺相比，水导引激光切割工艺具有以下优点。

① 喷射水束的有效工作距离长达 10cm，光束直径一致，切口侧壁平直；借助于高速水流动量排除切口熔融金属，避免其附着在切口上。

② 水束直径细小，切口窄。

③ 工件输入热量低，在激光脉冲之间，刚被加热的位置被高速水流立刻冷却，喷射水束几乎不会对工件产生任何外力作用。

④ 水射流在激光脉冲间隙冷却材料，对被切割材料的热影响可以忽略，极大地减小了工件的变形和热损伤，热影响区窄，热变形小。

⑤ 水射流能将切割熔化的材质冲走，减少了微粒污染。

（3）应用

与传统激光切割技术相比，水导引激光切割在半导体、生物、医疗器械制造领域的应用显示出其独特的优势。由于材料加工应用的范围受到材料对激光波长的吸收率限制，至今为止，这项技术仅限于配合使用红外或绿光激光器。水导引激光切割使用固体 Nd:YAG 红外激光器（1064nm，50～200W），主要应用于切割硅、陶瓷和硬金属、立方氮化硼、锰锌磁芯以及金属薄膜。采用红外水导引激光切割可以获得为锯切方法的 8 倍的切割速度。水导引激光切割对硬脆而难以采用机械方法进行加工的材料（如 GaAs、GaN）的切割具有很高的效率。

绿光（532nm）的材料吸收率比红外光稍低。试验表明，在相同的切割质量要求情况下，采用相同激光功率，水导引激光切割完全可以获得与红外激光器相同甚至更快的切割速度。

紫外光在透明材料中有较高的吸收率，因而国外开发出一种水导引紫外激光装置，它使用了石英和 CaF_2 透镜。紫外激光源通过一根光纤和切割头相连。为了避免损害光纤，直径

$50\mu m$ 的水束使用直径 $100\mu m$ 的光纤。

配合水导引紫外激光切割的开发，在材料切割应用领域引入直径更细的水刀。特别是在半导体工业中，水刀激光切割技术的优势在于能够获得无碎片、无毛刺以及无破损角的割口，甚至像 $75\mu m$ 的芯片薄膜加工也毫无困难。水导引激光切割还可应用于切割或雕刻透明材料，如透明聚合物、玻璃、钻石以及蓝宝石等。

水导引激光切割在应用于生物、医疗精密微器械切割时独具特色，例如心血管支架切割。支架是指能自我扩张的小型不锈钢网管，置于冠状动脉中以使脉管张开。支架多为热敏感型材料，其结构形状复杂。水导引激光切割技术提供了热损害小、不变形、割口无毛刺的精度切割的可行性。

4.4.6 碳纤维增强复合材料的激光切割

在树脂中加入碳纤维作为增强体制备得到的碳纤维复合材料（carbon fiber reinforced polymer，CFRP）可以实现高比强度、高比刚度以及优异的抗疲劳特性，并且可根据实际使用要求进行灵活设计，还具备优异绝缘性，目前已在汽车等众多领域发挥了重要作用。考虑到碳纤维复合材料包含了多相、层合以及存在各向异性的特征，利用常规机械方法对其进行加工时易出现裂纹、结构分层以及形成毛边等，导致产品质量明显下降。采用激光加工方法进行处理时，呈现非接触特征，因此能够有效避免接触式加工方式面临的问题。

选择预浸布层压成形加工方法制得厚度为 2.5mm 的 T800 型碳纤维与 E-51 型热固性树脂组成的复合板，其中热固性树脂体积比 40%，其余为碳纤维。碳纤维与树脂基体的各项热学特性参数见表 4.27。采用 FemtoYL-100 脉冲超皮秒激光器作为试验用激光器，依次设置绿光皮秒、红光皮秒与白光皮秒，将波长控制在 523nm、785nm 和 1064nm，试验中激光功率、频率、持续时间以及聚焦光斑尺寸见表 4.28。

表 4.27 试验材料热学性能参数

参数	T800	E-51
分解温度/K	740	420
导热系数/$W \cdot m^{-1} \cdot K^{-1}$	0.024	0.135
比热容/$J \cdot kg^{-1} \cdot K^{-1}$	1800	1860
密度/$kg \cdot m^{-3}$	1810	1100

表 4.28 试验中激光器参数

项目	功率/W	频率/kHz	持续时间/ps	光斑尺寸/μm
绿光皮秒	0~25	460	18	50~60
红光皮秒	0~50	460	18	35~45
白光皮秒	0~75	460	18	25~35

采用高斯脉冲的形式形成激光束，加工系统包含了脉冲激光源、光束转换系统、扫描振镜以及控制系统平台。利用夹具将碳纤维复合材料固定于 X-Y 平台上，再利用扫描振镜组对激光线路进行折射与聚焦的控制。对激光进行聚焦后，使其在碳纤维复合材料表面形成高能量密度状态，并根据设定路径进行扫描，完成材料的激光加工过程。控制激光功率依次为 15W、20W、25W、30W、35W，控制扫描速度依次为 10mm/s、30mm/s、50mm/s、70mm/s、90mm/s。

在控制激光功率为 20W 和扫描速率为 10mm/s 的情况下，碳纤维复合材料切割后形成的切缝截面微观形貌如图 4.71 所示。利用 523nm 的激光波长进行试样切割加工时，在截面区域形成整齐的纤维，并未对纤维结构造成损伤；以 785nm 的激光波长进行切割时，则在截面部位形成长度有显著差异的纤维，同时发现部分纤维中存在较明显的损伤现象；当采用 1064nm 的激光波长对试样进行切割时，可观察到截面部位的纤维有些沿根部出现断裂，形成了较严重的损伤缺陷。经对比可知，523nm 激光获得了平整的切割截面，表现出了最优的切割性能。

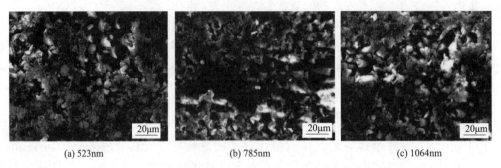

(a) 523nm (b) 785nm (c) 1064nm

图 4.71　不同波长下碳纤维复合材料激光切缝的截面微观形貌

激光功率为 30W 时，经测试获得的激光波长和扫描速度对切缝宽度和深度的影响如图 4.72 所示。提高激光扫描度率后，切缝宽度与深度均出现了降低的趋势。这是因为提高激光扫描速度后，会形成更小的光斑重叠率，降低了单位面积中的输入能量。

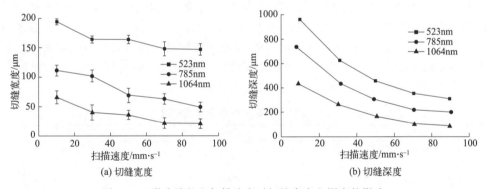

(a) 切缝宽度 (b) 切缝深度

图 4.72　激光波长和扫描速度对切缝宽度和深度的影响

在激光波长为 523nm 的条件下，不同激光功率引起的上切缝宽度与深度的变化如图 4.73 所示。提高激光功率后，上切缝宽度与深度增大。在提高激光功率的过程中，随着材料内输入的能量更高，碳纤维复合材料被更高效去除，形成了更宽与更深的切缝。

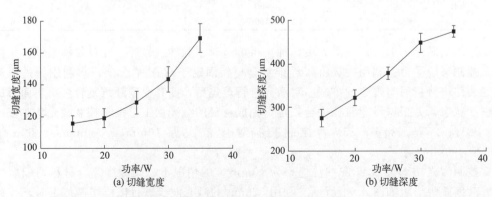

(a) 切缝宽度 (b) 切缝深度

图 4.73　激光功率与上切缝参数的关系

4.4.7　钕铁硼磁性材料的激光切割

钕铁硼磁性材料是第三代稀土永磁材料，因其高磁能积、高矫顽力以及高剩磁等特点，广泛应用于通信（手机、笔记本电脑等）、医疗（核磁共振等）、轨道交通和汽车制造（驱动电机、汽车电动系统、电动汽车等）等领域。采用光纤激光切割设备进行钕铁硼材料加工并分析对其加工性能、表面质量和磁性能的影响。

选取商用钕铁硼磁体（N48H，规格为 22.94mm × 15.38mm × 2.30mm × 2.46T）作为试验材料（产品示意如图 4.74 所示），采用光纤激光加工设备进行切割，并与正常加工工艺的切削质量和磁性能进行对比。激光加工试验路线（鉴于激光切割深度不超过 5mm，先将磁体的厚度方向加工出来，然后再进行激光切割）和常规工艺路线见表 4.29。本次试验所采用的设备及试验参数见表 4.30。

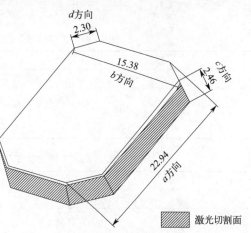

图 4.74　激光切割钕铁硼产品示意图

表 4.29　激光加工工艺和常规加工工艺路线

编号	工艺名称	工艺路线
A	常规加工工艺	二面切（加工 a 方向和 b 方向）→一序平磨（修正 a 方向和 b 方向垂直度）→异形磨（加工 d 方向）→断片（加工 c 方向）→震动倒角→酸洗→电镀
B	激光加工试验 1	线锯切厚度方向（c 方向）→激光切割（加工 a、b、d 方向以及修正垂直度）→震动倒角→酸洗→电镀
C	激光加工试验 2	线锯切厚度方向（c 方向）→激光切割（加工 a、b、d 方向以及修正垂直度）→金刚砂倒角→震动倒角→酸洗→电镀

表 4.30　激光设备参数及试验参数

参数类型	切割高度/mm	切割速度 /$m \cdot min^{-1}$	切割功率/W	切割频率/Hz	占空比/%	切割气压/kPa	切割气体
设备参数	0.2~1.0	0~5	1~1500	1~5000	1~100	0~1500	氩气
试验参数	0.6	3	800	3000	50	800	氩气

加工前后产品尺寸通过二维投影仪（Projector，IM6125）测量；激光切割钕铁硼磁性材料的表面质量主要参数——割缝宽度和粗糙度，采用二维投影仪、粗糙度仪（粗糙度测量仪，SJ-410）测量；采用显微镜（NiKon SMZ800N）和 SEM 扫描电镜（SEM，JSM-6010LA）表征产品的形貌；采用硬磁脉冲测量仪测试磁体的常温（NIM-10000HC）和高温性能（NIM-200HC）。

激光切割加工和常规加工的尺寸见表 4.31。从测试结果可以看出，激光切割工艺中产品的长度和宽度方向（a 方向和 b 方向）的极差与常规加工工艺比较一致，且具有较好的加工异形尺寸（d 方向）和管控垂直度的能力。

表 4.31　激光切割加工工艺和常规加工工艺加工能力

工艺类型	a 方向极差/mm	b 方向极差/mm	d 方向极差/mm	垂直度（a 和 b 方向）
激光切割加工工艺	0.017	0.014	0.045	0.007~0.024 均值 0.012
常规加工工艺	0.020	0.020	0.085	0.008~0.044 均值 0.022

加工过程中各节点间的尺寸变化幅度见表 4.32 和表 4.33，表内的结果显示激光切割加工工艺从激光切割到震动倒角节点的长宽尺寸降幅高于常规工艺到震动倒角的降幅；激光加工方案 2（C 工艺）节点尺寸总降幅要高于激光加工方案 1（B 工艺）中同节点的降幅。

表 4.32　3 种试验工艺 a 方向在各节点尺寸变化幅度

A 工艺		B 工艺		C 工艺	
节点	幅度 /mm	节点	幅度 /mm	节点	幅度 /mm
常规加工-震动倒角	−0.005	激光加工-震动倒角	−0.038	激光加工-金刚砂倒角	−0.027
				金刚砂加工-震动倒角	−0.030
合计	−0.005	合计	−0.038	合计	−0.057

表 4.33　3 种试验工艺 b 方向在各节点尺寸变化幅度

A 工艺		B 工艺		C 工艺	
节点	幅度/mm	节点	幅度/mm	节点	幅度/mm
常规加工-震动倒角	−0.005	激光加工-震动倒角	−0.036	激光加工-金刚砂倒角	−0.030
				金刚砂加工-震动倒角	−0.030
合计	−0.005	合计	−0.036	合计	−0.060

试验中得到了各生产工序激光切割面的粗糙度数据（见表 4.34），数据分析发现，随着生产工序的推进，粗糙度都呈现逐渐减少的趋势；激光加工方案 2（C 工艺）中震动倒角后的粗糙度要低于在激光加工方案 1（B 工艺）中对应节点的粗糙度，与常规工艺中对应节点的粗糙度更加接近。试验中也对非激光切割面（a 和 b 方向形成的面）边缘的粗糙度进行了分析，从数据分析可以得出与激光切割面粗糙度相同的规律变化；非激光切割面的粗糙度要远远低于激光切割面的粗糙度。

表 4.34　3 种试验工艺各节点激光切割面的粗糙度

A 工艺		B 工艺		C 工艺	
节点	粗糙度(Ra)/μm	节点	粗糙度(Ra)/μm	节点	粗糙度(Ra)/μm
常规加工后	0.7548	激光加工后	5.1070	激光加工后	5.1070
震动倒角后	0.5742	震动倒角后	3.6734	金刚砂倒角后	4.1518
				震动倒角后	0.6535

各工艺各节点的常温和高温（120℃）磁性能参数见表 4.35 和表 4.36。常规工艺各节点的常温和高温（120℃）磁性能参数（B_r 值、H_{cj} 值和 H_K 值）基本一致，但激光切割工艺各个节点常温和高温（120℃）的磁性能参数呈现逐渐变大的趋势。在震动倒角节点中，激光加工方案 1（B 工艺）对应的常温和高温磁性能低于常规工艺对应节点的数值，激光加工方案 2（C 工艺）基本与常规工艺一致。

表 4.35　常温下各节点磁性能参数

节点		A 工艺		B 工艺		C 工艺		
		常规加工	震动倒角后	激光加工后	震动倒角后	激光加工后	金刚砂倒角后	震动倒角后
节点编号		1 号	2 号	3 号	4 号	5 号	6 号	7 号
20℃	B_r/kGs	13.30	13.27	12.31	13.03	12.31	12.97	13.27
	H_{cj}/kGs	17.53	17.56	15.12	16.15	15.12	16.11	17.37
	H_K/kGs	17.24	17.31	14.88	15.87	14.89	15.89	17.14

表 4.36　高温（120℃）下各节点磁性能参数

节点		A 工艺		B 工艺		C 工艺		
		常规加工	震动倒角后	激光加工后	震动倒角后	激光加工后	金刚砂倒角后	震动倒角后
节点编号		1 号	2 号	3 号	4 号	5 号	6 号	7 号
120℃	B_r/kGs	11.35	11.32	10.52	11.10	10.52	11.19	11.36
	H_{cj}/kGs	7.57	7.53	6.15	7.03	6.15	6.92	7.63
	H_K/kGs	7.36	7.33	5.99	6.86	6.02	6.79	7.50

表 4.37 为常规加工工艺和激光加工工艺各节点的高温退磁磁衰减数据，各工艺随着节点的推进，磁衰减逐渐变小，激光加工方案 2（C 工艺）金刚砂倒角后的磁衰减与常规工艺中黑片成品的磁衰减基本保持一致，但是激光加工方案 1（B 工艺）震动倒角后的磁衰减要高于常规工艺黑片成品以及激光加工方案 2 金刚砂倒角后和震动倒角后的磁衰减。

表 4.37　各节点高温退磁磁衰减数据

方案	节点		
A 工艺	—	黑片成品 8.58%	震动倒角后 8.53%
B 工艺	激光加工后 19.24%	—	震动倒角后 13.14%
C 工艺	激光加工后 19.24%	金刚砂倒角后 13.95%	震动倒角后 8.42%

通过与常规加工工艺各节点尺寸幅度、表面质量及磁性能数据的对比，表明磁体在激光加工工艺中震动倒角后与常规工艺震动倒角后磁体的情况基本一致。经过激光高温腐蚀作用，由于钕铁硼基体之上形成了熔化区和汽化区，使得烧结钕铁硼基体位于激光切割区域的表面变得比较粗糙。通过金刚砂和震动倒角磨料对磁体的磨削作用，可以去除激光切割在钕铁硼基体上所产生的重熔区和热影响区，使得磁体经过激光作用的区域逐渐光滑。

激光切割方式具有较好的加工异形尺寸和垂直度的能力，利用金刚砂和震动倒角磨料的研磨作用可以去除激光切割所产生的熔渣和激光对磁体磁性能破坏的区域，磁体磁性能可恢复到正常水平。试验证明光纤激光切割工艺用于钕铁硼磁性材料是可行的高精度、高效率、多维加工和磁性能受影响较小的加工方法，可推广应用。

第 5 章

扫码看视频

激光熔覆和选区激光熔化

激光熔覆（laser cladding，LC）将具有特殊性能的材料用激光加热熔覆在基体表面，以获得与基体形成良好冶金结合和使用性能的熔覆层。激光熔覆可在材料表面制备耐磨、耐腐蚀、抗氧化、抗疲劳或具有特殊的光、电、磁效应的熔覆层，可在较低成本下提高材料的表面性能。选区激光熔化（selective laser melting，SLM）是一种快速增材制造技术，利用离散-堆积原理，通过逐层打印的方法构造三维实体，在传统方法无法制造的复杂异形构件及工件制造的快速响应方面具有极大的优势。

5.1 激光熔覆的原理与特点

激光熔覆也称激光包覆或激光熔敷，是一种先进的表面改性技术。它通过在基材表面添加熔覆材料，利用高能密度的激光束使之与基材表面薄层一起熔凝，在基层表面形成与其为冶金结合的熔覆层。

5.1.1 激光熔覆的原理

激光熔覆技术是以不同的填料方式在被熔覆基体表面上预置或同步送进涂层材料，经激光辐照使之和基体表面薄层同时熔化，快速凝固后形成稀释率极低并与基体呈冶金结合的表面熔覆层，从而显著改善基体表面的耐磨、耐蚀、耐热、抗氧化及电气特性等的一种表面强化方法。激光熔覆可达到表面改性或修复的目的，既满足了对材料表面特定性能的要求，又节约了大量的贵重元素。

激光熔覆（图 5.1）涉及物理、冶金、材料科学等多个领域，能够有效提高工件表面的耐磨、耐蚀、耐热等性能，节省贵重的合金，受到国内外的普遍重视。

激光熔覆技术是激光表面改性技术的一个分支，是 20 世纪 70 年代随着大功率激光器的发展而兴起的一种新的表面改性技术，其激光功率密度的分布区间为 $10^4 \sim 10^6 \mathrm{W/cm}^2$，介于激光淬火和激光合金化之间。激光熔覆在激光束作用下将合金粉末或陶瓷粉末与基体表面迅速加热并使之熔化，在光束移开后通过自激冷却形成稀释率极低并与基体材料呈冶金结合的表面熔覆层。

在整个激光熔覆过程中，激光、粉末、基体三者之间存在着相互作用关系，即激光与粉

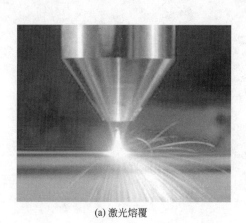

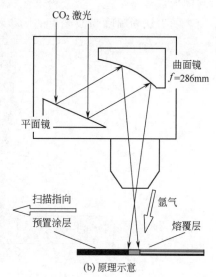

(a) 激光熔覆　　　　　　　　(b) 原理示意

图 5.1　激光熔覆及其原理示意

末、激光与基体以及粉末与基体的相互作用。

① 激光与粉末的相互作用。当激光束穿越粉末时，部分能量被粉末吸收，致使到达基体表面的能量衰减；而粉末由于激光的加热作用，在进入金属熔池之前，其形态发生改变。依据所吸收能量的多少，粉末形态有熔化态、半熔化态和未熔相变态三种。

② 激光与基体的相互作用。使基体熔化产生熔池的热量来自于激光与粉末作用衰减之后的能量，该能量的大小决定了基体熔深，进而对熔覆层的稀释产生影响。

③ 粉末与基体的相互作用。合金粉末在喷出送粉口之后在载气流体动力学因素的扰动下产生发散，导致部分粉末未进入基体金属熔池，而是被束流冲击到未熔基体上发生飞溅。这是侧向送粉式激光熔覆粉末利用率较低的一个重要原因。

激光熔覆技术可获得与基体呈冶金结合、稀释率低的表面熔覆层，对基体热影响较小，能进行局部熔覆。从 20 世纪 80 年代开始，激光熔覆技术的研究领域进一步扩大和加深，包括熔覆层质量、组织和使用性能、合金选择、工艺性能、热物理性能和计算机数值模拟等。例如对高碳钢进行碳化钨激光熔覆后，熔覆层硬度最高达 2200HV 以上，耐磨损性能为基体高碳钢的 20 倍左右。在 Q235 钢表面激光熔覆 CoCrSiB 合金后，将其耐蚀性与火焰喷涂的耐蚀性进行了对比，发现前者的耐蚀性明显高于后者。

5.1.2　激光熔覆的分类

激光熔覆可以通过两种方式来完成，即预置送粉式激光熔覆和同步送粉式激光熔覆。

预置送粉式激光熔覆是将熔覆材料预先置于基材表面的熔覆部位，然后采用激光束辐照扫描熔化，熔覆材料以粉、丝、板的形式加入，其中以粉末涂层的形式加入最为常用。预置送粉式激光熔覆的主要工艺流程为：基材熔覆表面预处理→预置熔覆材料→预热→激光熔化→后热处理。

同步送粉式激光熔覆是将熔覆材料直接送入激光束中，使供料和熔覆同时完成。熔覆材料主要也是以合金粉末的形式送入，有的也采用丝材或板材进行同步送料。同步式激光熔覆的主要工艺流程为：基材熔覆表面预处理→送料和激光熔化→后热处理。

目前实际应用较多的是同步送粉式激光熔覆。图 5.2 所示为同步送粉式激光熔覆。激光束照射基体形成液态熔池，合金粉末在载气流的带动下由送粉喷嘴射出，与激光作用后进入液态熔池，随着送粉喷嘴与激光束的同步移动形成了熔覆层。

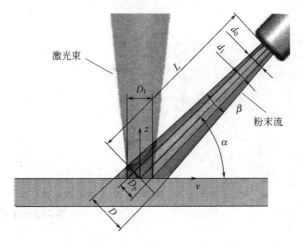

图 5.2　同步送粉式激光熔覆示意

　　同步送粉式激光熔覆又可分为侧向送粉式和同轴送粉式，这两种方法效果相似。同步送粉式激光熔覆具有易实现自动化控制，激光能量吸收率高，熔覆层内部无气孔和加工成形性良好等优点。熔覆金属陶瓷可以提高熔覆层的抗裂性能，使硬质陶瓷相可以在熔覆层内均匀分布。若同时加载保护气，可防止熔池氧化，获得表面光亮的熔覆层。

　　用气动喷注法把粉末传送入熔池中被认为是成效较高的方法，因为激光束与材料的相互作用区被熔化的粉末层所覆盖，会提高对激光能量的吸收。这时成分的稀释由粉末流速所控制，而不是由激光功率密度所控制。气动传送粉末技术的送粉系统如图 5.3 所示，粉末漏料箱底部有一个测量孔，供料粉末通过漏料箱进入与氩气瓶相连接的管道，再由氩气流带出。漏料箱连接着一个振动器，以得到均匀的粉末流。通过控制测量孔和氩气流速可以改变粉末流的流速。粉末流的流速是影响熔覆层形状、孔隙率、稀释率、结合强度的关键因素。

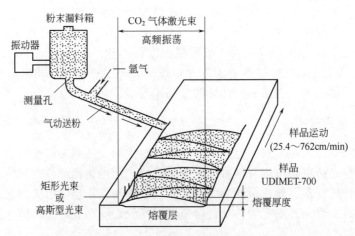

图 5.3　气动传送粉末技术的送粉系统示意

　　按工艺流程，与激光熔覆相关的工艺主要是基材表面预处理方法、熔覆材料的供料方式、预热和后热处理。

5.1.3 激光熔覆的特点及应用

激光熔覆是一种新型的涂层和表面改性技术，是涉及光、机、电、材料、检测与控制等多学科的高新技术，是激光先进加工技术的重要分支。目前，激光熔覆技术已成为新材料制备、金属零部件快速制造、失效金属零部件修复和再制造的重要手段之一，已广泛应用于航空、石油化工、汽车、机械制造、船舶、模具制造等行业。

与传统的堆焊、喷涂、电镀和气相沉积技术相比，激光熔覆具有较低的稀释率、较少的气孔和裂纹缺陷、组织致密、熔覆层与基体结合好、适合熔覆材料多、粉末粒度及含量变化大等特点，因此激光熔覆技术应用前景十分广阔。

（1）激光熔覆的特点

激光熔覆能量密度高度集中，基体材料对熔覆层的稀释率很低，熔覆层组织性能容易得到保证。激光熔覆精度高，可控性好，适合于对精密零件或局部表面进行处理，可以处理的熔覆材料品种多、范围广。

激光熔覆技术同其他表面强化技术相比有如下优点。

① 冷却速度快（高达 $10^5 \sim 10^6 \, ℃/s$），产生快速凝固组织特征，容易得到细晶组织或产生平衡态所无法得到的新相，如亚稳相、非晶相等。

② 热输入小，畸变小，熔覆层稀释率低（一般低于 5%），与基体呈牢固的冶金结合或界面扩散结合，通过对激光工艺参数的调整，可以获得低稀释率的良好熔覆层，并且熔覆层的成分和稀释率可控。

③ 合金粉末的选择几乎没有任何限制，许多金属或合金都能熔覆到基体表面上，特别是能熔覆高熔点或低熔点的合金（例如在低熔点金属表面熔覆高熔点合金）。

④ 熔覆层的厚度范围大，单道送粉一次熔覆厚度在 0.2～2.0mm；熔覆层组织细小致密，甚至产生亚稳相、超弥散相、非晶相等，微观缺陷少，界面结合强度高，熔覆层性能优异。

⑤ 能进行选区熔覆，材料消耗少，具有优异的性价比；尤其是采用高功率密度快速激光熔覆时，表面变形可降低到零件的装配公差内。

⑥ 光束瞄准可以对复杂件和难以接近的区域进行激光熔覆，工艺过程易于实现自动化。

在我国工程应用中钢铁材料占主导地位，金属材料的失效（如腐蚀、磨损、疲劳等）大多发生在零部件的工作表面，需要对表面进行强化。为满足工件的服役条件而采用大块的原位生成颗粒增强钢铁基材料制造，不仅浪费材料，而且成本极高。另外，从仿生学的角度考察天然生物材料，其组成为外密内疏，性能为外硬内韧，而且密与疏、硬与韧从外到内是梯度变化的，天然生物材料的特殊结构使其具有优良的使用性能。根据工程上材料特殊的服役条件和性能要求，迫切需要开发强韧结合、性能梯度变化的新型表层金属基复合材料。激光熔覆技术正有利于这种表面改性和梯度变化复合材料的研发。

（2）激光熔覆与激光合金化的区别

激光熔覆与激光合金化都是利用高能密度的激光束所产生的快速熔凝过程，在基材表面形成与基体相互熔合的、具有完全不同成分与性能的合金覆层。两者工艺过程相似，却有本质上的区别。

激光熔覆过程中的覆层材料完全熔化，而基体熔化层极薄（稀释率很低），因而对熔覆层的成分影响极小；而激光合金化则是在基材的表面熔融复层内加入合金元素，目的是形成以基材为基的新的合金层。

激光熔覆实质上不是把基体表面层的熔融金属作为溶剂，而是将另行配制的合金粉末熔化，使其成为熔覆层的主体合金，同时使基体合金也有一薄层熔化，与之形成冶金结合。激光熔覆技术制备新材料是极端条件下失效零部件的修复与再制造、金属零部件直接制造的重要基础，受到世界各国科学界和企业的高度重视。

（3）激光熔覆的应用

激光熔覆技术可广泛应用于航空、国防、石油化工、机械、冶金、医疗器械等各个领域。

从当前激光熔覆技术的应用情况来看，有前景的应用领域主要有：

① 对材料的表面改性，如燃气轮机叶片、轧辊、齿轮等；

② 对产品的表面修复和再制造，如转子、模具等。

图 5.4 所示为通过激光束扫描熔化涂层材料形成具有特殊性能的熔覆层，可大幅度提高被熔覆件的使用寿命。

图 5.4　激光束扫描熔化涂层材料形成熔覆层

激光熔覆修复技术把所需金属材料熔于零部件表面缺陷处，形成二次冶金重熔，使激光熔覆层与基体形成冶金结合，基体材料在激光修复过程中仅表面微熔，一般熔深仅为 $0.1 \sim 0.2 \mathrm{mm}$。

熔覆层及界面组织致密，晶粒细小均匀、无孔洞、无夹渣、无裂纹现象。激光熔覆修复后基体无热变形。表面可调洛氏硬度为 $20 \sim 68 \mathrm{HRC}$，误差范围不大于 $0.1 \mathrm{mm}$，修复厚度不小于 $0.02 \mathrm{mm}$。大型熔覆设备选用各种不同的材质熔覆，厚度可达 $0.5 \mathrm{mm}$ 以上。

激光熔覆修复后的部件界面强度可达到原母材强度的 90% 以上，其修复费用不到重置价格的 1/5，更重要的是缩短了维修时间，解决了大型企业重大成套设备连续可靠运行所必须解决的转动部件快速抢修难题。例如，很适合油田常见易损件的磨损修复。对关键部件表面通过激光熔覆超耐磨抗蚀合金，可以在零部件表面不变形的情况下大大提高零部件的使用寿命；对模具表面进行激光熔覆处理，不仅可以提高模具强度，还可以降低约 2/3 的制造成本，缩短约 4/5 的制造周期。

① 汽车制造领域。由于汽车的发动机活塞和阀门、气缸内槽、齿轮、排气阀座以及一些精密微细部件要求具有高耐磨、耐热及耐蚀性能，因此，激光熔覆在汽车零部件制造中得到了广泛的应用。例如，在汽车发动机铝合金缸盖阀座上激光熔覆直接形成铜合金阀座圈，取代传统的粉末冶金/压配阀座圈，可改善发动机性能，降低生产成本，延长发动机阀座圈的工作寿命。

意大利菲亚特汽车发动机排气阀座的环形表面用 Stellite 合金激光熔覆。最初是采用 AVCO 6.5kW 激光器，8s 处理一件。后来研制了一种被称为能量回收腔的装置，极大地提高了激光能量的利用率，所需能量减少了一半以上。再后来，在改用美国 937 型 1.5kW 激光器后，13s 处理一件，比钨极氩弧堆焊 Stellite 合金用量减少 70%，加工量也显著减少。

另外，美国汽车发动机排气阀座采用激光熔覆 Stellite 合金，俄罗斯利哈乔夫汽车制造厂的发动机排气阀座采用激光熔覆耐热合金，都取得了良好的效果。

② 生物医学领域。钛及其合金作为生物医用材料，具有良好的性能而受到人们的关注，但其耐腐蚀性、生物相容性及金属离子潜在的副作用却使钛合金在生物体中的应用受到限制。通过激光熔覆技术可使钛及其合金满足在生理条件下的生物活性、生物相容性等多方面要求。一些生物陶瓷成分具有良好的生物活性和生物相容性，利用这些具有良好生物学性能的材料改善钛合金的表面性能成为研究热点之一。激光熔覆可以改变钛合金表面的成分、组织和性能。激光熔覆技术不仅一定程度地改善了钛合金的表面生物性能，还可以解决或避免熔覆层与界面结合不牢的问题。

对于激光熔覆生物材料体系和其熔覆层质量的研究，可进一步扩宽其应用领域和推进其在现有领域中的应用。

③ 航空工业领域。航空工业是激光熔覆技术应用潜力最大的领域之一。航空发动机磨损是发动机维护中的一大难题。英国 Rolls Royce 公司采用激光熔覆技术代替钨极氩弧焊堆焊技术修复航空涡轮发动机叶片，不仅解决了工件的开裂问题，而且极大限度地缩短了工时。国内也将激光熔覆技术应用于发动机叶片和阀座等的修复，并取得了良好的效果。

20 世纪 80 年代初，英国 Rolls Royce 公司采用激光熔覆技术对 RB211 涡轮发动机壳体结合部位和高压叶片进行激光熔覆，取得良好效果。该叶片由超级镍基合金铸造，在 1600K 温度下工作，过去是用钨极氩弧焊（TIG）堆焊钴基合金，其热输入大、稀释严重，热影响区易产生裂纹。改用 2kW 快速轴流 CO_2 激光熔覆，在重力作用下吹氩气送粉，功率密度为 $10^4 \sim 10^5 \, W/cm^2$；采用专用的五轴联动数控工作台，自动化操作熔覆单一叶片只需 75s，而过去用钨极氩弧焊堆焊单一叶片约需 4min。特别是激光熔覆钴基合金后，合金用量减少 50%，工件变形小，大大节省了后加工工时，工艺质量好，重复性好，经济效益十分显著。

近年来，美国 AeroMet 公司在该领域的研发也有了实质性的进展，多个系列的激光熔覆成形零件已获准在实际飞行中使用。采用激光熔覆技术表面强化制造的飞机零部件不仅性能上超出传统工艺制造的零件，生产成本和生产周期都大幅度减少。表 5.1 是激光熔覆技术在航空制造中应用的几个示例。

表 5.1　激光熔覆技术在航空制造中应用的几个示例

熔覆部件	熔覆合金/粉末或方式
涡轮机叶片/壳体结合部件	钴基合金/送粉熔覆
涡轮机叶片	PWA694,Nimonic/预置粉末
海洋钻井和生产部件	Stellite/Colmonoy 合金和碳化物等
阀体部分	送粉熔覆
阀杆,阀座	铸铁/Cr C,Co,Ni,Mo 预置粉末
涡轮机叶片	Stellite/Colmonoy 合金预置粉末和重力送粉熔覆

激光熔覆技术对飞机零部件的修复也产生直接的影响。航空发动机叶片、叶轮和空气密封垫等零部件，可以通过激光熔覆技术得到修复。例如，用激光熔覆技术修复飞机零部件中的裂纹，一些非穿透性裂纹通常发生在厚壁零部件中，其他修复技术难以发挥作用。用激光熔覆添加粉末的多层熔覆技术可恢复其使用性能。

在航空领域，航空发动机的备件价格很高，在很多情况下备件维修是合算的。但是修复后零部件的质量必须满足飞行安全要求。例如，激光熔覆技术可以用于飞机螺旋桨叶片激光三维表面熔覆修复。激光熔覆修复后的航空部件可大幅度提高使用寿命，更重要的是缩短了修复时间，解决了重要装备连续可靠运行所必须解决的快速抢修难题。

随着控制技术以及计算机技术的发展，激光熔覆技术越来越向智能化、自动化方向前进。从直线和旋转的一维激光熔覆，经过 X、Y 两个方向同时运动的二维熔覆，到 20 世纪 90 年代开始向三维同时运动熔覆构造金属零件发展，目前已把激光器、五轴联动数控激光加工机、外光路系统、自动化可调合金粉末输送系统（也可送丝）、专用 CAD/CAM 软件和全过程参数检测系统集成构筑了闭环控制系统，直接制造出金属零件，标志着激光熔覆技术的发展迈上了新的台阶。

5.1.4　激光熔覆的现状及存在问题

（1）激光熔覆的发展现状

激光熔覆是涉及光、机、电、计算机、材料、物理、化学等多门学科的跨学科高新技术，可以追溯到 20 世纪 70 年代，并于 1976 年诞生了第一项涉及高能激光熔覆的专利。进入 20 世纪 80 年代和 90 年代，激光熔覆技术得到了迅速的发展。近年来 CAD 技术兴起的快速原型加工技术，为激光熔覆技术增添了新的活力。

激光熔覆技术包括 Co 基、Ni 基、Fe 基合金在金属表面熔覆后的组织结构与性能的研究。目前已成功开展了在不锈钢、模具钢、可锻铸铁、灰口铸铁、铜合金、钛合金、铝合金及特殊合金表面钴基、镍基、铁基等自熔合金粉末及陶瓷相的激光熔覆。

激光熔覆铁基合金适用于要求局部耐磨而且易变形的零件。激光熔覆镍基合金适用于要求局部耐磨、耐高温腐蚀及抗热疲劳的构件。激光熔覆钴基合金适用于要求耐磨、耐蚀及抗热疲劳的零件。陶瓷熔覆层在高温下有较高的强度，热稳定性好，化学稳定性高，适用于要求耐磨、耐蚀、耐高温和抗氧化性的零件。在滑动磨损、冲击磨损和磨粒磨损严重的条件下，镍基、钴基和铁基合金粉末已经满足不了使用工况的要求，因此在合金表面激光熔覆金属陶瓷复合熔覆层已经成为国内外研究的热点。目前已经进行了结构钢、钛合金及铝合金表面激光熔覆多种陶瓷或金属陶瓷熔覆层的研究，并取得了进展。

（2）激光熔覆存在的问题

评价激光熔覆层质量的优劣，主要从两个方面来考虑：一是宏观上，考察激光熔覆道形状、表面不平度、裂纹、气孔等；二是微观上，考察是否形成良好的组织、稀释率，能否满足所要求的使用性能。此外，还应测定表面熔覆层化学元素的种类和分布，分析熔覆过渡层的形态是否为冶金结合，必要时要进行质量、性能和寿命检测。

目前研究工作的重点是熔覆设备的研制与开发，熔覆动力学，合金成分设计，微裂纹形成，扩展和控制，熔覆层与基体之间的结合等。

采用激光熔覆技术制备与基材呈冶金结合的梯度功能颗粒增强金属基复合材料，不仅是工程实践的迫切需要，也是激光加工技术发展的趋势。激光熔覆技术制备原位生成颗粒增强金属基复合材料、梯度功能材料已有报道，但大多停留在工艺参数控制、组织性能分析阶段，增强相的尺寸、间距和所占的体积比还不能达到可控制的水平。梯度功能是通过多层熔敷形成的，不可避免地在层与层之间存在界面弱结合的问题。通过激光熔覆技术制备颗粒大小、数量和分布可控，强韧性适当匹配，集梯度功能和原位生成颗粒增强为一体的金属基复合材料是重要的发展方向。

激光熔敷技术进一步应用面临的主要问题如下。

① 激光熔覆技术未完全实现产业化的主要原因是熔覆层质量的不稳定性。激光熔覆过程中，加热和冷却的速度极快，最高加热速度可达 1012℃/s。由于熔覆层和基体材料的温

度梯度和线胀系数的差异，可能在熔覆层中产生多种缺陷，主要包括气孔、微裂纹、应力与变形、表面不平度等。

② 零部件材质、形状和尺寸变化大，激光熔敷过程的检测和实施难以自动化控制。

③ 激光熔覆层的开裂敏感性仍然是困扰国内外研究者的一个难题，也是工程应用及产业化的主要障碍，特别是针对金属陶瓷复合熔覆层。目前虽然已经对微裂纹的形成和扩展等进行了研究，但控制方法和措施还不成熟。

（3）激光熔覆的发展前景

激光熔覆是一种经济效益很高的新技术，它可以在廉价金属基材上制备出高性能的合金表面而不影响基体的性质，降低成本，节约贵重稀有金属材料。进入 21 世纪以来，激光熔敷技术得到了迅速的发展，目前已成为国内外激光加工技术研究的热点之一。激光熔敷技术具有很大的技术经济效益和社会效益，可广泛应用于机械制造与维修、汽车制造、纺织机械、航海、航空航天和石油化工等领域。

激光熔覆技术已经取得一定的成果，正处于逐步走向工业化应用的起步阶段。今后的技术发展主要有以下几个方面。

① 激光熔覆技术的基础理论研究，如激光熔覆制备梯度功能及原位生成颗粒增强金属基复合材料的颗粒增强相析出、长大和强化的热力学和动力学模型的建立和数值模拟等。

② 熔覆材料（成分、组织、性能）的设计与开发，特别是涉及陶瓷相、超弥散相、非晶相、纳米技术等先进材料的研发。

③ 激光熔覆快速成形，自动化装备的改进与研制以及工艺实现的智能控制技术。

④ 颗粒增强相形态、结构、功能和复合的仿生设计及尺寸、数量、分布的控制技术。

⑤ 熔覆层成分、组织和性能梯度控制的原理、关键因素和工艺方法的研发。

⑥ 激光熔覆宏观、微观界面的分析、控制和表征，梯度功能及原位生成颗粒增强金属基复合材料性能的分析和检测，以及不同工况下熔覆层的磨损行为及失效机制。

为推动激光熔覆技术的产业化，研究人员针对激光熔覆涉及的关键技术进行了系统的研究，已取得重大的进展。国内外有大量的研究论文、专利涉及激光熔覆技术及其最新应用，包括激光熔覆设备、材料、工艺、质量检测、过程模拟与仿真等。

我国科学工作者在激光熔覆基础理论研究方面处于国际先进水平，为激光熔覆技术的发展做出了巨大的贡献。但另一方面，我国激光熔覆技术的应用水平和规模还不能适应市场的需求。激光熔覆技术的全面工业化应用，仍需重点突破制约其发展的关键因素，解决工程应用中涉及的关键问题，例如研究开发专用的合金粉末体系，开发专用的粉末输送装置与技术，建立激光熔覆质量保证和评价体系。在制造业市场竞争日趋激烈的今天，激光熔覆技术的应用领域将不断地扩大。激光熔覆技术大有可为。

5.2　激光熔覆设备与材料

5.2.1　激光熔覆设备

激光熔覆设备由多个系统组成，必备的三大模块是激光器及光路系统、送粉系统、控制系统。激光熔覆成套设备的组成包括激光器、冷却机组、送粉机构、加工工作台等。

（1）激光器及光路系统

激光器作为熔化金属粉末的高能量密度的热源，是激光熔覆设备的核心部分，其性能直接影响熔覆的效果。光路系统用于将激光器产生的能量传导到加工区域，光纤是当今光路系统的主要代表。

最初激光熔覆主要采用的是 CO_2 气体激光器，用于大型零件的激光熔覆，少部分采用 YAG 固体激光器。近年来半导体光纤激光器异军突起，日益受到重视。

① CO_2 激光器。是应用最早、种类最多的一种激光器，在汽车工业、钢铁工业、造船工业、航空及宇航业、电机工业、机械工业、冶金工业、金属加工等领域广泛应用。

CO_2 激光器的主要特点如下。

a. 功率高。CO_2 激光器是目前输出功率达到最高级别的激光器之一，其最大连续输出功率可达几十万瓦。

b. 效率高。光电转换率可达 30% 以上，比其他加工用激光器的效率高得多。

c. 光束质量高。模式好，相干性好，线宽窄，工作稳定。

目前应用于激光熔覆的主要有输出功率为 $1 \sim 10kW$ 的 CO_2 激光器。对于连续 CO_2 激光熔覆，国内外已做了大量的研发工作。采用 CO_2 激光器进行钢铁材料、钛合金、铝合金激光熔覆已获得应用，但铝合金基体在 CO_2 激光辐照条件下容易变形，甚至塌陷。

② YAG 激光器。传统的 YAG 固体激光器通常采用高功率气体放电灯泵浦，其泵浦效率为 3%~6%。泵浦灯发射出的大量能量转化为热能，不仅造成固体激光器需采用笨重的冷却系统，而且大量热能会造成工作物质不可消除的热透镜效应，使光束质量变差。加之泵浦灯的寿命约为 400h，操作人员需花很多时间频繁地换灯，中断系统工作，使自动化生产线的效率大大降低。与传统灯泵浦激光器比较，二极管泵浦激光器具有以下优点。

a. 转换效率高。由于半导体激光的发射波长与固体激光工作物质的吸收峰相吻合，加之泵浦光模式可以很好地与激光振荡模式相匹配，其光光转换效率很高，已达 50% 以上，整机效率也可与 CO_2 激光器相当，比传统的 YAG 固体激光器高出一个量级，因而二极管泵浦激光器体积小、重量轻，结构紧凑。

b. 性能可靠、寿命长。激光二极管的寿命大大长于闪光灯，达 15000h，泵浦光的能量稳定性好，比灯泵浦优一个数量级，性能稳定可靠，为全固化器件，是至今为止唯一无需维护的激光器，尤其适用于大规模生产线。

c. 输出光束质量好。由于二极管泵浦激光的高转换效率，减少了激光工作物质的热透镜效应，大大改善了激光器的输出光束质量，激光光束质量已接近极限。

近年来高功率 YAG 激光器的研制发展迅速，主要用于有色金属表面熔覆。YAG 激光器输出波长为 $1.06\mu m$，较 CO_2 激光波长小 1 个数量级，因而更适合有色金属的激光熔覆。

YAG 激光熔覆常采用脉冲激光熔覆。工程应用表明，采用 YAG 激光熔覆在小型零部件方面更有优势。

（2）送粉系统

送粉系统是激光熔覆设备的一个关键部分，送粉系统的技术属性及工作稳定性对最终的熔覆层成形质量、精度以及性能有重要的影响。送粉系统通常包括送粉器、粉末传输管道和送粉喷嘴。如果选用气动送粉系统，还应包括供气装置。

依据送粉原理划分，送粉器可分为重力式送粉器、气动式送粉器、机械式送粉器等几种。送粉器是送粉系统的核心，为了获得具有优异成形质量、精度和性能的熔覆层，一个质量稳定、精确可控的送粉器是不可缺少的。以气动式送粉器为例，不仅要求保证送粉电压与粉末输送量之间呈线性关系，还必须保证送粉电压稳定，送粉流量不会发生较大波动，送粉流量要保持连续均匀。如果送粉器的送粉流量波动很大，进入熔池的粉末量会随之发生变化，导致最终成形的熔覆层尺寸偏差大，尤其是在熔覆层高度方面，尺寸偏差最为明显。

对于送粉喷嘴来说，喷嘴孔径对粉末利用率有较大的影响。一般地，送粉喷嘴的孔径应小于熔覆时激光的光斑直径，这样能保证粉末有效进入金属熔池。送粉式激光熔覆存在一个值得关注的问题，即粉末飞溅损失较大、利用率较低，粉末束发散是其主要原因。粉末束在喷嘴出口处形成的发散，导致到达基体表面的部分粉末飞落到熔池之外。只有进入熔池的合金粉末才有助于熔覆层成形，喷射到熔池之外的粉末颗粒在动能的作用下反弹出去，产生飞溅损失。粉末束的发散角越小，进入熔池的粒子越多，粉末实际利用率越高。

实践表明，减小送粉喷嘴孔径有利于降低粉末束的发散角。从提高熔覆效率、节约合金粉末的角度出发，采用较小孔径的送粉喷嘴可达到明显的效果。

（3）控制系统

控制系统对实现激光熔覆成形的精确控制是必不可少的。控制系统的技术属性，必须保证能够在 X、Y、Z 三个维度进行操纵，这在早期的数控机床上即可实现。但要实现任意复杂形状工件的熔覆，还需要至少两个维度，即转动和摆动，数控机器人可满足这一需求。

（4）其他

除以上激光器及光路系统、送粉系统、控制系统外，依据试验或工况条件还可配制辅助装置，例如保护气系统和监测与反馈控制系统。

① 保护气系统。对于一些易氧化的熔覆材料，为提高激光熔覆成形质量，应用保护气可保证加工区域的气氛达到技术要求。常见的保护气有氩气（Ar）和氮气（N_2）。

② 监测与反馈控制系统。对激光熔覆过程进行实时监测，并根据监测结果对熔覆过程进行反馈控制，以保证激光熔覆的稳定性；该系统对成形精度的影响至关重要，如在激光头部位加装光学反馈的跟踪系统，会大幅度提高熔覆精度。

发展激光熔覆技术的另一个重要趋势是采用高功率半导体光纤激光器，利用波长为 $808 \sim 965 \mu m$ 的红外或近红外激光，较 CO_2 激光更易被金属吸收，可省去前期预处理，方便操作。大功率半导体激光熔覆技术较其他熔覆方法具有显著的优势。同时，半导体激光可以实现与同轴送粉一体化控制以及应用光纤传输与扩束技术进行导光聚焦，实现全封闭传输或光纤传输，实现光、机、电、粉、控一体化高度集成控制；与机器人结合，可实现小型化和移动在线服务，满足不同层次的需求。

可以预见，在传统 CO_2、YAG 激光熔覆技术之外，新型的大功率半导体光纤激光熔覆设备与工艺将逐步发展起来，满足高质量激光熔覆和表面工程的需要，成为激光熔覆技术的重要组成部分。

5.2.2 激光熔覆材料

激光熔覆材料是指用于成形熔覆层的材料，按形状划分为合金粉末（粉材）、丝材、片材等。其中，粉末状熔覆材料的应用最为广泛。

5.2.2.1 对激光熔覆材料的基本要求

采用激光熔覆技术可以制备铁基、镍基、钴基、铝基、钛基、镁基等金属基复合材料。从功能上分类，激光熔覆可以制备单一或同时兼备多种功能的熔覆层，如耐磨损、耐腐蚀、耐高温以及特殊的功能性熔覆层。从构成熔覆层的材料体系看，其由二元合金体系发展到多元体系。多元体系的合金成分设计以及多功能性是激光熔覆制备新材料的发展方向。

对于一定的基体材料，选择适当的熔覆材料是获得表面和内在质量良好、性能满足使用要求的熔覆层的关键。从熔覆层成形和应力控制的角度来说，熔覆材料与基体的线胀系数应相近，以减小热应力和裂纹倾向。熔覆层与基体材料熔点相近，可以减小稀释率，保证冶金结合，避免熔点过高或过低造成熔覆层表面粗糙、孔洞和夹杂。熔覆材料对基体应有良好的润湿性，促进熔覆层成形。

从满足熔覆层使用性能的角度来说，应根据零部件的工作条件选择具有相应性能的材料，包括耐磨、耐蚀、耐热、抗氧化等。熔覆材料与基体材料的相容性，包括互溶性、合金化、润湿性、物理化学性质等，也是非常重要的因素，添加材料与基体材料润湿性良好时才能保证表面成形。

如果采用粉末材料，其流动性对送粉的均匀稳定性有很大影响，进而影响熔覆层的成形和质量。粉末流动性与其形状、粒度、分布、表面状态有关，球形粉末流动性最好，普通粒度粉和粗粒度粉适合激光熔覆采用，细粉和超细粉流动性差，容易团聚和堵塞喷嘴。

目前，激光熔覆粉末大多采用热喷涂粉末，可按如下方式划分。

① 按照粉末性质的不同，可以分为自熔合金粉末、碳化物陶瓷粉末等。

② 按照粉末制备方法的不同，可以分为超声雾化粉末、烧结破碎粉末等。

③ 按照粉末性能特点的不同，可以分为耐磨粉末、耐腐蚀粉末、耐热粉末等。

采用不同制备方法合成的成分相同的粉末往往表现出不同的熔覆特性，最终对熔覆质量和性能产生影响。

5.2.2.2 激光熔覆用的粉材

激光熔覆所用的粉材主要有自熔合金粉末、陶瓷粉末、复合粉末等。这些材料具有优异的耐磨和耐蚀等性能，将其用作激光熔覆材料可获得满意的效果。

（1）自熔合金粉末

自熔合金粉末和复合粉末是最适于激光熔覆的材料，与基体材料具有良好的润湿性，易获得稀释率低、与基体冶金结合的致密熔覆层，提高工件表面的耐磨、耐蚀及耐热性能。

由于粉末成分中含有 B、Si，具有自行脱氧、造渣的功能，即自熔性，所以这类合金粉末在熔覆时，合金中的 B、Si 元素被氧化，生成 B_2O、SiO_2，在熔覆层表面形成氧化薄膜，起到防止熔覆层氧化、提高熔覆层表面质量的作用。

目前，激光熔覆大多还是沿用热喷涂（焊）的材料体系，应用广泛的激光熔覆自熔合金粉末主要有镍基合金、钴基合金、铁基合金。其中又以镍基合金粉末应用最多，与钴基合金粉末相比，其价格较便宜。表 5.2 列出了几种自熔合金粉末的特点。

表 5.2　自熔合金粉末的特点

自熔合金粉末	自熔性	优点	缺点
铁基	差	成本低，耐磨性好	抗氧化性差
钴基	较好	耐高温性最好，良好的耐热震及耐磨、耐蚀性能	价格较高
镍基	好	良好的韧性、耐冲击性、耐热性、抗氧化性，较高的耐蚀性能	高温性能较差

铁基、镍基及钴基三大合金系列的主要特点是含有强烈脱氧和自熔作用的 B、Si 元素。这类合金在激光熔覆时，合金中的 B 和 Si 被氧化生成氧化物，在熔覆层表面形成薄膜。这种薄膜既能防止合金中的元素被过度氧化，又能与这些元素的氧化物形成硼硅酸盐熔渣，减少熔覆层中的夹杂和氧含量，获得氧化物含量低、气孔率少的熔覆层。B 和 Si 还能降低合金的熔点，改善熔体对基体金属的润湿能力，对合金的流动性及表面张力产生有利的影响。自熔合金的硬度随合金中 B、Si 含量的增加而提高，这是由于 B 和 C 与合金中的 Ni、Cr 等元素形成硬度极高的硼化物和碳化物的数量增加所致。这几类自熔合金粉末对钛合金也有较好的适应性。

常用的国产自熔合金粉末见表 5.3。

表5.3　常用的国产自熔合金粉末

系列	牌号	化学成分(质量分数)/% Ni	Cr	B	Si	Fe	Cu	C	Co	其他	密度/(g·cm⁻³)	熔点/℃	线胀系数/(10⁻⁶℃⁻¹)	硬度/HRC	主要特点与用途	粒度/目
镍基	Ni25	余量	—	1.5	3.5	≤8	—	0.1	—	—	—	1040	—	25	切削性、耐热性好,用于玻璃模具	150
	Ni35	余量	10	2.1	2.8	≤14	—	0.15	—	—	7.5	1050	13.8	35	耐冲击、耐蚀、耐热,用于模具冲头、齿轮面等	150
	Ni45	余量	16	3.0	3.5	≤14	—	0.4	—	—	7.2	1085	13.1	45	高温耐磨,用于排气阀密封面等	150
	Ni55	余量	16	3.5	4.0	≤14	—	0.8	—	Mo3.0	7.5	1097	13.6	55	耐磨、耐蚀、耐热,用于金属加工模具、凸轮及排气阀密封面等	150
	Ni60	余量	16	3.5	4.5	≤15	3.0	0.8	—	—	7.5	1027	13.4	60	耐磨、耐蚀、耐热、表面光洁,用于拉丝辊筒、机械易损件	150
	Ni62	余量	16	3.5	4.0	≤14	—	1.0	—	W10.0	7.5	1057	12.2	62	耐磨、耐蚀,用于造纸机磨盘、破煤机叶片、铲车铲齿等	150
钴基	Co42	15	19	1.2	3.0	≤7	—	1.0	余量	W7.5	—	1182	17.4	42	高温耐磨、耐燃气腐蚀,用于高温排气阀等	60~200
	Co50	27	19	2.6	4.2	≤15	—	0.4	余量	Mo6.0	7.3	1120	13.3	50	高温耐磨、耐燃气腐蚀、耐空蚀,用于高温模具、汽轮机叶片等	150
铁基	Fe30	29	13	1.0	2.5	余量	—	0.5	—	Mo4.5	—		16.2	30	耐磨、韧性好,用于钢轨修复或预保护	150
	Fe30A	37	13	1.0	2.5	余量	—	0.5	—	Mo4.5	—	1050~1100	15.2	30		150
	Fe50	20	13	4.0	4.0	余量	—	1.0	—	W4.0	7.4		14.1	50	耐磨、韧性好、难切削,用于石油钻具离心喷涂	150
	Fe55	13	15	3.2	4.5	余量	—	1.2	—	Mo5.0	7.4		15.0	55	用于工程机械、矿山机械、农机具等	150
碳化物型	NiWC25	主要成分 Ni60+WC25									8.3	980~1040	11.3	基体60 WC70	超硬、耐磨粒冲刷磨损,用于风机叶片等	150
	NiWC35	主要成分 Ni60+WC35									8.3		10.9	WC70		150
	CoWC35	主要成分 Co50+WC35									9.3	1050~1200	10.7	基体50 WC70	超硬、耐磨粒冲刷磨损、高温性能好,用于炼油脆化装置	150

① 镍基合金粉末。具有良好的润湿性、耐蚀性、高温自润滑作用，适用于局部要求耐磨、耐热腐蚀及抗热疲劳的构件，所需的激光功率密度要比熔覆铁基合金的略高。镍基合金的合金化原理是用 Fe、Cr、Co、Mo、W 等元素进行奥氏体固溶强化，用 Al、Ti 等元素进行化合物沉淀强化，用 B、Zr、Co 等元素实现晶界强化。镍基自熔合金粉末中合金元素添加量依据合金性能和激光熔覆工艺确定。

镍基自熔合金主要有 Ni-B-Si 和 Ni-Cr-B-Si 两大类，前者硬度低，韧性好，易于加工；后者是在 Ni-B-Si 合金基础上加入适当的 Cr 而形成的。Cr 能溶于 Ni 中形成镍铬固溶体而增加熔覆层强度，提高熔覆层的抗氧化性和耐蚀性。Cr 还能与 B 和 C 形成硼化物和碳化物，提高熔覆层的硬度和耐磨性。增加 Ni-Cr-B-Si 合金中的 C、B 和 Si 的含量，可使熔覆层硬度从 25HRC 提高到 60HRC 左右，但熔覆层的韧性有所下降。这类合金中实际应用较多的是 Ni60 和 Ni45。

另外，通过增加合金成分中的 Ni 含量，可使激光熔覆层的裂纹率明显下降。原因在于 Ni 为扩大奥氏体（γ）相区的元素，增加合金中的 Ni 含量会使韧性相增加，从而增加了熔覆层的韧性；同时也降低了熔覆层的线胀系数，降低熔覆层的残余拉应力，减少裂纹率和缺陷的产生。但过高的 Ni 含量会降低熔覆层的硬度，使熔覆层达不到所需要的耐磨性能。

② 钴基合金粉末。钛合金激光熔覆钴基合金具有良好的高温性能和耐磨耐蚀性能，适用于耐磨、耐蚀和抗热疲劳的零件。目前，激光熔覆用钴基自熔合金粉末是在 Stellite 合金的基础上发展的，合金元素主要是 Co、Cr、W、Fe、Ni 和 C，此外添加 B 和 Si 增加合金粉末的润湿性以形成自熔合金粉末，但 B 含量过多会增加开裂倾向。钴基合金有良好的热稳定性，熔覆时很少发生蒸发升华和明显的变质；钴基合金粉末在熔化时具有很好的润湿性，熔化后在基体材料的表面均匀铺展，有利于获得致密性好和光滑平整的熔覆层，提高了熔覆层与基体材料的结合强度。

由于钴基合金粉末的主要成分是 Co、Cr、W，因此其具有良好的高温性能和综合力学性能。Co 与 Cr 生成稳定的固溶体，由于碳含量较低，基体上弥散分布着亚稳态的 $Cr_{23}C_6$、M_7C_3 和 WC 等碳化物以及 CrB 等硼化物，使熔覆层具有更高的红硬性、高温耐磨性、耐蚀性和抗氧化性。

③ 铁基合金粉末。激光熔覆铁基合金适用于易变形、要求局部耐磨的零部件，所用合金粉末主要有不锈钢类和高铬铸铁类，分别适用于碳钢和铸铁基体。这类合金粉末的优点是成本低且耐磨性能好，但熔点高，合金自熔性差，抗氧化性差，流动性不好，熔覆层内气孔和夹渣较多，这些缺点也限制了它的应用。目前，铁基合金激光熔覆组织的合金化设计主要为 Fe-C-X（X 为 Cr、W、Mo、B 等），熔覆层组织主要由亚稳相组成，强化机制为马氏体强化和碳化物强化。

（2）陶瓷粉末

陶瓷粉末的激光熔覆近年来受到人们的关注。但是由于陶瓷与一般基体的性质差异很大，陶瓷材料的熔覆工艺性也比较差，所以实际陶瓷粉末激光熔覆的应用还存在很多问题，特别是陶瓷粉末的激光熔覆层因易产生裂纹和剥落等问题仍有待深入研究。

陶瓷材料与基体材料的线胀系数、弹性模量、热导率等差别很大，陶瓷熔点大大高于金属熔点，因此激光熔覆陶瓷的熔池区域温度梯度很大，造成很大的热应力，熔覆层容易产生裂纹和孔洞等缺陷。激光熔覆陶瓷层可采用过渡熔覆层或梯度熔覆层的方法来实现。

陶瓷材料激光熔覆时应考虑陶瓷与基体材料能够发生化学反应，从而改善其相容性。反应产物与陶瓷和金属一般具有良好的相容性，产物数量适当，对基体具有良好的润湿性。常用各种陶瓷颗粒的热物理性能见表 5.4。

表 5.4　常用陶瓷颗粒的热物理性能

陶瓷材料	熔点/℃	热导率/$W \cdot m^{-1} \cdot ℃^{-1}$	线胀系数/$10^{-6}℃^{-1}$	弹性模量/GPa	密度/$g \cdot cm^{-3}$
WC	2632	0.454	6.2	708	15.77
SiC	2300	0.346	4.7	480	3.21
TiC	3140	0.173	7.4	412	4.25
Al_2O_3	2050	0.024	8.0	402	3.96

多数陶瓷材料都有同素异晶结构，在激光快速加热和冷却过程中常伴有相变发生，导致陶瓷体积变化而产生体积应力，使熔覆层开裂和剥离。因此，用作激光熔覆的陶瓷熔覆材料必须采用高温下稳定的晶体结构（如 α-Al_2O_3、金红石型 TiO_2）或通过改性处理获得稳定化的晶体结构（如 CaO、MgO、Y_2O_3、稳定化的 ZrO_2），这是获得满意的陶瓷熔覆层的重要条件。

陶瓷材料脆性大，对应力、裂纹敏感，耐疲劳性能差，呈脆性断裂。熔覆层不宜用在负荷重、应力高和承受冲击载荷的条件下。

（3）复合粉末

在强烈磨损的场合，为了进一步提高激光熔覆层的耐磨性，可以在自熔合金粉末中添加各种碳化物、氮化物、硼化物和氧化物陶瓷颗粒，形成复合（陶瓷）粉末。激光熔覆复合（陶瓷）粉末可以将金属材料的强韧性、良好的工艺性和陶瓷材料的耐磨、耐腐蚀、耐高温和抗氧化性能等结合起来。复合（陶瓷）粉末分为包覆型和混合型。包覆型粉末是用合金材料包裹在陶瓷颗粒表面，使陶瓷颗粒受到良好的保护作用，防止其在高温下氧化和分解。混合型粉末是将合金粉末和陶瓷粉末进行机械混合，合金粉末对陶瓷粉末没有保护作用。

常用的复合（陶瓷）粉末示例见表 5.5。

表 5.5　常用的复合（陶瓷）粉末示例

材料	品种
氧化物	①氧化铝系:Al_2O_3、$Al_2O_3 \cdot SiO_2$、$Al_2O_3 \cdot MgO$
	②氧化钛系:TiO_2
	③氧化锆系:ZrO_2、$ZrO_2 \cdot SiO_2$、$MgO \cdot ZrO_2$、$Y_2O_3 \cdot ZrO_2$
	④氧化铬系:Cr_2O_3
	⑤其他氧化物:BeO、SiO_2、MgO
碳化物、硼化物	①WC、W_2C
	②TiC
	③Cr_3C_2、$Cr_{23}C_6$
	④B_4C、SiC
包覆粉	①镍包铝及陶瓷颗粒
	②镍包金属及陶瓷颗粒
	③镍包陶瓷颗粒
	④镍包有机材料及陶瓷颗粒
团聚粉	①金属/合金＋陶瓷颗粒
	②金属/自熔性合金＋陶瓷颗粒
	③WC 或 WC/Co＋金属及合金
	④氧化物＋金属及合金
	⑤氧化物＋包覆粉
	⑥氧化物＋碳化物（硼化物、硅化物）
熔炼粉及烧结粉	①碳化物＋自熔性合金
	②WC/Co

碳化物陶瓷粉末是最为常用的复合粉末，具有良好的使用性能。WC/Co 和 Cr_3C_2/NiCr 是两种典型的碳化物陶瓷粉末，其中 WC 和 Cr_3C_2 碳化物颗粒作为强化相，Co 和 NiCr 合金作为黏结相。随着强化相和黏结相组成比例的不同，熔覆层表现出了不同的性能，可以根据具体使

用要求而灵活选用。

在滑动、冲击磨损和磨粒磨损严重的条件下，单纯的 Ni 基、Co 基、Fe 基自熔合金已不能满足使用要求，此时可在自熔合金粉末中加入高熔点的碳化物、氮化物、硼化物和氧化物陶瓷颗粒，通过激光熔覆形成金属陶瓷复合涂层。其中，碳化物（WC、TiC、SiC 等）和氧化物（ZrO_2、Al_2O_3 等）研究和应用最多。陶瓷材料在金属熔体中的行为特征有完全溶解、部分溶解、微量溶解，其溶解程度受陶瓷种类、基体类型控制，其次是激光熔覆工艺条件。激光熔覆过程中熔池在高温存在的时间极短，陶瓷颗粒来不及完全熔化，熔覆层由面心立方的 γ 相（Fe、Ni、Co）、未熔陶瓷相颗粒和析出相（如 M_7C_3、$M_{23}C_6$ 等）组成。熔覆层中存在细晶强化、硬质颗粒弥散强化、固溶强化和位错堆积强化等强化机制。

① 碳化物陶瓷粉末。主要由碳化物硬质相与作为基体相的金属（或合金）组成复合粉末，因具有高硬度和良好的耐磨性而主要用作硬质耐磨材料。比较典型的有（Co、Ni）/WC 和（NiCr、NiCrAl）/Cr_3C_2 等系列。前者适用于低温工作条件（<560℃），后者适用于高温工作环境。碳化物陶瓷粉末也包括 Ni-Cr-B-Si/WC 等系列的复合粉末。

碳化物陶瓷粉末作为硬质耐磨材料，具有高硬度和良好的耐磨性。WC 耐高温性能不足，WC/Co 熔覆层一般使用在工作温度 500℃ 以下的场合。Cr_3C_2/NiCr 熔覆层耐高温性能好，可以用于工作温度为 815℃ 的场合。

该复合粉末中的基体相（或称黏结相）能在一定程度上使碳化物免受氧化和分解，尤其是经预合金化的碳化物陶瓷材料，能够获得具有硬质合金性能的熔覆层，保证熔覆层的硬化性能。

② 氧化物陶瓷粉末。具有良好的抗高温氧化和隔热、耐磨、耐腐蚀性，是航空航天部件的重要熔覆材料，也是目前激光熔覆材料的研究热点之一。氧化物陶瓷粉末主要有氧化铝、氧化锆系列，并添加适当的氧化钇、氧化铈或氧化镍等。氧化锆粉末比氧化铝粉末具有更低的热导率和更好的抗热震性能，主要用于制备热障熔覆层。

5.2.2.3 添加稀土

稀土在激光熔覆中所起的作用主要为微合金化、净化晶界、细化晶粒、改善熔覆组织、抑制柱状晶生长，提高熔覆层表面硬度，提高材料表面的耐蚀性、硬度及耐磨性等。

稀土加入到激光熔覆层中的作用机制主要是活性元素效应。稀土原子半径与铁原子半径相差 40% 左右，通常的化学热处理方法很难使稀土在金属中有大的溶解度，激光熔覆最显著的特点是熔池的快速凝固，这样可使稀土过饱和溶解在金属表层。快速凝固可以显著细化晶粒，增大晶界密度，有利于稀土原子在晶界偏聚，促进金属间化合物形成，增加固溶稀土的总量。

激光熔覆层中稀土的存在形式是其氧化物、硫化物和硫氧化合物，固溶于晶格、晶界及相界中形成金属间化合物。晶格中的稀土引起相当大的晶格畸变，有自动向晶界偏聚的趋势，加之晶界本身也溶有过饱和稀土，稀土在晶界的强烈富集，必然强化稀土的微合金化作用和去除晶界杂质的净化作用。

稀土夹杂物的非自发形核作用可以抑制柱状晶生长，稀土元素在固液界面上富集还可以促进已形成的枝晶熔断。稀土元素可以改善熔化合金的流动性和润湿性，有利于形成完整光滑的表面，还可以使熔覆区微孔结构明显减少，马氏体组织得到细化，从而有利于提高熔覆层的硬度和耐磨性。

稀土元素可以降低激光熔覆层中的夹杂物含量，改变激光熔覆层的表面状态，使表面活性质点减少或消失，表面电位趋于一致，微观腐蚀电池数减少，表面耐蚀性得到提高。稀土元素还有助于激光熔覆层表面形成连续致密的氧化膜，增强氧化膜的稳定性，提高氧化膜与基体的黏着性，提高氧化膜的抗剥落能力。

5.2.3　激光熔覆材料的设计和选用

为了减少激光熔覆层的裂纹敏感性，使熔覆层具有合适的组织结构、良好的力学性能和成形工艺性，熔覆材料设计和选用时应考虑以下几个方面。

5.2.3.1　熔覆材料设计的一般原则

针对合理的熔覆材料/基体金属匹配体系，通过优化激光熔覆工艺可以获得最佳的熔覆层性能。如果材料体系匹配不合理，就难以获得质量和性能理想的熔覆层。因此，熔覆材料的设计和选用对激光熔覆技术的应用非常重要。

在设计或匹配熔覆材料时，一般应考虑以下几个方面。

（1）熔覆材料与基材线胀系数的匹配

激光熔覆层中产生裂纹的重要原因之一是熔覆材料与基材的线胀系数的差异。选择熔覆材料时首先要考虑其与基材线胀系数的匹配。熔覆材料与基材的线胀系数差异不大，对熔覆层结合强度、抗热震性能，特别是抗裂性的影响小。如果熔覆材料和基材之间线胀系数差异大，激光熔覆过程中易导致熔覆层产生裂纹、开裂或剥落。

为防止熔覆层出现裂纹和剥落，熔覆材料和基材的线胀系数应满足同一性原则，即两者应尽可能接近。考虑到激光熔覆的工艺特点，基材和熔覆材料的加热和冷却过程不同步，线胀系数差别越小，熔覆层对裂纹越不敏感。

激光熔覆材料与基材线胀系数匹配的原则，即两者的相关参数应满足式(5.1)。

$$-\sigma_2(1-\gamma)/(E\Delta T)<\Delta a<\sigma_1(1-\gamma)/(E\Delta T) \tag{5.1}$$

式中，σ_1、σ_2 分别为熔覆层和基体的抗拉强度，MPa；Δa 为熔覆材料与基材之间的线胀系数之差，$℃^{-1}$；ΔT 为熔覆温度与室温的差值，℃；E 为熔覆层的弹性模量（正应力 σ 与正应变 ε 的比值），MPa；γ 为泊松比。

激光熔覆层的残余拉应力是其开裂的主要原因，残余应力主要来自三个方面：热应力、相变应力和拘束应力。在激光熔覆中，由于急冷、急热的特点，热应力的影响就更为明显。

熔覆层的热应力 σ_{th} 可由式(5.2)判定。

$$\sigma_{th}=E\Delta a\Delta T/(1-\gamma) \tag{5.2}$$

如果激光熔覆层的应力主要来自于热应力，那么对熔覆层来说，为防止其开裂必须保证：

$$\sigma_{th}<\sigma_1 \tag{5.3}$$

而对于基体来说，考虑基体与熔覆层的应力平衡，为防止其开裂必须保证：

$$-\sigma_{th}<\sigma_2 \tag{5.4}$$

由式(5.3)和式(5.4)可得：

$$-\sigma_2<\sigma_{th}<\sigma_1 \tag{5.5}$$

将式(5.2)代入式(5.5)，即可得到式(5.1)给出的熔覆材料与基材的线胀系数差值的合理范围。

（2）熔覆材料与基材熔点的匹配

应采用相对于基材具有适宜熔点的熔覆材料。也就是说，熔覆材料与基材的熔点应尽量接近，两者若相差较大，难以形成与基体具有良好冶金结合且稀释率小的熔覆层，熔覆质量大为降低。

若熔覆材料熔点过高，加热时熔覆材料熔化少，会使熔覆层表面粗糙度大，或由于基体表面过度熔化导致熔覆层稀释率增大。反之，熔覆材料熔点低，容易控制熔覆层的稀释率，

185

所获得的熔覆层质量好，同时熔点越低，液态流动性越好，对获得平整光滑的熔覆层有利。但是，熔覆材料熔点过低，会使熔覆层过度烧损，熔覆层与基体间产生孔洞和夹杂，或由于基体表面不能很好熔化，熔覆层和基体难以形成良好的冶金结合。因此，在激光熔覆中一般选择熔点与基材相近的熔覆材料。

（3）熔覆材料对基材的润湿性

激光熔覆过程中熔覆材料对基材的润湿性也是一个重要的因素。特别是要获得满意的金属陶瓷熔覆层，必须保证金属相和陶瓷相有良好的润湿性。

润湿性与表面张力有关，表面张力越小，液态流动性越好，越容易使熔覆层熔体均匀铺展在金属基体表面，即具有较好的润湿性，易于得到平整光滑的熔覆层。在提高润湿性方面，主要应基于降低熔覆层熔体的表面张力、降低基体的表面张力、降低熔覆层熔体与基体之间的固/液界面能等几个方面。

为了提高高熔点陶瓷相颗粒与基体金属之间的润湿性，可以采取多种途径，具体如下。

① 事先对陶瓷相颗粒进行表面处理，提高其表面能。常用的处理方法有机械合金化、物理化学清洗、电化学抛光和包覆等。

② 在设计熔覆材料时适当加入某些活性元素。例如，激光熔覆 $Cu-Al_2O_3$ 混合粉末制备 Al_2O_3/Cu 熔覆层时，可在粉末中加入 Ti 以提高相间的润湿性；添加 Cr 等元素有利于提高基体与颗粒之间的润湿性。

③ 可以选用适宜的激光熔覆工艺参数来提高润湿性，如提高熔覆温度、降低熔覆金属液态的表面能等。

5.2.3.2　熔覆材料的选用

激光熔覆层性能取决于熔覆层的组织和增强相组成，而其化学成分和工艺参数决定了熔覆层的组织结构。在选择激光熔覆材料时，除满足激光熔覆对熔覆层的要求，即获得所需要的使用性能，如耐磨、耐蚀、耐高温、抗氧化等特殊性能外，还要考虑熔覆材料是否具有良好的工艺性能。因此，激光熔覆材料的选择，主要考虑使用性能以及工艺性能等因素。

① 熔覆材料的选择应满足熔覆层使用性能要求，并兼顾工艺性和经济性。一般来讲，镍基合金适用于要求局部耐磨、耐热腐蚀及抗热疲劳的零件，所需的激光功率密度较高；钴基合金适用于要求耐磨、耐腐蚀、抗热疲劳、高温强度要求较高的零件；铁基合金大多用于要求局部耐磨的零件，且需激光功率密度较低；陶瓷熔覆层用于热稳定性、化学稳定性要求较高的高温耐磨、耐腐蚀或表面磨损特别严重的零件。

钴基合金熔覆性能好，但国内资源比较缺乏，宜少用。镍基合金价格也比较贵，在满足使用要求的情况下尽量采用铁基合金。铁基合金熔覆工艺性较差，应严格控制工艺参数以确保熔覆质量。

② 所选用的熔覆材料还应有良好的造渣、除气、隔气性能。合金粉末在熔化状态时应有良好的脱氧、除气能力，其脱氧产物应形成密度小、熔点低的熔渣覆盖在液态金属表面，对熔覆表面起保护作用，以防止产生夹渣、气孔、氧化等缺陷。

③ 对于同步送粉式激光熔覆工艺，需考虑合金粉末是否具有良好的固态流动性。合金粉末的流动性与粉粒的形状、粒度分布、表面状态及粉末湿度等因素有关。粉末受潮时流动性差，使用时应保证粉末的干燥性。

熔覆合金粉末具有良好的流动性，有利于连续、均匀、流畅地将粉末送入激光束流中。球形粉末的流动性最好，球形粉末的比表面积最小，在激光束流温度下受到氧化及其他污染的程度比不规则粉末要小，有利于提高熔覆层的性能，因此激光熔覆粉末的外形最好呈球形或近似球形。雾化方法是获得球形颗粒（粉末）的很有效的方法。粉末过细，流动性差；粉末过粗，熔覆工艺性差。一般熔点高、密度大、导热性差的材料，应选用颗粒较细的粉末。反之，应选用颗粒较粗的粉末。

④ 熔覆粉末的表面质量对熔覆层性能也有影响。粉材的表面氧含量比丝材的氧含量高几个数量级，是使熔覆层孔隙率和氧化物夹杂增多的重要原因。用氢气还原或真空处理能有效减少粉末表面的氧含量。镍基合金粉末的抗氧化性较好，铁基粉末较差。材料种类和性质对粉末表面的氧化和吸潮性有很大影响。熔覆之前对粉末进行适当烘焙，是去除粉末表面吸附潮气的有效方法。

⑤ 单一熔覆层不能满足工件使用要求时，可考虑选用复合熔覆材料，以得到不同熔覆层并发挥它们之间的协同效应。例如，选用高耐磨和耐高温氧化性能的复合粉末时（如 Al_2O_3、ZrO_2、ZrO_2-Y_2O_3 等），为了解决陶瓷与基体金属物理或化学的不相容性，克服两者不能结合或结合强度不高的弊病，可在熔覆表层与基体之间引入一层或多层中间层，第一层（底层）可以是 Ni-Cr、Ni/Al、Mo、NiCrAlY 等，底层至陶瓷表层之间还可以加入两层至数层成分含量不同的梯度过渡层，其成分由以底层为主、表层为辅过渡到以表层为主、底层为辅。

应指出，激光加热的条件不同于热喷涂，因而借用热喷涂材料常常带来一些问题，例如熔覆层开裂倾向较大，特别是在激光器输出功率不太高的情况下。近年来已经有一些单位研发了激光熔覆专用合金材料，主要是通过降低材料中硼、碳等元素的含量，或是改变合金元素的强化方式，以提高材料的抗裂性能，这些激光熔覆专用材料通过实际应用取得了很好的效果。

5.2.4　熔覆材料的添加方式

在激光熔覆过程中，激光熔覆层的质量和性能除与熔覆材料的成分和粒度、基材的成分和性能密切相关外，还取决于熔覆工艺参数及熔覆材料的添加方式。

熔覆材料添加方式（如送粉量或预置厚度）不同，激光熔覆过程中能量的吸收和传输、熔池的对流传质和冶金过程就不同，对熔覆层的组织和性能会产生很大的影响。送粉量过大、预置粉末过厚，会降低熔覆层表面质量；送粉量过小、预置粉末过薄，获得的熔覆层太薄甚至无法得到熔覆层，因此需合理选择熔覆材料添加方式。送粉量要依据合金粉末的种类、粒度、送粉方式（如重力或气流）等因素确定。

同步送粉法［图 5.5（a）］是一种较为理想的供粉方式，这种方法的特点是由送粉器经送粉管将合金粉末定量地直接送入工件表面的激光辐照区。粉末到达熔覆区之前先经过激光束，被加热到红热状态，落入熔覆区后随即熔化，随基材移动，合金粉末连续送入形成熔覆层。这种送粉方式均匀、可控，具有良好的可控性和可重复性，易于实现自动化。

预置涂层法［图 5.5（b）］主要有黏结、喷涂两种方式。黏结方法简便灵活，不需要任何设备。涂层材料中的黏结剂在熔覆过程中受热分解，会产生一定量的气体，在熔覆层快速凝固结晶的过程中，易滞留在熔覆层内部形成气孔。黏结剂大多是有机物，受热分解的气体容易污染基体表面，影响基体和熔覆层的熔合。

喷涂是将涂层材料（粉末、丝材或棒材）加热到熔化或半熔化的状态，在雾化气体作用下加速并获得一定的动能，喷涂到零件表面上，对基体表面和涂层的污染较小。火焰喷涂、等离子喷涂容易使基体表面氧化，所以必须严格控制工艺参数。电弧喷涂在预置涂层方面有优势，在电弧喷涂过程中基体材料的受热程度很小（基体温度可控制在 80℃ 以下），工件表面几乎没有污染，而且涂层的致密度很好，但需要把涂层材料加工成丝材。采用热喷涂方法预制涂层，需要添加必要的喷涂设备。

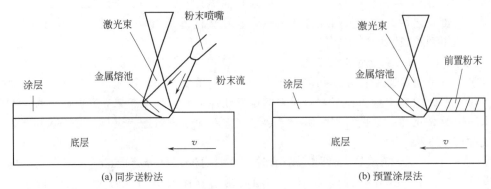

图 5.5　激光熔覆材料的添加方式

　　同步送粉法与预置涂层法相比，两者熔覆和凝固结晶的物理过程有很大的区别。同步送粉法熔覆时合金粉末与基体表面同时熔化。预置涂层法则是先加热涂层表面，在依赖热传导的过程中加热基体表面。

5.3　激光熔覆工艺

5.3.1　激光熔覆的工艺概述

　　激光熔覆是一个复杂的物理和化学冶金过程，激光熔覆工艺所用设备、材料以及熔覆过程中的参数对熔覆层的质量有很大的影响。

　　激光熔覆前需要对材料表面进行预处理，去除材料表面的油污、水分、灰尘、锈蚀、氧化皮等，防止其进入熔覆层形成熔覆缺陷，影响熔覆层的质量和性能。如果工件表面的污染物比较牢固，可以采用机械喷砂的方法进行清理，喷砂还有利于提高表面粗糙度，提高基体对激光的吸收率。可以将清洗剂加热到一定的温度清洗油污。粉末使用前也应在一定的温度下进行烘干，以去除其表面吸附的水分，改善其流动性。

　　激光熔覆有单道、多道搭接，单层、多层叠加等多种形式，采用何种形式取决于熔覆层的具体尺寸要求。通过多道搭接和多层叠加可以实现大面积和大厚度熔覆层的制备。图5.6所示为激光熔覆多道搭接示意与熔覆层表面形貌。

　　激光熔覆层的成形与熔覆工艺有密切关系。选择合理的工艺参数，可以保证熔覆层与基体优良的冶金结合，同时保证熔覆层平整、组织致密、无缺陷。熔覆过程中吹送氩气保护熔池，以防氧化。在扫描速度一定的条件下，随着送粉速度增加，熔覆层厚度增加，宽度变化不大；在送粉速度一定的条件下，随着扫描速度增加，熔覆层厚度减小，熔覆宽度减小。

　　图5.7所示为送粉量与熔覆层成形的关系。随着送粉量的增加，激光有效利用率增大，但是当送粉量达到一定程度时熔覆层与基体便不能良好结合。因为激光加热粉末的过程中，部分能量在粉末之间发生漫散射，相当于增大了粉末的吸收率，延长了激光与粉末的作用时间。随着送粉量的增加和粉末吸收热量的增加，被基体表面吸收的激光能量减少，基体熔化程度不足，导致无法实现熔覆层和基体冶金结合。

　　在激光熔覆过程中，为了获得冶金结合的熔覆层，必须使金属基体表面产生一定程度的熔化，因此基体对熔覆层的稀释不可避免。为了保证熔覆层的性能，必须尽量减少基体稀释的不利影响，将稀释率控制在合适的程度。在保证熔覆层和基体冶金结合的条件下，稀释率应尽可能低。激光熔覆层与基体的理想结合是在界面附近形成致密的互扩散带。

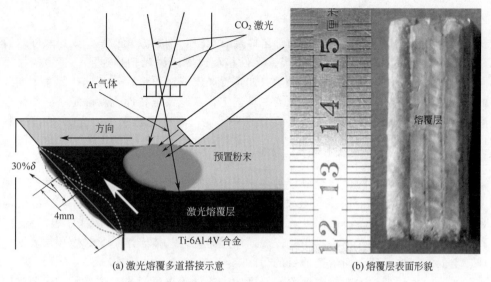

(a) 激光熔覆多道搭接示意　　　　　　(b) 熔覆层表面形貌

图 5.6　激光熔覆多道搭接示意与熔覆层表面形貌

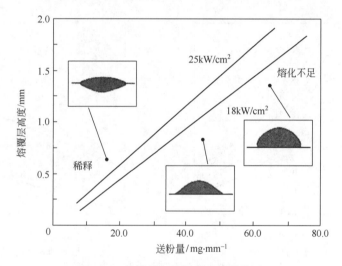

图 5.7　送粉量与熔覆层成形的关系

如果熔覆材料与基体材料熔点差别太大，会导致工艺参数选择范围过窄，难以形成良好的冶金结合。润湿性好的熔覆材料容易均匀铺展在基体表面，熔覆层成形和表面质量较好，熔覆材料元素容易扩散进入基体，在较低的稀释率下就可以形成牢固的冶金结合。

激光熔覆层的厚度可达几毫米。激光束以 $10\sim300\mathrm{Hz}$ 的频率相对于试件移动方向进行横向扫描所得的单道熔覆宽度可达 $10\mathrm{mm}$。熔覆速度可从每秒几毫米到大于 $100\mathrm{mm/s}$。激光熔覆层的质量，如致密度、与基材的结合强度和硬度，均好于热喷涂层（包括等离子喷涂层）。

5.3.2　激光熔覆的工艺参数

激光熔覆的工艺参数主要有激光功率、光斑直径、熔覆速度、离焦量、送粉速度、预热温度等。这些参数对熔覆层的稀释率、裂纹、表面粗糙度以及熔覆层的致密性等有很大影响。各参数之间相互影响，是一个非常复杂的过程，必须采用合理的控制方法将这些参数控制在激光熔覆工艺允许的范围内。

5.3.2.1 三个重要的工艺参数

在激光熔覆中，影响熔覆层质量的工艺因素有很多，例如激光功率、光斑尺寸（直径或面积）、激光输出时光束构型和聚焦方式、工件移动速度或激光扫描速度、多道搭接率，以及不同填料方式确定的涂层材料添加量（如预置厚度或送粉量）等。这些因素中实际上可调节的工艺参数并不多，这是因为激光器一旦选定，激光系统特性也就确定了。在熔覆过程中，激光熔覆的质量主要靠调整三个重要参数来实现，即激光功率 P、光斑直径 D 和熔覆速度（或称扫描速度）v。

（1）激光功率

激光功率越大，熔化的熔覆金属量越多，产生气孔的概率越大。控制激光功率，使熔覆层深度增加，周围的液体金属剧烈波动，动态凝固结晶，使气体数量逐渐减少甚至得以消除，裂纹也逐渐减少。当熔覆层深度达到极限值后，随着功率的提高，基体表面温度升高，变形和开裂倾向加剧。激光功率过小，仅表面涂层熔化，基体未熔，此时熔覆层表面出现局部起球、空洞等，达不到表面熔覆的目的。

图 5.8 所示为激光输入能量对熔覆层厚度的影响，示出了激光工艺参数与熔覆层厚度之间的关系。

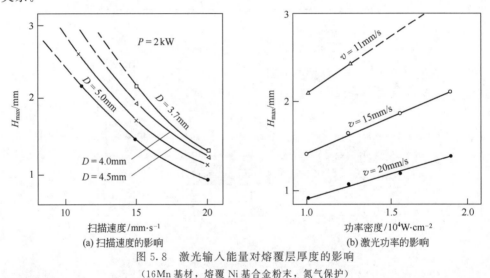

(a) 扫描速度的影响　　　　　　　　　(b) 激光功率的影响

图 5.8　激光输入能量对熔覆层厚度的影响

（16Mn 基材，熔覆 Ni 基合金粉末，氮气保护）

（2）光斑直径

熔覆层宽度主要取决于光斑直径，光斑直径增加，熔覆层变宽。光斑尺寸不同会引起熔覆层表面能量分布变化，所获得的熔覆层形貌和组织性能有较大的差别。一般来说，在小尺寸光斑下，熔覆层质量较好，随着光斑尺寸的增大，熔覆层质量下降。但光斑直径过小，不利于获得大面积的熔覆层。

（3）熔覆速度

熔覆速度过高，合金粉末不能完全熔化，未起到优质熔覆的效果；熔覆速度过低，熔池存在时间过长，粉末过烧，合金元素损失，同时基体的热输入量大，会增加变形量。

激光熔覆参数是相互影响的，为了说明激光功率 P、光斑直径 D 和熔覆速度 v 三者的综合作用，提出了比能量（E_s）的概念。

$$E_s = \frac{P}{Dv} \tag{5.6}$$

比能量即单位面积的辐照能量，可将激光功率密度和熔覆速度等因素综合在一起考虑。

比能量减小有利于降低稀释率，同时它与熔覆层厚度也有一定的关系。在激光功率一定的条件下，熔覆层稀释率随光斑直径增大而减小；当熔覆速度和光斑直径一定时，熔覆层稀释率随激光功率增大而增大。随着熔覆速度的增加，基体的熔化深度下降，基体材料对熔覆层的稀释率下降。

在多道激光熔覆中搭接率是影响熔覆层表面粗糙度的主要因素，搭接率提高，熔覆层表面粗糙度降低，但搭接部分的均匀性很难得到保证。熔覆道搭接区域的深度与正中的深度有所不同，从而影响了整个熔覆层的均匀性。而且多道搭接熔覆的残余拉应力会叠加，使局部总应力值增大，增大了熔覆层的裂纹敏感性。预热和回火能降低熔覆层的开裂倾向。

5.3.2.2　工艺参数对熔覆质量的影响

（1）工艺参数对稀释率的影响

稀释率是一个重要的概念。激光熔覆的目的是将具有特殊性能的熔覆材料熔覆于基材表面，并保持最小的基材稀释率，使获得的熔覆层具备耐磨损、耐腐蚀等基材欠缺的使用性能。激光熔覆工艺参数的选择应在保证冶金结合的前提下尽量减小稀释率。

稀释率是激光熔覆工艺控制的重要因素之一。稀释率是指激光熔覆过程中，由于基材熔化进入熔覆层从而导致熔覆层成分发生变化的程度。稀释率的计算可以采用成分法或面积法。

① 成分法。根据熔覆层化学成分的变化计算稀释率（η），也就是说，稀释率可以定量描述为熔覆层成分由于熔化的基材混入而引起的变化。

$$\eta = \frac{\rho_{p}(x_{p+b} - x_{p})}{\rho_{b}(x_{b} - x_{p+b}) + \rho_{p}(x_{p+b} - x_{p})} \tag{5.7}$$

式中，ρ_{p} 为熔覆材料熔化时的密度，g/cm^{3}；ρ_{b} 为基材的密度，g/cm^{3}；x_{p} 为熔覆材料中元素 x 的质量分数，%；x_{p+b} 为熔覆层搭接处元素 x 的质量分数，%；x_{b} 为基材中元素 x 的质量分数，%。

② 面积法。按照熔覆层横截面积的测量值计算稀释率（称为几何稀释率），也就是说，稀释率可通过测量熔覆层横截面积（图 5.9）的几何方法进行计算。

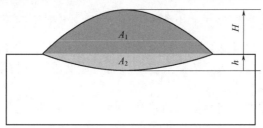

图 5.9　单道激光熔覆层的截面示意

$$\eta = \frac{A_{2}}{A_{1} + A_{2}} \times 100\% \tag{5.8}$$

式中，A_{1} 是熔覆层的横截面积，mm^{2}；A_{2} 是熔化基体的横截面积，mm^{2}。

式（5.8）简化之后，可以表示为

$$\eta = \frac{h}{H + h} \times 100\% \tag{5.9}$$

式中，H 为熔覆层高度，mm；h 为基体熔深，mm。

稀释率的大小直接影响熔覆层的性能。稀释率过大，基体对熔覆层的稀释作用大，损害熔覆层固有的性能，增大熔覆层开裂、变形的倾向；稀释率过小，熔覆层与基体不能在界面形成良好的冶金结合，熔覆层易剥落。因此，控制熔覆层稀释率的大小是获得优良熔覆层的先决条件。

一般认为激光熔覆的稀释率在以 10％以下为宜（最好在 5％左右），可以保证良好的熔覆层性能。但是，稀释率并不是越小越好，稀释率太小形成不了良好的结合界面。只有把熔覆比能量和稀释率控制在一个合理的范围内，才能获得高质量的熔覆层。

熔覆层的硬度与稀释率密切相关。对于特定的合金粉末，稀释率越低熔覆层硬度越高，获得最高硬度的最佳稀释率范围为 3％～8％。适当调节工艺参数可控制稀释率的大小。在激光功率不变的前提下，提高送粉速度或降低熔覆速度会使稀释率下降。

材料单位面积吸收的激光能量（即比能量）可以综合评价激光功率、熔覆速度（亦即激光扫描速度）、光斑大小等工艺条件的影响。图 5.10 所示为碳钢表面熔覆不锈钢和钴基合金时稀释率与比能量之间的关系。稀释率随比能量的增大而增加，在比能量相同的条件下，不同的激光功率密度对应的稀释率有所不同。

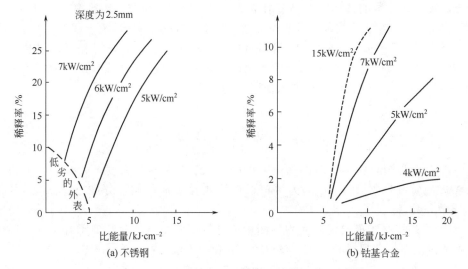

图 5.10　碳钢表面熔覆不锈钢和钴基合金时稀释率与比能量的关系

激光功率密度越大，稀释率越大。因为激光功率大可以缩短合金粉末熔化时间，增加与基体的作用时间。熔覆速度越大，稀释率越小。送粉速度越大，粉末熔化需要的能量越大，基体的熔化越少，稀释率越小。

影响稀释率的因素主要有熔覆材料和基材的性质以及熔覆工艺参数的选择。影响稀释率的熔覆材料性质主要有自熔性、润湿性和熔点。在钢件表面激光熔覆钴基自熔合金，稀释率应小于 10％。在镍基高温合金表面熔覆 Cr_3C_2 陶瓷材料时，稀释率可达到 30％以上。

（2）工艺参数对熔池对流的影响

激光辐照的熔覆金属存在对流现象。在激光的辐照下，由于熔池内温度分布的不均匀性造成表面张力大小不等，温度越低的地方表面张力越大。这种表面张力差驱使液态金属从低张力区流向高张力区，流动的结果使液态金属表面产生了高度差，在重力的作用下又驱使液态金属重新回流，这样就形成了对流。液态金属的表面张力随温度的升高而降低，所以熔池的表面张力从熔池中心到熔池边缘逐渐增加。

由于表面张力的作用，在熔池上层的液态金属被拉向熔池的边缘，使熔池产生凹面，并形成高度差，由此形成了重力梯度驱动力，这样就形成了回流。在表面张力和重力作用相同处相互抵消，成为零点，零点的位置和叠加力的大小影响着液态金属的对流强度和对流方式。叠加力越大，熔池对流越强烈。零点位置一般位于熔池的中部，这时对流最为均匀，当它偏上时，会出现上部对流强烈而下部流动性差的情况，反之亦然。

此外，熔池横截面的对流驱动力是变化的，驱动力由熔池表面到零点逐渐变小，直至为零。在零点至熔池的底部，驱动力又由小变大，再由大变小，到液/固界面处驱动力又重新变为零。所以熔池横截面各点的对流强度并不一致，甚至还存在某些驱动力为零的对流"死点"。

激光熔池的对流现象对熔覆合金的成分和组织的均匀化有促进作用，但在激光熔覆过程中过度的稀释且混合不充分的条件下，易引起成分偏析，降低熔覆层的性能。同步送粉激光熔覆的对流控制着合金元素的分布和熔覆层的几何形状。

采用能量呈高斯分布和均匀分布的激光束熔化基体表面，沿 y 方向温度场的分布是对称的。由于激光束移动的结果，最高温度的中心偏向扫描方向的后部，其偏移量随着光束移动速度的增大而增加，如图 5.11 所示。能量非均匀分布激光束扫描时熔池的表面温度分布更复杂，视具体情况而定。

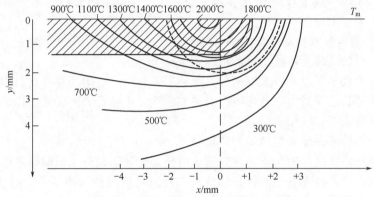

图 5.11　激光熔覆 x-y 平面的等温线分布

(光斑直径为 4mm，覆层半宽度为 1～4mm；阴影区为覆层区域，虚线为光束轮廓线)

熔池内沿深度方向（z 方向）上熔化时间和温度的分布是不均匀的。在熔池表面的熔化时间最长，温度最高；而在熔池底部的液/固界面处只有瞬时熔化，温度也最低。其大致的温度与时间分布如图 5.12 所示。对熔池深度方向的温度分布影响最大的是激光束的能量密度，能量密度越高，温度梯度越大。

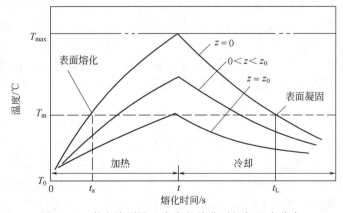

图 5.12　激光熔覆沿 z 方向的熔化时间与温度分布

5.3.3　激光复合熔覆技术

（1）激光复合熔覆技术的特点

激光熔覆由激光作为热源，在基体上熔覆一层性能优良的合金层，其性能将依照所处理零件的具体要求而定。激光熔覆的优点是熔覆层组织细密，热应力小，变形小以及无污染等。但其缺点也很明显：需要高功率的激光器，单道搭接扫描不适宜大面积处理，难于实现产业化等。为解决这些难题，采用激光复合熔覆技术是有效的途径之一，也是今后发展的重要方向。激光复合熔覆就是采用普通加热方法，再加上激光复合加热来完成熔覆过程。普通加热方法根据需要可以是电加热、各类感应加热等。

归纳起来，激光复合熔覆技术具有如下的特点。

①"常规加热（如感应加热）＋激光"两者复合加热熔覆集中了两种加热工艺的优点，同时克服了各自单一方法的不足，体现了优势互补的特点。

②用常规方法辅佐了激光加热，可以实现用较小功率的激光器完成由原来用很高功率的激光器也不易完成的大面积熔覆，是单一方法无论如何也不易做到的。

③激光复合熔覆技术扩大了常规技术的应用范围，而采用常规技术又进一步促进了激光熔覆技术的扩大应用和产业化的进程。

④激光复合熔覆技术特别适用于细长杆类及尺寸在一定范围内的轴类等零件，如抽油泵柱塞、某些类型的轧辊及特殊用途的轴等。

激光复合熔覆技术可以充分发挥两种热源的工艺特点，对熔覆特殊材料和特殊要求的零部件有独特的优势，已受到世界各国研究者的关注并已相继开展了研发工作。这项技术正处于起步阶段，具有很好的应用前景。

（2）外场辅助技术在激光熔覆中的应用

激光熔覆急热快冷的凝固特点易导致熔池内元素扩散不充分，影响熔覆层的组织均匀性和最终性能。近些年，研究者们将外场辅助技术与激光熔覆技术相结合，通过超声振动场、电磁场、感应加热等能场的施加，影响熔体的对流运动，使温度场和溶质分布更加均匀，在组织细化、缺陷消除、性能提升等方面发挥了重要作用。

①超声振动辅助激光熔覆。超声振动辅助激光熔覆技术是通过超声波在金属熔体中的空化效应、声流强化效应、机械振动效应和热效应的综合作用，影响熔池的传质传热过程和凝固过程，进而减少熔覆组织中的粗大柱状枝晶，促进等轴晶生成并细化晶粒，同时降低溶质偏析并促进硬质相的均匀分布，改善熔覆层的微观组织和宏观形貌。

试验结果表明，熔覆层中陶瓷增强相的含量随着超声振动功率的增加而增多，其分布也更加均匀。例如，采用 300 W 超声振动辅助激光熔覆工艺制备的复合熔覆层不仅具有良好的耐磨性，而且具有较高的抗氧化性。但是，过大的超声振动功率会增加熔覆层的开裂倾向。超声振动辅助激光熔覆 316L 不锈钢的试验研究表明，超声振动促进熔覆组织由柱状晶向等轴晶转变，有效改善熔覆层的宏观成形并使组织均匀细化，可获得具有良好耐磨性和耐蚀性的不锈钢熔覆涂层。

②电磁场辅助激光熔覆。电磁场辅助激光熔覆技术通过电磁场与金属熔体发生互相作用而产生的电磁力，改变熔体的对流运动和传热传质过程，进而影响其凝固过程。电磁场辅助形式有单一磁场（包括稳态磁场、交变磁场、旋转磁场等）、单一电场（包括直流电场、交变电场、脉冲电场等）和电磁复合场 3 类，组合形式多样，可以实现熔覆层凝固组织的调控。研究表明，在施加电磁场后，熔覆层中的缺陷数量减少。电磁场对熔池的搅拌作用能够打碎柱状枝晶，并促进细枝晶和等轴晶的形成，同时还可以使温度场分布更加均匀。例如，

电磁场辅助激光熔覆制备的 Fe901 熔覆层具有更好的耐磨性能。须指出，目前电磁场辅助激光熔覆技术尚处于起步阶段，后续还需开展深入研究。

③ 激光熔覆-原位感应加热辅助激光熔覆。感应加热辅助激光熔覆在激光熔覆过程中利用感应热源对基体材料进行同步预热或后热，以实现降低熔覆层开裂倾向、提高熔覆效率等。通过对比传统激光熔覆工艺和激光熔覆-原位感应加热工艺，在进行多道熔覆的热循环过程中，发现后道制备时的热量输入能够对前序熔覆层起到原位时效热处理作用，且激光熔覆-原位感应加热工艺对应的累积时效热处理时间远大于传统激光熔覆工艺，更有利于熔覆组织中沉淀相的析出。例如，与未处理的钢轨相比，通过激光熔覆-原位感应加热工艺的钢轨，其弯曲强度和冲击韧性都有大幅提高，同时耐磨性也得到改善。

5.3.4　激光熔覆层的显微组织特征

激光束的聚焦功率密度可达 $10^6 W/cm^2$ 以上，作用于材料表面能获得高达 $1012℃/s$ 的冷却速度，其综合特性不仅为材料科学的发展奠定了强有力的基础，同时也为新型材料或新型功能表面的开发提供了技术支持。

激光熔覆的熔体在高温度梯度下远离平衡态的快速冷却条件，使凝固组织中形成大量过饱和固溶体、介稳相甚至新相，提供了制造梯度功能熔覆层的热力学和动力学条件。

(1) 激光熔覆层的界面形态

激光熔覆层与基体的冶金结合对保证激光熔覆质量是非常重要的，因此熔覆层与基体界面的组织特征备受关注。图 5.13 所示为 $Ti_3Al+TiC$ 激光熔覆界面附近的扫描电镜（SEM）组织形貌及电子探针（EPMA）线扫描分析结果。

根据电子探针的分析结果，在 $Ti_3Al+TiC$ 激光熔覆界面附近主要有 Ti、Al、V 以及 C 元素分布。

Ti 元素在熔覆层中的分布明显少于其在基体中的分布，但含量仍然很大。根据 EPMA 分析结果，激光熔覆过程中由于基体对激光熔覆层的稀释作用，大量 Ti 从基体进入到熔覆层中。另外，C 元素在激光熔覆层中的含量明显高于其在基体中的含量。结合 X 射线衍射（XRD）分析结果可知，TiC 强化相弥散分布在 $Ti_3Al/TiAl$ 基底上。

(2) 激光熔覆层的显微形貌

激光熔覆层的显微组织大致分为三种状态：正常熔化、临界熔化、不充分熔化。激光熔覆层表面一般呈波纹状（如同堆焊焊道表面），其波纹向光束扫描方向弯曲，具有大致相等的间距。

激光熔覆层的显微形貌取决于熔覆合金的成分和冷却条件。图 5.14(a) 所示为钛合金上激光熔覆 $Fe_3Al+TiC$ 熔覆层的显微组织，TiC 在基体中以树枝晶形式析出并生长，这是激光熔覆层典型硬质析出相分布的组织特征。

如图 5.14(b) 所示，TiC 在激光熔覆层中呈未熔颗粒状，有微裂纹出现在该熔覆层中。

如图 5.14(c) 所示，凹凸不平的 TiC 未熔颗粒出现在激光熔覆层中，这是由于激光熔覆过程中熔池存在时间较短，大颗粒来不及熔化，在冷却过程中被保留下来，但 TiC 颗粒因发生破碎熔解，颗粒边缘变得凹凸不平。

如图 5.14(d) 所示，大量针状马氏体产生在钛合金激光熔覆热影响区。Ti-6Al-4V 钛合金中 β→α 的相变温度从 882℃ 下降到 850℃，在这个过程中，当冷却速度大于 200℃/s 时，以无扩散方式完成马氏体转变，基体组织中出现针状马氏体（α-Ti）。由于 β 相中原子扩散系数大，钛合金的加热温度超过相变点后，β 相的长大倾向特别大，极易形成粗大晶粒。

正常熔化的激光熔覆层表面波纹细小，表面粗糙度 Ra 应在 $15\mu m$ 之内；在临界熔化状

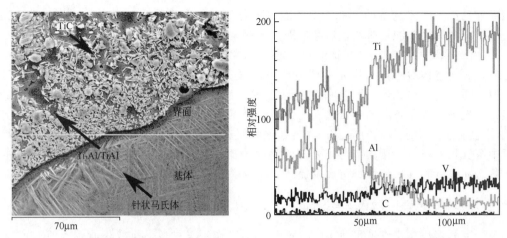

(a) SEM组织形貌   (b) EPMA 分析结果

图 5.13 $Ti_3Al+TiC$ 激光熔覆界面附近的 SEM 组织形貌及 EPMA 线扫描分析结果

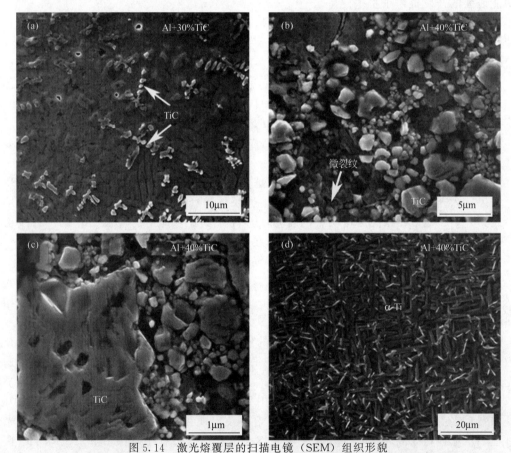

图 5.14   激光熔覆层的扫描电镜（SEM）组织形貌

（a）钛合金上激光熔覆 $Fe_3Al+TiC$ 熔覆层的显微组织；（b）TiC 在激光熔覆层中呈未熔颗粒状；

（c）熔覆层中凹凸不平的 TiC 未熔颗粒；（d）钛合金激光熔覆热影响区的针状马氏体

态时，由于表面张力的作用，熔覆层呈现聚集收缩的形貌，表面波纹粗大，熔覆道边缘不整齐；激光输入能量进一步减小，材料熔化不充分，熔融金属与基体材料的润湿性变差，表面张力过高，致使熔覆金属凝聚成球状。

影响激光熔覆层表面形貌的因素很多，除了必要的激光能量输入外，熔覆材料的特性也起着很大的作用。对于含有 B、Si 等表面活性元素的材料，熔融金属的表面张力较小，提高了熔池的润湿性，可改善熔覆层表面的平整性。

（3）复合层的微观组织

不同 TiB_2 含量 Ti_3Al 基激光熔覆层的扫描电镜（SEM）形貌如图 5.15 所示。

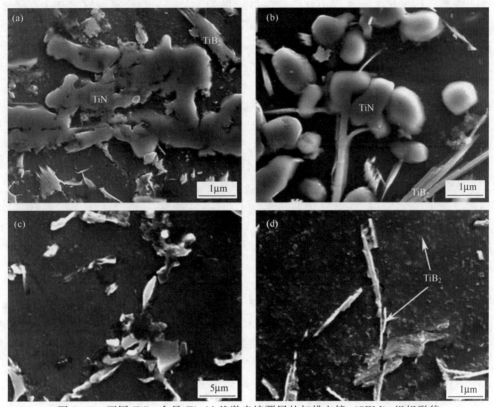

图 5.15　不同 TiB_2 含量 Ti_3Al 基激光熔覆层的扫描电镜（SEM）组织形貌

（a）TiN 析出物在 $Ti_3Al+TiB_2$ 熔覆层中的分布；（b）呈球状的 TiN 析出物在 $Ti_3Al+40\%TiB_2$ 熔覆层中的分布；
（c）硼化物大量聚集在基体晶界处；（d）不同形态的 TiB_2 析出相在 $Ti_3Al+TiB_2$ 熔覆层中的弥散分布

比较图 5.15(a)、(b) 可见，激光熔覆后，TiN 析出物在 $Ti_3Al+TiB_2$ 熔覆层中的尺寸（为 $4\sim8\mu m$）明显大于其在 $Ti_3Al+40\%TiB_2$ 熔覆层中的尺寸。激光熔覆层的组织细化程度与 TiB_2 在预置涂层中的含量成正比。SEM 结果显示，TiN 与 TiB_2 相间生长，起到抑制枝晶生长的作用。这表明在激光熔覆层中不同化合物相间生长，相互制约，对形成粗大化合物起到了抑制作用。粗针状的硼化物插入基体内，对细化组织也起到了重要的作用［图 5.15(b)］。

如图 5.15(c) 所示，硼化物大量聚集在基底的晶界处，对晶界起到细化及强化作用。如图 5.15(d) 所示，不同形态的 TiB_2 析出相弥散分布在 $Ti_3Al+TiB_2$ 激光熔覆层中。部分 TiB_2 析出相呈棒状，由于激光熔覆层过冷度极高，TiB_2 生长时间有限，部分 TiB_2 没有充足时间长大，导致大量细小 TiB_2 析出物弥散分布在熔覆层中。

5.3.5　激光熔覆层的性能

（1）抗氧化熔覆层

材料表面激光熔覆陶瓷具有抗高温氧化的作用。采用 Si、SiC、TiSiNi 粉末等在钛合金表面进行激光熔覆，可以获得以 Ti_5Si_3 为增强相的抗高温氧化熔覆层。

为提高钛合金的抗高温氧化性和耐磨性，可采用 $Ni80Cr20-Cr_3C_2$ 合金粉末在 Ti-6Al-4V 钛合金表面进行激光熔覆，获得以 Cr_3C_2+TiC 为耐磨增强相，以抗高温氧化性和高温强韧性好的 NiCr 高温合金为基的高温耐磨抗氧化熔覆层。熔覆层的硬度可达 1000HV，耐磨性可大幅度提高。

钛合金激光熔覆抗氧化涂层中，研究最多的是 M-Cr-Al-Y 系合金（M 代表 Fe、Ni、Co 等过渡金属元素）。这类熔覆层在高温氧化的环境中能够形成耐高温氧化保护膜 Al_2O_3，并且在高温环境中氧化膜的增厚速度十分缓慢，有良好的耐热性。稀土元素 Y 一般存在于界面氧化膜的扩散前沿，被优先氧化，阻碍界面扩展，并能进一步细化组织、稳定界面，增强熔覆层的抗高温氧化能力。

（2）耐腐蚀熔覆层

材料表面激光熔覆耐腐蚀涂层以 Ni 基、Co 基自熔合金或金属陶瓷复合涂层为主，具有优良的耐腐蚀性。Ni 基自熔合金和含 SiC、B_4C、WC 等颗粒的复合陶瓷涂层具有良好的耐腐蚀性，以 Co 基自熔合金为基的合金涂层也显示出良好的抗热汽蚀和冲蚀的能力。钴基合金的主要成分是 Co、Cr、W，具有良好的抗高温性能和综合力学性能。

在钛合金上激光熔覆 Ni 基合金和含 Cr_2O_3 的高温合金，在 $10\%H_2SO_4$ 腐蚀介质中，熔覆层的耐腐蚀性远远高于不锈钢。加入 Cr_2O_3 后可以进一步提高耐腐蚀性，这与熔覆层组织的细化和 Cr 含量的提高密切相关。在自熔合金激光熔覆时加入稀土或稀土氧化物，可显著改善熔覆层的耐腐蚀性能。

在 Incoloy800H 基体上激光熔覆 SiO_2 涂层，置于 450℃ 或 750℃ 煤气气氛中 65h 后发现，该陶瓷熔覆层的耐腐蚀性比原基体合金有大幅度提高。在低碳钢上激光熔覆加入 8% CeO_2 的铁基非晶自熔合金粉末（M80S20），CeO_2 的加入改善了共晶和化合物的形态与分布，并且细化了组织结构。阳极极化试验结果表明，M80S20+8% CeO_2 合金激光熔覆层的钝化电流密度低于未加 CeO_2 的 M80S20 合金激光熔覆层，加 CeO_2 熔覆层的钝化区宽于未加 CeO_2 的钝化区。显然，加入 CeO_2 可改善 M80S20 合金激光熔覆层的耐腐蚀性能。

（3）耐磨熔覆层

耐磨熔覆层是激光熔覆中研究最多的。熔覆层的耐磨性取决于增强相的种类、性能以及增强相在熔覆层中的含量和分布。主要通过两种方法向熔覆层中加入增强相：一是原位自生法；二是直接添加法。材料表面激光熔覆耐磨合金层应用广泛，熔覆材料的选择主要考虑与基体的相容性、热物理性能的差异等。

以 $Ti_5Si_3/NiTi_2$ 共晶组织为基的金属间化合物耐磨涂层与钛合金基体相比，在室温下滑动磨损耐磨性能明显提高，摩擦因数降低了 50% 以上。在 BT9 钛合金表面进行激光熔覆可以获得以 Ti_5Si_3 为增强相、以 $NiTi_2$ 为基体的金属间化合物，快速凝固为高温耐磨复合熔覆层。

在 Ti-6Al-4V 钛合金上用 Ti 和 Cr_3C_2 粉末制备高韧性的以单相 β-Ti 为基体且含有 TiC 颗粒增强相的熔覆层，耐冲击磨粒磨损性能较基体提高 2 倍，耐磨性能提高 3 倍左右。

在 Ti-6Al-4V 钛合金基体上用 NiCrBSiC 自熔合金粉末进行激光熔覆，所获得的熔覆层组织为树枝状的初晶 γ-Ni，γ-Ni 与 Ni_3B 等组成的多元共晶以及 TiC、TiB、TiB_2 和 $M_{23}(CB)_6$ 等组成相。获得的熔覆层显微硬度为 $900\sim1000HV_{0.05}$，比 Ti-6Al-4V 钛合金基体提高 $2\sim3$ 倍。熔覆层在大气下的摩擦因数为 $0.3\sim0.4$，磨损率下降约一个数量级。在真空中摩擦因数为 $0.4\sim0.5$，磨损率比 Ti-6Al-4V 钛合金降低约 50%。

也可在 NiCrBSi 系自熔合金粉末中加入 WC、TiC、SiC、B_4C 等高熔点超硬陶瓷颗粒形成复合涂层。经激光熔覆后发现，TiC 与 TiB 析出物弥散分布在熔覆层中 ［图 5.16(a)、(b)］，这有利于提升钛合金基体的显微硬度与耐磨性能。γ-Ni 共晶出现在该激光熔覆层中 ［图 5.16(c)］。

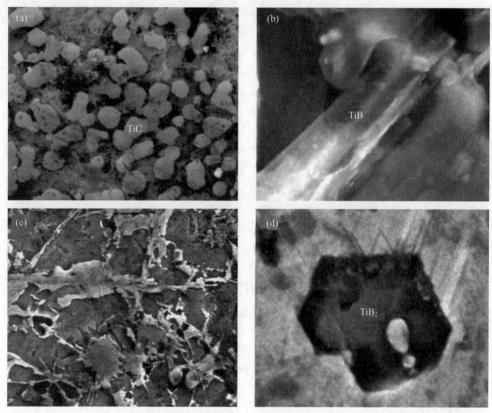

图 5.16　Ti-6Al-4V 钛合金上激光熔覆层的扫描电镜（SEM）组织形貌
（a）TiC；（b）TiB；（c）γ-Ni；（d）TiB_2

　　由于激光熔覆所形成的熔池具有极高的过冷度，Cr、B 等元素没有足够时间从液态熔池中析出，而融入 γ-Ni 固溶体中的溶质原子造成晶格畸变，增大了位错运动阻力，使滑移难以进行，使合金固溶体的强度与硬度增加。TiB_2 是六方晶系，由三角棱柱堆垛成的柱状阵列组成。TiB_2 结构可描述为六方对称的钛层与硼层的相互交替序列 ［图 5.16(d)］。

　　该激光熔覆层在晶粒细化、弥散及固溶强化作用下，硬度范围提升到 1600～1800$HV_{0.2}$，为 Ti-6Al-4V 钛合金基体的 4～5 倍，其耐磨性能也有大幅度提高，如图 5.17 所示。

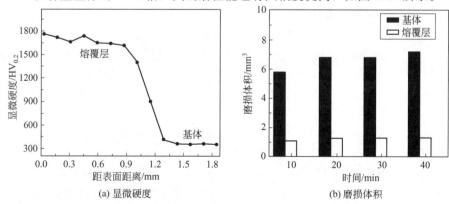

（a）显微硬度　　　　　　　　　　（b）磨损体积

图 5.17　激光熔覆层与 TC4 钛合金的显微硬度与磨损体积

陶瓷熔覆层具有优异的耐磨、耐腐蚀、抗氧化性能以及较高的化学稳定性，能大幅度提高材料表面的硬度和耐磨性，但其脆性一直是阻碍其应用的障碍。激光熔覆在大功率激光束的作用下，可形成均匀、致密、与基体结合牢固并具有一定韧性的金属陶瓷复合层，在一定程度上降低了脆性。

以镍包石墨粉末为原材料，采用 CO_2 激光器在 Ti-6Al-4V 钛合金表面熔覆耐磨涂层，在 MXP-2000 型销盘式摩擦磨损试验机上进行熔覆层的干摩擦磨损试验，用扫描电镜对磨损表面进行分析。试验结果表明，激光熔覆层的摩擦因数为 0.56，与钛合金的摩擦因数相同，但激光熔覆层的磨损失重比钛合金低接近一个数量级，表明激光熔覆层可以大大提高钛合金表面的耐磨性。Ti-6Al-4V 钛合金的磨损机制以黏着磨损为主，激光熔覆层的磨损机制以磨粒磨损为主，熔覆层的高硬度加上弥散分布的 TiC 增强相是其耐磨性好的主要原因。

（4）生物熔覆层

激光熔覆生物涂层主要是在钛合金表面熔覆羟基磷灰石（HAP）、氟磷灰石以及含 Ca、Pr 生物陶瓷的熔覆层。采用离子涂层、物理和化学气相沉积等方法，获得的羟基磷灰石涂层的均匀性及与基体的结合强度较差，临床应用易出现脱落等现象。采用激光熔覆技术可使羟基磷灰石结构形态改变，显著细化晶粒，使材料表面的显微结构发生有利于基体生物组织相容性、力学相容性的变化。

在 Ti-6Al-4V 钛合金上熔覆 $CaHPO_4 \cdot 2H_2O \cdot CaCO_3$ 粉末，并加入稀土氧化物 Y_2O_3，可制备出含羟基灰石（HA）活性生物陶瓷的复合涂层。Y_2O_3 促进了羟基灰石等相生成并促进其分解，促进了羟基灰石相结构的稳定性。加入稀土氧化物 Y_2O_3 使激光熔覆生物陶瓷层组织细化，强度提高，硬度得到改善。应用激光熔覆技术可制得较为致密的羟基灰石和 $Ca_3(PO_4)_3OH$ 涂层。还可在钛合金上熔覆制备羟基灰石生物陶瓷涂层，加入稀土可显著降低裂纹率。

（5）金属陶瓷熔覆层

激光熔覆金属陶瓷层可满足高硬度，高耐磨性等要求，发挥熔覆层的性能优势。

在合金表面激光熔覆中广泛采用的陶瓷材料主要有 WC、TiC、SiC、TiB、TiB_2、TiN、Cr_2O_3、Al_2O_3 等。WC 是激光熔覆金属陶瓷层中采用最多的陶瓷相，为了减少激光熔覆时 WC 的分解，一般采用钴包碳化钨和镍包碳化钨。进行激光熔覆时，由于 WC 受到包覆材料的保护，可减少或防止 WC 的烧损，提高熔覆层性能。

TiC 具有高硬度和高温稳定性，常被用于制作硬质合金和强化材料。TiC 的氧化开始温度为 1100℃（熔点为 3140℃），在高温中能发生塑性变形。TiC 颗粒一般呈圆形，含 TiC 的熔覆层与耐磨表面形成非金属接触，具有极低的摩擦因数。此外，TiC 具有较好的润滑性能、优良的抗热震性和抗冲击性能。

TiN 由于具有高硬度和优良的高温性能（熔点为 2950℃）而广泛用作各种刀具的涂层材料以提高其耐磨性。氮化层主要由 δ'-TiN 四方相组成，其耐蚀和耐磨性能优良。激光熔覆 TiN 后的钛合金表面硬度由 $370HV_{0.5}$ 升高到 $1700HV_{0.5}$ 左右。TiN 具有高硬度和耐蚀、耐热等性能，形成的细小枝状的 TiN 层显著提高了钛合金表面的磨损和腐蚀抗力。

在激光熔覆中，陶瓷颗粒的加入使熔覆层中硬质相的数量增加，使熔覆层的硬度和耐磨性能大幅度提高。弥散硬质相粒子的分布状态对熔覆层强化有利，硬质相粒子间距越小（即强化层中细小硬质相弥散均匀分布），强化作用越明显。此外，硬质相颗粒呈现出表面自由能较低的粒状和条状形态，能更好地实现基体金属的韧性与颗粒的高强度的结合。强化层在工作中不易产生裂纹，即使硬质相周围有微裂纹也不易扩展，且不易引起熔覆层脱落，使熔覆层的稳定性得到保证。

5.3.6　激光熔覆层的耐磨性评定

(1) 硬度间接评定

根据熔覆层耐磨性与硬度的相关性，可采用硬度测定仪对激光熔覆层进行宏观硬度和显微硬度的测定。除对特殊位置，如非晶区内的晶化相聚集处，进行单点测定外，显微硬度测量可分别沿熔覆层的最大熔深方向由熔覆层表面至基体每隔 0.1mm 测定一点，以分析熔覆层显微硬度分布，间接评定熔覆层的耐磨倾向。

用显微硬度计测定激光熔覆层的显微硬度过程中，可选择熔覆层中的顶部、中部、底部以及热影响区等部位的点位进行测定。

(2) 耐磨性评定

采用磨损试验机测量激光熔覆层的耐磨性，需制备系列磨损试样。在测试磨损失重的过程中，每间隔一定时间（min 或 h）测量一次试样重量，计算出失重率并绘出失重曲线。在磨损过程中，记录下摩擦因数，绘制摩擦因数变化曲线。磨损试验完成后，可用扫描电镜（SEM）观察并分析磨损试验后不同磨损条件下熔覆层表面的磨损状态。

例如，用 MM200 磨损试验机测定激光熔覆层的耐磨性。选用 YG6 硬质合金磨轮（尺寸为 $\phi 40mm \times 12mm$），转速为 400r/min，载荷为 $2 \sim 8kgf$[1]，磨损试验示意及磨损试样如图 5.18 所示。试验过程中每隔 10min 或 15min 测定一次试样的磨损失重。试样的摩擦因数 f 为：

$$f = \frac{M}{rN} \tag{5.10}$$

式中，M 为摩擦力矩；r 为磨轮半径；N 为载荷。

磨损试验中每隔 10min 或 15min 测量一次磨痕宽度或磨损失重。磨痕宽度采用体积显微镜测定，经过多点测定后取平均值作为测量结果。磨损体积近似为：

$$V = l\left[r^2 \arcsin \frac{b}{2r} - \frac{b}{2}\sqrt{r^2 - \frac{b^2}{4}} \right] \tag{5.11}$$

式中，V 为磨损体积，mm^3；l 为磨痕长度（即试样宽度），mm；b 为磨痕宽度，mm；r 为磨轮半径，mm。

5.3.7　激光熔覆层的应力状态

在激光熔覆时，熔化层与基体材料之间产生很大的温度梯度，在随后的冷却过程中，这种温度梯度造成熔凝层与基材的体积收缩不一致并相互牵制，形成熔覆层的内应力。激光熔覆层的内应力应引起关注的是拉应力，应力形成过程如图 5.19 所示。

激光熔覆层的应力分布与材质自身的塑变能力、软化温度、基材的强韧性、相变温度与组织、预热处理等有很大关系。特别是熔覆材料的线胀系数，如果熔覆材料与基材的线胀系数相同，后续热处理可有效消除残余应力；如果熔覆材料与基材的线胀系数不同，后续热处理只可使残余应力减小，无法使其完全消除。激光熔覆前预热温度以 $400 \sim 500℃$ 为宜，过高或过低对消除应力的效果都不好。

---

[1]　1kgf=9.80665N。

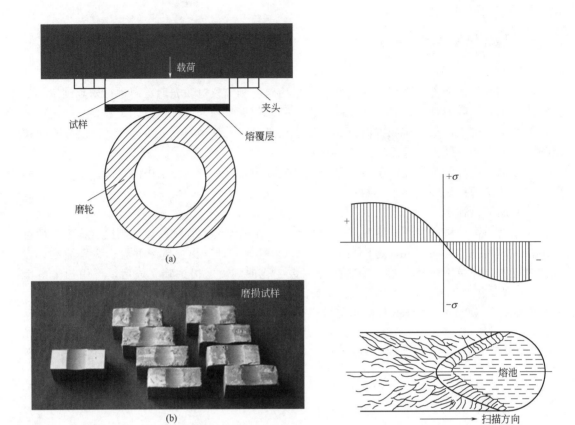

图 5.18　磨损试验示意及磨损试样　　　　　　图 5.19　激光熔覆层的应力形成过程

　　马氏体基材激光熔覆 Stellite 合金的残余应力分布如图 5.20 所示。奥氏体基材激光熔覆钴基合金和 98％铁粉的残余应力分布如图 5.21 所示。

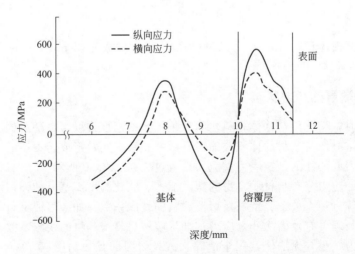

图 5.20　马氏体基材激光熔覆 Stellite 合金的残余应力分布
（激光功率为 5kW，光斑尺寸为 5mm×2mm，扫描速度为 40cm/min）

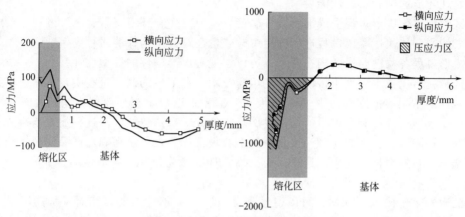

(a) 钴基合金，功率为2.6kW，扫描速度为7.5mm/s　　　(b) 98%铁粉，功率为2.7kW，扫描速度为7.5mm/s

图 5.21　奥氏体基材激光熔覆钴基合金和 98％铁粉的残余应力分布

激光熔覆层的内应力带来的最大危害是熔覆层裂纹和工件变形。在熔覆层拉应力作用下，基材有向熔覆层弯曲的倾向，一旦基体的强度不足以抵抗这种拉应力，就会发生变形。基体发生变形时，熔覆层的应力得以释放，裂纹产生的倾向会减小。

激光熔覆形成的裂纹包括以下三种。

① 熔覆层裂纹。是在熔融金属凝固过程中产生的，裂纹在熔覆层表面或内部形成并向基体方向扩展。

② 界面裂纹。产生在熔覆层与基体的界面处，大多是交界面、半熔化区或热影响区的孔隙、夹杂物等缺陷引发的微裂纹，在应力作用下向表层扩展，形成宏观裂纹。

③ 扫描搭接区裂纹。是由于在搭接结合部与基材交界处形成"三角区"的熔融金属不能充分润湿而形成的微裂纹。

上述三种裂纹的产生，都与基材和熔覆材料的塑、韧性和缺陷有关。硬度较低、碳和硼等易形成脆性化合物的元素较少的熔覆材料裂纹倾向较小；增大激光输入能量有利于消除缺陷，减少裂纹的发生；同时，所有减小材料应力的措施，都对消除裂纹有利。

5.4　选区激光熔化

选区激光熔化（SLM）是一种快速增材制造技术，利用"离散-堆积"原理，通过逐层打印的方法构造三维实体。在复杂异型结构、传统方法无法制造的复杂构件及工件制造的快速响应方面具有极大的优势。选区激光熔化技术可以解决传统加工方法中存在的长周期、高成本、难加工等技术难题，可以加工出传统制造方式无法加工的复杂金属零件，尤其适合夹芯结构，可直接制造复杂薄壁结构件，实现"材料-结构-功能"一体化设计制造。

5.4.1　选区激光熔化简介

选区激光熔化成形过程主要是激光与粉末的相互作用，其中涉及诸多复杂的物理冶金现象，构件成形质量受到众多因素的影响，主要包括成形设备、材料特性、激光特性、成形腔体环境等。确定工艺参数是实现复杂构件选区激光熔化成形的基础，其中主要的工艺参数有激光功率、激光扫描速度、铺粉厚度、扫描间距、扫描填充方式等。对于不同材料及零件结构的选区激光熔化成形技术，需要有针对性地进行各个工艺参数间的调节或对制件进行相应的后热处理才能达到满意的性能要求。

选区激光熔化成形过程受成形结构件温度、应力应变和环境气氛、成形过程复杂的物理冶金因素的影响，快速凝固过程产生的组织改变也会对打印构件的质量产生影响。深入了解和掌握成形过程各关键要素的内在联系，可以实现对成形构件的控型控性。

选区激光熔化技术区别于传统的激光熔覆技术，在工件的制备过程中，不需要模具或原型胚体。选区激光熔化技术利用"离散-堆积"原理，以数字模型软件为基础，运用微细粉末状的金属或塑料等可黏合材料，通过逐层打印的方式来构造物体。这种加工制造方法不受零件复杂结构限制，在定制化和个性化制造上有很大优势，可以在满足产品使用性能的前提下，降低原材料的损耗，使生产速度大大提高。选区激光熔化技术在工业制造、航空航天、国防军工和生物医学等方面均有应用。

选区激光熔化技术（SLM）可以追溯到20世纪80年代末期，其前身是选区激光烧结技术（selected laser sintering，SLS）。与SLM技术不同的是，SLS初期只能用于烧结一些熔点较低的塑料粉和蜡粉。随着大功率激光器的发展，并和增材制造技术结合应用，SLS逐渐发展成SLM。选区激光熔化，主要应用于复杂金属零件的加工制造，如合金牙冠、精密模具、医用植入物等。

5.4.2　选区激光熔化原理

选区激光熔化的基本原理，是利用高能量密度的激光束作用在预置好的金属粉末上，将能量快速输入，使温度在短时间内达到金属粉末熔点并快速熔化金属粉末，激光束离开作用点后，熔化的金属粉末经散热冷却并凝固，达到冶金结合和成形。

选区激光熔化原理如图5.22所示。在工件制备前，需要先在计算机中利用三维绘图软件（如CAD），绘制工件的立体图形。接着利用配套的"切片"软件将立体图形沿Z轴按照固定图层厚度进行"切割"，离散转换成二维平面图形并得到每一层截面的轮廓数据。所有数据输入加工系统后，计算机控制系统会根据二维切片信息控制成形腔和送粉腔的移动距离、激光的扫描路径、扫描速度和输出功率等加工参数。

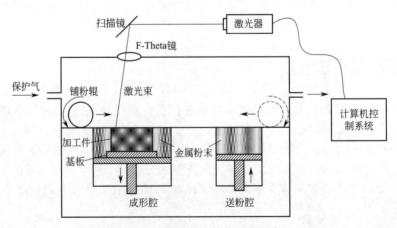

图5.22　选区激光熔化原理示意

在成形腔中，加工基板预先调平，为避免在加工过程中出现的高温氧化现象和相关的缺陷，成形腔内需保持真空或通入Ar保护气体。

提前去湿并加热的金属粉末被预置于送粉腔内，激光选区熔化加工开始后，送粉腔会上升一定距离，铺粉辊均匀地将粉末铺于加工基板上，并扫去多余粉末，激光沿预定的路径进行扫描。一层扫描完成后，基板会下降一个图层厚度的距离，同时送粉腔上升，铺粉辊重新铺粉，接着进行下一层的激光扫描加工。一般情况下，为保证基板上的粉末均匀分布，送粉腔上升距离需大于成形腔下降距离。如此循环往复，激光熔化并重新凝固的金属粉末层层累积形成三维实体。

全部截面激光扫描完成后，加工过程结束，将基板和成形件取出，扫去成形件表面附着的金属粉末，并与基板分离。激光加工过程中未熔化的粉末经过筛分后可以重复使用。

5.4.3　选区激光熔化设备及工艺

5.4.3.1　选区激光熔化设备

目前，选区激光熔化技术较为领先的还是欧美的一些发达国家，如德国、比利时、英国和法国等，日本也在该领域取得了一定的进展。作为开展选区激光熔化技术最早的国家之一，德国的弗朗霍夫激光研究所早在 20 世纪 90 年代就提出了这种加工方法的构想，并在 2002 年成功开发并推出相关的加工设备。现在世界上成功的 SLM 设备供应商是德国 EOS 公司。此外，国际上陆续出现了一些成熟的 SLM 设备供应商，如德国的 MCP 公司和 Concept Laser 公司，瑞典 Arcam 公司，法国 Phenix System 和美国 3D 公司等。

这些国家也完成了增材制造技术设备和成形件的商品化，充分发挥了增材制造技术个性化、灵活性的优势，开发出多种型号的机型以适应不同行业和领域的要求。例如，德国 EOS 公司为制造大型零部件而开发的选区激光熔化设备 M400，成形腔容积可达 400mm×400mm×400mm。设备最大功率为 1kW 的 Yb 光纤激光器，激光光斑直径约为 90μm。EOS 公司的 M250 系列和 M270 系列设备可制造出致密度接近 100% 的成形件，尺寸精度可达 20～80μm，最小壁厚为 0.3～0.4mm；MCP 公司的 Realizer 系列采用 100W 固体激光器，配置振镜扫描可控制最小扫描厚度为 30μm，可显著提高成形件的精度及表面质量。

近年来，为适应增材制造技术的发展，国内部分高校、科研单位和企业开始重视该项技术，并着手研发和生产 SLM 相关设备。华中科技大学已推出 HRPM-Ⅰ型和 HRPM-Ⅱ型两套 SLM 设备；华南理工大学先后自主研发了 Dimetal-240、Dimetal-280 和 Dimetal-100 三款机型。除高校外，部分企业也进军 3D 打印领域，如西安铂力特、湖南华曙高科、广东汉邦激光等公司也逐渐有成熟 SLM 设备完成商业化。国内外主要的 SLM 设备厂家和设备参数见表 5.6。

表 5.6　主要的选区激光熔化设备厂家和设备主要参数

项目	公司/学校	典型设备型号	激光器	功率/W	成形范围/mm	光斑直径/μm
国外	EOS	M280	光纤	200/400	250×250×325	100～500
	Renishaw	AM250	光纤	200/400	250×250×300	70～200
	Concept Laser	M2 cusing	光纤	200/400	250×250×280	50～200
		M3 cusing	光纤	200/400	300×350×300	70～300
	SLM solutions	SLM 500HL	光纤	200/500	280×280×350	70～200
国内	华南理工大学	Dimetal-240	半导体	200	240×240×250	70～150
		Dimetal-280	光纤	200	280×280×300	70～150
		Dimetal-100	光纤	200	100×100×100	70～150
	华中科技大学	HRPM-Ⅰ	YAG	150	250×250×450	约150
		HRPM-Ⅱ	光纤	100	250×250×400	50～80
	广东汉邦激光	SLM-280	光纤	200/500	250×250×300	70～100
	西安铂力特	BLT-S300	光纤	200/500	250×250×400	—
	湖南华曙高科	FS271M	光纤	200/500	275×275×320	70～200

5.4.3.2　选区激光熔化工艺

作为一项精密复杂的加工制造技术，选区激光熔化（SLM）在加工过程中涉及众多的参数，如图 5.23 所示。SLM 产品制备过程、产品的表面形貌及其性能均受这些参数的影响，同时这些参数之间也存在相互作用。

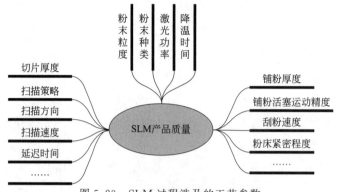

图 5.23　SLM 过程涉及的工艺参数

近年来大量的研究结果表明，如果对其中一些影响较大的重要因素（如激光扫描速度、激光功率、扫描间距、扫描策略等）加以合理的控制，便能获得致密度高、成形优良、性能优异的制备件。相反，如果以上参数没有得到合理匹配，超出合理范围，就会在选区激光熔化过程中出现一些问题，如孔隙、应力应变、球化等，并影响到选区激光熔化成形件的微观组织和力学性能。选区激光熔化过程中容易出现的问题及相应的解决方案如下。

（1）孔隙

孔隙是选区激光熔化技术的一个重要特征。孔隙的出现会对选区激光熔化制备件的致密度、显微组织、微观结构和力学性能等产生直接的影响。目前，为获得致密度高的金属选区激光熔化成形件，国内外大量的研究目标都集中在 SLM 工艺参数的优化以降低制备件的孔隙率上。

其中，英国伯明翰大学研究了 TC4 钛合金的选区激光熔化的成形过程，分析了 SLM 熔液流动对孔隙形成的影响。研究发现，随着铺粉厚度和扫描速度的增加，成形件的孔隙率相应上升，同时表面粗糙度也随之恶化。原因是工艺参数影响到热量的输入从而降低了熔液的流动性，使其不能及时填充孔隙。南京航空航天大学利用选区激光熔化技术制备了 TiC/Inconel718 复合材料成形件，研究发现当激光功率提高时，存在于扫描层间的大尺寸不规则孔隙数量有所降低。原因是较高的激光功率可以改善熔液的流动性，使熔液容易深入从而减小孔隙率。将激光能量密度控制在一定范围时，能改善成形件的致密度，避免相关缺陷的产生。

有的情况下会利用这种孔隙产生方式，人为制造出多孔材料，这种材料有很好的吸波性、散热性、轻量化等特点，可用于医疗、航空航天、精细化工等领域。选区激光熔化成形钛合金多孔结构医学植入体如图 5.24 所示。

（2）显微结构

选区激光熔化（SLM）的显微组织和结构特征受 SLM 过程中包括激光参数、扫描参数和材料本身物理性能等因素的影响。加热温度高、冷却速度快等加工特点使 SLM 显微组织较细小，且具有非平衡凝固特征。比利时鲁汶大学研究团队在研究选区激光熔化技术制备的 TC4 钛合金件时，发现体能量密度的增加会使晶粒组织变得粗大，同时析出 Ti_3Al 金属间化合物。

图 5.24　选区激光熔化成形钛合金多孔结构医学植入体

选区激光熔化的显微组织形貌具有多样化特征，既有各向同性的胞状晶和等轴晶，也有方向性很强的柱状晶。这主要是受散热方式的影响，SLM 制备件的不同部位具有不同的散热方式和散热速度。除去被金属粉末熔化吸收的激光能量，剩余的热量主要有三种散出方式：通过热传导经已重新凝固的金属传递到基板；扩散到制备件周围未熔的金属粉末中；通过对流的方式扩散到周围的保护气中。

这三种散热方式的速度和方向不一致（图 5.25），也就导致了显微组织生长的多样性。

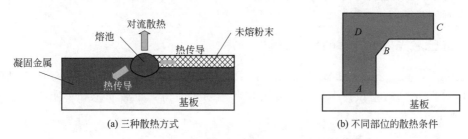

(a) 三种散热方式　　　　　(b) 不同部位的散热条件

图 5.25　选区激光熔化过程中散热示意

图 5.25(b) 中 A、B、C、D 四点所处的散热环境各不相同。A 点靠近基板，热量主要通过基板传递，结晶组织可能垂直基板向上生长，有一定的方向性；D 点位于部件的中心位置，主要的散热通道是周围的粉末，热量向周围均匀散出，故晶粒生长方向性并不明显。

选区激光熔化的结晶组织除与扫描参数和热传导有关外，扫描策略也会对其产生影响。扫描策略是指激光在金属粉末上的行进方式，基本的扫描策略有单向型、往复型和正交型，如图 5.26 所示。

基于这三种基本的扫描方式，可以有多种变化，如"小岛型""曲折型"等。比利时鲁汶大学研究团队发现不同的扫描策略会得到不同的显微组织。其中在单向型和往复型扫描中，结晶组织呈柱状从底部向上延伸（传热速度最快方向），并与基体倾斜一定角度。而在正交型的扫描策略下，试样中的晶粒尺寸在各个方向上趋于一致。

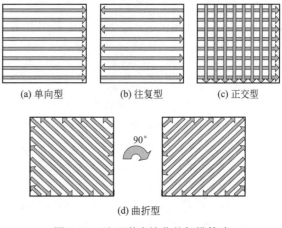

(a) 单向型　　(b) 往复型　　(c) 正交型

(d) 曲折型

图 5.26　选区激光熔化的扫描策略

（3）后热处理

选区激光熔化极快的加热和冷却速度使 SLM 制备件中存在较大的残余应力、孔隙缺陷等问题，这些问题的存在会影响甚至劣化制备件的力学性能。因此后热处理在改善 SLM 成形件性能及可用性上有时是必要的。主要的后热处理包括固溶、时效、退火和热等静压（hot isostatic pressing，HIP）处理等。

其中，退火处理的主要作用是减轻和消除 SLM 过程中产生的残余应力，以避免工件可能发生的翘曲变形，同时可提高制备件的强度性能；对于一些需要经过时效处理才能达到最优综合性能的金属材料，如马氏体时效钢，在 SLM 制备完成后，需要在一定的温度和时间内完成时效处理，以析出第二相金属间化合物来提高强度和改善韧性。

HIP 是应用于粉末冶金领域，以消除孔隙、封闭微裂纹的工艺。HIP 工艺首先将加工件置于热处理炉内，随后升温至高温（一般为合金熔点的 2/3），同时炉内通入惰性气体或液体对工件加压，压力在工件表面均匀分布。经过 HIP 处理的工件可以消除绝大部分的孔隙而达到致密状态。将 HIP 技术和 SLM 技术相结合，可以有效地改善成形件的致密度和力学性能。英国伯明翰大学的研究者发现 HIP 可以有效降低 TC4 钛合金制备件的孔隙率，使其中的马氏体部分发生分解，试样强度略微降低，但是塑韧性明显提高；德国帕德伯恩大学的研究者对 SLM 制备的 TC4 钛合金试样进行 HIP 处理，发现试样的疲劳强度和抗裂纹扩展性能得到明显改善。

5.4.4　选区激光熔化技术的研究进展

理论上说，在工艺和加工设备理想的条件下，任何金属粉末都可以作为选区激光熔化技术的原材料。SLM 材料按粉末状态可分为预合金粉末、机械混合粉末和单质粉末三类，如图 5.27 所示。

 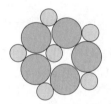 

(a) 预合金粉末　　　　　(b) 机械混合粉末　　　　　(c) 单质粉末

图 5.27　SLM 粉末种类

选区激光熔化技术对成形粉末有较高的要求，如粉末粒径、形状、成分分布等。常用的粉末制备方法有气雾化法、水雾化法、热气体雾化法和超声耦合雾化法等。预合金粉末和单质粉末颗粒均匀，性能优越，是选区激光熔化技术主要的选取对象。目前，SLM 材料的三个主要研究方向是铁基合金、镍基合金和钛基合金。

（1）铁基合金

铁基合金是目前应用范围最广、使用量最大的金属材料。在选区激光熔化技术领域中，铁基合金粉末是研发最早和研究最为深入的材料之一，主要集中在纯铁粉末、不锈钢粉末、工具钢粉末等。俄罗斯列别捷夫物理研究所利用 SLM 技术研究了坡莫合金，成功制备出了小型的复杂结构电子元器件，并通过增设外加电磁场增加了 Fe_3O_4 的析出及改善了新相的分布。意大利米兰理工大学对 316L 不锈钢的 SLM 工艺进行研究，粉末尺寸控制在 5～50μm，观察了扫描参数和扫描方式对制备件的显微结构和性能的影响。华南理工大学利用自主研发的选区激光熔化设备，分析了铁基 NiCr 合金制备件表面台阶效应的产生原因。

对于结构精细、内部回路复杂的重要钢制模具，要求具有相当高的制造精度，一般采用铸锻等传统的加工方法进行制造。采用选区激光熔化技术制造精密模具已经应用到生产中，前景良好。选区激光熔化技术适合结构复杂的结构件，制备的模具有更高的尺寸精度和优良的性能。尤其是在附有随形冷却水道的模具加工制造中，选区激光熔化技术具有无可比拟的技术优势，可以不受结构限制进行生产加工。

在模具钢选区激光熔化研究中，南京航空航天大学在不同工艺参数下成功制备出5CrNi4Mo 模具钢 SLM 试件，研究了其相变过程和相变机制，分析了激光能量密度对 SLM制备件力学性能的影响。芬兰国家技术研究中心通过试验和有限元热模拟的方法制备出了高致密度的 H13 模具钢零件，并建立和完善了相关的工艺窗口。

马氏体时效钢由于高强度、优异的塑韧性及良好的加工性能而广泛地应用于航空航天、石油化工、军事、原子能等领域的模具制造。对于结构复杂、尺寸精度要求高的零件来说，传统的制造方法往往不能满足使用要求，而且生产周期长。选区激光熔化技术可以在满足精度及使用要求的前提下，缩短生产制造周期，并且不受制备件复杂结构的限制，极具灵活性。国外马氏体时效钢通过选区激光熔化技术制造模具已经趋于成熟。意大利巴里理工大学研发的 SLM方法制备 18Ni300 钢制件，产品致密度可达 99％，有较好的表面粗糙度和组织性能。

（2）钛基合金

钛基合金是一种性能优良的轻质结构材料，具有低密度、高比强度、优良的耐热耐蚀性、低导热率等特点，广泛应用于航空航天、化工、医疗、军事等领域。钛存在两种同素异构转变，在 882℃以下稳定存在的为 α-Ti，具有密排六方结构；在 882℃以上稳定存在的为β-Ti，具有体心立方结构。添加合金元素可使相变温度及结构发生改变，α 相稳定元素有Al、Sn、Ga 等，其中 Al 是最常用的 α 相稳定元素，加入适量的 Al 元素可以形成固溶强化以提高钛合金的室温和高温强度以及热强性；β 相稳定元素有 V、Nb、Mo、Ta 等，其中Mo 的强化作用最为明显，可以提高淬透性及 Cr 和 Fe 合金的热稳定性。Ta 的强化作用最弱，且密度大，只有少量合金中添加以提高抗氧化性和耐腐蚀性。

在选区激光熔化技术领域，国内外的研究主要集中在纯钛和 α＋β 钛合金上，其中 TC4钛合金（Ti-6Al-4V）因具有优异的综合力学性能和生物相容性而被大范围应用。与 α＋β 钛合金相比，β-Ti 几乎不含 Al 和 V 等合金元素，有更高的强度和韧性，适用于制造人体植入物。日本大阪大学的研究者利用选区激光熔化技术制造出相对密度达 95％的人造骨骼，抗拉强度达 300MPa；日本中部大学的研究者制备出允许细胞进入生长的多孔钛，孔隙率为55％～75％，强度范围为 35～120MPa；我国华中科技大学的研究者利用 SLM 技术制造出了孔隙率为 5％～10％的 TC4 钛合金人造骨骼；比利时屋恩大学的研究者利用自主研发的设备，采用粒度范围为 5～50μm 的 TC4 钛合金粉末制备出致密度达 97％的人造钛合金义齿，发现 SLM 过程中极高的冷却速度容易在制品中形成脆性的马氏体组织，需要对产品进行后续的热处理以得到力学性能适合的产品。

（3）镍基合金

镍基合金由于其优良的耐蚀性和抗氧化性，被广泛应用在石油化工、海洋船舶和航空航天领域。在航空发动机中，镍基高温合金被用于涡轮机叶片等重要零件以适应高温燃气和高应力载荷等严苛的工作环境。目前，选区激光熔化技术研究最为广泛的是 Waspaloy 合金、Inconel 625 和 Inconel 718 合金。英国拉夫堡大学快速制造中心的研究团队利用选区激光熔化技术制备了 Waspaloy 时效硬化高温合金，成品致密度高达 99.7％；美国得克萨斯大学研究团队制备了显微硬度可达 4.0GPa 以上的 Inconel625 合金和 Inconel718 合金的 SLM 成形件。国内也开展了针对镍基合金的选区激光熔化技术研究，例如山东大学、中北大学、广州有色金属研究院等，较全面地研究了 GH4169（类似 Inconel 718 合金）的选区激光熔化制造工艺，并取得了良好进展。

5.5 激光熔覆的应用

激光熔覆最初的工业应用是 Rolls-Royce 公司于 20 世纪 80 年代初对 RB211 涡轮发动机壳体结合部件进行的硬面熔覆。其后，众多公司采用了激光熔覆技术。激光熔覆层/基体的组合包括不锈钢/低碳钢、镍/低碳钢、青铜/低碳钢、StelliteSF6 合金/低碳钢（或黄铜）、不锈钢/铝、铁硼合金/低碳钢等。

激光熔覆的应用主要在两个方面，即耐腐蚀（包括耐高温腐蚀）和耐磨损，应用的范围很广泛，例如内燃机的阀门和阀座的密封面，水、气或蒸气分离器的激光熔覆等。同时提高材料的耐磨和耐腐蚀性，可以采用 Co 基合金（如 Co-Cr-Mo-Si 系）进行激光熔覆。基体物相成分范围中 CoMoSi 至 Co_3Mo_2Si 的硬质金属间相的存在可以保证耐磨性能，而 Cr 则提供了耐腐蚀性。应用 Ni-Cr-B-Si 系熔覆层也能取得类似的效果。典型零件激光熔覆应用的示例见表 5.7。

表 5.7 典型零件激光熔覆应用的示例

零件名称	材料机状态	激光熔覆工艺	处理效果
摩托车气门	21-4N 钢，底径为 24mm，密封面激光熔覆镍基合金	激光功率为 2kW，扫描速度为 41.5cm/min，送粉量为 15g/min，N_2 保护，熔覆层宽度为 3.5mm，厚度 > 1.0mm，硬度为 450HV	台架试验寿命较等离子喷焊提高 32%，粉末消耗下降 56%，产品一次成品率由 80%～90% 提高到 98% 以上
EQ140-A 汽车排气门	21-4N 钢，底径为 40mm，密封面激光熔覆钴基合金	激光功率为 3.5kW，扫描速度为 30cm/min，送粉量为 15g/min，N_2 保护，熔覆层宽度为 5mm，厚度为 2.5mm，硬度为 440～470HV	与等离子喷焊相比，节约合金粉末 60%，气孔率从 10%～20% 下降至 2% 以下
F-2281 型电站锅炉截止阀	40 钢，公称通径为 20mm，密封带为 ($\phi28$～16mm)×5mm 的环槽，激光熔覆钴基合金	激光功率为 3.6W，光斑直径为 6.5mm，扫描速度为 30cm/min，硬度为 465HV	该阀为深孔结构，原采用手工盲焊，加工速度慢，成品率低，采用激光熔覆技术较好地解决了上述问题
粉煤机叶轮片	Mn13 高锰钢，受煤块冲击磨损，激光熔覆镍基碳化物合金	采用同步送粉式激光熔覆，功率为 1.8kW，扫描速度为 4.5mm/s，送粉量为 10g/min，光斑直径为 2mm，平均硬度为 167HRC，熔覆层厚度为 1.5mm	耐磨性提高 7 倍，使用效果良好
飞机发动机高压叶片	叶片在 1600K 温度下工作，激光熔覆钴基合金	快速轴流 CO_2 激光器同步送粉激光熔覆，功率为 2kW，N_2 保护，激光功率密度为 10^4～10^5 W/cm^2	比原 TIG 熔覆减少合金材料用量 50%，节省加工时间 2/3
旋切辊	$\phi100mm×300mm$，采用 AISI 1045 钢	采用矩形光斑激光熔覆，同轴送进 CPM10V 和 CPM15V 合金粉	比 D2 钢整体淬火的组织更细小、均匀，耐用性明显提高
挤塑机蜗杆螺纹	$\phi58mm×100mm$，采用 DINI 7440 不锈钢	用 20kW 激光器熔覆 Co-Cr-W 合金（53.5% Co、31.0% Cr、1.2% Si、12% W），熔覆宽度为 37mm，高度为 12mm 无裂纹的螺旋形熔覆层	使用寿命大幅提高
汽车零件模具	热锻模，高温磨损条件下工作	用 4kW 激光熔覆，功率密度为 $4×10^3$ W/cm^2，熔覆 Cr-Ni 合金（48% Cr、28% Ni、2% Al、6% C、2% Mo）	熔覆层硬度高、摩擦因数低，耐 600℃ 高温磨损

激光熔覆也可用于在材料表面熔覆耐蠕变性能的熔覆层，这种熔覆层在高温下耐磨料磨损和冲蚀磨损。在这种情况下，可用于在钢表面熔覆的材料包括钴合金、钛合金、复合物（如 Cr-Ni、Cr-B-Ni、C-Cr-Mn、C-Cr-W、Mo-Cr-Ni、TiC-Al$_2$O$_3$-B$_4$C-Al 等）、Co-Cr-W 合金（Stellite）、耐盐酸镍基合金（Hastelloy）、碳化物（如 WC、TiC、B$_4$C、SiC 等）、氮化物（如 BN、Cr 和 Al 的氮化物）等。

5.5.1　钢铁材料的激光熔覆

针对钢铁材料的激光熔覆，熔覆层合金体系主要有铁基合金、镍基合金、钴基合金和金属陶瓷等。激光熔覆铁基合金适用于要求局部耐磨且容易变形的零件，铁基合金熔覆的基材多用铸铁和低碳钢。镍基合金适用于要求局部耐磨、耐热腐蚀及抗热疲劳的构件，所需的激光功率密度要比熔覆铁基合金的略高。钴基合金适用于要求耐磨、耐蚀和抗热疲劳的零件，其具有优异的耐磨和耐蚀等性能，通常以粉末的形式使用，采用激光熔覆可获得表面光滑且与基材结合良好的熔覆层。

最先选用且应用最广的熔覆层材料是镍基、钴基、铁基自熔合金，基材有各种碳钢、不锈钢、合金钢、铸铁等。这几种自熔合金与上述基材具有良好的润湿性，易获得稀释率低、与基体成为冶金结合的致密熔覆层。在此基础上，在自熔合金中加入各种高熔点的碳化物、氮化物、硼化物和氧化物陶瓷颗粒，形成复合熔覆层，可获得各种优异的表面性能。

常用于钢铁材料激光熔覆被磨损表面的是 Cr-Ni-B-Fe 合金，可以添加 C 和 Si。钴合金可以用镍合金熔覆，形成耐高温冲蚀的熔覆层。钛合金可以用氮化硼熔覆，铝硅合金可以用 Si 熔覆。激光熔覆高硬度、耐高温质点与金属基粉末的复合材料，会形成复合组织结构的熔覆层。例如，熔覆 WC+Fe（或 WC+Co、WC+NiCr）复合粉末时，快速的激光熔覆过程使 WC 与 Fe 的相互扩散难以进行，从而使 WC 仍保持很高的硬度。这一硬度与常规热处理后含钨工具钢中的 WC 的最高硬度相当。

工具钢（特别是用作加工工具的钢）需耐磨料磨损，可用 Co-Cr-W 合金（Stellite）进行激光熔覆。用于制造汽轮机叶片耐蠕变的 Nimonic8A 合金（Ni>70%、Cr20%，添加适当 Al、Co）经激光熔覆 Co-Cr-W 合金后，耐磨料磨损的性能提高了数十倍。激光熔覆 Co-Cr-W 合金比堆焊（如 TIG 堆焊等）Co-Cr-W 合金效果好，可得到高硬度和细化的组织。奥氏体不锈钢经激光熔覆 Cr$_2$O$_3$ 氧化物后耐蠕变性能增加 1 倍以上。

5.5.2　钢轧辊的激光熔覆

轧辊是轧材企业生产设备中的一个主要装备，是轧材企业生产质量的重要保证，同时也是轧材企业生产的主要备件消耗。

轧辊按工艺用途可以分为冷轧辊和热轧辊，钢铁企业热轧工艺应用较多，例如开坯生产、高速线棒材生产及中板、厚板、薄板、带钢生产等大多采用热轧工艺。一般轧辊工作时的温度为 700～800℃，有时高至 1200℃。在高温条件下，轧辊表面要承受非常大的压力，并且由于工件高速移动，辊件表面受到非常大的摩擦，生产工艺又要求轧辊被不断加热和冷水降温，温度大幅的波动易造成轧辊的热疲劳。因此，生产工艺要求轧辊必须具备较高的表面硬度及韧性，以及较高的抗磨性。热轧辊的材料主要有锻造钢、无限冷硬铸铁、普通冷硬铸铁、NiCrMo 铸铁、铸钢、球墨复合铸铁、半钢和高硬度特殊半钢、高铬铸铁、半高速钢和高速钢等。

轧辊的激光熔覆包括以下几种。

① 采用激光熔覆技术，可以在锻钢轧辊表面获得高硬度、厚度在 2mm 以上的硬化熔覆

层，可大幅度提高轧辊的使用寿命。采用激光熔覆技术还可以对轧辊的辊面和轴颈进行修复。

② 经过激光熔覆处理，轧辊表面硬度可大幅度提高。对于半钢制成的带钢粗轧辊、中轧辊以及棒线材的粗轧辊、中轧辊等，使用效果良好。采用激光熔覆技术还可以对合金半钢轧辊轴颈进行修复。

③ 采用激光熔覆技术，可以在普通冷硬铸铁轧辊、无限冷硬铸铁轧辊表面获得高硬度、红硬性好的硬化层，可大幅度提高铸铁轧辊的使用寿命。采用激光熔覆技术可以对铸铁轧辊的轴颈进行修复。

从生产环境和轧机轧制力来看，热轧辊材料必须满足以下要求。

① 良好的抗磨性。抗磨性能是热轧辊的主要技术指标，直接制约着生产效率和轧制产品的表面质量。热轧辊的表面损伤既与轧辊的受力大小、工作环境及温度波动有关，同时更与辊材的性质、表面机理及性能有关。

② 辊材的质地均匀，辊面结构紧密，硬度分布均匀。

③ 具有较低的线胀系数，以使热应力积累较少。

④ 具有较高的散热能力，轧辊能及时将热量传导出去，减少热应力积累。

⑤ 具有较高的高温屈服强度，可以减少轧辊表面网裂情况的发生。

⑥ 具有较高的抗氧化性和高温蠕变强度。

热轧辊的主要失效形式有热疲劳引起的热龟裂和剥落、辊身表面磨损、轧辊断裂、过回火和蠕变、缠辊，失效面几乎覆盖整个工作面。其中辊面剥落和磨损是热轧辊失效的主要形式，如图5.28所示。

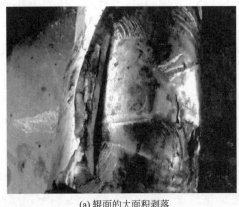 

(a) 辊面的大面积剥落　　　　　　　　　　　　　　(b) 辊面的磨损

图5.28　常用钢制热轧辊的失效形式

轧辊质量的好坏直接影响轧机作业率和轧件的质量。因此，如何提高轧辊的使用寿命及对报废轧辊进行修复再制造、提高轧材单位的生产效率和经济效益，成为降低轧制产品成本的一个重要途径，具有非常大的研究和应用价值。利用激光熔覆技术对轧辊表面进行改性和修复已成为国内外普遍关注的问题。

（1）高速钢轧辊的激光熔覆

某精密薄带轧制用高速钢轧辊用材（W6Mo5Cr4V2）的化学成分（质量分数）为 0.83%C，0.25%Si，0.30%Mn，0.013%S，0.022%P，6.14%W，4.84%Mo，3.98%Cr，1.92%V。脉冲 Nd：YAG 激光器的主要参数：波长为 1.064μm，平均输出功率为 500W，采用的激光熔覆工艺参数见表5.8，焦距为150mm。采用侧吹的高纯氩气对熔池进行保护。由此得到不同激光熔覆工艺参数条件下的熔覆层。激光熔覆粉末由 Ni 基粉末＋WC 粉末混制而成。

表 5.8　激光熔覆工艺参数

编号	1	2	3	4	5
电流/A	250	350	300	200	150
频率/Hz	4.0	4.0	4.0	4.0	4.0
脉宽/ms	3.0	3.0	3.0	3.0	3.0

熔覆层与基材实现良好的冶金结合，覆层组织细小致密，硬度达到 900HV，较基材提高约 1 倍，达到了表面强化的效果，表面硬度的提高能够显著延长轧辊的使用寿命。

（2）铸造合金半钢轧辊的激光熔覆

铸造合金半钢 ZUB160CrNiMo 含有多种微量合金元素，力学性能处于钢和铁之间。由于组织中含有 5%～15% 的碳化物，其耐磨性很好，常用于型钢轧机粗轧和中轧机架、热轧带钢连轧机粗轧和精轧前段工作辊。试验所用铸造合金半钢 ZUB160CrNiMo 的化学成分和力学性能见表 5.9 和表 5.10。

表 5.9　铸造合金半钢 ZUB160CrNiMo 的化学成分　　　　　　　　　%

C	Si	Mn	P	S	Cr	Ni	Mo	Fe
1.5～1.7	0.3～0.6	0.7～1.1	≤0.035	≤0.030	0.8～1.2	0.2～1.0	0.2～0.6	余量

表 5.10　铸造合金半钢 ZUB160CrNiMo 的力学性能

辊身肖氏硬度/HSD	抗拉强度/MPa	伸长率/%	冲击功/J
38～45	≥540	≥1.0	≥4.0

铸造合金半钢轧辊试块尺寸为 60mm×30mm×20mm，表面经机械磨削加工，除去表面氧化物，经无水酒精清洗干净。采用质量比为 40% 的 TiN 和石墨粉末，与质量比为 60% 铁基自熔合金粉末混合后作为熔覆材料，铁基自熔合金粉末 Fe-Cr-B-Si-Mo 的平均尺寸为 120～150μm。TiN 颗粒纯度为 99.0%，平均尺寸为 40μm。用自制的黏结剂预先涂覆在铸造合金半钢轧辊试块表面上，预涂层厚度为 0.8～1.2mm。

试验采用国产 DL5000 型 CO_2 激光器，光斑直径为 2.8～3.2mm，采用的激光功率为 3400～3500W，激光扫描速度为 5.0mm/s。为了保证熔覆层的质量及均匀程度，采用多道扫描，每道激光扫描线间的搭接率为 30%。激光熔覆过程中用纯度为 99.9% 的氩气侧向保护，流量为 25～30L/min。在熔覆层和基体之间有两个明显的分界区域，如图 5.29 所示，分别为扩散层和热影响区，热影响区、扩散层与熔覆层之间已形成良好的冶金结合。

图 5.30 所示为铁基复合熔覆层的显微硬度分布曲线，可知热影响区的显微硬度在 430～650$HV_{0.2}$ 之间，稍高于半钢基体的显微硬度（400～450$HV_{0.2}$）。这是由于在激光熔覆过程中，靠近熔覆层的基体组织发生奥氏体化，碳化物溶解或部分溶解，由于加热时间较短和冷却速度极快，碳来不及进行均匀扩散就形成淬硬组织（细小的高碳马氏体和少量的残余奥氏体），因此造成了该区域的硬化现象。含有 Ti（C，N）的铁基复合熔覆层显微硬度为 800～900$HV_{0.2}$。熔覆层的强度和硬度得到了较大幅度的提高，这主要是由于硬质相的析出有效地钉扎晶粒的晶界，阻止了晶粒的长大，细化了熔覆层中基体的晶粒。

（3）高速线材轧辊的激光熔覆

轧辊基体材料为 34CrNiMo 钢，形状如图 5.31 所示，最大直径为 178mm，总长为 789mm。轧辊工作的环境较恶劣，转速高且承受频繁的冲击和较大的扭矩作用，尤其是安装在辊轴上的锥套的锥面，在轧钢过程中处于微振磨损状态，是轧辊磨损最快最大的部位。

辊轴需要修复的主要部位是左端锥面，其次是左端螺纹和右端轴颈。锥面磨损一般为 0.3～0.8mm，螺纹和轴颈磨损一般为 0.5～1.0mm，最深可达 2.5mm。

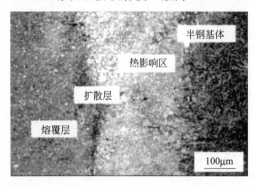

图 5.29　基体与熔覆层结合界面的金相组织

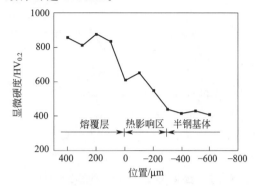

图 5.30　铁基复合熔覆层的显微硬度分布曲线
（熔覆层与基体结合面处为零点）

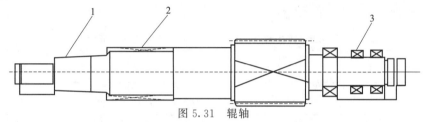

图 5.31　辊轴

1—锥套安装位（锥面）；2—油膜轴承位；3—承载轴承位

选用激光熔覆合金粉末时，既要考虑熔覆材料与基材线胀系数、熔点的匹配，也要考虑熔覆材料对基材的润湿性，还应考虑熔覆材料自身的使用性能。根据辊轴的使用要求和力学性能，决定选用 HUST-324 激光熔覆金属粉末。该材料韧性好、强度高、熔点高、不易产生气孔，熔覆层硬度为 25～30HRC，化学成分见表 5.11。

表 5.11　HUST-324 激光熔覆金属粉末的化学成分　　　　　　　　　%

Ni	Cr	Si	Pb	Fe
11～14	15～20	0～1.0	0.01～0.05	余量

在激光熔覆修复前进行外形尺寸检测和无损检测，检查锥面是否有深裂纹。一般情况下，由于激光熔覆厚度只能达到 2mm。如没有深裂纹，则进行机械清理，去除镀层、表面氧化层、油污和疲劳层，以保证熔覆时结合良好。将表面经过处理的辊轴装夹在机床的主轴箱卡盘上。激光熔覆过程采用同步送粉工艺，将干燥后的合金粉末装入送粉器中，并接通保护气体和输送气体。激光熔覆过程主要的工艺参数为激光功率、扫描速度、扫描宽度、光斑直径和焦距等，各参数设定如下。

激光功率为 2.7～3.0kW。单位面积的功率大小称为功率密度。由于不同功率密度的光束作用在基体表面会引起不同变化，从而影响熔覆层的稀释率（随着功率密度的增大而增大）。当功率密度较小时，稀释率小，可得到细密的熔覆层组织，使设计的熔覆层元素充分发挥作用，提高了熔覆层的硬度和耐磨性；当功率密度较大时，稀释率大，基体对熔覆层的稀释作用损害了熔覆层固有的性能，加大了熔覆层开裂变形的倾向。在比较合适的功率下，微粒熔化比较充分，熔覆层结合良好，零件耐磨性才能明显提高，产生裂纹的可能性减小。

扫描速度为 7～8mm/s。扫描速度是指零件与激光束相对运动的速度，它在很大程度上代表光束能量效应。在激光功率和光斑尺寸一定的情况下，随着扫描速度的增大，温度梯度增大，相应的内应力增加。当扫描速度增大到某一值时，熔覆层中内应力引起的应变刚好超过熔覆层合金在该温度下的最低塑性，从而产生开裂以至形成宏观裂纹。同时由于扫描速度过快，光束照射时间太短，输入的能量不能达到淬火温度，而使表面硬度降低。通常的扫描速度为 3~10mm/s，考虑质量与效率的关系，本次设为 7~8mm/s。

扫描宽度为 4mm。在激光功率和光斑尺寸一定的情况下，扫描宽度小，热应力集中，熔池温度高，气孔、夹渣少，但晶粒粗大，组织性能下降，并且生产效率低。扫描宽度过大，熔覆层搭接少，不利于后续加工，熔覆功率密度小，熔池聚集效果差，易产生气孔、夹渣，甚至熔化不透。通常的扫描宽度为 3~6mm，本次设为 4mm。

光斑直径为 2.5mm。在激光功率一定的情况下，光斑大小反映了激光能量的集中程度。光斑小，能量密度大，熔化好，但生产效率低；光斑过大，能量分散，可导致熔化不够，光斑形状变化，出现椭圆形光斑，不利于激光熔覆。

焦距为 380mm。激光熔覆是一种光加工方式，光加工时光的聚焦点必须落在需加工的零件表面，这样才能使激光能量的应用最大化，不合适的焦距会使激光效率降低。

激光熔覆后，用保温材料对熔覆部位适当保温，防止产生裂纹。辊轴修复面一般都能满足装配要求和使用要求，且使用寿命较长，可达 8 个月左右，达到了新轴的使用寿命。国产精轧辊轴修复面的光洁程度和耐磨性能明显好于新轴，且修复周期短，价格约为新轴的 1/3。

5.5.3　轴类件的激光熔覆

轴类件常处于大负荷工况条件下，工作过程中，其表面往往需承受摩擦、挤压、冲击和腐蚀等综合作用，容易造成磨损、疲劳点蚀等失效形式。如果零件失效后直接报废，将会造成成本的增加和资源的浪费，违背了发展"减量化、再利用、资源化"绿色循环经济的原则。如果利用激光熔覆技术将此类失效和报废的轴类零件进行再制造，使其达到新品甚至优于新品的性能，将具有重大的社会意义和经济效益。

（1）35CrMo 钢电机主轴的激光熔覆

35CrMo 钢化学成分见表 5.12，电机主轴表面硬度为 20~22HRC。

表 5.12　35CrMo 钢化学成分　　　　　　　　　　　　　　　%

C	Si	Mn	Mo	Cr	Fe
0.32~0.40	0.17~0.37	0.40~0.70	0.15~0.25	0.80~1.10	余量

熔覆层合金分别为 100~200 目的铁基合金粉末和 150~200 目的镍基合金粉末，成分见表 5.13 和表 5.14。

表 5.13　铁基合金粉末的化学成分　　　　　　　　　　　　%

C+N	Cr+Ni	Nb+Ta	Mn	Mo	Fe
0.11~0.22	19.1~25.9	<2	≤0.035	0.85~1.95	余量

表 5.14　镍基合金粉末的化学成分　　　　　　　　　　　　%

Si	B	Cu	Fe	C	Ni
2	9	20	<4	0.1~0.2	余量

激光熔覆试验采用 TFL-H6000 横流 CO_2 激光器，控制系统采用 SIEMENS 的 SINUMERIK810D 数控系统，送粉方式采用 JF-2 型送粉器自动送粉，熔覆过程中采用氩气进行保护。在试样的圆柱面上分别进行铁基合金粉末和镍基合金粉末的单层熔覆，搭接率为

10%，熔覆层厚度为1.2mm，熔覆路径为轴的圆周方向，熔覆工艺参数见表5.15。试验前先用乙醇、丙酮清洗试样表面，再用手持式电动磨轮将表面氧化层打磨掉。

表5.15 激光熔覆工艺参数

光斑直径 /mm	焦距 /mm	送粉量 /mg·s⁻¹	扫描速度 /mm·s⁻¹	激光功率/kW	保护气体
5	360	220～224	6	3	Ar

为测定熔覆层与基体的结合强度，制备拉伸试样的步骤如下：首先裁取4mm×190mm×150mm的35CrMo板材，中间部位铣3.5mm深V形槽，夹角为45°，熔覆两道镍基合金粉末后，磨平熔覆面，再磨至厚3mm（保证底面0.5mm连接处磨除），线切割出2个标准拉伸试样；其次裁取5mm×200mm×150mm的35CrMo板，中间部位铣4.5mm深V形槽，夹角为45°，熔覆两道铁基合金粉末后，磨平熔覆面，再磨至厚4mm（保证底面0.5mm连接处磨除），线切割出2个标准拉伸试样；最后在最大载荷100kN的MTS809拉扭复合材料试验机上进行拉伸试验。

激光熔覆层的显微硬度分布如图5.32和图5.33所示，可以看出，无论是采用铁基合金粉末还是镍基合金粉末，在激光熔覆区域纵向上，由熔覆层到熔合层再到母材，显微硬度都是先增大后减小。这是因为熔合层靠近基体，冷却速度快，易于得到类似淬火组织的金相组织，所形成的晶粒尺寸细小，起到细晶强化的作用，硬度峰值一般都出现在细晶区。由表及里，随熔覆层深度的增加，组织越来越细小，硬度也随之增高。母材的显微硬度表现为基体的硬度。而在横向上，由激光熔覆区域中心到边缘，显微硬度均逐渐减小，即越靠近熔覆区域中心，母材中熔合的熔覆材料越多，相应的硬度也越大。比较三个区域的显微硬度可以发现：熔覆层和熔合层的显微硬度均高于基体的显微硬度，并且以熔覆层和熔合层交界处附近的显微硬度最高。熔覆层具有较高硬度的同时也保证了熔覆层组织具有较高的耐磨性。

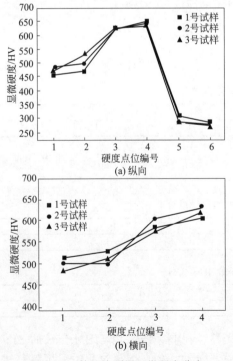

图5.32 铁基熔覆层显微硬度分布

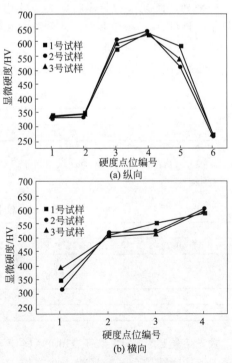

图5.33 镍基熔覆层显微硬度分布

用铁基合金粉末制得的拉伸试样可承受的最大拉力为 52.545kN，平均抗拉强度为 638MPa；用镍合金粉末制得的拉伸试样可承受的最大拉力为 37.597kN，平均抗拉强度为 615MPa，拉伸试验过程中没有出现明显的屈服现象。观察拉伸试验断裂样品可以发现，试样断口并非出现在粉末与基体的焊接区域，而是位于粉末熔覆的搭接层处，表明两种粉末与基体激光熔覆后，达到了比较高的结合强度，获得了牢固的冶金结合。

激光熔覆后的 35CrMo 钢电机主轴需要经热形检测、车削和磨削加工、修复后几何尺寸检验、超声波检测等才能达到成品轴的要求。电机主轴激光熔覆修复层经磨削加工处理后，表面明亮、光滑、无裂纹和夹杂凹坑等缺陷；采用百分表检测该轴，在激光熔覆前、后最大热变形所引起的径向跳动为 0.03mm。经 PXUT-350B 超声波无损探伤仪检测，结果显示熔覆层与基体结合良好，没有明显缺陷。按制造产品要求，加工后对电机主轴的尺寸检验和性能检测表明，激光熔覆修复技术恢复了其原始尺寸形状，并在表面硬度、耐磨性能等方面有了较大程度的提高。

（2）烟气轮机轴的激光熔覆

烟气轮机是重油催化装置的核心设备，由于其工作环境比较复杂，致使烟气轮机轴出现轴变形、轴表面开裂等事故，其中轴表面开裂占轴类损伤事故的 80%。传统修复手段存在周期长、成本高及材料性能变化大等不足。采用大功率激光熔覆修复技术，在保证主轴良好的材料性能的同时，也能极大地缩短检修周期和降低维修费用。

熔覆基体为用于烟气轮机轴制造的 40CrNi2MoA，其化学成分和力学性能见表 5.16 和表 5.17。

表 5.16　40CrNi2MoA 的化学成分　　　　　　　　　　　　　　　　%

C	Si	Mn	P	S	Ni	Mo	V	Fe
0.08～0.12	0.15～0.25	0.70～0.90	≤0.015	≤0.015	2.50～3.00	0.20～0.30	0.05～0.10	余量

表 5.17　40CrNi2MoA 的力学性能

直径/mm	热处理工艺	抗拉强度/MPa	屈服强度/MPa	伸长率/%	断面收缩率/%	硬度/HRC
≤100	淬火＋回火	≥1000	≥895	≥12	38	302～375
>100	淬火＋回火	≥980	≥885	≥12	40	302～375

40CrNi2MoA 在激光处理过程中，如果不采用特殊的工艺控制对基体的热输入量，在熔覆层表面和熔覆层与基体的过渡区很容易产生裂纹。因此在进行烟气轮机轴激光修复时，需要选用合理的工艺参数，以降低激光处理过程中对基体的热冲击和热输入，提高工件的表面强度，达到表面改性或修复的目的。

在进行轴件的激光熔覆时，如果仅仅是对表面外形的修复，可以选择与轴相同的材料；如果要获得性能更好的修复层，即需要强化时，有必要选择合适的合金粉末。由于烟气轮机轴的使用工况比较特殊，轴颈部位必须具有很好的抗磨损、耐腐蚀的能力，因此所选用的熔覆材料不但要具有一定的硬度，而且还要具有一定的韧性和耐腐蚀性。为此，根据基体材料的化学性质和使用工况，选用以镍为基、添加其他合金元素的金属粉末对烟气轮机轴进行激光熔覆修复，以获取高性能的修复层，延长烟气轮机的使用寿命。为了找出最适于烟气轮机轴材料的合金粉末，选取 Ni35 和 Ni25 两种镍基合金粉末进行了熔覆试验，两种合金粉末的成分见表 5.18，激光熔覆工艺参数见表 5.19。

由于烟气轮机轴实际使用时存在剪切力作用，因此需测定激光熔覆件的剪切强度。在万能材料试验机上将剪切试样进行缓慢加载，直至熔覆层环被剪切下来，读取熔覆层环的最大剪切力，并计算剪切强度，结果见表 5.20，可见 Ni35 合金粉末熔覆后的剪切强度略高于 Ni25 合金粉末熔覆后的剪切强度。

表 5.18　合金粉末的成分　　　　　　　　　　　　　　%

粉末名称	C	Cr	Si	Fe	B	Ni
Ni35	0.22	8.61	2.83	4.42	1.51	余量
Ni25	0.12	5.22	2.38	3.76	0.35	余量

表 5.19　激光熔覆工艺参数

材料	激光功率/kW	输出电流/A	送粉速度/g·s^{-1}	扫描速度/mm·s^{-1}
Ni35＋母材	2.3～2.5	4	4.36	3
Ni25＋母材	2.3～2.5	4	4.81	3

表 5.20　剪切试验结果

材料	最大剪切力/kN	熔覆层长度/mm	试样直径/mm	剪切强度/MPa
母材＋Ni25-1	204	8	25	325
母材＋Ni25-2	177	8	25	282
母材＋Ni35-1	185	8	25	294
母材＋Ni35-2	225	8	25	358

（3）电动机转子轴的激光熔覆

某厂电动机在运转过程中，由于轴颈与轴承的配合松动，产生撞击和非正常磨损，导致轴承报废，并在与轴承配合的轴颈表面形成最大深度为 0.6mm 的磨痕及划伤。修复对象为长 2100mm、直径为 110mm 的电动机转子轴。后经无损检测，磨损部位不存在其他深入裂纹或其他损伤形式。基于以上分析，采用激光熔覆技术在轴件表面熔覆一层 1～1.2mm 厚的合金强化层来填补凹痕，达到修复外形尺寸并留有加工余量的目的。

转子轴基材为 40Cr，化学成分见表 5.21。熔覆材料选用的是 BZLC-40 铁基自熔合金粉末，化学成分见表 5.22。

表 5.21　40Cr 的化学成分　　　　　　　　　　　　　　%

C	Si	Mn	Cr	Ni	S	P	Cu	Fe
0.37～0.44	0.17～0.37	0.50～0.80	0.80～1.10	≤0.30	≤0.035	≤0.035	≤0.30	余量

表 5.22　BZLC-40 铁基自熔合金粉末的化学成分　　　　　　%

C	Si	B	Cr	Ni	Cu	Fe
0.40～0.50	1.80～2.70	1.50～2.00	12.0～14.0	1.50～2.50	0.10～0.30	余量

试验采用的设备有 2kW 半导体激光器、转盘式自动送粉设备和 FANUCM710IC 七轴联动激光加工系统，并提供氮气保护。激光器出光功率为 1980W，扫描速度为 0.3～0.4m/min，光斑直径为 5mm。采用多道搭接方式进行单层熔覆，熔覆层厚度为 1～1.2mm，达到外形尺寸要求后，车削和磨削至标准尺寸和精度。

转子轴熔覆后熔覆层表面整体较致密，连续性、平整性好，未见裂纹、穿透性孔洞、未熔合区、下塌、下垂等缺陷，但可见明显的搭接界面，界面处熔覆厚度为 1mm 左右。熔覆层平均硬度最高达到 387～393HV$_{0.1}$（40.5～41.0HRC），抗拉强度为 1258～1273MPa；熔合层的硬度值略低，为 341HV$_{0.1}$（37.0HRC），抗拉强度为 1100MPa；热影响区硬度为 362～369HV$_{0.1}$（38.0～39.0HRC），抗拉强度为 1165～1185MPa。基体原始组织的硬度为 239～244HV$_{0.1}$（22.5～23.5HRC），抗拉强度为 812～822MPa。熔覆层的力学性能与 40Cr 材料调质后的力学性能相似，这样就在不影响轴件心部韧性的基础上，提高了轴件的表面硬度、强度和耐磨性能，修复件的整体力学性能较高。

（4）齿轮轴的激光熔覆

待修复的齿轮轴齿轮部分所用的材料为 34CrNiMo，化学成分见表 5.23，修复后齿面硬度要求达到 45HRC 以上。

表 5.23　34CrNiMo 的化学成分　　%

C	Si	Mn	S	P	Cr	Ni	Mo	P+S	Fe
0.33	0.27	0.41	<0.012	<0.015	0.91	2.94	0.23	<0.027	余量

用 34CrNiMo 材料制作尺寸为 40mm×25mm×20mm 的样块。选用钴基合金粉末，粒度为 200～320 目，其化学成分见表 5.24；光斑直径为 3.5mm，在 HJ23 型 2kW 的 CO_2 激光加工机上进行变参数熔覆，得到的熔覆层几何形貌与送粉速度、扫描速度、激光功率的关系见表 5.25～表 5.27。

表 5.24　钴基合金粉末的化学成分　　%

C	Cr	B	Si	Ni	W	Co
0.8	20	1.2	1.7	13	8	余量

表 5.25　送粉速度与熔覆层几何形貌的关系

送粉速度/g·min^{-1}	3	4	5	6	7
熔覆层厚度/mm	0.45	0.70	0.87	0.88	1.00
熔覆层宽度/mm	5.95	5.85	5.83	7.57	5.69

表 5.26　扫描速度与熔覆层几何形貌的关系

扫描速度/mm·s^{-1}	1.5	2.0	2.5	3.0	3.5
熔覆层厚度/mm	1.40	0.92	0.70	0.56	0.55
熔覆层宽度/mm	5.35	5.76	5.50	5.85	5.10

表 5.27　激光功率与熔覆层几何形貌的关系

激光功率/W	900	1000	1100	1200	1300
熔覆层厚度/mm	0.99	1.01	1.10	1.14	1.20
熔覆层宽度/mm	4.54	5.00	5.19	5.31	5.34

在相同的激光功率和扫描速度条件下，送粉速度增加，意味着单位时间内进入熔池的熔覆材料增多，因此熔覆层厚度增加。由于熔覆材料消耗了较多的激光能量，基体所获得的能量相应减少，因而熔池尺寸和熔覆层宽度也随之减小。

激光功率和送粉速度一定时，熔覆层厚度随扫描速度的增加而明显减小，熔覆层的宽度则随扫描速度的增加呈现出不规则变化的趋势。但从总体上看，扫描速度变化对熔覆层宽度的影响不大。

扫描速度和送粉速度一定时，熔覆层的厚度和宽度均随激光功率的增加而增加。但在送粉总量不变的条件下，当激光功率达到一定值后，再进一步提高功率，熔覆层的厚度和宽度不会明显增加。

5.5.4　钛合金的激光熔覆

钛合金的激光熔覆始于 20 世纪 80 年代，最先采用的熔覆材料是 Ni 基、Co 基、Fe 基自熔合金，主要是为了提高钛合金表面的耐磨性、耐蚀性和耐热性。这几种自熔合金与钛合金基体都有良好的润湿性，根据服役条件和使用性能要求，在自熔合金中加入高熔点的碳化物（如 TiC、SiC、WC）、氮化物（TiN）、硼化物（B_4C）和氧化物陶瓷颗粒，形成复合涂层或进行陶瓷涂层的激光熔敷，获得优异的表面性能。

5.5.4.1　钛合金激光熔覆的特点

钛的密度小，介于铝和铁之间，最大的优点是耐腐蚀性能好，特别是在海水和海洋大气环境中耐蚀性极高，这使其在舰艇和水上飞机的应用中有很大的竞争优势；钛在各种浓度的硝酸、铬酸中都很稳定，即使温度升高，反应速度也慢。钛的耐腐蚀性能的突出特点是不发生局部腐蚀和晶间腐蚀，一般为均匀腐蚀。但高纯度钛的强度、硬度较低，随着纯度的升高，强度和硬度下降，且钛的化学活性很高，极易受氢、氧、氮的污染。

钛合金的疲劳强度和抗裂纹扩展能力好，其比强度（强度/密度）远大于其他金属结构材料。钛合金的工作温度范围较宽，低温钛合金在－253℃还能保持良好的塑性，而耐热钛合金的工作温度可达550℃左右，其耐热性明显高于铝合金和镁合金。如果克服了550℃以上的氧化污染问题，其使用温度还可进一步提高。

钛合金激光熔覆是指在钛合金基材表面预置熔覆材料或同步送粉，利用激光束使之与钛合金表面薄层一起熔凝，在基体表面形成稀释率低、与基体呈冶金结合的熔覆层，从而改善基体表面的耐磨、耐蚀、耐热、抗氧化等性能。

钛合金激光熔覆技术与堆焊、热喷涂、等离子熔覆等技术相比，具有以下特点。

① 在钛合金激光熔覆过程中，激光束作用在钛合金表面上的功率密度高、作用时间极其短暂，加热速度和冷却速度快，熔覆效率高。激光熔覆的加热速度可达1000℃/s以上。通过调整工艺参数可在钛合金表面获得不同熔覆质量的熔覆层。

② 在非常高的激光加热速度下，钛合金共析转变温度 A_{c1} 上升100℃以上，因此激光熔覆时允许钛合金表面温度在熔化温度和相变点 A_{cm} 之间变化，尽管过热度较大，仍不会发生过热或过烧现象，可获得细化的熔覆层。

③ 激光束易于传输和导向，可对复杂的钛合金零件表面进行熔覆，如对深孔、沟槽表面及盲孔底部等部位进行熔覆。

④ 激光的光斑面积小，钛合金本身的热容量足以使熔覆表面骤冷，冷却速度高达 10^4℃/s以上，不需要任何冷却介质，仅靠工件自身冷却即可保证马氏体的转变。而且急冷可抑制碳化物的析出，减少脆性相的影响，能获得隐晶马氏体组织。

⑤ 可以实现高度自动化的钛合金熔覆表面的三维柔性加工。通过激光熔覆参数的合理控制和涂层粉末成分的设计，可以保证所设计的钛合金表面涂层性能，获得组织细小致密且与基体冶金结合的熔覆层。

⑥ 热影响区小，畸变小，钛合金表面熔覆层稀释率低。能进行选区熔覆，材料消耗少，钛合金表面的激光熔覆污染性小。

5.5.4.2　钛合金激光熔覆工艺要点

（1）冶金质量

熔覆层与基体的理想结合是在界面处形成致密的、低稀释率的、较窄的交互扩散带。这一界面结合除与激光加工工艺及熔覆层的厚度有关外，主要取决于熔覆材料与基材的性质。两者之间良好的润湿性和自熔性可以获得理想的冶金结合，如图5.34所示。

熔覆材料与基材的熔点差异过大，形成不了良好的冶金结合。熔覆材料熔点过高，熔化少，熔覆层表面粗糙度下降，且基体表层过烧严重，污染熔覆层；反之，熔覆材料过烧，合金元素蒸发，破坏了熔覆层的组织性能，同时基体难熔，界面张力增大，熔覆层与基体之间产生孔洞和夹杂。钛合金激光熔覆过程中，在满足冶金结合条件时，应尽可能地减小稀释率，一般稀释率保持在5%～10%为宜。

图 5.34　激光熔覆层的界面结合

（2）熔覆缺陷

① 气孔。在钛合金激光熔覆层中气孔是有害的缺陷 [图 5.35(a)]，不仅易成为熔覆层中的裂纹源，并且对要求气密性很高的熔覆层也有危害，还直接影响熔覆层的耐磨、耐蚀性能。气孔产生的原因主要是涂层在激光熔覆以前氧化、受潮或在高温下发生氧化反应，在熔覆过程中产生了气体。激光熔覆是一个快速熔化和凝固的过程，产生的气体如果来不及排出，就会在熔覆层中形成气孔。例如，多道搭接熔覆中的搭接孔洞，熔覆层凝固收缩时的凝固孔洞以及熔覆过程中某些物质蒸发带来的气泡。

一般来说，激光熔覆层中的气孔是难以避免的，但与热喷涂涂层相比，激光熔覆层的气孔明显减少。在激光熔覆过程中可以采取措施控制气孔的形成，常用的方法是严格防止合金粉末储运中的氧化、使用前烘干去湿以及激光熔覆时采取防氧化的保护措施、选择合理的激光熔覆工艺参数等。

(a) 气孔　　　　　　　　　　　　(b) 裂纹

图 5.35　激光熔覆层中的缺陷

② 裂纹及开裂。钛合金激光熔覆中棘手的问题是熔覆层的微裂纹与开裂 [图 5.35(b)]。激光熔覆层中裂纹产生的主要原因是熔覆材料和钛合金在物理性能上存在差异，加之高能密度激光束的快速加热和急冷作用，使钛合金熔覆层中产生了很大的热应力。激光熔覆层的热应力多为拉应力，当局部拉应力超过熔覆层材料的强度极限时，就会产生裂纹。由于激光熔覆层的枝晶界、气孔、夹杂处强度较低且易于产生应力集中，微裂纹往往在这些地方产生。

在激光熔覆材料中加入低熔点的合金，以减缓熔覆层中的应力集中，减少产生裂纹和开裂的倾向；在激光熔覆材料中加入适量的稀土可以增加熔覆层韧性，使激光熔覆过程中熔覆层裂纹明显减少。

在钛合金激光熔覆工艺方面，为了获得高质量的熔覆层，可进一步开发新型的激光熔覆技术，如梯度熔覆采用硬质相含量渐变熔覆的方法，可获得熔覆层内硬质相含量连续变化且无裂纹的梯度熔覆层。此外，采用预热和激光重熔的方法，也能有效防止熔覆层中裂纹和孔洞的产生。

③ 成分偏析。在钛合金激光熔覆过程中会产生成分不均匀，即成分偏析以及由此带来的组织不均匀。产生成分偏析的原因很多，钛合金激光熔覆加热速度极快会带来基体到熔覆层方向上很大的温度梯度，导致冷却时熔覆层的方向性凝固，使熔覆层中成分不均匀。加之凝固后冷却速度极快，元素来不及均匀化，导致成分不均匀，也引起组织的不均匀。由于激光辐射能量的分布不均匀，熔覆时引起熔池对流，这种熔池对流造成熔覆层中合金元素宏观均匀化。因为熔池中物质的传输主要靠液体流动（即对流）来实现，所以熔池对流也带来成分的微观偏析。

合金的性质，如黏度、表面张力及合金元素之间的相互作用，都会对熔池的对流产生影响，也对成分偏析造成影响。完全消除激光熔覆层中的成分偏析是很难办到的，但可通过调整激光与熔覆金属的相互作用时间或调整激光束类型，改变熔池整体对流为多微区对流等手段，抑制激光熔覆层的成分偏析，得到成分较为均匀的熔覆层。多道搭接熔覆时，由于搭接区冷却速度慢以及被搭接处有非均质结晶形核，搭接区出现与非搭接区不同的组织结构，使多道搭接激光熔覆层中的组织不均匀。

5.5.4.3 钛合金激光熔覆的应用

钛合金激光熔覆技术能够改善工件表面的耐磨、耐蚀、耐热和抗氧化等性能，延长工件的使用寿命，具有广阔的应用前景和发展潜力。钛合金激光熔覆已经在航空航天、舰船、石化、冶金等领域得到应用。

（1）钛合金激光熔覆在飞机零件制造中的应用

飞机机体和发动机钛合金构件除了在工作状态下承受载荷外，还因发动机的启停循环形成热疲劳载荷，在交变应力和热疲劳载荷的双重作用下，产生不同程度的裂纹，严重影响机体或发动机的使用寿命，甚至危及飞行安全。因此，需要研究航空钛合金结构的表面强化方式，发挥其性能优势。

氧化铝、氧化钛、氧化钴、氧化铬及其复合化合物是应用广泛的氧化物陶瓷，也是制备陶瓷涂层的主要材料。碳化物陶瓷难以单独制备涂层，一般与钴基、镍基自熔合金制备成金属陶瓷，具有很高的硬度和优异的高温性能，可用作耐磨、耐擦伤、耐腐蚀涂层，常用的有碳化钨、碳化钛和碳化铬等。用激光熔覆技术制备陶瓷涂层可先在钛合金表面添加过渡层（如 NiCr、NiAl、NiCrAl 等）材料，然后用脉冲激光熔覆，使过渡层中的 Ni、Cr 合金元素与 Al_2O_3、ZrO_2 等熔覆在基体表面，形成多孔性，使基体中的金属原子也能扩散到陶瓷层中，改善熔覆层的结构和性能。激光熔覆陶瓷涂层在航空发动机涡轮叶片制造中有很重要的应用价值。

飞机制造中较多采用钛合金，例如 Ti-6Al-4V 钛合金用于制造高强度/质量比、耐热、耐疲劳和耐腐蚀的零部件。但在钛合金的加工制造中，传统的加工工艺方法有许多难以克服的弱点，如隔板是采用数十毫米厚和数十千克重的齿形合金板加工而成的，这种零件需要花费加工中心数百小时的工作量，磨损大量的刀具。而激光熔覆技术在这方面有较大优势，可以强化钛合金表面和减少制造时间。

激光熔覆是现代工业应用潜力很大的加工技术之一，具有显著的经济效益。近年来，美国生产的多个系列钛合金激光熔覆成形零件已获准在实际飞行器中使用。其中 F-22 战机上的两个全尺寸接头满足 2 倍疲劳寿命的要求，F/A-18E/F 的机翼根吊环满足 4 倍疲劳寿命的要求，而升降用的连接杆满足飞行要求，寿命超出原技术要求 30％。采用激光熔覆技术制造的钛合金零部件不仅性能上超出传统工艺制造的零件，同时由于材料及加工的优势，生产成本降低 20％～40％，生产周期也缩短约 80％。

（2）钛合金激光熔覆在航空零部件修复中的应用

钛合金激光熔覆技术在飞机的修复中发挥了很重要的作用，优点包括修复工艺自动化、低热应力和热变形等。由于人们期待飞机寿命不断延长，需要更加复杂的修复工艺。涡轮和涡扇发动机叶片、叶盘、叶轮和转动空气密封垫等零部件，都可以通过激光熔覆得到修复。

例如，用钛合金激光熔覆技术修复航空发动机叶片、叶轮等零部件中的裂纹，一些非穿透性裂纹通常发生在厚壁零部件中，裂纹深度难以直接测量，其他修复技术无法发挥作用。可采用激光熔覆技术，根据裂纹情况多次打磨、探伤将裂纹逐步清除，打磨后的沟槽用激光熔覆添加粉末的多层熔覆工艺填平，即可重建损伤结构件，恢复其使用性能。

又如，航空发动机钛合金叶片表面出现损伤时，可通过表面处理技术进行修复，激光熔覆技术可以很好地用于发动机叶片激光三维表面熔覆修复。

激光熔覆可以强化钛合金表面的合金熔覆层，提升表面的力学和化学性能。堆焊合金粉末是较理想的激光熔覆材料，有很高的应用价值。合金粉末可以在激光束照射下快速熔化，而后熔覆在航空零部件的表面。

钛合金激光熔覆层的耐磨性与硬度成正比。熔覆层的硬度、耐磨性、耐腐蚀性和抗疲劳性一般难以兼顾。钛合金激光熔覆层的性质取决于熔覆合金。有关资料表明，激光熔覆修复后的航空部件强度可达到原部件强度的 90％以上，更重要的是缩短了飞机的修复时间，解决了重要飞行装备连续可靠运行所必须解决的转运部件快速抢修难题。

（3）钛合金激光熔覆在航空材料表面改性中的应用

为了防止在高速、高温、高压和腐蚀环境下工作的钛合金零部件因表面局部损坏而报废，世界各国都在致力于研发提高钛合金零件表面性能的技术，以延长零部件的使用寿命。大功率激光器和宽带扫描技术的出现，为钛合金表面改性提供了一种新的有效手段。激光熔覆可以在低性能基体上制备出高性能的熔覆层，节约贵重的稀有金属，延长金属零件的使用寿命。

现代飞机制造中大量使用钛合金，例如美国第四代战机 F-22 机体的钛合金使用量已达到 41％，而美国先进的 V2500 发动机的钛合金用量也达到了 30％左右。钛合金具有高比强度，可以减轻机体重量，提高推重比。钛合金的缺点是硬度低、耐磨性差。纯钛的硬度为 150～200HV，钛合金通常不超过 350HV。

经过激光熔覆的钛合金表面显微硬度为 800～3000$HV_{0.05}$，熔覆层的厚度为 1～3mm，组织非常细小，熔覆层的硬度高、耐磨性好，并有较强的承载能力而不致使软基体与强化层之间应变不协调而产生裂纹。另外，在钛合金表面熔覆高性能的陶瓷涂层，其耐磨性、耐高温性等可得到大幅度提高。例如 Ti-6Al-4V 钛合金表面激光熔覆 Ni-30Ti-10Si 合金时，熔覆组织含有大量的 Ti_5Si_3、$NiTi_2$ 金属间化合物，熔覆层的硬度为 900～1000$HV_{0.05}$。钛合金表面熔覆 NiCrBSi＋33％TiC 粉末时，熔覆层的硬度为 900～1200$HV_{0.05}$，耐磨性远优于 Ti-6Al-4V 钛合金基体（图 5.36）。

钛合金熔覆层内存在硬质颗粒强化、细晶强化和固溶强化多种强化机制，激光熔覆层的

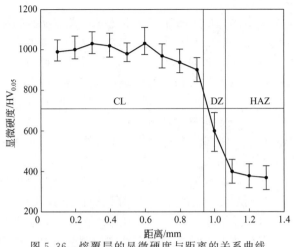

图 5.36　熔覆层的显微硬度与距离的关系曲线

CL—熔覆层；DZ—过渡区；HAZ—热影响区

磨损率比时效硬化和激光表面熔凝的钛合金降低 1～2 个数量级。提高耐磨性能的主要因素是熔覆层的高硬度和低摩擦因数，在不同熔覆工艺条件下，熔覆层的组织性能不同。Ti-6Al-4V 钛合金表面熔覆 NiCrBSi＋33％TiC，熔覆层中不仅有大量的 TiC，而且还有 TiB$_2$ 的形成；在 NiCrBSi＋33％TiC 的熔覆层中，增强颗粒 TiC 发生了溶解，有 TiC 原位析出。Ti-6Al-4V 钛合金与其表面 NiCrBSi＋33％TiC 激光熔覆层的磨损失重比较如图 5.37 所示。

近年来，航空发动机燃气轮机向高流量比、高推重比、进口温度高的方向发展，燃烧室的燃气温度和燃气压力不断提高，例如军用飞机发动机涡轮前部温度已达 1800℃，燃烧室温度达到 2000～2200℃。这样高的温度已超过现有高温合金的熔点。除了改进冷却技术外，在高温合金热端部件表面激光熔覆热障涂层也是很有效的手段，可达到 1700℃或更高的隔热效果，以降低高性能航空发动机温度梯度、热诱导应力并满足基体材料服役稳定性的要求。近年来陶瓷热障涂层被成功用于多种型号的航空燃气轮机叶片，世界各国投入巨资对其从材料到制备工艺展开了深入的研究并取得进展。

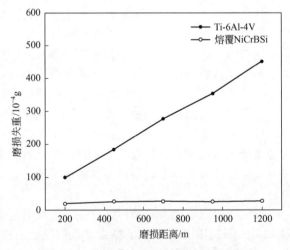

图 5.37　Ti-6Al-4V 钛合金和 NiCrBSi＋33％TiC 激光熔覆层的磨损失重比较

20 世纪 80 年代以来，在钛合金表面激光熔覆陶瓷复合层获得了致密的柱状晶组织，提高了应变容限。致密、均匀的激光熔覆组织以及较低的气孔率大大提高了熔覆层的抗氧化性，阻止了腐蚀介质的渗透。利用大功率激光器直接熔覆陶瓷或金属粉末，将其熔化后与基体形成冶金结合，得到垂直于表面的柱状晶组织。由于激光熔覆层凝固的顺序由表到里，表层组织相对细小，这样的组织结构有利于减缓热应力。例如，用激光熔敷技术得到了 8％（质量分数）氧化钇部分稳定氧化锆（YPSZ）热障涂层。也可将混合均匀的粉末置于基体上，利用大功率激光器辐射混合粉末，通过调节激光功率、光斑尺寸和扫描速度使复合粉末熔化良好，形成熔覆层。在此基础上可进一步改变成分向熔池中不断加入合金，重复上述过程，即可获得梯度熔覆层。

在关键部件表面通过激光熔覆超级耐磨抗蚀合金，可以在零部件表面不变形的情况下延长其使用寿命，缩短制造周期。

5.5.5　液压支架高强钢关键件的激光熔覆

液压支架等煤矿机械中使用的高强钢结构件，面临恶劣的服役条件，容易因磨损和腐蚀等问题失效。采用激光熔覆技术在液压支架高强钢磨损部位制备一层具有耐磨性和耐腐蚀性的熔覆层可以延长装备的使用寿命。高强钢激光熔覆技术还可应用于工程机械装备（如推土机、挖掘机等）磨损件的再制造，符合可持续发展和绿色制造的战略要求。

低合金高强钢具有比强度高、焊接性好等优点，广泛应用在煤矿液压支架等装备制造业中。液压支架（图 5.38）的顶梁、掩护梁、底座等结构件用料多为 Q460～Q690 系列的低合金高强钢，在掩护式液压支架设备中高强钢占比可达 70% 以上。目前在普通碳素钢（如Q235、Q345）基体上进行激光熔覆的研究报道较多，但对 Q550 高强钢进行激光熔覆的研究报道很少。由于煤矿液压支架装备在井下面临着严苛的服役条件，结构件既需要保证较高的强度和韧性，又对结构件表面硬度、耐磨损和耐腐蚀性能有较高的要求，因此开发 Q550高强钢的激光熔覆技术具有很好的应用前景。

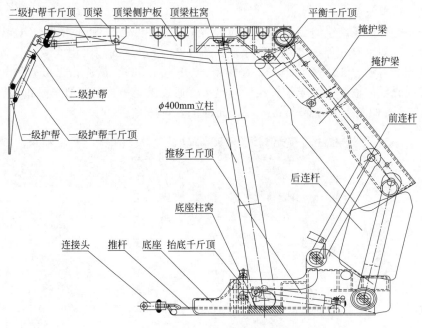

图 5.38　掩护式液压支架结构示意

5.5.5.1　试验材料及激光熔覆设备

（1）试验材料

为研究 Q550 高强钢与不同合金系粉末的激光熔覆匹配特性，采用镍基合金粉末和钴基合金粉末为熔覆层基体粉末。Ni60 和 Co12 自熔合金粉末化学成分见表 5.28。Ni60 属于 Ni-Cr-Fe-Si-B 系自熔合金，Ni60 粉末中 C 元素含量高，同时也提高了 Cr 和 Fe 的含量，在降低粉末成本的同时，使激光熔覆层具有高硬度和高耐磨性，硬度可达 55～60HRC。Co12 为Co-Cr-Fe 系自熔合金，在 Co 基中加入较多的 Fe 和 Cr 元素，可提高熔覆层硬度、耐磨性等。Co12同样具有较高的含碳量，熔覆工艺性稍差。

表 5.28   自熔合金粉末的化学成分   %

牌号	C	B	Si	Cr	Fe	P	S	Mn	Ni	Co
Ni60	0.8~1.2	3~3.5	3.5~4.0	14~16	14~15	≤0.02	≤0.02	—	Bal.	—
Co12	1.58	—	0.76	18.99	26.23	≤0.02	≤0.02	0.18	1.71	Bal

镍基和钴基合金粉末的粒度为200~250目，Ni60自熔合金粉末呈球状，粒度均匀。大部分颗粒具有光滑表面，少量椭球状颗粒表面较为粗糙。Co12粉末形貌与Ni60相似，粒度稍小，均匀度好，颗粒外表面光滑。试验选用WC颗粒作为熔覆层强化相，WC由于是经机械破碎制成的粉末，粒度较均匀。

合金元素Cr在激光熔池中活度较高，可与游离C发生原位化合反应，生成Cr_3C_2、Cr_7C_3、$Cr_{23}C_6$等多种复杂的碳化物，提高熔覆层耐磨性。而Ti元素与C、B等元素可发生原位化合反应，生成TiC、TiB、TiB_2等多种强化相，对熔覆层硬度和耐磨性也有一定改进。因此在Ni60基础上添加Cr粉（纯度≥99.7%）、Ti粉（纯度≥99.9%）对熔覆层进行合金化改性，研究两种合金元素在宽束激光作用下对熔覆层组织和性能的影响。此外，试验中向复合熔覆层中添加稀土氧化物Y_2O_3（纯度≥99.99%），研究稀土氧化物对熔覆层的改性作用。

（2）激光熔覆设备

采用的激光熔覆系统由光纤耦合半导体激光器、柔性光纤、激光镜头、ABB智能机械手、工作台、冷却水路和保护气路等构成，如图5.39所示。试验采用的激光设备为光纤耦合半导体激光器（型号LDF4000-100，德国LaserlineGmbh）。激光由二极管堆栈激发，经过耦合后进入光纤传输，光纤末端连接激光镜头，通过激光镜头内部的光栅和光学透镜可以输出直径为5mm的圆束激光或17mm×1.5mm的宽束激光。

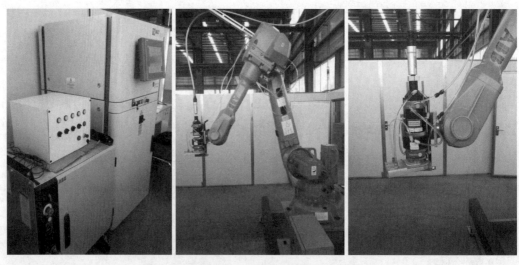

图 5.39   激光器、ABB智能机械手和激光镜头

该激光器的输出特性：激光功率≤4400W，工作激光波长为（980~1020nm）±10nm，导引激光波长为650nm，光电转化效率约30%。

5.5.5.2   激光熔覆工艺

将Q550高强钢母材切割为10mm×10mm×30mm的系列试样，将试样表面打磨，去除锈迹和油污，用于直径为 5mm 的圆束激光熔覆试验；将 Q550 高强钢母材切割为 10mm×20mm×60mm 系列试样，进行表面清洁处理后，用于 17mm×1.5mm 的矩形光斑的宽束激光熔覆试验。

将待熔覆粉末利用机械搅拌方法均匀混合，采用预置粉末的方法在 Q550 高强钢系列试样表面用酒精和水玻璃黏结厚度为 1mm 的粉末层。合金粉末预置完成后，将试样晾干备用。熔覆前将预置试样加热到 200℃保温 30min，进一步去除预置粉末层的水分。

LDF4000-100 半导体激光器输出激光时，根据试验设计，可采用不同的激光镜头输出圆束或宽束激光，并调整激光功率；利用 ABB 智能机械手精确控制熔覆轨迹和熔覆速度。激光熔覆工艺参数：激光熔覆采用光斑模式为 17mm×1.5mm 宽束激光光斑或直径为 5mm 圆束激光光斑；激光功率为 2.0～4.0kW；激光扫描速度为 1.0～5.0mm/s；离焦量为零；熔覆过程中为避免熔池氧化，采用纯氩气（>99.9%）保护，气体流量为 12L/min。

进行 Q550 高强钢激光熔覆材料匹配试验，选定的激光工艺参数为直径为 5mm 圆束激光光斑，功率为 3.2kW，扫描速度为 3.0mm/s，在此参数下熔覆层成形良好，无裂纹和开裂现象。熔覆层合金系设计及熔覆光斑模式选择见表 5.29。

表 5.29　熔覆层合金系设计及熔覆光斑模式选择

母材	熔覆层合金系	强化相	光斑模式	工艺参数
Q550 钢	Ni35	—	直径 5mm 圆形光斑	激光功率为 3.2kW 扫描速度为 3.0mm/s
	Ni60	—	直径 5mm 圆形光斑	
	Ni60	WC	17mm×1.5mm 矩形光斑	
	Co12	—	直径 5mm 圆束光斑	
	Co12	WC		

针对 Ni60 系粉末，利用两种不同光斑模式进行熔覆试验，研究光斑模式对熔覆层成形特性及显微组织的影响。根据熔覆层微观组织和硬度分析，选定 Ni60＋WC 为熔覆层材料，开展宽束激光熔覆工艺性优化试验。选择激光功率、扫描速度两个参数，进一步探究宽束激光熔覆＋圆束激光重熔的组合熔覆工艺，工艺设计见表 5.30。

表 5.30　宽束激光熔覆＋圆束激光重熔工艺设计

材料	光斑模式	激光功率/kW	扫描速度/mm·s^{-1}
基材为 Q550 钢；熔覆材料为 Ni60＋20%WC	17mm×1.5mm 矩形光斑	2.0	3.0
		2.4	
		2.8	
		3.2	
		3.6	
	3.2		2.5
			3.5
			4.0
			5.0
	17mm×1.5mm 矩形光斑单道熔覆；直径 5mm 圆形光斑重熔	3.2	3.0

熔覆层材料改性试验，向基础粉中添加 Ti、Cr 合金元素和稀土氧化物 Y_2O_3 研究其对熔覆层显微组织及性能的影响，采用宽束光斑熔覆，研究改性材料在宽束激光熔池中对液固组织转变的作用机理。熔覆层合金化改性试验设计见表 5.31。

表 5.31　熔覆层合金化改性试验设计

熔覆材料	改性材料	添加比例/%	熔覆工艺参数
Ni60+20%WC	Cr	2,4,6,8	17mm×1.5m 矩形光斑；激光功率为 3.2kW；扫描速度为 3.0mm/s
	Ti	2,5,10,20	
	Y_2O_3	0.5,1,1.5,2	

5.5.5.3　镍基（Ni35、 Ni60）熔覆层显微组织及物相组成

采用直径为 5mm 的圆形光斑，预置粉末层厚度为 1mm，功率为 3.2kW，扫描速度为 3.0mm/s，进行激光熔覆，Ni35 合金粉末形成的熔覆层连续、致密，无明显裂纹缺陷，表面覆盖一层浅绿色熔渣。Ni60 熔覆层同样连续、致密，表面熔渣稍厚。

表征熔覆层横截面的形状系数有熔覆层宽度 W、厚度 D、余高 d_1、熔深 $d_2=D-d_1$ 和润湿角 α。根据熔覆层横截面形貌测量和计算得到 Ni35 单道熔覆层宽为 7.48mm，厚为 2.79mm，余高为 1.32mm，熔深为 1.47mm，润湿角为 34.1°；Ni60 单道熔覆层宽为 7.15mm，厚为 2.74mm，余高为 1.66mm，熔深为 1.08mm，润湿角为 48.3°。由两种熔覆层横截面形状系数对比可知，Ni35 合金粉末熔化后在 Q550 钢基体表面充分铺展，润湿性较好，单道熔覆层余高达 1.32mm；而 Ni60 熔覆层润湿角达 51.3°，单道熔覆层余高可达 1.66mm，表明其合金粉末熔化后流动性不足，与 Q550 钢基体的润湿性一般。

以熔覆层横截面形状系数定义熔覆层稀释率 η：

$$\eta=\frac{d_2}{D} \tag{5.12}$$

在激光功率为 3.2kW，扫描速度为 3mm/s 的工艺参数下，单道 Ni35 熔覆层稀释率为 52.6%，而 Ni60 熔覆层稀释率仅为 39.4%。虽然 Ni60 合金粉末在 Q550 钢表面流动性稍差，但在相同工艺参数下 Ni60 系合金粉末熔深小，熔覆层余高大，稀释率低，利于获得高熔覆效率和保证熔覆层性能。

沿熔覆层横截面制备金相试样，观察熔覆层显微组织形貌表明，Ni35 熔覆层与 Q550 钢基体界面结合良好，无裂纹、气孔缺陷。镍基熔覆层中基体相应为 γ-Ni 固溶体，由于合金粉末中含有一定量的 B、Si、C 等元素，Ni35 熔覆层中形成 γ-Ni 基体树枝晶后，溶质原子发生明显偏析，在枝晶间隙中富集，熔池凝固后形成晶间析出物。

Ni35 熔覆层中部显微组织转变为均匀胞状晶或胞状树枝晶，生长方向不固定，且晶粒较为粗大。在 Ni35 熔覆层顶部，树枝晶显著细化，且生长方向较为一致。熔覆层中平面晶、树枝晶和胞状晶等属于典型铸态组织，其形核和生长过程主要由过冷度和温度梯度两方面因素决定，熔池顶部区域散热快，凝固时高温液相易转变为过冷液体，由于该区域温度梯度大，树枝晶生长方向性明显。

利用扫描电镜对 Ni35 熔覆层枝晶间隙放大，观察晶间析出相，并用 EDS（能谱仪）进行点成分分析。Ni35 熔覆层晶间析出显微组织和能谱仪点成分分析如图 5.40 所示。枝晶间隙中析出相呈颗粒状，与 γ-Ni 基体形成两相共存的共晶组织。

表 5.32 列出了胞状晶和晶间区域的成分分析结果，点 1（Spectrum 1）处为 γ-Ni 固溶体相，点 2（Spectrum 2）处 Ni 含量下降为 72.57%，Fe、Cr 含量也稍有下降，但 P 含量达 16.82%，Si 含量也上升，表明枝晶间可能析出大量 Ni-P 化合物。

Ni60 熔覆层与 Q550 钢基体结合良好，未观察到裂纹、孔洞等缺陷。Ni60 熔覆层底部和中部为组织细密的等轴晶、针状析出相和深灰色蠕虫状混合组织。针状析出相与蠕虫状混合组织形成了特殊的"扫帚"样形态。在熔覆层顶部，显微组织转变为等轴晶基体加大量蠕虫状组织。显微组织分析表明，Ni60 熔覆层中树枝晶和胞状晶的生长受到抑制，生成了大

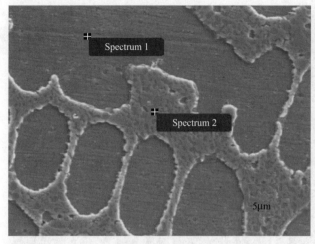 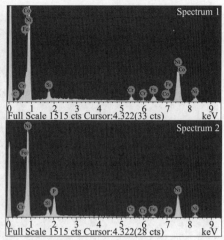

(a) 熔覆层组织，2000× (b) EDS测点位置，4000×

图 5.40 Ni35 熔覆层晶间析出显微组织及能谱仪点成分分析

量析出相。由于析出相具有细密的微观结构，在显微镜下显示为深灰色蠕虫状。

表 5.32 Ni35 熔覆层能谱仪点成分分析结果

元素		Si	P	Cr	Fe	Ni	合计
测试点 1	%(质量)	2.93	余量	4.14	6.77	84.35	100
	%(原子)	5.87	—	4.50	6.84	82.79	100
测试点 2	%(质量)	3.51	10.04	2.14	2.17	82.14	100
	%(原子)	6.47	16.82	2.13	2.01	72.57	100

图 5.41 所示为扫描电镜下 Ni60 熔覆层析出相显微组织形貌。熔覆层底部针状析出相生长方向无明显规律 [图 5.41(a)]。

在针状析出相富集区和蠕虫状组织富集区可观察到两者具有特殊位向关系，蠕虫状组织沿着针状析出相末端生长，形成"扫帚"样形态，如图 5.41(b) 所示。在高倍扫描电镜下观察蠕虫状组织，如图 5.41(d) 所示，实际为细密的片层状共晶结构，片层间距仅为 $0.5\mu m$。Ni60 熔覆层顶部含有大量的细密片层状共晶组织，生长方向具有一定的延续性，从主枝两侧分离出数个侧枝，周围分布着较多 Ni 基体形成的等轴晶粒，呈现出图 5.41(c) 中的形态。

利用能谱仪对 Ni60 熔覆层各微区成分进行分析，表明针状相含有高达 38.47% 的 Cr 元素和 39.64% 的 Fe 元素，Ni60 粉末成分中 Cr 含量约为 17%，因此针状析出相为富 Cr 相。共晶组织区域 [含有 10.02%（原子百分比）的 C 元素]生成了大量共晶碳化物。胞状晶区域成分主要含有 Ni 和 Fe，还固溶有少量 Cr 和 Si，应为 γ-Ni 固溶体相。

显微组织和微区成分分析表明，Ni60 熔覆层相比 Ni35 熔覆层由于其化学成分中 C、Si、B 等含量更高，熔池液相更接近共晶成分区，因此在凝固过程中形成了形态丰富的强化相，有利于提高熔覆层硬度和耐磨性。

对 Ni60 熔覆层进行 X 射线衍射分析，进一步判定强化相的物相种类。Ni60 熔覆层 X 射线衍射分析结果表明，熔覆层主要相为 γ-Ni(Fe)，固溶体中较多的溶质原子改变了晶面间距。熔覆层中还含有奥氏体 Cr-Fe 相及 BFe_2、Cr_7C_3 和 $C_{0.01}Fe_{1.91}$ 等多种强化相。

5.5.5.4 钴基（Co12）熔覆层显微组织及物相组成

利用直径为 5mm 的圆形光斑在 Q550 钢表面制备 Co12 熔覆层，熔覆工艺参数：功率为

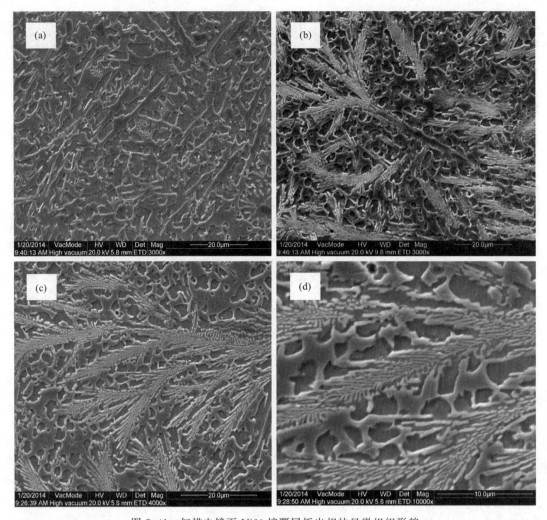

图 5.41　扫描电镜下 Ni60 熔覆层析出相的显微组织形貌

3.2kW，扫描速度为 3.0mm/s。熔覆层表面具有金属光泽，熔渣少，表面成形良好，但熔覆层两侧飞溅颗粒较多。熔覆层横截面形状系数：单道熔覆层宽度为 6.27mm，厚度为 3.42mm，余高为 1.76mm，熔深为 1.66mm，润湿角为 51.5°。试验表明，Co12 粉末熔化后在 Q550 钢表面铺展不充分，在同样为 1mm 的预置粉末厚度下，熔覆层宽度比激光光斑直径仅大 1.27mm，而熔覆层余高、润湿角等显著高于镍基合金熔覆层，这表明 Co12 粉末熔化后流动性较差，在 Q550 钢表面润湿性不足，以余高和厚度计算得到的熔覆层稀释率约为 48%。

　　Co12 熔覆层横截面的显微组织形貌如图 5.42 所示，熔覆层组织致密，与 Q550 钢基体结合良好。熔覆层结合界面处可观察到与界面大致平行的深色条纹。界面前沿为胞状晶组织，垂直于界面向熔池内部生长。界面处胞状晶的晶界粗大，可观察到析出相形成网状结构。熔覆层中部组织转变为均匀的等轴晶，晶粒度相比界面处减小。

　　用扫描电镜和能谱仪对 Co12 熔覆层组织进一步分析，图 5.43 所示为熔覆层界面区、深灰色条纹区、等轴晶区和晶界的显微组织形貌。在熔覆层界面区可观察到熔合区附近存在 Q550 钢的半熔化晶粒，柱状晶在半熔化晶粒内部形核，向熔池中心生长。在深灰色条纹区可看到在晶界内部出现了细密的片状组织，生长具有明显的方向性。熔覆层中部等轴晶组织均匀，晶界形成了连续的骨架结构，可观察到晶界析出相，析出相内部存在极微小的空洞。

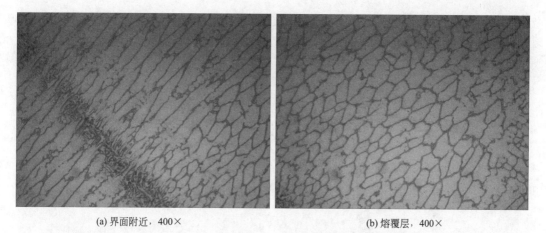

(a) 界面附近，400×　　　　　　　　　　　　　　(b) 熔覆层，400×

图 5.42　光学显微镜下 Co12 熔覆层的显微组织形貌

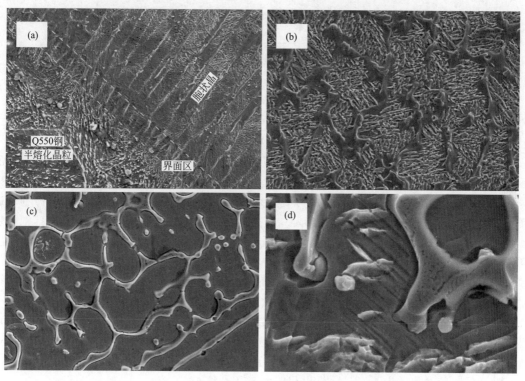

图 5.43　Co12 熔覆层各区域在扫描电镜下显微组织形貌

(a) 界面附近，1000×；(b) 熔覆层 1500×；(c) 熔覆层 3000×；(d) 熔覆层 8000×

对 Co12 熔覆层各区域的能谱成分分析表明，Co12 熔覆层条纹区含有 66％Fe，与周围区域相比含量最高。条纹区是由 Q550 钢母材稀释后，在熔池对流和搅拌作用下，过量 Fe 过渡到熔覆层中形成的，表明熔池中 Fe 元素扩散不均匀，存在浓度起伏。等轴晶区含有 63.13％Fe、23.57％Co 和 11.40％Cr，胞状晶应为富含 Fe 和 Co 的固溶体相，而晶间区域 C 含量高达 31.35％（原子），表明碳化物在晶间富集，形成了网状碳化物析出相结构。

Ni60、Ni35 和 Co12 激光熔覆层的显微硬度分布如图 5.44 所示。Ni60 熔覆层具有较高的显微硬度，熔覆层显微硬度稳定在 $380\sim450HV_{0.1}$；Ni35 熔覆层显微硬度较低，熔覆层显微硬度为 $350\sim400HV_{0.1}$。这是由于 Ni60 成分中含有较多的 C、B 和 Si 等强化元素，显微组织含有共晶碳化物。而 Ni35 熔覆层显微组织主要以韧性的镍基柱状晶和树枝晶为主，因此显微硬度较低。Co12 熔覆层显微硬度与 Ni35 熔覆层接近，熔覆层硬度稳定在 $350\sim400HV_{0.1}$。

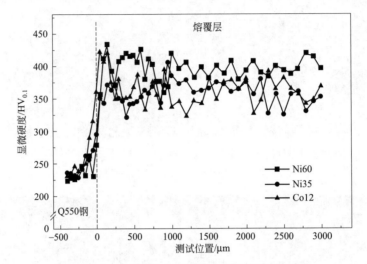

图 5.44　Ni 基和 Co 基熔覆层显微硬度分布

5.5.5.5　WC 强化相对镍基和钴基熔覆层显微组织及硬度的影响

（1）Ni60＋WC 熔覆层显微组织及物相分析

扫描电镜下观察到的 Ni60＋20％ WC 圆束激光熔覆层各区域显微组织形貌如图 5.45 所示。熔覆层底部可观察到沿界面生长的平面晶，宽度约 $2\mu m$，底部区域为均匀胞状晶和树枝晶，有晶间析出相。残余 WC 颗粒呈椭圆形，与原始 WC 添加颗粒相比，表面锋利、边角变圆滑。这是由于 WC 颗粒在高温熔池中受熔融液相冲刷的作用，边缘熔化。WC 颗粒表面尖锐处界面能高，首先熔化。凝固后 WC 颗粒周边形成了一层片状析出相，与基体相连。熔覆层顶部区域，晶间析出相和镍基胞状晶的比例发生变化，晶间析出相含量显著升高。

对 Ni60＋20％WC 熔覆层中弥散分布的椭圆形颗粒进行微区能谱仪分析，结果表明该微区 C 质量分数为 5.83％，W 质量分数为 94.17％，两者原子分数分别为 48.66％和 51.34％，接近 1∶1，因此椭圆形颗粒应为添加的 WC 颗粒。进一步对熔覆层中树枝晶和晶间析出相进行能谱仪分析，枝晶区含有 54.05％Fe 和 31.95％Ni，以及少量 W、Cr 和 Si，晶间区的 W 含量从 7.79％提高到 35.33％，Cr 含量也稍有增加，而 Ni、Fe 含量明显下降，这表明 WC 颗粒溶解后主要以晶间析出相的方式富集。

WC 颗粒加入熔覆材料后在高温熔池中存在熔化和溶解，引起 C、W 过渡到熔覆层中，凝固后在熔覆层枝晶间形成大量析出相。用 X 射线衍射进一步分析熔覆层物相组成，确定熔覆层物相主要含有 γ-Ni（Fe）、Fe-Cr 固溶体和碳化物 Cr_7C_3、$Cr_{23}C_6$ 及硼化物 W_2B_5 等。由物相分析可知熔覆材料中添加的 WC 溶解后，C 和 W 过渡到熔池中形成了铬碳化合物及钨的硼化物等多种强化相，这些强化相主要在晶间分布。

（2）Co12＋WC 熔覆层显微组织及物相分析

在 Co12 合金粉末中添加 30％WC 颗粒，利用直径为 5mm 圆束激光光斑在 Q550 钢表面制备复合熔覆层。Co12＋30％WC 熔覆层界面区显微组织形貌如图 5.46 所示。在熔覆层界面前沿 $10\mu m$ 处可观察到显微裂纹，裂纹尖端向熔覆层中心扩展，裂纹扩展路径并未表现出沿晶界的特征。由于界面区熔覆层显微组织的不均匀性，熔覆层在急冷过程中，界面区受到

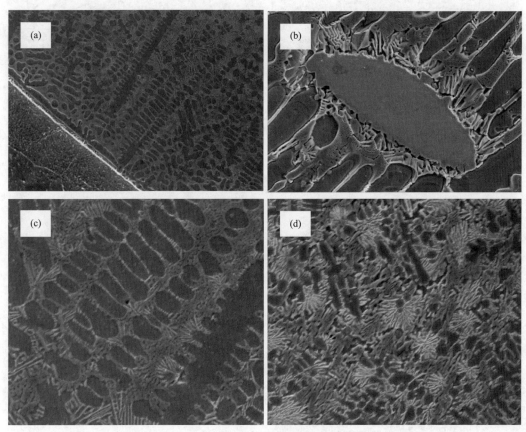

图 5.45　Ni60＋20％WC 熔覆层显微组织形貌

(a) 界面附近，1500×；(b) 析出相，2000×；(c) 熔覆层，5000×；(d) 熔覆层，4000×

热应力和组织应力的双重作用，易成为裂纹源。

在 Co12＋30％WC 熔覆层底部可观察到部分椭圆形 WC 颗粒分布。WC 颗粒边界光滑，形成了一条白亮带。在 WC 颗粒表面分布有块状析出相，大量的块状析出相连接成一封闭的过渡区，少部分析出相从过渡区游离到临近的熔覆层中。熔覆层底部组织仍以树枝晶和胞状晶为主，树枝晶生长有方向性，但晶界间隙变宽，构成大片深灰色区域。

如图 5.47 所示，熔覆层中部组织为树枝晶和晶间析出相，其中树枝晶基体为主相，晶间骨架状析出相的比例比熔覆层底部有所增加。析出相中心为主轴，两侧垂直生长出片层枝干。

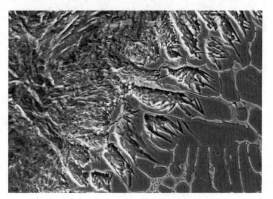

图 5.46　Co12＋30％WC 熔覆层界
面区显微组织形貌

熔覆层顶部组织中析出相为主相，由于析出相结构细密，在显微镜下能观察到均匀的团絮状组织，扫描电镜放大后观察到顶部析出相生长成为连续的骨架结构。析出相间隙中存在少量的胞状晶和更为细密的析出相，间隙中析出相仍为片层结构，但片层间距缩小。利用 SEM 图像计算析出相平均片层间距，胞状晶间隙中析出相片层间距为 $0.543\mu m$，析出相骨架一次枝干间距为 $8.731\mu m$，二次枝干间距为 $0.524\mu m$，间隙之间析出相片层间距为 $0.294\mu m$。

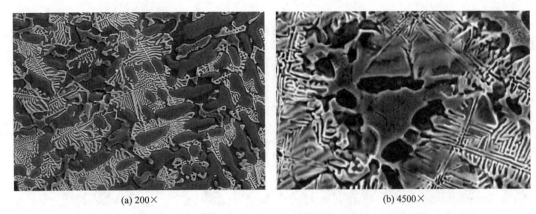

(a) 200×   (b) 4500×

图 5.47　Co12＋30％WC 熔覆层析出相的特征

能谱仪测定的 Co12＋30％WC 熔覆层枝晶区和枝晶间隙析出相的成分分析结果如图 5.48 所示，熔覆层枝晶区元素组成：61.82％Fe，12.69％Co，18.41％W，5.31％Cr 及少量的 Si、Mn 和 C 元素。枝晶间隙中 W 含量上升到 49.53％，Cr 含量上升到 7.22％，C 含量增加到 4.28％，这表明枝晶间隙析出相中富含 W 和 Cr 元素。

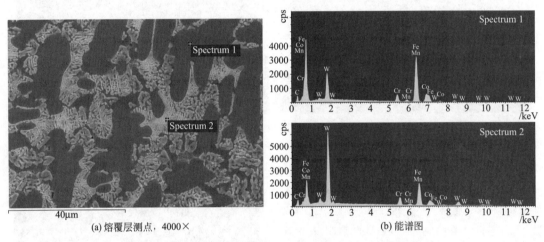

(a) 熔覆层测点，4000×   (b) 能谱图

图 5.48　Co12＋30％ WC 熔覆层能谱仪测试微区及能谱图

Co12＋30％WC 熔覆层经 X 射线衍射分析，判定熔覆层主要含有 Fe-Cr、Co_3Fe_7 等固溶体相及 M_6C 复合碳化物，此外还有 Cr_7C_3 等碳化物强化相。物相分析可知，Co12 熔覆层中的 WC 颗粒溶解后，与熔池中的 Fe、Cr 等发生原位化合反应，在枝晶间隙形成多种复杂的碳化物析出相。其中，M_6C 复合碳化物可固溶大量的 W。另外，Cr_7C_3 中可固溶 Fe、W 等溶质原子，形成 M_7C_3 型复合碳化物。

（3）WC 含量对熔覆层显微硬度的影响

WC 颗粒添加到熔覆层中发生了明显的熔化和溶解现象，使游离 C、W 过渡到熔覆层中，与高温熔池中的 Cr、Fe 等元素发生原位化合反应，生成较多析出相，增强了熔覆层的硬度。图 5.49 所示为 Ni60 熔覆层添加 0、10％WC、20％WC 及 50％WC 颗粒时熔覆层显微硬度分布。Q550 钢的显微硬度约为 280$HV_{0.1}$。

Co12 熔覆层添加 10％WC、30％WC 及 50％WC 颗粒时熔覆层显微硬度分布如图 5.50 所示。测量位置接近热影响区，显微硬度逐渐上升到 344$HV_{0.1}$。热影响区中马氏体板条的

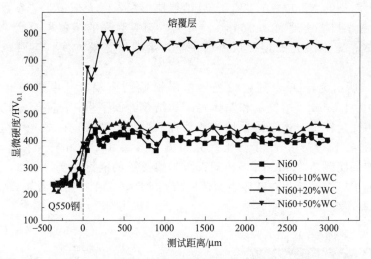

图 5.49　WC 含量对 Ni60 熔覆层显微硬度分布的影响

形成导致该区域显微硬度增加。添加 10％WC 和 30％WC 颗粒的熔覆层界面附近显微硬度增加到 $380 \sim 480HV_{0.1}$。当 WC 添加量增加到 50％时，熔覆层的显微硬度增加到 $668HV_{0.1}$。在熔覆层中可观察到残留的 WC 颗粒，导致熔覆层局部显微硬度上升（高于 $1643HV_{0.1}$）。

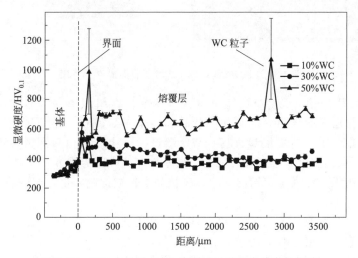

图 5.50　WC 含量对 Co12 熔覆层显微硬度分布的影响

5.5.6　宽束激光熔覆 Ni60+WC 复合层

在 Q550 钢上激光熔覆 Ni60＋WC 复合层。采用光纤耦合半导体激光器输出 17mm× 1.5mm 的宽束激光，在 Q550 钢上制备 Ni60＋20％WC 宽束熔覆层，具有成形性好、强化效果好等优势。研究宽束激光模式对熔覆层成形特性及组织性能的影响，针对宽束激光功率和激光扫描速度两个参数进行优化。

（1）光斑模式对 Ni60＋WC 熔覆层成形及显微组织的影响

激光热源模式对熔池形态有决定性的作用，用直径为 5mm 的圆束激光和 17mm× 1.5mm 的宽束激光熔覆时，熔覆层的成形性差异显著。图 5.51(a) 所示为用两种光斑模式在 Q550 钢上制备的 Ni60＋20％WC 复合熔覆层形貌，激光熔覆工艺参数相同：激光功率为 3.2kW，激光扫描速度为 3.0mm/s。可见，圆束激光的熔覆层余高大、熔道窄、两侧飞溅颗粒较多；宽束激光的熔覆层表面平整，熔覆层宽度增大，飞溅颗粒少，表面成形质量好。

图 5.51(b) 所示为圆束和宽束激光熔覆层横截面形貌。宽束激光熔覆层宽度约为 18mm，厚度约为 1.5mm，熔覆层和基体之间的结合界面平直；圆束激光熔覆层形呈弧形熔合线，母材熔化量较多。根据熔覆层横截面提取形状系数，宽束激光熔覆层最大熔深为 0.4mm，稀释率约 14.87％，小于圆束激光熔覆层熔深（2.1mm）和稀释率（53.41％）。宽束激光熔覆层的润湿角为 11.01°，而圆束激光熔覆层的润湿角为 25.56°，表明宽束激光形成的熔池更扁平，熔融液相在基体表面铺展和流动性好，在相同的激光参数下宽束激光的熔覆面积提高约 3 倍。

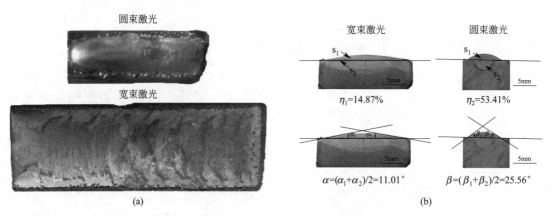

图 5.51　圆束/宽束激光熔覆层表面成形性对比

图 5.52 所示为 Ni60＋20％WC 宽束激光熔覆层显微组织形貌。与圆束激光熔覆层相比，宽束激光熔覆层界面区和底部存在胞状晶和残余 WC 颗粒，熔覆层组织转变为块状析出相和深黑色团聚组织，熔覆层界面区、WC 颗粒、块状析出相和深黑色团聚组织等如图 5.52(a)~(d) 所示。在界面上生长较薄的一层平面晶，在距界面 60~100μm 范围分布有垂直于界面的枝晶组织。深入熔覆层内部后，树枝晶生长被抑制，熔覆层中出现较多深黑色团聚组织。

WC 颗粒（密度为 15.55g/cm^3）比镍基体（密度为 8.90g/cm^3）致密得多，且宽束激光熔池立体形态扁平，熔池对流和搅拌作用较弱，未溶解的 WC 颗粒受重力作用易在熔覆层底部沉积。一些块状析出相聚集在残留 WC 颗粒周围，形成包围 WC 颗粒的过渡结构。宽束激光熔覆层中出现了两种强化相的团聚组织，一种为无核的片层状共晶团簇，另一种为带有规律形态内核的共晶团簇。无核共晶结构内部为细密的析出相片层，片层间距较细，在显微镜下显示为深黑色团簇。带核共晶结构内部具有四角星形状的析出相，内核具有四个尖端，生长方向相互垂直且嵌入相邻的共晶结构中。细密的片层共晶结构在星状内核周围生长，宽度为 10~20μm，最终形成规律的星状带核共晶团簇。

（2）宽束激光功率对 Ni60＋WC 熔覆层成形的影响

试验表明，宽束激光 Ni60＋WC 熔覆层中形成了特殊的带核共晶结构。为研究宽束激光参数对熔覆层组织的影响，针对 Ni60＋20％WC 复合层，17mm×1.5mm 宽束激光功率分别设定为 2.4kW、2.8kW、3.2kW 和 3.6kW 进行激光熔覆试验。对熔覆层形貌和横截面成形系数进行分析，如图 5.53 所示。

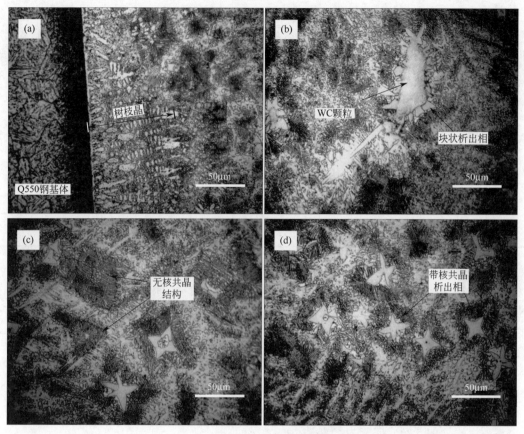

图 5.52　Ni60＋20％WC 宽束激光熔覆层显微组织形貌

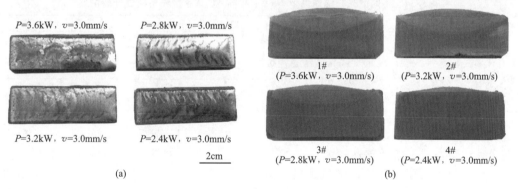

图 5.53　宽束激光功率对 Ni60＋20％WC 熔覆层成形性的影响

如图 5.53(a) 所示，激光功率为 3.6kW 的试样表面熔渣较薄，且连续覆盖在熔覆层外表面上。随着宽束激光功率下降，熔覆层表面熔渣厚度增大，且分布不连续。在激光功率为 2.8kW 时，表面熔渣呈明显的鱼鳞纹状断续分布。当激光功率降低为 2.4kW 时，熔渣条纹间距变小。Ni60 合金粉末属于 Ni-Cr-Si-B 系自熔粉末，熔覆层表面熔渣主要为硅氧化物及硼化物等形成的复合渣。随着激光功率的下降，熔渣表面形貌由均匀铺展变为不连续的鱼鳞纹形貌，且条纹间距进一步减小。低功率下熔覆时由于熔池凝固速度快，熔渣分布不均匀，容易引起熔覆层夹渣等缺陷。

图 5.53(b) 所示为熔覆层横截面形貌，熔覆层宽度 W、厚度 D、余高 d_1、熔深 $d_2=$

$D-d_1$、热影响区最大宽度 d_3 和润湿角 α 见表 5.33。可见，宽束激光熔覆层单道宽度约 17mm，熔覆层厚度达 1.47mm。与圆束激光熔覆层相比，宽束激光熔覆层熔深显著减小，而单道熔覆宽度由 6mm 增加到约 17mm，熔覆效率大大增加。激光功率低于 2.8kW 时，熔覆层熔深小于 0.3mm，处于较低水平。随着激光功率增大，熔覆层熔深增加，热影响区的最大宽度也明显增大。

表 5.33　宽束激光功率对熔覆层横截面形状系数的影响

编号	激光功率/kW	熔覆层横截面形状系数					
		宽度 W/mm	厚度 D/mm	余高 d_1/mm	熔深 d_2/mm	HAZ 最大宽度 d_3/mm	润湿角 α/(°)
1#	3.6	17.40	1.47	1.03	0.44	2.95	12.65
2#	3.2	17.47	1.40	1.06	0.34	2.80	11.01
3#	2.8	17.18	1.18	0.96	0.22	2.36	9.25
4#	2.4	16.26	1.03	0.91	0.12	1.73	7.45

（3）宽束激光扫描速度对 Ni60＋WC 熔覆层裂纹敏感性的影响

激光扫描速度是决定熔覆效率和质量的重要参数。扫描速度过高易导致粉末熔化不充分，熔池温度低、流动性差。在极快的凝固速度下，熔覆层应力得不到释放，易引起开裂。扫描速度过低时，熔覆层热输入过大，引起母材过量熔化，熔覆层稀释率上升，导致其性能下降。为探究宽束激光扫描速度对熔覆层裂纹敏感性的影响，选取激光扫描速度为 2.5～5.0mm/s 的区间进行工艺参数优化，Ni60＋20％WC 宽束激光熔覆层开裂情况见表 5.34。在激光扫描速度低于 3.0mm/s 时，熔覆层表面无明显裂纹。当激光扫描速度提高到 3.5mm/s 和 4.0mm/s 时，熔覆层表面出现裂纹。当激光扫描速度进一步提高到 5.0mm/s 时，熔覆层表面的开裂倾向较为严重。

表 5.34　不同激光扫描速度下 Ni60＋20％WC 宽束激光熔覆层开裂情况

熔覆材料	激光熔覆工艺	激光扫描速度/mm·s^{-1}	熔覆层开裂情况
母材：Q550 钢；熔覆层：Ni60＋20％WC	预置粉末厚度为 1mm；17mm×1.5mm 宽束激光熔覆；激光功率为 3.2kW；保护气（Ar）流量为 12L/min	2.5	无裂纹
		3.0	无裂纹
		3.5	开裂，表面裂纹 1 条
		4.0	开裂，表面裂纹 1 条
		5.0	开裂，表面裂纹 3 条

裂纹统计结果表明，熔覆层裂纹敏感性与宽束激光扫描速度密切相关，激光扫描速度提高时，熔覆层裂纹敏感性增大。当宽束激光扫描速度达到 5.0mm/s 时，熔覆层发生严重开裂，裂纹从顶部开始，扩展路径沿着厚度方向贯穿整个熔覆层。宽束激光扫描速度过高时，熔覆层显微组织发生明显的分层现象，上部显微组织以细小的原位生成析出相颗粒为主。熔覆层底部存在较多的 WC 颗粒沉积，一是由于激光扫描速度高，激光热输入减少；二是提高激光扫描速度时，熔池凝固速度也同步提高，导致熔覆层中 WC 颗粒溶解不充分。这表明裂纹扩展到残余 WC 颗粒富集区时，WC 颗粒与边界结合程度较弱，容易发生裂纹扩展。

5.5.7　选区激光熔化制备 18Ni300 钢模具

18Ni300 钢是一种碳含量超低的 Fe-Ni 合金，其对应的美国牌号为 M300，欧洲牌号为 1.2709。18Ni300 钢是以无碳或微碳马氏体为基体，通过 Mo、Co、Ti、Al 等合金元素在时效过程中析出第二相强化的超高强度钢。与传统钢材相比，18Ni300 钢具有优良的热塑性、加工性，在具有超高强度的同时兼备良好的韧性。应用于模具制造、火箭导弹薄壳制造、发动机零件等。

5.5.7.1　成形设备、材料及工艺

选区激光熔化技术在成形过程中不受制备件形状限制，可以用来加工结构复杂的异形模具，进行个性化定制。试验用选区激光熔化设备是广东汉邦激光科技有限公司研发的 SLM-150 型金属选区激光熔化成形设备，相关参数见表 5.35。

表 5.35　SLM-150 型金属选区激光熔化成形设备参数

光纤激光器	波长：1090nm 功率：200～500W	成形室	成形尺寸范围：150mm×150mm×300mm 分层厚度：20～100μm 成形材料：工具钢、钛合金、钴铬合金等
光路及扫描系统	打印线宽：50～100μm 加工速度：800～2500mm·s^{-1}	保护气	氮气、氩气

马氏体时效钢中的 Mo、Ti、Al 等元素主要起沉淀硬化的作用，在时效时析出金属间化合物 Ni_3Mo、Ni_3Ti 等强化钢材；大量 Ni 元素的存在，在形成沉淀相的同时可以显著改善韧性；Co 元素在马氏体时效钢中起细化晶粒的作用，并在形成析出相的同时有效提高马氏体转变开始温度，促使热处理后可以得到马氏体含量较高的组织。

试验中采用美国 AMA 公司生产的 18Ni300 合金粉末，这是一款专门用于增材制造的成形粉末。表 5.36 是试验用 18Ni300 合金粉末的主要化学成分，高 Ni 低 C 是该合金粉末的重要特征，各元素含量均在标准范围内。

表 5.36　试验用 18Ni300 合金粉末的主要化学成分

合金元素	Ni	Co	Mo	Ti	C	Fe
成分范围/%	17～19	8.5～10	4.5～5.2	0.8～1.2	0.03	Bal.
实测含量/%	17.89	8.98	4.79	0.81	<0.01	Bal.

试验用 18Ni300 合金粉末扫描电镜（SEM）形态如图 5.54(a) 所示，粉末微观上呈不规则球形。图 5.54(b) 所示为粉末粒径分布，18Ni300 合金粉末粒径呈正态分布，粉末尺寸范围为 15～47μm，平均直径为 31.46μm（约 460 目），约一半以上的粉末粒径在 25～41μm 内。颗粒大小分布均匀的粉末有利于粉末在基板上铺展开，增强流动性，填充孔隙。

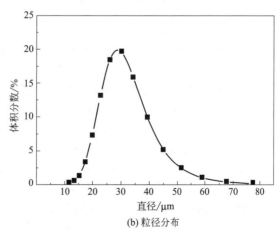

(a) 粉末微观形态　　　　(b) 粒径分布

图 5.54　18Ni300 合金粉末形貌及粒径分布

考虑到激光扫描策略可能对制备件的致密度、残余应力等的影响，采用 S 形正交扫描方法，如图 5.55 所示。激光的扫描路径每隔两层旋转 90°，以减轻上层间因缺陷造成的粉末聚集现象，并实现层与层之间的紧密结合。

为研究选区激光熔化工艺中主要参数（激光功率、扫描速度和扫描间距等）对制备件性能的影响，试验采用控制变量法制备 18Ni300 合金试样，工艺参数设计见表 5.37。扫描速度为 1500mm/s、2000mm/s、2500mm/s 和 3000mm/s；激光功率为 300W、350W、450W；扫描间距为 $50\mu m$、$70\mu m$ 和 $100\mu m$。粉末层厚固定为 $40\mu m$，因为粉末的平均粒径约为 $32\mu m$，层厚需要大于粉末直径才能有利于粉末的均匀铺展；同时在满足顺利铺平的前提下，尽可能减小层厚，保证激光能够穿透熔化粉末。

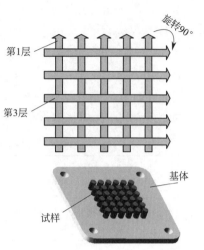

图 5.55　扫描策略及制备件示意

表 5.37　选区激光熔化试样加工参数设计

试样编号	扫描速度/mm·s^{-1}	激光功率/W	扫描间距/μm
1		300	50
2		300	70
3		300	100
4		350	50
5	2500	350	70
6		350	100
7		450	50
8		450	70
9		450	100
10		450	50
11	1500	450	70
12		450	100
13		450	50
14	2000	450	70
15		450	100
16		450	50
17	3000	450	70
18		450	100

选区激光熔化是一项精密制造加工技术，在加工前需要对设备和原材料进行严格的准备。成形粉末需要经过三次筛粉以去除杂质及上次加工结束后掺杂在粉末中的氧化物颗粒。试验前，成形腔内部需进行严格清理，用酒精擦拭 316 不锈钢成形基板、供粉腔、刮板（铺粉辊）和激光透镜，并充分干燥。基板调至水平后，将合金粉末倒入成形腔，进行预铺粉，观察粉末是否在基板上均匀铺展，如出现明显不平整，需要将刮板卸下重新安装。成形腔内部实物如图 5.56 所示。准备工作完成后，将成形腔舱门关闭，抽至真空后重新充入保护气体（Ar）。在控制面板处调出预先置入的加工程序，开始选区激光熔化的加工过程。

为保证粉末熔化凝固后与基体结合良好，加工前十几层的厚度可略微低于设计层厚。观察前期加工过程，无明显缺陷和异常即可正常进行后续试样的制备。上一层扫描结束后，成形基板下降一个层厚，送粉腔上升一定距离，刮板将粉末均匀铺于已成形上层，激光按照预定路径扫描，重复以上过程，直至成形件加工完成。

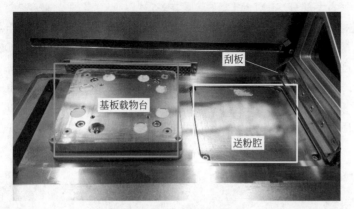

图 5.56 成形腔内部实物

试验中主要加工的制备件有（实物见图 5.57）：不同参数下成形的系列圆柱体，尺寸为 $\phi 10 \times 15$mm；选用最高致密度成形参数打印的系列拉伸试样和冲击试样。

(a) 致密度试样　　　　　　　(b) 拉伸试样　　　　　　　(c) 冲击试样

图 5.57 选区激光熔化成形制备件

成形试样的所有图层扫描完毕后，选区激光熔化加工过程结束。待试样冷却后，扫除试样周围粉末，将基板连同加工试样一起拆下，采用线切割方式将试样分离。清理收集成形腔内剩余粉末，过筛后储存待下次加工使用。成形好的拉伸试样和冲击试样，采用线切割方式制备成标准试样。

5.5.7.2 工艺参数对 SLM 成形 18Ni300 制备件致密度的影响

在金属选区激光熔化技术中，工艺参数对制备件的致密度、力学性能、显微组织等有重要的影响。对于选区激光熔化工艺制备的试样，致密度是一个重要的参考指标。对不同参数成形的 18Ni300 合金试样进行致密度测量，选取最佳参数打印接下来的力学性能试样。致密度的测量采用阿基米德排水法，使用高精度分析天平，分别测量 SLM 成形试样在空气中的质量 m_0、悬在水中的质量 m_1。试验前用凡士林涂抹试样表面，减少孔隙进水造成的试验误差。致密度是成形件实际密度与理论密度的比值，可用式(5.13)计算 SLM 成形试样的致密度 K。

$$K = \frac{m_0 \rho_{\text{水}}}{\rho_{\text{理}}(m_0 - m_1)} \times 100\% \tag{5.13}$$

式中，$\rho_{\text{水}}$ 为常温下水的密度，取 1g/cm^3；$\rho_{\text{理}}$ 为 18Ni300 合金的理论密度，取 8.01g/cm^3。

在选区激光熔化技术中，致密度越大，表明成形件中孔隙率越小，固态实体越紧密，成形效果好。实际中，成形件的密度不可能达到理论密度，但是当致密度达到一定范围时，孔隙率对成形件组织性能的影响会变得很小。

试验表明，不同工艺参数下选区激光熔化成形 18Ni300 制备件中的孔隙率，即致密度有很大区别。试验中的大部分 SLM 试样致密度在 97% 以上。当扫描速度为 2500mm/s、激光功率为 450W、扫描间距为 70μm 时，致密度达到 99.34%，此时在显微组织中几乎不可见明显孔隙，基体紧密无缺陷。当扫描速度为 2500mm/s、激光功率为 300W，扫描间距为 100μm 时，致密度达最小值 84.17%，试样中存在大量孔隙，并出现局部未熔合情况。

选取致密度较小，孔隙较多的试样在扫描电镜（SEM）下观察，如图 5.58 所示。孔隙大量分布在试样内部，并且在孔隙内部可以观察到未熔化或未与金属熔合的金属粉末，不规则孔隙尺寸较大且深，这种现象产生的原因可能是激光能量不足，难以穿透所有粉末层，或是扫描间距过大，金属熔液流动不充分，结合不紧密所致。

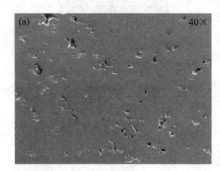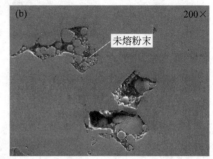

图 5.58　SLM 成形 18Ni300 制备件中的孔隙形貌（SEM）

除未熔合孔隙外，SLM 试样中还发现少量气致型规则孔洞，这种孔洞呈规则圆形，并且内壁光滑。选区激光熔化过程中为避免金属在高温下氧化，需要在成形腔中充满惰性气体（Ar）降低氧含量，这种孔洞的产生可能是气体夹杂在熔化的金属熔液中，未来得及逸出，重新凝固后被封存在试样中。

扫描速度、激光功率、扫描间距和能量密度对 SLM 成形 18Ni300 制备件致密度的影响如图 5.59 所示。其他参数保持不变时，随着激光扫描速度的上升，金属粉末层内吸收的能量有所下降，粉末可能出现未熔化的现象，导致孔隙率上升，致密度下降。反之，扫描速度下降可以增加激光照射金属粉末的时间，增加单位面积内吸收的能量，使金属熔化充分，熔液及时填充孔隙，提高成形件的致密度。激光扫描速度对致密度的影响如图 5.59(a) 所示，随着扫描速度的下降，SLM 成形件致密度大体上呈上升趋势。当扫描速度为 1500mm/s 时，SLM 成形件致密度在 98.7% 以上，接近完全致密状态。

对于不同扫描间距的试样来说，致密度并不一定在扫描速度最小处达到极大值，当扫描速度降低到一定范围时，再减慢激光的扫描速度对致密度的提高效果有限，甚至可能起到相反作用。因为当扫描速度过小时，激光对粉体和熔池可能会带来较大的能量冲击，引起较大飞溅，降低成形件的致密度。

致密度与激光功率之间的关系如图 5.59(b) 所示。成形件的致密度随着激光功率的增加而不断提升，较大的激光功率可以使金属粉末熔化更充分，熔池停留的时间更长，孔隙率减小。当激光功率为 450W 时，成形件的最大致密度为 99.34%。

扫描间距是指两条激光扫描轨迹中心之间的距离。由于成形过程中，激光的能量在粉层中呈高斯分布，接近激光光斑中心的地方能量较高，光斑周围的区域能量较低。为保证每条扫描轨迹上的粉末接受的能量尽可能均匀，需要轨迹之间有一定的重合。扫描间距的大小对成形质量和孔隙形成有影响，致密度与扫描间距的关系如图 5.59(c) 所示。随着扫描间距的增加，致密度呈先上升后下降的趋势，固定功率下，当扫描间距等于 70μm 时致密度达到最大值。较大的扫描间距意味着激光重叠区域变小，轨迹中心与边缘的受热和熔化情况不同，可能出现熔化不充分的情况，导致孔隙率上升；扫描间距过小，单位面积粉体吸收的能量过多，会出现过烧的情况，也不利于成形件的致密度。

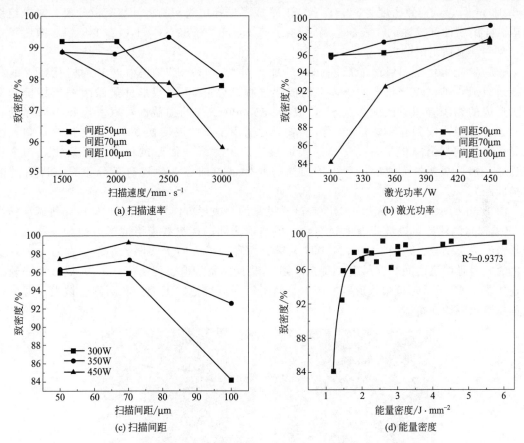

图 5.59　工艺参数对 SLM 成形 18Ni300 制备件致密度的影响

综合各工艺参数对成形件致密度的影响发现，在合理范围（即不考虑各参数极值情况）内，最终对致密度造成影响的是输入到金属粉末中的激光能量的大小。这里引入能量密度（E）的概念，能量密度是指粉层单位面积内吸收的激光能量，其定义式为：

$$E=\frac{p}{vh} \tag{5.14}$$

式中，E 为能量密度，J/mm^2；p 为激光功率，W；v 为扫描速度，mm/s；h 为扫描间距，mm。

试验中能量密度范围为 $1.2\sim6.0J/mm^2$。成形件致密度与能量密度的关系如图 5.59(d) 所示，两者之间没有明显的线性关系，图中实线为拟合结果。可以看出，提高能量密度可以改善 SLM 的成形质量，降低孔隙率。当能量密度约为 $2J/mm^2$ 时，关系曲线出现拐点，$E<2J/mm^2$ 时，成形件致密度较小，从金相照片中可以看到大面积孔隙，成形效果较差；$E>2J/mm^2$ 时，成形件致密度稳定在 98% 以上，此后再提高能量密度，致密度仍有小幅度提高并逐步趋于稳定。实际生产中，针对不同的成形件，成形设备的工艺参数范围有所不同，最佳能量密度的确定可以指导在不同设备上加工出成形优良的制备件。

5.5.7.3　SLM 成形 18Ni300 合金的显微组织

选取接近全致密的 SLM 成形 18Ni300 试样进行显微组织分析。SLM 成形试样工艺参数：扫描速率 $v=1500\mathrm{mm/s}$；激光功率 $P=450\mathrm{W}$；扫描间距 $h=50\mu\mathrm{m}$，对应的能量密度为 $6.0\mathrm{J/mm^2}$，试样致密度为 99.19%。SLM 成形试样用线切割将其与基板分离。显微组织分析试样用腐蚀剂浸蚀试样表面，腐蚀剂为 $15\%\mathrm{HNO_3}+85\%\mathrm{C_2H_6O}$，在金相显微镜下进行孔隙率及显微组织分析。

选区激光熔化是利用激光层层扫描的加工过程，每一层又是由许多条相互独立的扫描线道组成，即"点→线→面→体"的成形过程。因此 SLM 成形件显微组织较传统制造方法形成的组织有明显区别。从 SLM 成形 18Ni300 试样的横截面可以看出每条激光的扫描轨迹，线道之间相互重叠搭接。由于成形时选用了每两层转换 90°的正交扫描策略，因此显露出不同扫描层相互垂直交叉的线道痕迹。由"线→面"过程中，每条轨迹扫描相互独立，前一条扫描完成后，后一条扫描需要保证与前一条轨迹有部分重合（即合理的扫描间距）。

图 5.60 所示为 SLM 成形 18Ni300 试样纵截面（成形方向）显微组织形貌，每两层转换 90°扫描方向的轨迹可以被清晰地观察到，层与层之间的横纵线道沿成形方向相互叠加，达到紧密的冶金结合。从图 5.60(a) 中可见横纵两种扫描方向上层厚大小不一样，这种现象产生的原因是线道之间相互重叠，每条线道并没有被完整地表现出来。SLM 成形扫描轨迹重叠如图 5.61 所示，鱼鳞状形貌的产生是由于每一道熔池的上部分和两侧会被上一层的熔池重新熔化凝固而覆盖。

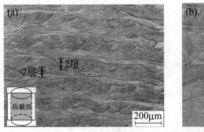

图 5.60　SLM 成形 18Ni300 试样纵截面显微组织形貌
(a) 100×；(b) 500×

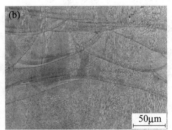

图 5.61　SLM 成形扫描轨迹重叠示意

图 5.60(b) 是 SLM 成形 18Ni300 试样纵截面放大 500 倍的金相照片，可以观察到每一道熔池内非常细小的晶粒，并且晶粒生长穿过多个扫描层，表明层与层之间发生了紧密的冶金结合。结合纵截面高倍扫描电镜图像（图 5.62），观察到 SLM 成形组织为极细小的等轴晶和柱状晶，晶粒尺寸约为 $1\mu\mathrm{m}$，其中柱状晶的生长受散热影响，基板散热最快，会沿着成形方向生长。SLM 成形件周围被粉末包围，散热条件相同，因此各向同性。在激光熔化每层的金属粉末时，下层已经凝固的金属会被重新熔化和凝固，晶粒生长得以延续，因此在扫描层的交界处，晶粒生长可以顺利穿过熔池边界。选区激光熔化是一种快速加热快速冷却

的加工技术，极高的冷却速度使晶粒细小。

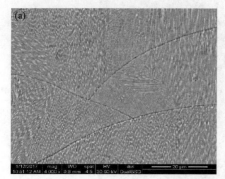 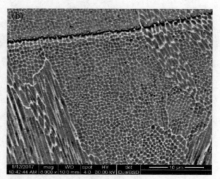

图 5.62　SLM 成形 18Ni300 试样纵截面高倍扫描电镜图像
(a) 4000×；(b) 8000×

　　为对比选区激光熔化成形与传统铸造方法成形之间的显微组织差异，利用真空吸铸的方法制备了 18Ni300 合金铸造试样，尺寸为 $\phi10\times20mm$，并观察其显微组织。铸态组织为方向性明显的树枝晶，由试样边缘向中心生长，并伴随二次枝晶和三次枝晶。生长至中心部分，散热条件相同，逐渐变为等轴晶。与 SLM 成形件的显微组织相比，铸态组织晶粒较粗大，并且各向异性明显，凝固的先后顺序会影响到各部分的组织形态。

　　X 射线衍射（XRD）分析表明，选区激光熔化和铸造两种方法制备的试样中，相组成都是以 bcc 结构的马氏体为主（图 5.63）。

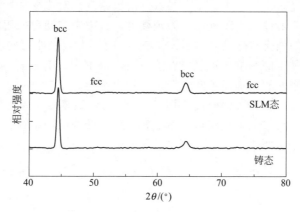

图 5.63　SLM 态及铸态 18Ni300 钢 XRD 图谱（扫描范围为 40°～80°）

　　SLM 成形体中出现了微弱的 fcc 结构衍射峰，出现了少量的奥氏体，原因是在 SLM 快速冷却过程中，碳化物的析出被抑制，导致奥氏体中的合金元素含量较高，马氏体开始转变温度（M_s）降低，部分奥氏体没有转变成马氏体，残留在组织中成为残余奥氏体。

5.5.7.4　SLM 成形 18Ni300 合金的力学性能

　　拉伸试验采用 DNS200 型万能材料拉伸试验机，在室温下进行。SLM 成形拉伸试样实物如图 5.64(a) 所示，拉伸试样由选区激光熔化设备直接加工成形后，用线切割截取 3mm 厚，并用砂纸打磨掉试样表面附着的未熔粉末和线切割痕迹，拉伸试样尺寸如图 5.64(b) 所示。

　　冲击试样开 V 形缺口，试样尺寸为 $10mm\times10mm\times55mm$。冲击试样由选区激光熔化设备直接加工成形后，用线切割截取 10mm 厚，并用砂纸打磨掉试样表面附着的未熔粉末和线切割痕迹。

(a) 拉伸试样实物

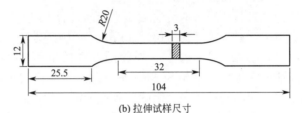

(b) 拉伸试样尺寸

图 5.64　SLM 成形拉伸试样实物和尺寸

　　为了判定选区激光熔化过程中的工艺参数（能量密度）对成形件性能的影响，分别测试了不同能量密度下的成形件的宏观硬度和微观硬度，其中宏观硬度采用洛式硬度测量，微观硬度选用压痕面积小的维氏显微硬度测量。图 5.65 所示为激光能量密度对选区激光熔化成形 18Ni300 合金洛氏硬度的影响。可见，在能量密度为 $1\sim2.5\mathrm{J/mm^2}$ 范围，SLM 成形件的洛氏硬度随激光能量密度的增加而不断上升，在能量密度为 $2.5\mathrm{J/mm^2}$ 以后，宏观硬度趋于稳定，洛氏硬度约为 38.5HRC。分析表明，SLM 成形件致密度与宏观硬度之间存在正相关关系，因为洛式硬度压头较大，压痕可以覆盖致密度较低的试样中存在的孔隙，当试样接近全致密时，宏观硬度变化变小。

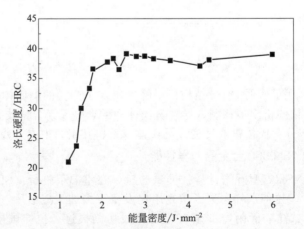

图 5.65　能量密度对 SLM 成形 18Ni300 合金洛氏硬度的影响

　　当采用压痕较小的维氏显微硬度测量成形件的显微硬度时，压头可以完全作用在成形实体上从而避免孔隙的影响。此时不同能量密度制备的 SLM 试样的显微硬度差距不大，如

图 5.66 所示。

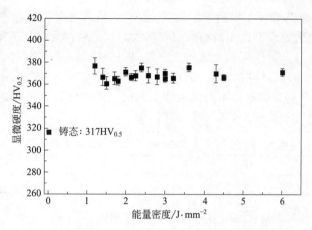

图 5.66　能量密度对 SLM 成形 18Ni300 合金维氏显微硬度的影响

对比铸态 18Ni300 合金硬度（显微硬度 317HV$_{0.5}$），SLM 成形的试样平均硬度约为 368HV$_{0.5}$，高出铸态合金 51HV$_{0.5}$，这是因为 SLM 成形的试样晶粒更加细小（约 1μm），即使 SLM 成形过程中基体不全是马氏体（包含了一定量的残余奥氏体），细晶强化的作用也超过了组织软化的程度。

采用最优工艺参数（$v=1500$mm/s，$P=450$W，$h=50\mu m$）制备了 SLM 拉伸试样和冲击试样，并进行力学性能测试。随着载荷的增加，成形试样应力趋于稳定到低屈服阶段，发生塑性变形，接着进入缩颈变形阶段，最后断裂。成形试样的抗拉强度为 1156MPa，伸长率为 10.5%，与未经时效处理的锻态 18Ni300 合金试样力学性能相当（表 5.38）。

表 5.38　SLM 成形试样与锻态（未时效）18Ni300 合金试样力学性能对比

试样	抗拉强度/MPa	伸长率/%	冲击功/J	硬度/HRC
SLM 试样（未时效）	1156	10.5	98	39
锻态试样（未时效）	830~1170	10~17	—	—

SLM 成形 18Ni300 试样拉伸断口发生缩颈现象，灰色断口与主应力方向成 45°，扫描电镜下可以看到在断面上分布了少量孔隙，这些孔隙可能是断裂时的裂纹源。断口形貌为大量短而弯曲的撕裂棱构成的准解理形貌，并有部分韧窝，表明断裂形式是以脆性断裂为主伴随韧性断裂的混合断裂。

SLM 成形 18Ni300 合金相组成以 bcc 结构的马氏体为主，滑移系少，易发生脆性断裂。但拉伸件断后伸长率约为 10.5%，展示出了较好的韧性，原因可能是 SLM 成形件晶粒十分细小，大量的晶粒边界提高了裂纹扩展所需的能量，并且快速冷却过程也降低了杂质在晶界聚集的可能性，提高了成形件的强度和韧性。

5.5.7.5　SLM 成形 18Ni300 合金的热处理

（1）SLM 成形 18Ni300 合金的热处理工艺

18Ni300 合金的 SLM 制备件经过热处理才能达到最优工作状态，故需要针对 18Ni300 合金 SLM 制备件进行不同温度和不同时间的热处理。试验采用的热处理设备是 SG-XQL 1400 型真空气氛炉，升温速率≤15℃，控温精度为±1℃，真空度为 0.1MPa。

传统的 18Ni300 合金热处理工艺是固溶＋时效。固溶处理的作用是将钢中的合金元素溶入基体形成过饱和固溶体，并且在冷却时得到高密度位错的马氏体，同时消除前期机加工所产生的应力。接下来进行时效处理，合金元素从过饱和固溶马氏体基体上析出，形成弥散分布的化合物，并与马氏体保持共格关系以达到强化作用。

18Ni300 合金传统热处理中固溶温度约为 850℃，该温度下虽然能够溶解合金元素并冷却得到马氏体，但也会使成形件原始晶粒变得粗大，而晶粒细化也是马氏体时效钢提高强度的有效方法。为了充分发挥选区激光熔化工艺可以得到细化晶粒的优势，结合其快速冷却得到马氏体并保持过饱和固溶体的特点，试验中不对 18Ni300 合金的 SLM 成形件进行固溶处理，而是在 SLM 成形后直接进行不同温度和不同时间的时效处理，以期得到性能满足使用要求的成形件。具体时效处理工艺参数见表 5.39。

表 5.39 SLM 成形 18Ni300 合金时效处理工艺参数

时效温度/℃	460				490				520			
时效时间/h	1	2	4	6	1	2	4	6	1	2	4	6

（2）SLM 成形 18Ni300 合金时效处理后的力学性能

对时效处理后的 SLM 成形 18Ni300 合金进行力学性能测试，得到的力学性能试验结果见表 5.40。

表 5.40 SLM 成形 18Ni300 合金时效处理后的力学性能

时效温度/℃	时效时间/h	抗拉强度/MPa	伸长率/%	显微硬度/HV$_{0.5}$
460℃	1	1738	5.0	567
	2	1863	4.0	589
	4	1978	1.5	629
	6	2002	2.5	614
490℃	1	1930	5.0	585
	2	1961	3.5	619
	4	2002	2.5	629
	6	2034	2.0	617
520℃	1	1957	4.5	601
	2	2007	2.5	610
	4	1985	2.0	582
	6	1897	3.0	580

注：SLM 成形件（未时效）抗拉强度 1156MPa，伸长率 10.5%。

对比时效处理前，时效后的力学性能有了明显改善。其中抗拉强度由未时效 SLM 态的 1156MPa，提高到时效后的 2034MPa（490℃时效 6h），提升了约 76%；显微硬度也由时效处理前的 368HV$_{0.5}$，提高到时效后的 629HV$_{0.5}$（490℃时效 4h），提升了 71%。表明时效处理对 SLM 成形 18Ni300 合金有良好的改性作用。化合物析出对提高成形件的抗拉强度和显微硬度有明显影响，但是强度的提高带来了成形件塑性的下降，断后伸长率由时效处理前的 10.5%，最低降至时效处理后的 1.5%，转变为完全的脆性断裂。

当时效温度为 460℃时 [图 5.67(a)]，随着时效时间的延长，18Ni300 合金的抗拉强度逐渐提高，伸长率呈相反趋势。当时效时间由 4h 延长至 6h 时，抗拉强度的增长趋势变小，伸长率出现小幅回升，同时观察显微硬度曲线 [图 5.67(d)]，试样的硬度在持续上升后也出现了小幅度回落。当时效温度为 490℃ [图 5.67(b)] 时，试样抗拉强度随时效时间延长而提高的现象更加明显，伸长率也是持续降低，在试验温度范围内没有出现软化现象。当时效温度为 520℃时 [图 5.67(c)]，试样的抗拉强度在时效 2h 后就出现持续回落，最低强度与最高值相差 110MPa，试样的伸长率在时效 4h 后也相应地提高，但数值仍低于 5%，属于脆性断裂。分析 SLM 试样显微硬度的变化，也发现了同样的趋势，表明 SLM 成形 18Ni300

合金在 520℃时效时出现了软化现象。

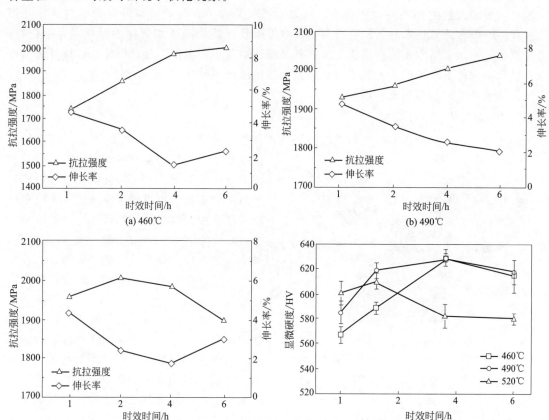

图 5.67　SLM 成形 18Ni300 合金不同时效时间、不同时效温度的力学性能对比

SLM 成形试样力学性能的变化与物相分析的结果相吻合，即 18Ni300 合金在经历 460~520℃时效处理后，原 Fe-Ni 马氏体基体上弥散析出化合物，钉扎住位错达到弥散强化的效果。同时合金中的 Co、Mo 元素发生协作效应（Co 元素可以促进 Mo 元素从基体中析出，形成沉淀相），加之 SLM 成形试样中晶粒十分细小，晶界面积大，强化效果增强，因此试样的强度显著提高。但随着时效时间的延长，尤其是在时效温度提高的前提下，出现了相应的软化现象。这种现象的发生，可能是因为 $Ni_3(Mo，Ti)$ 化合物发生转化或重新溶解进入基体，使合金中出现了逆转变奥氏体所致。

5.5.8　极端条件下的激光熔覆

激光熔覆技术可以修复各种金属部件的几何缺失，按照原制造标准进行几何尺寸的恢复、性能的提升。随着工程技术的发展，对金属部件的工作条件要求越来越苛刻，其经常工作在高交变应力、高温、高速、高腐蚀等极端条件下。

制造金属零部件的材料需要具有多种性能才能满足零部件特殊的服役条件，而且这些零部件的制造成本高、制造周期长，一旦失效会产生巨大的经济损失和安全事故，如轮机装备中各类重要的部件（如叶片、转子轴颈、阀杆、叶轮、阀门等）及飞机发动机、内燃机部件等。这些工程上的技术难题，为激光熔覆技术提出了新的挑战。解决极端条件下失效零部件的修复问题是复杂的，需要对极端条件下零部件的失效形式进行分析，剩余寿命进行评估，选择合适的材料和工艺方法。因此，以极端条件下关键零部件的强化与修复为切入点，激光熔覆技术受到人们的关注并取得进展。例如：极端条件下，失效零部件激光熔覆修复（强化）前后的寿命评估技术；极端条件下，失效零部件无损伤激光熔覆技术及专用合金材料；实体测量、三维实体激光熔覆堆积造型控制系统、熔覆过程温度、几何尺寸和质量智能监控系统；极端条件下专用的激光熔覆附属装备及熔覆层测试技术。

极端条件下的激光熔覆示例如下。

5.5.8.1 鱼雷气缸缸体修复

鱼雷发动机气缸缸体有作为发动机燃烧室作用的五个腔，如图 5.68 所示。在鱼雷发射

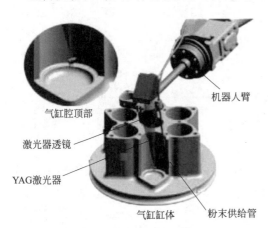

图 5.68　鱼雷发动机气缸缸体的修补

试验过程中，每个腔的燃烧室由于高热和腐蚀燃烧产物的结合产生腐蚀坑。过去只能通过对腔的密封表面机加工使其修复，但在机加工过程中深度受限制，若在达到极限加工深度后仍有腐蚀坑存在，气缸缸体将报废。每个气缸缸体的成本是 25000 美元，这种部件的报废率会导致鱼雷发动机的计划费用大量增加。

开发用激光熔覆工艺修复气缸缸体被腐蚀的密封表面是一项艰巨的任务，因为激光束、粉末管和惰性气体管必须对全部 6in 腔的底部进行精确排列。此外，为了防止看不清激光束，必须在激光熔覆过程中对烟雾加以清除。安装的工具需能够满足这些要求并产生满意的熔覆层。这种修复程序采用机器人把工具安置在气缸缸体腔中，当进行熔覆时，缸体在伺服台装置上旋转。共进行 2 层熔覆，每层熔覆 4 道。修复好的气缸缸体在鱼雷射程内进行顺利的试验。冶金分析结果表明，熔覆材料性能没有恶化。

5.5.8.2 潜艇 VLS 导弹发射管的修复

美国海军 SSN2688 级潜艇 VLS 导弹发射管的密封面往往因受到海水腐蚀而损坏，修复时常采用临时电镀装置。这种损坏只有在安装武器后试验时才产生，修复前必须重新拆卸武器，这需要耗费大量时间，由此影响电镀修复工作。电镀修复过程费用昂贵，还会产生有害物质，同时还可能存在影响战备的问题，尤其随着潜艇服役时间的推移，发射管的修复数量增加，这个问题也会更加突出。

新建造的潜艇 VLS 导弹发射管损坏区可采用 Inconel 625 合金埋弧焊熔覆方法修复。这种方法的缺点是存在高度稀释基体金属成分的问题，由于改变了熔覆金属成分，使其海水腐蚀敏感性比没有稀释的金属更严重。试验证明，激光熔覆技术稀释金属的程度比常规的焊接和电镀修复方法少得多，激光熔覆技术所用的修复材料有较好的耐蚀性，如图 5.69 所示。

试验表明，激光熔覆稀释金属层厚度只有约 0.0508mm。同时，发射管是需要精密机加工的，所以任何修复技术均不得使关键表面引起变形和超过允许的公差，而且激光熔覆可能产生熔体，但其热输入比任何其他熔化方法得到的要少。目前已经用 Inconel 625 合金做了许多激光熔覆的冶金试验。通过磨损试验证明，激光熔覆的 Inconel 625 合金的耐磨性比锻造合金提高了 2～3 倍。与电镀比较，采用这种方法可使每艘潜艇节省 25 万美元以上的维修费用。

潜艇 VLS 导弹发射管激光熔覆分为三步进行：清除存在的腐蚀表面；在修复区用激光

图 5.69　VLS 导弹发射管激光熔覆

熔覆法沉积 Inconel 金属层；对修复区进行机加工，恢复其原始公差和表面粗糙厚度。

激光熔覆在水面舰艇和潜艇上的可用部位还包括推进轴密封面，船舶平面部件，潜艇低压和高压空气瓶（现场修复），蒸汽系统阀座、阀杆、阀体和阀帽，潜艇壳体和单向阀，阀和船机密封面，通风件（薄壁结构），船机部件（涡轮叶片和壳体、泵罩等）以及舱口盖等。

5.5.9　高温合金的激光熔覆

镍基高温合金良好的高温性能及加工性能使其在航空和工业燃气轮机制造等领域得到广泛应用。镍基高温合金部件常处于高温、高压等严苛工况下，工作过程中其表面需要承受摩擦、腐蚀等综合作用，容易造成表面磨损等问题。如零件表面磨损不能及时修复，将会直接影响设备的正常运行和性能，甚至导致安全事故和经济损失。采用激光熔覆技术将镍基高温合金零部件表面磨损部位进行再制造，将产生重大的社会价值和经济效益。

采用 GH4169 镍基合金锻件为基体材料，合金粉末粒度为 53～150μm 的 GH4169 球形粉末，化学成分见表 5.41。激光熔覆前对合金粉末进行烘干处理，烘干工艺参数为：120℃烘干 2h，以避免粉末中所含水分造成粉末黏结，影响熔覆层质量。

表 5.41　GH4169 合金粉末的化学成分

成分	质量分数/%	成分	质量分数/%
C	0.01	S	0.002
P	0.001	N	0.08
Mo	2.99	Al	0.38
Ni	55	Ti	0.90
Co	0.02	Nb	5.23
Mn	0.28	O	0.01
Cr	18.5	B	0.004
Si	0.27	Fe	余量

激光熔覆试验采用型号为 LDF4000-100 的半导体激光器，操作系统采用 KUKA 的 KE30HA，完成同轴激光熔覆头多自由度移动，进行多角度激光熔覆。同时使用 RC-PF-01B-2 型负压式气载送粉系统，并采用 MCWL-150T-01AK1S4 精密冷水机控制激光熔覆头和半导体激光器的温度。

将 GH4169 合金锻件切割为 120mm×60mm×10mm 的系列试样，使用乙醇、丙酮清洗试样表面，再用砂轮、砂纸等进行表面打磨，去除氧化层，用于激光熔覆试验。

为了使激光熔覆后的 GH4169 合金质量达到或接近锻件水平，合理确定激光熔覆参数对获得零部件修复后的良好性能极为重要。根据单道单层激光熔覆工艺参数来制备镍基高温合金 GH4169 薄壁试样，试验的激光功率为 800～2000W，扫描速度为 4～8mm/s，固定送粉速度为 9g/min。根据正交试验法对试验参数进行分配，对比试验的工艺参数组合如表

5.42 所示。采用表中的工艺参数进行激光熔覆，得到 9 个单道单层熔覆试样。对激光熔覆后的板材进行线切割切取试样，使用亚克力树脂进行试样镶嵌，然后使用金相变频磨抛机对试样进行打磨和抛光，最后使用王水溶液进行化学腐蚀制作成金相样品，通过光学显微镜观察分析 9 种工艺参数组合制备的激光熔覆试样的金相组织。

表 5.42 对比试验工艺参数组合

序号	激光功率 P/W	扫描速度 v_s/mm·s^{-1}	送粉速度 v_f/g·min^{-1}
1	800	4	9
2	800	6	9
3	800	8	9
4	1400	4	9
5	1400	6	9
6	1400	8	9
7	2000	4	9
8	2000	6	9
9	2000	8	9

通过对 9 种工艺参数组合制备的激光熔覆层进行微观组织分析，得到在激光功率为 1400W、扫描速度为 6mm/s、送粉速度为 9g/min 的工艺条件下，熔覆层枝晶细密并且分布均匀，因此选用此工艺参数来制备 GH4169 合金单道多层薄壁试样，激光熔覆制备的 GH4169 薄壁试样见图 5.70。此外，对激光熔覆拉伸试样进行了时效热处理：在（720±10）℃温度下时效处理8h，然后以 50℃/h 的速度炉冷至（620±10）℃，并且在这个温度下时效处理 8h，最后空冷至室温，以消除熔覆制造过程中所产生的残余应力。

图 5.70 激光熔覆 GH4169 合金薄壁试样

采用国产 WDS100 型电子万能材料试验机对试样进行拉伸试验，拉伸试样尺寸及实物如图 5.71 所示。

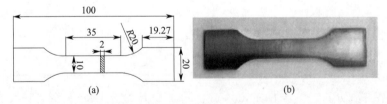

图 5.71 激光熔覆后制备的拉伸试样尺寸及实物（单位：mm）

对激光熔覆 GH4169 镍基合金试样进行时效热处理后，其屈服强度为 1052MPa，抗拉强度为 1314MPa，断后伸长率为 12.5%。根据《中国航空材料工业手册》得知，GH4169 在直接时效热处理后的抗拉强度为 1240MPa，激光熔覆制造后，GH4169 合金的抗拉强度为原始材料的 105.9%，力学性能良好。

5.5.10 高熵合金的激光熔覆

高熵合金由 5 种或更多元素组成，且各元素原子比相近，是具有较高混合熵的一类合金体系。与传统合金体系不同，其复杂的组分不会导致大量脆性金属间化合物的产生，而是在其较高结构熵的影响下，合金元素之间易形成简单的固溶体，从而具备良好的力学性能、摩擦学性能以及耐腐蚀性能。在制备高熵合金时，对制备过程中的冷却速率以及过冷度有较高的要求。相比于高熵合金整体材料制备工艺，通过激光技术制备高熵合金熔覆层，具有较好的经济性和发展潜力。激光熔覆技术用于制备高熵合金熔覆层具有稀释率低、热影响区小、冷却速率高等优点。

为研究 Cu、Si 两种元素掺杂对激光熔覆 FeCoCrNi 高熵合金熔覆层组织形貌及高温摩擦性能的影响，选用 40mm×20mm×8mm 的 304 不锈钢作为基体材料，熔覆层材料选用纯度为 99.9% 的 Fe、Co、Cr、Ni、Cu、Si 单质粉末。利用行星式球磨机（DECO-PBM-V-0.4L）对混合粉末体系进行球磨使其充分混合，球磨为氩气环境，转速 500r/min，时间 15h。将 FeCoCrNiCu$_{0.5}$ 涂层记为 Cu0.5，FeCoCrNiCu 涂层记为 Cu1，FeCoCrNiSi$_{0.5}$ 涂层记为 Si0.5，FeCoCrNiSi 涂层记为 Si1。

采用 YSL-2000 型光纤激光器进行激光熔覆，以 40mm×20mm 表面为熔覆面，采用同步送粉法，搭接率 50%，试验中采用的工艺参数见表 5.43。激光熔覆制备的试样采用线切割加工成 20mm×20mm×5mm 的块状样品进行测试。

表 5.43　激光熔覆的工艺参数

光斑半径/mm	激光波长/nm	激光功率/W	扫描速度/mm·s^{-1}	保护气体
1	514	800	5	氩气

高熵合金 FeCoCrNi、Cu0.5、Cu1、Si0.5、Si1 熔覆层的厚度测定分别为 964μm、1026μm、96μm、364μm、338μm。Cu 元素添加后，对高熵合金熔覆层的总体形貌影响较小，熔覆层整体结构较为均匀且致密。Si 元素添加后，熔覆层厚度明显下降，Si0.5 熔覆层内部存在裂纹及孔洞等缺陷，而 Si1 熔覆层截面缺陷明显减少，成形质量更高。这是由于 Si 作为一种高熔点元素，在含量较少的情况下，其不均匀分布会使熔覆层在不同深度下的膨胀系数及过冷度存在差异，从而影响形成裂纹。

对激光熔覆高熵合金熔覆层的摩擦学性能进行测试，采用 HT-1000 型球盘式高温摩擦磨损试验机，通过调整加载杆砝码、转速和温度等参数来实现不同磨损环境的实验，对磨件为高温稳定性好、直径 5mm 的 Si$_3$N$_4$ 陶瓷球。5 种高熵合金熔覆层摩擦因数曲线如图 5.72（a）所示，磨损率如图 5.72（b）所示，磨损轮廓如图 5.72（c）所示。计算所得的磨损稳定阶段（17~30min）的平均摩擦因数（COF$_{ave}$）、磨损稳定阶段摩擦因数的标准差（SD）和磨损率（WR）见表 5.44。在 600℃ 下，Si1 熔覆层表现出最好的耐磨减摩性能，其平均摩擦因数和磨损率都最低，分别为 0.19 和 6.77×10^{-5}mm^3·N^{-1}·m^{-1}，摩擦因数曲线波动也最小。

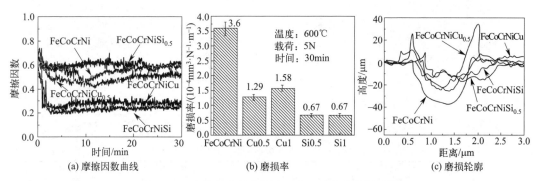

图 5.72　高熵合金熔覆层在 600℃时的摩擦学性能

表 5.44　高熵合金熔覆层在 600℃ 时的摩擦学性能数据

材料	COF_{ave}	SD	$WR/10^{-4} mm^3 \cdot N^{-1} \cdot m^{-1}$
FeCoCrNi	0.54	0.017	3.6
Cu0.5	0.47	0.021	1.29
Cu1	0.24	0.021	1.58
Si0.5	0.56	0.027	0.673
Si1	0.19	0.012	0.677

　　FeCoCrNi 熔覆层的平均摩擦因数为 0.54，而 Si1 和 Cu1 熔覆层的平均摩擦因数分别为 0.19 和 0.24，两者均表现出更好的减摩性能。Cu 元素添加后，$FeCoCrNiCu_x$ 熔覆层的摩擦因数在开始阶段上升达到最高值随后降低，在经过二次上升后最终达到稳定。Si 元素添加后，Si0.5 熔覆层的摩擦因数曲线较 FeCoCrNi 熔覆层略微上升，但 Si1 熔覆层的摩擦因数最低，摩擦因数曲线也最平滑。

　　对比 600℃ 高温下 5 种高熵合金熔覆层的磨损率，FeCoCrNi 熔覆层的磨损率最高，达到 $3.6 \times 10^{-4} mm^3 \cdot N^{-1} \cdot m^{-1}$。Cu 元素加入后，高熵合金熔覆层韧性提高，且组织结构上产生较多晶格扭折与位错，导致加工硬化的形成，在一定程度上降低了其在高温下的磨损率，Cu0.5 和 Cu1 熔覆层的磨损率分别下降至 $1.29 \times 10^{-4} mm^3 \cdot N^{-1} \cdot m^{-1}$ 和 $1.58 \times 10^{-4} mm^3 \cdot N^{-1} \cdot m^{-1}$。Si 元素加入后，由于细晶强化的作用，Si0.5 熔覆层和 Si1 熔覆层表面及磨痕的显微硬度要高于 FeCoCrNi 熔覆层（表 5.45），从而具有更好的耐磨性能，其磨损率远低于其他高熵合金熔覆层。

表 5.45　高熵合金熔覆层 600℃ 时表面磨痕及显微硬度

熔覆层	表面显微硬度值/$HV_{0.5}$	磨痕显微硬度值/$HV_{0.5}$
FeCoCrNiSi	332	361
$FeCoCrNiSi_{0.5}$	299	411
FeCoCrNiCu	285	201
$FeCoCrNiCu_{0.5}$	279	369
FeCoCrNi	294	189

5.5.11　超声辅助激光熔覆

　　随着制造业的不断发展，普通激光熔覆层难以满足更高的性能要求，外加能场作为一种有效提升熔覆层性能的方法而受到关注。使用外加能场可通过改变激光熔体流动、破碎枝晶和促进形核，从而改善熔覆层质量。超声波可作为外加辅助能场与激光熔覆技术进行复合，具有工艺简便性和实用性等优势，基本不改变熔覆层物相组成，且促进元素均匀化，减小晶粒尺寸，避免产生裂纹，以此实现对激光熔覆层显微组织和性能的调控与优化。

　　以 H13 钢作为基体材料，采用 Ni60 粉末、石墨粉和 TiN 粉末为熔覆粉末，粉末粒径为 $48 \sim 106 \mu m$。采用 3 种粉末混合，其中石墨粉与 TiN 粉末的摩尔比为 1:1，两种粉末与 Ni60 粉末的质量比为 1:4，试验中的粉末质量配比见表 5.46，所用 H13 钢基体的化学成分见表 5.47。所用激光器型号为 YLK-3000 激光器，额定功率为 3000W，工艺参数为：激光功率 1400W，扫描速度 2mm/s，送粉电压 12V，光斑直径 2mm，离焦量 0mm。

表 5.46　复合粉末的化学成分

元素	C	Cr	Si	Fe	Ni	B	Ti	N
质量百分比/%	3.85	12.8	3.2	12	48.9	2.56	12.87	3.84

表 5.47　H13 钢的化学成分

元素	C	Si	Mn	Cr	Mo	V	P	S	Fe
质量百分比/%	0.38	0.92	0.28	5	1.2	0.95	0.02	0.03	余量

通过同步送粉方式制备熔覆层。超声波能场施加方式如图 5.73 所示，超声波发生器的实际功率约为 50W，振幅约为 $0.8\mu m$，在改变超声频率时，实际功率和施加功率变化小于 1%，超声辅助激光熔覆的工艺参数见表 5.48。

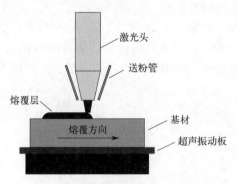

图 5.73　超声波能场施加方式示意

表 5.48　超声辅助激光熔覆的工艺参数

试验组	激光功率/W	扫描速度/mm·s^{-1}	送粉电压/V	超声频率/kHz
1	1400	2	12	0
2	1400	2	12	26
3	1400	2	12	30
4	1400	2	12	34
5	1400	2	12	38

不同超声频率下激光熔覆层的 X 射线衍射（XRD）图谱如图 5.74 所示。随着超声频率的增加，各熔覆层物相组成不变，而原位生成 TiCN 增强相峰高增加且峰宽减小，表明随超声频率增加，熔覆层中原位生成的 TiCN 增强相的含量增加且结晶度较好。这是因为超声频率增加，超声波的热效应增强，使得原位生成反应生成的 TiC 与 TiN 更易结合成 TiCN。

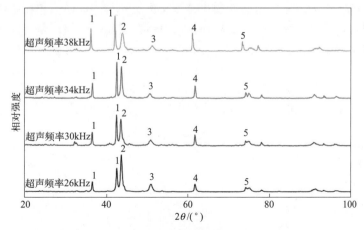

图 5.74　不同超声频率下熔覆层的 XRD 结果

$1—TiC_{0.3}N_{0.7}$；$2—Cr_{0.19}Fe_{0.7}Ni_{0.11}$、FeC；$3—Cr_2TiCr_3C_2$；4—(Fe，Ni)；5—FeTiSi

此外，超声频率的增加使 $Cr_{0.19}Fe_{0.7}Ni_{0.11}$ 与 FeC 的峰高降低且峰宽增加，表明在熔覆层中 $Cr_{0.19}Fe_{0.7}Ni_{0.11}$ 和 FeC 的生成量减少，这是因为随着超声频率的增加，使 C 元素更易与 Ti 元素结合生成 TiC 增强相。

不同超声频率下的激光熔覆层显微硬度分布如图 5.75 所示，超声频率为 26kHz、30kHz 时熔覆层显微硬度相较于未施加超声时提升较小。在这两种超声频率下熔覆层显微硬度波动较大，而超声频率为 34kHz、38kHz 时熔覆层显微硬度提升较大且波动减小，这是由于随着超声频率的增大，超声波的空化效应增强，对晶粒的细化程度增加。

对超声辅助激光熔覆层的耐磨性能进行测试，对每个时间段的磨损件进行测重，得到每个时间段不同熔覆层的磨损量，如图 5.76 所示。在各个时间段未施加超声熔覆层的磨损量大于施加超声熔覆层的磨损量，施加超声辅助后，熔覆层磨损量减少约 30%。在实际生产中，模具表面熔覆层的磨损量小意味着使用寿命长，节约生产成本。

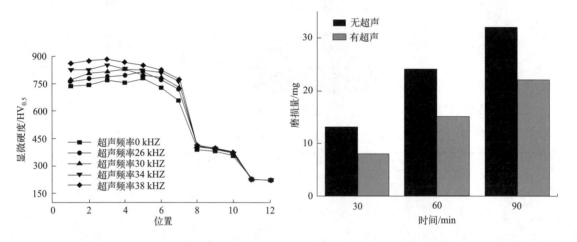

图 5.75　不同超声频率下的激光熔覆层的显微硬度分布　　图 5.76　不同时间段的激光熔覆层的磨损量

5.5.12　Si_3N_4 增强中熵合金激光熔覆层组织及耐磨性

中熵合金基熔覆层耐腐蚀性优于 TC4 钛合金基材，提高了熔覆层显微硬度，但其表面耐磨性能及显微硬度仍未达到传统激光熔覆耐磨层的要求。Si_3N_4 陶瓷具有较高的硬度，添加陶瓷增强相是有效增强熔覆层耐磨性的途径。超声振动对陶瓷增强相在中熵合金基的熔覆层组织性能有影响，探讨陶瓷增强相及超声振动对熔覆层显微组织、耐腐蚀性及耐磨性能的影响，可推进中熵合金激光熔覆的应用。试验中四组试样分别用 S1、S2、S3 及 S4 表示，各组试样成分如下（%）。试样 S1：95(TribaloyX-40-Cr-Ni-Cu)-5Si_3N_4；试样 S2：90(Trib-aloyX-40-Cr-Ni-Cu)-10Si_3N_4；试样 S3：95(TribaloyX-40-Cr-Ni-Cu)-5Si_3N_4；试样 S4：90(TribaloyX-40-Cr-Ni-Cu)-10Si_3N_4。激光熔覆采用的工艺参数见表 5.49。

表 5.49　激光熔覆的工艺参数

试样	激光功率/W	扫描速度 /mm·s^{-1}	送粉速度 /g·min^{-1}	保护气流量(Ar) /L·min^{-1}	搭接率/%	超声振幅/μm
S1	1100	15	13	20	25	0
S2	1100	15	13	20	25	0
S3	1100	15	13	20	25	40
S4	1100	15	13	20	25	40

（1）Si_3N_4 增强熔覆层的组织特征

在 TC4 基材上激光熔覆陶瓷增强中熵合金基的熔覆层，其表面粗糙度小，单层多道激光熔覆具有良好的搭接率，无明显气孔及裂纹等缺陷。熔覆层边缘处激光停留时间较长，由于液态熔池受到重力作用向四周扩散，导致熔覆层两端高度低，中间高度高。

加入 5％ Si_3N_4 试样的 S1 及 S3 熔覆层中部组织细密，结合区附近无气孔和裂纹产生，表明熔覆层与基材间产生良好的冶金结合。熔覆层中部树枝状陶瓷相弥散分布在基底上，无固定生长方向，陶瓷相的生成可增强熔覆层显微硬度及耐磨性能。当温度梯度和凝固速率比值较大时，由于组分过冷度较小，熔覆层中形成了凝固生长速度较慢的平面晶体。随着温度梯度和凝固速率比值的减小，柱状晶和树枝状晶体形成。超声振动后弥散分布的枝晶状陶瓷增强相被打碎，形成细小枝晶分布在基底上。

加入 10％ Si_3N_4 试样的 S2 及 S4 熔覆层与 TC4 基材结合良好，保证了二者间的结合强度，使熔覆层在受到应力作用时能够对基材起保护作用。Ti 元素由于稀释作用进入熔池，与 N 元素发生原位反应生成 TiN 陶瓷相。由于 Si_3N_4 含量过多，超声振动的衰退效应导致其作用逐渐减弱，枝晶尺寸大小不均。超声振动引起的空化效应使枝晶断裂，促进细小枝晶的形成。激光熔池边缘处 TC4 基材被加热到液相线温度以上，通过激光束加热熔化导致晶粒分离，流体带走的熔融金属被保存在液态熔池中，也细化了熔覆层微观组织。

（2）熔覆层摩擦磨损表征及分析

熔覆层摩擦因数（COF）随试样 S1、S2 和 TC4 基材摩擦时间的变化如图 5.77(a) 所示。开始阶段由于熔覆层与摩擦副为线接触或点接触，摩擦因数逐渐增大，随着试样表面与摩擦副完全接触，接触形式发生变化使得摩擦因数逐渐稳定。试验表明，熔覆层在干摩擦磨损过程中的摩擦因数波动幅度明显小于 TC4 基材，表明陶瓷增强中熵合金基熔覆层可以提高干摩擦过程的稳定性。

试样 S1、试样 S2 熔覆层及 TC4 基材的平均摩擦因数和磨损质量如图 5.77(b) 和 5.77(c) 所示。表面接触稳定后试样 S1 和试样 S2 的平均摩擦因数分别约为 0.898 和 0.784，比 TC4 基体（1.14）低约 30％，熔覆层耐磨性能明显优于 TC4 钛合金。摩擦磨损 1800s 后试样 S2 的磨损质量损失约为 1.2mg，约为 TC4 钛合金（17.7mg）的 1/15。试样 S2 熔覆层具有较高的显微硬度，熔覆层中的硬质相起了一定减磨作用，在载荷的作用下难以产生塑性变形，减少了熔覆层的摩擦因数及磨损质量损失。

通过扫描电镜（SEM）对不同陶瓷相含量的熔覆层及 TC4 钛合金表面的磨损形貌进行分析。可以看到磨损表面有较深的犁沟，存在分层现象，表面伴随有大量磨屑。磨损试验过程中，磨屑、摩擦副（GCr15 钢）和 TC4 基材产生了三体磨损，部分滑动的磨屑随着摩擦副的挤压进入 TC4 基材，TC4 基材因相对较低的显微硬度（约 $350HV_{0.5}$）而被较硬的 GCr15 钢划伤，导致产生较深的犁沟。部分滚动的碎屑在法向切应力作用下穿透 TC4 基材，导致产生塑性变形。

摩擦磨损过程中在磨损表面产生了 Ti 氧化物，一定程度上通过自润滑效应降低了摩擦因数。由于 TC4 基材较低的显微硬度降低了其耐磨性能，较硬的摩擦副与 TC4 基材间的相对运动使得 TC4 表面产生较深的犁沟，因此 TC4 基材的磨损机制是磨粒磨损和黏着磨损。

加入 5％ Si_3N_4 的熔覆层磨损表面的粗糙度明显小于 TC4 基材的磨损表面。添加 Si_3N_4 后，磨损表面存在部分深色不规则形区域，是由于在摩擦磨损过程中发生了氧化。磨损表面产生少量的磨屑及较浅的凹槽，通过第二相强化促进晶格畸变以延缓塑性变形，提高显微硬度和耐磨性。

加入 5％ Si_3N_4 陶瓷相的熔覆层的磨损机制为粘着磨损，表面产生轻微磨损，较 TC4

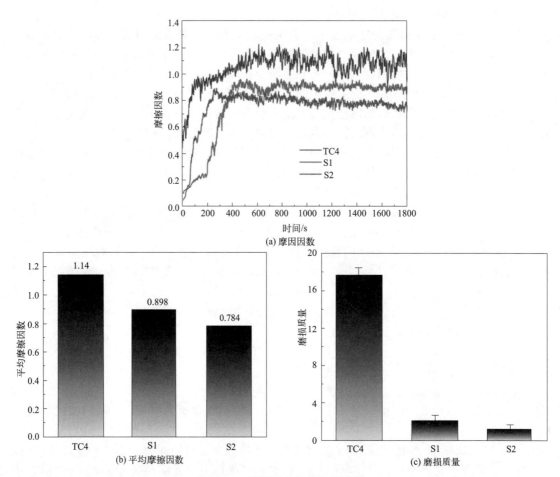

图 5.77　熔覆层耐磨损性能测试

基材磨损表面平整度得到明显提高。分析表明，$NiTi_2$ 金属间化合物附着在磨损表面，为熔覆层提供了强度和塑性。增强相将外部载荷传递到基底上，释放应力以延缓脆性断裂，$NiTi_2$ 与基材之间的结合强度由于具有低自由能和高界面强度的半共格界面而得到增强，提高了熔覆层的耐磨性能。

5.5.13　316L/Nb 材料 SLM 拉伸和磨损性能

选区激光熔化（SLM）是增材制造中的技术途径之一。该技术采用激光作为能量源，按照三维 CAD 切片模型中规划好的路径在金属粉末床层进行逐层扫描，扫描过的金属粉末通过熔化、凝固从而达到冶金结合，获得模型所设计的金属零件。SLM 技术可以制造出传统工艺方法难以制造的形状复杂的薄壁金属零件（如超薄壁结构、悬挂结构、封闭内腔结构和保形冷却结构等），尤其是变截面形状的结构，可以显著降低制造成本，缩短制造周期。

试验所采用的成形设备为德国 EOS M 290 型选区激光熔化设备，成形所用基板为 316L 不锈钢，基板预热温度 80℃，保护气体为高纯氩气。SLM 工艺参数中，扫描层厚度为 $40\mu m$，扫描间距为 $100\mu m$，扫描条带宽度为 $5\mu m$，各组分试样的成形工艺参数见表 5.50。其中编号 4 所用激光功率比前 3 组试样更高些，扫描速度略低，体能量密度更高。为保证实现 SLM 层间的紧密结合，保证试样的整体均匀性，试验采用层与层之间激光扫描角度为 67°的扫描策略。成形试样尺寸为 $10mm \times 10mm \times 10mm$ 的方块状成形件和成形高度为

10mm（成形件厚度为板材拉伸试样状）的板材拉伸试样成形件。

表 5.50　SLM 成形试样的工艺参数

编号	试样成分（%）	工艺参数				
		激光功率	扫描速度	扫描间距	层厚	能量密度
		P/W	$V/mm \cdot s^{-1}$	$H/\mu m$	$T/\mu m$	$E/J \cdot mm^{-3}$
1	316L	214.2	928.1	100	40	57.7
2	316-(1%)Nb	214.2	928.1	100	40	57.7
3	316-(5%)Nb	214.2	928.1	100	40	57.7
4	316-(5%)Nb	370.0	925.0	100	40	100

（1）拉伸性能表征与分析

SLM 成形 316L 不锈钢及 316L/Nb 材料具有良好的强度性能，如图 5.78（a）所示。图 5.78（b）表明 SLM 成形 316L 不锈钢的极限抗拉强度为 700MPa，屈服强度为 627MPa，同时还具备 36.0% 的断后伸长率。添加 1% Nb 后，成形件抗拉强度降低到 664MPa，屈服强度轻微降低，为 613MPa，断后伸长率下降明显，为 12.0%。Nb 添加量为 5% 时，成形件强度明显提升，抗拉强度达 930MPa，屈服强度达 760MPa，断后伸长率为 16.0%。Nb 添加量不变，增大成形时的体能量密度，成形件的强度进一步增加，抗拉强度高达 990MPa，屈服强度增加至 840MPa，同时保持 16.0% 的断后伸长率。

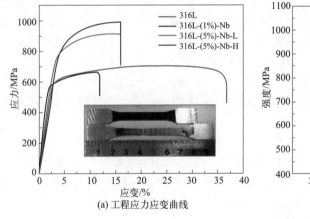

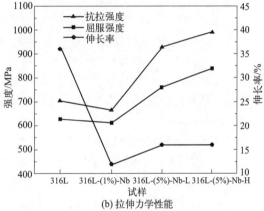

(a) 工程应力应变曲线　　　　(b) 拉伸力学性能

图 5.78　SLM 成形试样拉伸性能

SLM 成形 316L 不锈钢基材料的屈服强度优势明显。在伸长率相当的情况下，SLM 成形 316L 不锈钢相比其他成形件有更高的屈服强度。加入适量 Nb 后，SLM 成形件的屈服强度大大提高。对比铸态 316L 不锈钢，SLM 成形的 316L 不锈钢抗拉强度提升约 25%，屈服强度提升约 20%，塑性降低仅 23%。加入 5% Nb 后，SLM 成形件抗拉强度提升约 75%，整体力学性能明显提高。

（2）摩擦磨损性能表征与分析

SLM 成形试样（SLMed）及热等静压处理试样（HIPed）的显微硬度测试结果如图 5.79 所示。SLM 成形 316L 不锈钢的显微硬度为 213$HV_{0.2}$。添加 1% Nb 后，316L-(1%) Nb 样品显微硬度没有明显变化，约为 210$HV_{0.2}$。随着 Nb 含量的增加，显微硬度增强至 282$HV_{0.2}$。在不改变 Nb 含量的情况下，增大体能量密度，显微硬度进一步增加至 290$HV_{0.2}$。SLM 成形 316L 不锈钢的硬度分布均匀，偏差较小，添加 Nb 含量后显微硬度增加。这是因为 Nb 的硬度高于 316L 不锈钢，材料中存在许多未熔 Nb 颗粒，基体硬度得到提升。未熔 Nb 颗粒周围组织呈致密的等轴晶，Nb 对基体组织有明显的细化作用，Nb 颗粒周围组织的显微硬度较其他区域高。

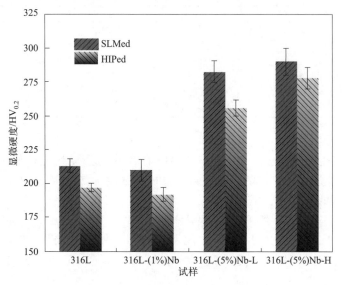

图 5.79　SLM 成形试样的显微硬度

SLM 成形 316L/Nb 材料摩擦磨损的摩擦因数（COF）如图 5.80(a) 所示。表明经过稳定磨损后，316L 不锈钢的摩擦因数最低，约为 0.70，316L-(1%)Nb 试样的摩擦因数略高于 316L，约为 0.76，316L-(5%)Nb 的摩擦因数最高，约为 0.87。316L-(1%)Nb 和 316L-(5%)Nb 在稳定磨损阶段后摩擦因数的波动都比 316L 小。添加 Nb 的试样的显微组织细化，晶粒越细，晶界面积越大，承受相同的外部载荷时其抗载荷能力越强，该区域的塑性变形越小，摩擦因数越稳定。

摩擦磨损初始阶段的摩擦因数如图 5.80(b) 所示，摩擦磨损过程前 300s 中 316L-(5%)Nb 的摩擦因数最低，表明在该阶段试样的耐磨性最好。随着摩擦磨损时间的增加，316L 的摩擦因数无明显变化，而 316L-(5%)Nb 的摩擦因数陡增，产生该变化的原因是磨损机制的突变，高硬度的磨粒从摩擦表面剥落，试样由磨料磨损阶段转变为黏着磨损阶段，摩擦因数显著增加。

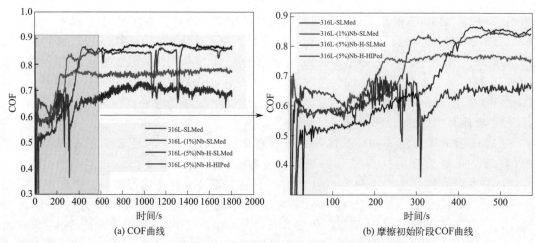

图 5.80　SLM 成形试样 COF 曲线

　　SLM 成形 316L/Nb 材料摩擦磨损阶段的磨损深度如图 5.81 所示。经过摩擦磨损的跑合阶段，316L 不锈钢的起始磨损深度（Z）更低，添加 Nb 后，Z 随着添加量的增加而增加。摩擦磨损阶段磨痕总深度如图 5.81(b) 所示，在 5%的 Nb 添加量的情况下，磨痕的总深度最小，表明其在稳定磨损阶段耐磨性能最好。

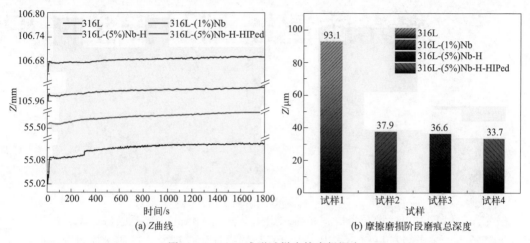

(a) Z 曲线　　　　　　　　　　　　(b) 摩擦磨损阶段磨痕总深度

图 5.81　SLM 成形试样摩擦磨损深度

　　影响摩擦磨损的因素除材料本身的摩擦性能外，还与材料的硬度和表面粗糙度有关。一般情况下，材料抗疲劳磨损的能力随表面硬度的增加而增强，但表面硬度一旦越过临界值，则情况相反。外加载荷应力一定的情况下，对偶表面的粗糙度越小，越容易抵抗外界的磨损环境。当表面粗糙度小到一定值后，对抗疲劳磨损能力的影响随之减小。在摩擦磨损跑合阶段，对偶表面的粗糙度较大，实际接触面积较小，接触点数少，而多数接触点的面积又较大，接触点黏着严重，因此磨损率较大。随着跑合的进行，表面微峰峰顶逐渐磨去，表面粗糙度降低，实际接触面积增大，接触点数增多，磨损率降低，为稳定磨损阶段创造了条件。Nb 含量增加后的 SLM 成形件显微硬度增加，未熔 Nb 颗粒周围的组织结构与基体有差异，造成微区域的成分不均匀，其表面的粗糙度增大，故 316L-(1%)Nb 材料的磨损深度最大。

第 6 章

激光质量监测及安全防护

激光加工过程中，材料受光压、光热作用迅速升温、熔化，之后强烈蒸发、汽化，产生高温等离子体。激光与材料相互作用表现出复杂的物理化学现象，给质量控制带来很大的困难。从机理角度分析得到的改善加工质量的措施，很可能受工艺条件的变化而失效，须采用过程和质量监测技术来保证加工质量。激光加工过程中，作用区金属处在高温熔化状态，并且被强烈的等离子体焰遮盖，必须配合高精度的探测手段代替人眼进行监测。

6.1 激光器的光束质量及聚焦质量

6.1.1 激光器的光束质量

（1）波长 λ

① 波长影响材料对激光的吸收率。除了材料本身的特性（如材料种类、物态、温度及表面状况等），材料对激光的吸收与激光的波长之间存在依存关系。对金属材料而言，激光的波长越短，材料对激光的吸收率越高。

② 波长影响激光束精细聚焦的极限可能性。激光能达到的最小光束发散角受到衍射效应的限制，设光腔输出孔径为 $2a$，则衍射极限 θ_m 为：

$$\theta_m \approx \frac{\lambda}{2a} \tag{6.1}$$

当一束发散角为 θ 的单色光被焦距为 f 的透镜聚焦后，焦面光斑直径为：

$$d = f\theta \tag{6.2}$$

在光束发散角等于衍射极限的情况下，将式（6.1）代入式（6.2）得：

$$d_m \approx \frac{f\lambda}{2a} \tag{6.3}$$

理想情况下，激光束通过聚焦可以获得直径为激光波长量级的光斑，波长越短，越有利于精细聚焦。这正是超短、超快激光源的研发成为激光科学研究前沿的原因之一。

③ 波长影响激光焊光致等离子体的形成。对于激光深熔焊过程，波长还影响到光致等离子体的形成。当激光的功率密度超过 $10^6 \mathrm{W/cm^2}$ 时，被辐照金属材料的表面强烈汽化形成金属蒸气，蒸气中的自由电子通过逆辐射吸收激光的能量而加速，直至有足够的能量碰撞

电离材料和周围的气体，使电子密度雪崩式地增长而形成光致等离子体。

（2）功率 P

金属材料的激光加工主要是基于光热效应的热加工，前提是激光被加工材料吸收并转化为热。在不同功率密度的激光束照射下，材料表面发生不同的变化，这些变化包括表面温度升高、熔化、汽化、形成小孔以及产生光致等离子体等。激光束与材料耦合时的功率密度比功率本身更具有实际意义，因为高功率密度是激光加工最突出的优点，只有获得足够的功率密度，才能按照需要获得理想的加工质量。图 6.1 所示为激光束的能量、作用时间与加工方式之间的关系。

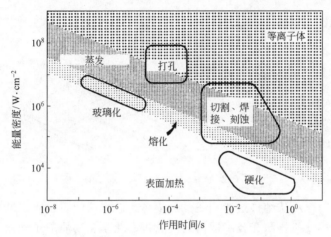

图 6.1　激光束的能量、作用时间与加工方式之间的关系

功率密度与激光功率和聚焦光束的焦斑大小密不可分。聚焦光斑内的平均功率密度可表示为：

$$I_f = \frac{P}{\pi w_f^2} \tag{6.4}$$

式中，I_f 为聚焦光斑内的平均功率密度；P 为入射激光功率；w_f 为聚焦后光束的束腰半径。

激光束的高方向性将功率包含在很小的空间立体角内，聚焦光斑小，激光功率高，在光束横截面上可以得到高功率密度。激光能量在激光切割应用中尤为重要，实际应用时，常常设置大功率以获得高切割速度。当辅助气体压力和切割速度一定时，随着激光功率的增加，切口宽度与激光功率呈线性正比关系。激光功率过小，切口切不开，或切口表面粗糙度增加；激光功率增加到一定值后，如果继续增加会增大切口。实际上，针对不同厚度、材质等的应用，都存在最佳功率值，可以充分发挥激光器的优势。

（3）偏振特性

激光是横向电磁波，即光波的振动方向与传播方向垂直。振动方向与光束传播方向在同一个平面内的偏振方向称为线偏振光。两个互相垂直的线偏振光可以合成圆偏振光。图 6.2 表示了线偏振光、圆偏振光与光束传播方向的关系。

（4）时间特性

激光的时间特性体现在激光束输出的方式（连续输出/脉冲输出）、脉冲输出的脉宽、脉冲形状等。脉冲激光和连续激光各有特色，脉冲激光有高峰值功率，有利于突破各种材料，尤其是高反射材料的阈值，也有利于减小被加工材料的热影响区，如打孔、点焊等加工方式需要采用单个或低重复频率的脉冲激光。

脉宽和频率是激光时间特性的参数，人们用脉宽窄的激光作为认知工具，能获得大量信

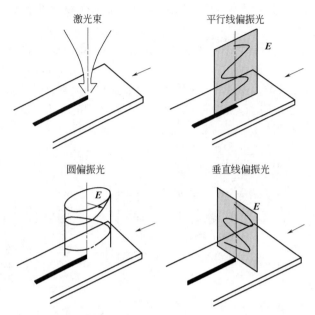

激光束　　　　　　　　　　　平行线偏振光

圆偏振光　　　　　　　　　　垂直线偏振光

图 6.2　偏振方向与光束传播方向

息。光脉冲的尺度，已经从纳秒过渡到飞秒和皮秒，它在瞬间发出巨大的功率，其超短脉冲宽度和超高峰值功率使飞秒激光技术成为研究物理、化学、物质原子和分子的超快过程，以及产生新一代粒子加速器和激光核聚变快速点火技术的途径。超短脉冲激光为人们提供了认识微观世界动力学过程的新工具，开拓了新的研究前沿。飞秒、皮秒激光的特点是超快和超高强度，具有极窄的脉冲宽度，光脉冲峰值功率达到太瓦量级，聚焦光强超过 $10^{21}\,\mathrm{W/cm^2}$。

在激光加工领域，飞秒激光作为一种有效的微型精密加工工具，为激光制造开辟了新的应用领域。目前飞秒激光已经被用来加工半导体、导电体和绝缘体，可以在透明材料的吸收禁带内进行加工，三维二进制数据存储器、波导分离器、波导放大器以及玻璃光栅都已经加工成功。

在汽车、飞机、火车和舰船等运输工具的制造中，需要满足连续部位的加工需求，如切缝、焊缝等，而且切缝、焊缝的长度和稳定性也在一定程度上体现了激光制造的水平和能力。这时，多采用连续输出激光来进行高速度、大范围的连续加工。高功率 CO_2 激光器和 YAG 激光器都能够灵活适应各种不同需求的加工任务。

（5）空间特性

激光的空间特性是激光制造最关注的光束特性，从横向和纵向两个方面体现。横向特性表现在光束束腰宽度以及光束模式，纵向特性表现了光束远场特性。空间特性是最能体现激光作为加工工具这把"刀"的锋利程度的指标。

激光束的横模分布对激光加工影响很大，激光束的空间相干性和方向性取决于其横模结构，它与所采用激光器谐振腔的类型有关。稳腔激光器一般输出高斯光束，但为了得到较大的模体积，工业上多采用非稳腔结构，非稳腔高功率激光器经常输出高阶模激光束。除了基模高斯光束外，还存在高阶高斯光束，相应于高阶横模（TEM_{mn} 或 TEM_{pl}）。

通常都以简单的低阶模、高阶模或发散角的大小来描述激光器的主要性能指标。光束模式决定了聚焦焦点的能量分布，对激光加工工具有重要影响。图 6.3 所示为不同光束模式对焊接质量的影响，当激光束为基模时，可以获得最大的焊缝深度与深宽比。光束模式的阶次越高，激光束的能量分布越发散，焊接质量越差。

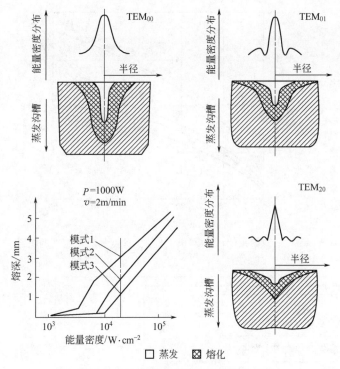

图 6.3 光束模式对焊接质量的影响

高质量激光束的原始光束直径和发散角较小，在光束横截面上具有较为集中的功率密度分布，容易聚焦成直径较小、功率密度较高的光斑。图 6.4 所示为光束模式对焊缝熔深的影响。在同样的激光功率条件下，采用稳腔输出的 TEM_{10} 激光光束的焊缝熔深明显比稳腔 TEM_{20} 的大。

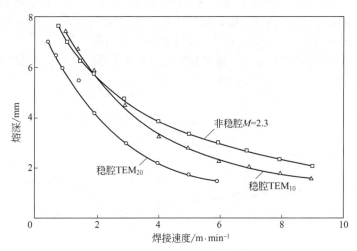

图 6.4 光束模式对焊缝熔深的影响

激光聚焦特征参数 K_f 是激光空间特性的体现。图 6.5 显示了不同模式的激光束在不同聚焦特征参数 K_f 时，激光加工宽度与加工深度之间的关系。

图 6.6 所示为激光束特性对激光加工过程的影响，实际中要根据光束特性科学合理地应用激光，满足加工任务的需求。

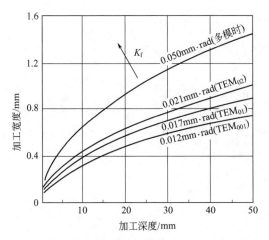

图 6.5　不同聚焦特征参数下激光加工深度与加工宽度的关系

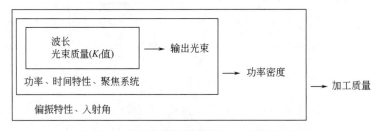

图 6.6　激光束特性对激光加工过程的影响

6.1.2　光束质量对聚焦的影响

　　图 6.7 所示为激光束经过聚焦镜的聚焦变化示意，z_0、z_f 分别表示聚焦前后光束的束腰位置到聚焦镜中心的距离，w_0、w_f 分别表示聚焦前后光束的束腰半径，$w(z_0)$ 表示激光束沿光束传输方向达到聚焦镜处光束的半径，$D=2w(z_0)$，f 表示聚焦镜的焦距，z_{R0}、z_{Rf} 表示聚焦前后激光束的射线长度，Δf 表示焦点偏移量（聚焦光束实际束腰位置到聚焦镜焦点位置的距离）。

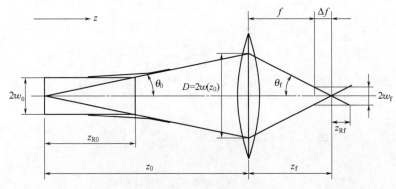

图 6.7　激光束经过聚焦镜的聚焦变化示意

　　达到工件表面光束的聚焦质量由光束质量和聚焦系统特性两方面共同决定。光束质量由 K_f 值来评定，聚焦系统特性由焦数 F 来描述，F 定义为聚焦镜的焦距 f 和激光束沿光束传输方向达到聚焦镜处光束的直径 D 的比值。

$$F = \frac{f}{D} \tag{6.5}$$

（1）光束质量对焦斑大小的影响

一般情况下，尤其对于激光深熔焊来说，希望激光束聚焦后能够得到小而圆的光斑，以便在较低的功率下获得高功率密度，达到并维持稳定的激光加工过程。图 6.8 所示为焦数不同时光束质量（K_f）与焦斑半径的关系。如果聚焦系统的焦数相同，焦斑半径与 K_f 成正比，K_f 越小，得到的焦斑半径越小。焦数 F 实际上表示了光束质量与焦斑大小之间的斜率关系。焦数越小，不同光束质量的激光束聚焦后的焦斑半径差别越小；焦数越大，光束质量稍有变化时，得到的焦斑大小的变化就会很大。

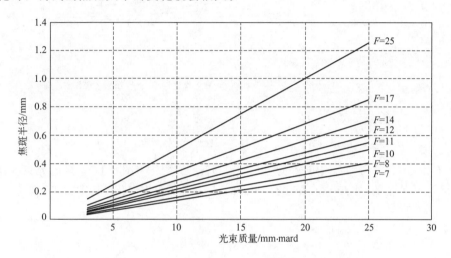

图 6.8　焦数不同时光束质量与焦斑半径的关系

（2）光束质量对焦斑位置的影响

焦斑位置是指聚焦光束束腰的位置。焦点偏移量表示焦斑位置相对于聚焦镜焦点位置的差值，用 Δf 表示。焦点漂移量表示激光束经过大范围传输后，焦斑位置的改变量，用 $\Delta f'$ 表示。它们都直接受聚焦前激光束射线长度的影响，而射线长度也是体现激光光束质量好坏的一个方面。所以，光束质量对焦斑位置的影响可以转化为光束质量对激光束射线长度的影响。

基模高斯光束的射线长度与波长和束腰半径有关。波长只是表明了具有这种波长的基模高斯光束可以达到的射线长度的极限值，波长越短，这个极限值就越大。工业应用中的激光束多为高功率多模激光束，根据实际测量得到的光束束腰半径和光束质量计算其射线长度。

图 6.9 所示为激光束束腰半径不同时光束质量（K_f）与射线长度的关系。光束质量越好（K_f 越小），激光束的射线长度越长。在 K_f 比较小的情况下，射线长度对光束质量敏感；当 K_f 很大时，激光束的射线长度基本不受束腰半径 w_0 和 K_f 的影响，稳定在 10m 左右。

（3）光束质量对焦深的影响

焦深是聚焦光束射线长度的 2 倍，焦深越长表示光束准直的范围越大，根据图 6.7 可知：

$$z_{Rf} = \frac{w_f}{\theta_f} \tag{6.6}$$

有效焦深表示在极限加工范围内的光束准直长度（图 6.10），有效焦深为：

$$z_{R\text{-effect}} = z_{R1} + z_{R2} - (z_{f\max} - z_{f\min}) \tag{6.7}$$

式中，$z_{R\text{-effect}}$ 为有效焦深；z_{R1}、z_{R2} 分别为最大加工范围和最小加工范围的焦深；$z_{f\max}$、$z_{f\min}$ 分别为最大加工范围和最小加工范围聚焦光束束腰位置到聚焦镜的距离。

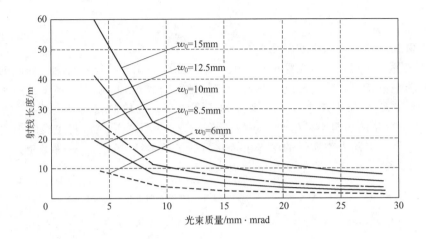

图 6.9　激光束束腰半径不同时光束质量与射线长度的关系

式(6.7)也可以表示为：

$$z_{\text{R-effect}} = \frac{2}{(f-z_{\text{f}})^2 + z_{\text{R1}}^2}\left(\frac{f^2 w_0^2}{K_{\text{f}}} - f^2 z_{\text{f}} + f^3\right) \tag{6.8}$$

根据式(6.8)计算得到有效焦深随光束质量（K_{f}）的变化（图 6.11），随着光束变换系统条件和激光器光束质量的不同，存在最佳有效焦深，以在加工范围内获得稳定的加工质量。

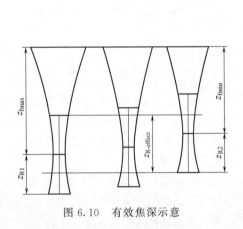

图 6.10　有效焦深示意

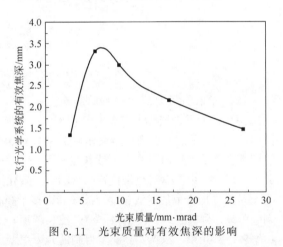

图 6.11　光束质量对有效焦深的影响

当聚焦角相同时，焦深与 K_{f} 成正比，K_{f} 越小，焦深越短。例如，在由三种 CO_2 激光器获得相似聚焦角的情况下 $\theta_{\text{fDC}} = 42.5\text{mrad}$（DC035 CO_2 激光器），$\theta_{\text{fTLF}} = 39.9\text{mrad}$（TLF6000t CO_2 激光器），$\theta_{\text{fSR}} = 41.7\text{mrad}$（SR200 CO_2 激光器），相应的焦深分别为 $z_{\text{RfDC}} = 2.1\text{mm}$，$z_{\text{RfTLF}} = 5.43\text{mm}$，$z_{\text{RfSR}} = 12.9\text{mm}$。当聚焦光束的焦斑半径相同时，激光束的焦深与 K_{f} 成反比，K_{f} 越小，焦深越长。

图 6.12 所示为 TLF6000t CO_2 激光器采用焦数 F 分别为 25 和 17 的聚焦系统得到的聚焦光束传输曲线，与 SR200 CO_2 激光器采用焦数为 10 的聚焦系统和 CW 025 YAG 激光器采用焦数为 7 的聚焦系统得到的聚焦光束传输曲线的比较。由于 TLF6000t CO_2 激光器的光束质量在这三种激光器中是最好的，所以在得到相似大小的焦斑的情况下，保证了聚焦光束的小聚焦角和长焦深。

实际应用中希望得到的聚焦光束不仅具有小聚焦光斑，还要有小聚焦角和长焦深。小聚焦光斑要求聚焦系统的焦数尽量小，而小聚焦角和长焦深要求聚焦系统的焦数尽量大。因

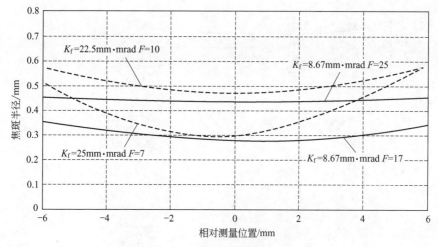

图 6.12　几种聚焦光束聚焦特性的比较

此，光束质量对激光聚焦特性的关键作用在于高光束质量激光可以在焦数大的情况下获得小聚焦光斑，得到具有最优特性的聚焦光束。

6.1.3　引起激光束焦点位置波动的因素

图 6.13 所示为激光束传输与聚焦示意，入焦量 $\Delta f > 0$ 或离焦量 $\Delta f < 0$。激光束从激光器输出窗输出，传输到激光加工的位置，经反射镜改变方向和聚焦透镜聚焦，在 A 处获得聚焦束腰（焦点）。由于激光并非绝对的平行光，激光加工中所说的焦点并非聚焦镜的几何焦点，而是具有一定发散角的激光束经透镜后聚焦光束的束腰，该处焦斑最小，辐照强度最大。激光束的特性、聚焦透镜参数及工件与透镜间的距离这三个因素对焦点位置（Δf）有影响。

6.1.3.1　透镜与工件之间距离的变化

在激光加工过程中，聚焦透镜安装在焊枪中，当焊枪喷嘴与工件之间的距离发生变化时，带动透镜与工件表面的距离 L 也相应改变，从而造成聚焦后焦点位置（Δf）发生变化。

引起喷嘴与工件之间距离改变的原因，主要是工件表面不平整、装配误差、加工过程中工件受热变形以及曲面焊接等。由图 6.13 可见，透镜与工件表面的距离 L 的变化对焦点位置（Δf）的影响是显而易见的。

6.1.3.2　热透镜效应

激光束在介质中传输时，介质将吸收一部分激光能量而温度升高，从而引起介质的折射率和形状发生变化，反过来影响激光束的传输和聚焦。这种热影响可以等效为一个透镜对光束传输与聚焦的影响，因此被称为激光诱发的热透镜效应，简称激光热透镜效应。采用气体激光器的焊接中，热透镜效应主要为激光器输出窗（图 6.13 中 2）的热透镜效应、聚焦透镜（图 6.13 中 5）的热透镜效应以及激光传输过程中（图 6.13 中 3）产生的气体热效应。对于 YAG 激光器，还会有 YAG 晶棒热透镜效应。这些热透镜效应最终都对激光束聚焦后的焦点位置 A 产生影响。

（1）激光器输出窗热透镜效应

输出窗是内表面镀有增反膜、外表面镀有增透膜的 ZnSe（或 GaAs）晶体。增反膜、晶体基体和增透膜三部分的能量吸收引起的热变形对输出光束质量有很大的影响。由于在激光器工作过程中，80% 以上的能量通过增反膜反馈回腔内，形成增益振荡，仅有 20% 左右的能量通过晶体基体和增透膜输出，所以内表面增反膜热吸收是引起输出窗热透镜效应和光束

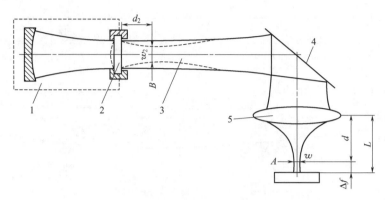

图 6.13　激光束传输与聚焦示意
1—激光器；2—输出窗；3—输出光束；4—反射镜；5—聚焦透镜；
A—激光聚焦焦点的位置；d—聚焦透镜到焦点的距离；Δf—离焦量；L—聚焦透镜到工件的距离；
B—输出窗热变形后输出光束束腰的位置；d_2—输出窗热变形引起束腰位置移动的距离

特性变化的主要原因。

输出窗热透镜效应通过以下几方面的影响最终改变光束的焦点位置。

① 热透镜效应引起输出窗内表面曲率半径和焦距的变化。内表面增反膜吸收的激光热量将使输出窗内表面产生近似球面的轴向变形（图6.13中2的虚线所示），输出窗中心处变形最大。

② 输出窗焦距变化对激光束输出特性的影响。对于平面输出窗，如果不考虑热透镜效应的影响，输出光束的束腰位置一般在输出窗上。当输出窗产生热变形后，输出光束的束腰位置将发生变化。如图6.13所示，输出光束的位置由实线变为虚线的样子，束腰位置移至距输出窗 d_2 的 B 处，并且 d_2 随激光功率的增加而增大，发散角也增大。

③ 输出光束束腰位置对聚焦焦点位置的影响。具有一定发散角的激光束，经过焦距为 f 的聚焦透镜后，在 A 处形成束腰，成为焦点（图6.14）。d_2 受输出窗热透镜效应的影响产生变化，在输出窗到透镜距离 l 一定的情况下，d_2 的变化引起 l_0 和 d 的变化，最终引起离焦量的变化。

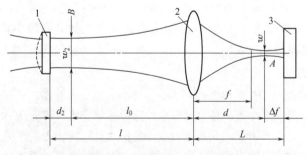

图 6.14　透镜对输出光束的聚焦示意
1—输出窗；2—聚焦透镜；3—工件

输出窗热透镜效应最终导致焦点位置（Δf）的变化，激光功率越大，工作时间越长，输出窗热透镜效应越严重，Δf 的变化越大。选用线胀系数小的材料制作输出窗并加强冷却，可减小输出窗热透镜效应的影响。

（2）聚焦透镜的热透镜效应

当激光透过透镜时，一部分激光能量被透镜吸收，使透镜的温度升高、折射率增大；由于激光光束分布不均匀，使透镜沿径向产生温度梯度，透镜中心的温度高于边缘温度，结果透镜中心变形大于边缘，减小了透镜的曲率半径。这两方面的因素使透镜的焦距变小（图6.15），这种现象称为聚焦透镜的热透镜效应。

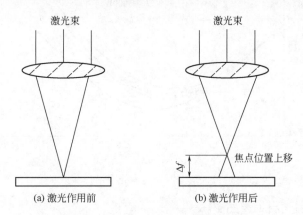

图 6.15　聚焦透镜的热透镜效应示意

透镜焦距的变化与激光功率和透镜对激光的吸收率成正比，而吸收率和透镜材料、透镜镀膜质量、透镜表面污染以及冷却条件有关。为了减小热透镜效应，应采取选用透射率较高的透镜、注意保持镜面清洁、加强对透镜的冷却等措施，降低镜片的温度，减小透镜对激光的吸收率。大功率激光焊时，常采用反式聚焦镜，其冷却条件好，热变形小，几乎不存在热透镜效应。但反式聚焦镜存在镜面与入射激光的相对位置调节困难、聚焦性能差等缺点，用于高精度的激光加工时效果不理想。

由于聚焦透镜靠近工作区，镜片易受污染，聚焦透镜的热透镜效应比输出窗热透镜效应对焦点位置（Δf）的影响更直接、更显著。

（3）传输光束的空气热透镜效应

当激光器的输出功率较高、激光束传输的距离较长时，由于空气对激光的吸收而产生的空气热透镜效应，将引起传输光束的扩大，束腰大小和位置发生变化，从而改变光束的聚焦形态和焦点位置，影响激光加工质量的稳定性，这是不容忽视的问题。

激光束在空气中传输的过程中，空气吸收激光的能量，并转换为热能，引起空气温度的升高。空气温度的升高又导致空气不断向周围空间进行热扩散，最终在达到热平衡时，形成一个中心高、周围低、沿径向具有一定温度梯度的温度场。温度场造成气体密度具有中心低周围高的密度梯度，从而导致沿径向的气体折射率变化，产生类似负透镜的效应。当输光管道通以 200～300kPa 以上压力的压缩空气时，可带走部分热量，且由于空气的扰动作用减小了径向温差，空气热透镜效应可基本消除。

图 6.16 所示为空气热透镜效应对激光传输光束半径和束腰位置的影响。热透镜效应对光束的扩展作用随着距离的增加而增大，激光功率越大，空气热透镜效应越明显，相同位置处光束半径也越大；而无热透镜效应时，不同激光功率对应的光束半径是基本相同的（图中仅显示一条曲线）。空气热透镜效应使激光束束腰位置逆光束传输方向移动，聚焦后的焦点位置也随之改变。

与输出窗和聚焦透镜的热透镜效应不同，空气热透镜效应随光束的传输距离增加而增大，不同加工位置所对应的束腰位置是变化的。因此在不同位置对激光束进行聚焦，也会引起焦点位置的改变。

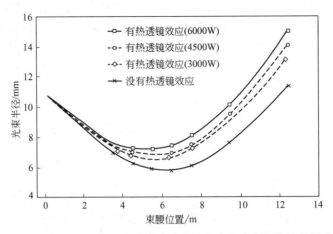

图 6.16　空气热透镜效应对激光传输光束半径和束腰位置的影响

6.1.3.3　飞行光路中不同光程的影响

飞行光路是指在激光加工过程中采用工件固定而光束移动的加工方式，在大范围激光加工中常采用这种方式。

在激光加工中，由于光束在传输过程中存在不可避免的发散，当聚焦透镜处于飞行光路中的不同位置时，聚焦光束的焦点位置也有所不同。图 6.17 所示为光束传输距离对焦点位置的影响示意，当激光加工位置由 A 到 B 到 C 移动时，从光束束腰到透镜的光程（$l_0 = l_{01} + l_{02}$）是增大的，聚焦后焦点到透镜的距离 d 也变长。

除了影响焦点位置，光程的变化还会引起焦斑辐射强度的变化。激光功率为 2.2kW，聚焦透镜焦距为 152mm。聚焦透镜至激光器输出窗的光程为 6540mm 时，焦斑的辐射强度相对值为 0.94；如果将聚焦透镜至激光器输出窗的光程缩小至 4350mm，一方面使聚焦透镜至焦点的距

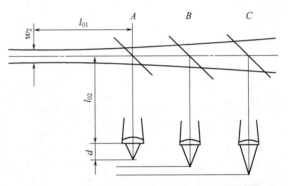

图 6.17　光束传输距离对焦点位置的影响示意
w_2—光束束腰直径；d—透镜到焦点的距离；
$l_{01} + l_{02}(= l_0)$—光束束腰到透镜的光程

离相应减小，若聚焦透镜到工件的距离不变，则入焦量减小，另一方面使辐射强度相对值降低（至 0.48）。

为了减小光程对焦点的影响，可以在轴上再加一平行的数控轴，或采用补偿光路的方法，使激光加工头在运动过程中，总光程长度保持不变。但需增加反射镜，增加激光损耗，加工机械的结构也变得复杂。

对于实际的激光切割和激光焊接来说，引起激光束焦点位置波动的主要因素是不同的。对于激光切割，被切板材总存在不平度，因此透镜与工件之间的距离变化是引起激光切割焦点位置波动的主要因素。对于激光焊接，除了空间曲面的焊接外，一般平面或回转体焊接由于有工装夹具对工件起装配和固定作用，透镜与工件之间的距离变化并不是主要因素。而在长时间高功率激光焊接中，光腔输出窗和聚焦透镜的热变形引起焦点位置的变化是造成焊接质量变差的主要原因，这是应引起重视并需要解决的问题。

6.2　激光与材料的相互作用

6.2.1　材料吸收激光的规律及影响因素

6.2.1.1　材料吸收激光的一般规律

激光照射到材料表面时，一部分被反射，其余光能进入材料内部后，部分被材料吸收，还有一部分透过材料。激光在材料表面的反射、吸收和透射本质上是光波的电磁场与材料中的带电粒子相互作用的结果。

金属中存在大密度的自由电子，自由电子受到光波电磁场的强迫振动产生次电磁波（次波）。这些次波之间以及次波与入射波的相互干涉形成强烈的反射波和较弱的透射波，透射波在很薄的金属表层被吸收。因此，金属表面对激光有较高的反射率。尤其频率较低的红外线，光子能量较低，主要对金属中的自由电子起作用，反射强烈。而频率较高的可见光和紫外线，光子能量较大，可对金属中的束缚电子发生作用。束缚电子的作用将使金属的反射能力降低，透射能力增大，增强金属对激光的吸收。由于自由电子密度大，透射波在金属的一个很薄（$0.01 \sim 0.1 \mu m$）的表层内被吸收。

材料吸收激光后，通过激发带电粒子的谐振以及粒子间的相互碰撞，光能转换为热能。激光加工在很短的弛豫时间内使材料吸收的激光转换为热能，对于金属的典型值为 $10^{-13} s$。

6.2.1.2　影响金属对激光吸收的因素

（1）波长

激光波长越长，反射率越高，吸收率 α 越小，两者之间的关系为：

$$\alpha = \frac{4\pi k}{\lambda} \tag{6.9}$$

式中，λ 为波长；k 为材料复数折射率的虚部。

图 6.18 所示为常用金属在室温下的反射率与波长的关系曲线。

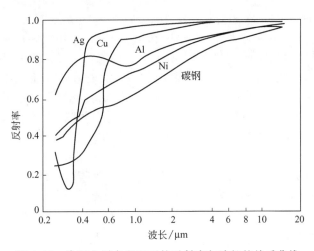

图 6.18　常用金属在室温下的反射率与波长的关系曲线

20℃时金属在不同激光波长下的吸收率见表 6.1 及图 6.19，随着波长的缩短，金属对激光的吸收率增加。多数金属对可见光（$0.5 \mu m$、$0.7 \mu m$）的吸收率较高；对 CO_2 激光（$10.6 \mu m$）的吸收率不足 10%；对 YAG 激光的吸收率为 CO_2 激光的 $3 \sim 4$ 倍。

表 6.1 20℃时金属在不同激光波长下的吸收率

材料	波长			
	氩离子激光	红宝石激光	YAG 激光	CO_2 激光
	$0.5\mu m$	$0.7\mu m$	$1.06\mu m$	$10.6\mu m$
铝	0.09	0.11	0.08	0.019
铜	0.56	0.17	0.10	0.015
铁	0.68	0.64	—	0.035
镍	0.40	0.32	0.26	0.03
钛	0.48	0.45	0.42	0.08
钨	0.55	0.50	0.41	0.026
钼	0.48	0.48	0.40	0.027
锌	—	—	0.16	0.027

注：表中的吸收率是采用光洁的金属表面在真空中测得的。

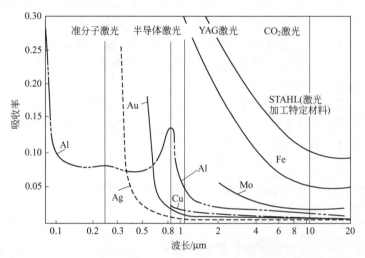

图 6.19 20℃时金属对不同波长激光的吸收率

YAG 激光的波长是 CO_2 激光波长的 $1/10$，所以一般材料对 YAG 激光的吸收率高于对 CO_2 激光的吸收率。但是这种吸收率的差异只在初始激光作用的瞬间起作用，随着材料状态的改变，吸收率有很大的不同。图 6.20 所示为在固态（Ⅰ）、液态（Ⅱ）、气态（Ⅲ）三种条件下，钢材对 CO_2 激光和 YAG 激光的吸收率。钢材在气态下对激光的吸收率明显增大，这时无论是 YAG 激光还是 CO_2 激光，钢材对激光的吸收率都达到 90％以上，而且吸收率与激光波长、金属特性和材料表面状态无关，波长对吸收率的影响可以忽略。

激光能量密度、波长与吸收率的关系如图 6.21 所示。

（2）材料性质

在波长 $\lambda > 2\mu m$ 的红外线范围，金属的吸收率顺序为碳钢＞镍＞铝＞铜＞银，即材料的导电性越好，对红外线的反射率越高。在红外线波段，光子能量较低，只能和金属中的自由电子耦合。金属的电阻率越低，自由电子密度越大，自由电子受迫振动产生的反射波越强，反射率越大，吸收率越小。吸收率与电阻率之间的关系为：

$$\alpha \approx 0.365 \left(\frac{\rho}{\lambda} \right)^{\frac{1}{2}} \tag{6.10}$$

式中，α 为金属对激光的吸收率；ρ 为金属材料的电阻率，$\Omega \cdot m$；λ 为激光波长，μm。

（3）温度

金属的电阻率随温度的升高而增大，因此吸收率随温度的升高而增大。

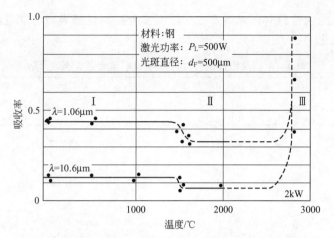

图 6.20 钢在不同物态下对不同波长激光的吸收率

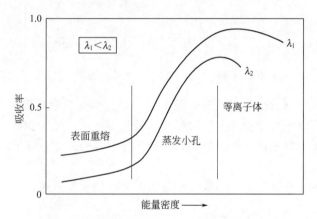

图 6.21 激光能量密度、波长与吸收率的关系

$$\rho = \rho_{20} \left[1 + \gamma (T - 20) \right] \qquad (6.11)$$

式中，ρ_{20} 为金属材料在 20℃时的电阻率，$\Omega \cdot m$；γ 为电阻温度系数，$℃^{-1}$；T 为温度，℃。

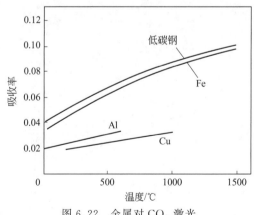

图 6.22 金属对 CO_2 激光
的吸收率随温度的变化

图 6.22 为根据式（6.10）、式（6.11）计算得到的金属对 CO_2 激光的吸收率随温度的变化。

低碳钢与铜、铝相比，电阻温度系数虽然差别不大，但是因其 20℃时的电阻率大得多，所以其吸收率较大。不过总体来说，大部分金属材料光洁表面对波长为 $10.6\mu m$ 的 CO_2 激光吸收率较低，不超过 10%。

（4）表面状态

金属表面的粗糙度、氧化膜以及特殊涂层对激光的吸收率会产生显著影响。表 6.2 为铝及铝合金表面状况对 CO_2 激光吸收率的影响。金属材料在高温下形成的氧化膜使吸收率显著

提高。图 6.23 所示为 304 不锈钢表面在空气中氧化 1min 后对 CO_2 激光的吸收率与氧化温度的关系。由于氧化膜的厚度是氧化温度和时间的函数，因此金属对激光的吸收率受氧化温

度和时间的影响。金属材料对激光的吸收率随温度升高而显著增加，这主要由于电阻率的增加和表面的高温氧化。

表 6.2　铝及铝合金表面状况对 CO_2 激光吸收率的影响　　　　　　　%

材料	原始表面	电解抛光	喷砂	阳极氧化
纯铝	7	5	20	22
5456 铝合金	5～11	4	22	27

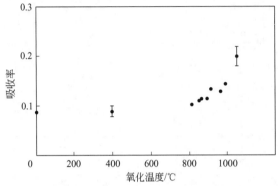

图 6.23　304 不锈钢氧化表面对 CO_2 激光的吸收率与氧化温度的关系

磷酸盐、氧化锆、氧化钛、二氧化硅、石墨等对 CO_2 激光具有高吸收率，以这些物质为主要成分的表面涂层可以显著地提高金属对激光的吸收率，这已成为激光表面热处理时的必要措施。但是，对于激光焊来说，磷、氧、碳的增加却是有害的，会降低焊缝的塑性和韧性。

（5）偏振

在不同偏振方向上材料对激光的吸收率与入射角 θ 的关系可表示为：

$$\alpha_p(\theta) = \frac{4n\cos\theta}{(n^2+k^2)\cos^2\theta + 2n\cos\theta + 1} \tag{6.12}$$

$$\alpha_s(\theta) = \frac{4n\cos\theta}{(n^2+k^2)\cos^2\theta + 2n\cos\theta + \cos^2\theta} \tag{6.13}$$

式中，α_p、α_s 分别为平行偏振方向和垂直偏振方向的吸收率；n、k 分别为材料复数折射率的实部和虚部。

图 6.24 所示为激光束的偏振特性、入射角对吸收率的影响。材料对垂直线偏振光的吸收率随着入射角的增大而减小，材料对平行线偏振光的吸收率随着入射角的增加逐渐达到最大值，之后吸收率急剧降低。吸收率最大时光束入射角（称为 Brewster 角）接近 90°。实际应用中，通常采取激光束垂直入射到工件表面的方式，这种入射方式虽然给不规则曲面的激光加工带来了一定困难，但保证了吸收率的稳定性。

入射角较小时，材料对激光的吸收率受光束偏振特性的影响较小，但如果入射角增大到一定程度或改变加工方向时，激光束的偏振特

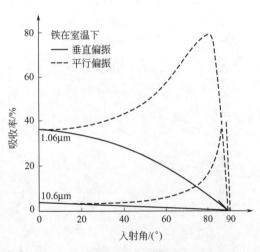

图 6.24　激光束的偏振特性、入射角
对吸收率的影响

性对激光加工过程有较大的影响，这时必须对激光束的偏振特性加以控制。激光束的偏振特

性通过影响金属材料对激光的吸收进而对焊缝成形产生明显的影响。采用平行线偏振光可以获得比采用垂直线偏振光更深、更窄的焊缝。

6.2.2 激光作用下材料的物态变化

激光被材料吸收后基于光电效应转化为热能。在不同的激光功率密度下，材料的表面状态将发生不同的变化（温度升高、熔化、汽化并形成小孔、产生等离子体等）。材料表面状态的变化影响材料对激光的吸收。

钢铁材料表面在激光作用下的几种物态变化如下。

① 固态加热。当功率密度较低（$<10^4$ W/cm^2）时，金属吸收的激光能量只能引起材料表层温度的升高，主要用于零件的表面退火和相变硬化。

② 表面熔化。当功率密度提高到 $10^4 \sim 10^5$ W/cm^2 时，表面熔化，熔池深度随功率密度的增加和辐射时间的延长而增加，主要用于金属的表面重熔、合金化、熔覆和热导焊接。

③ 表面汽化并产生小孔和等离子体。当功率密度达到 10^6 W/cm^2 时，材料表面在激光作用下汽化，在蒸气反冲压力的作用下，液态表面向下凹陷形成小孔，金属蒸气吸收后续的激光能量而电离产生光致等离子体，这一阶段等离子体的密度较低，可增强材料对激光的吸收，用于激光深熔焊接（或激光小孔焊接），可以获得良好的焊缝成形。

④ 形成阻隔激光的等离子体。当功率密度高达 $10^6 \sim 10^7$ W/cm^2 时，表面强烈汽化，形成密度较高的等离子体，对激光束具有显著的吸收、折射和散射作用，使进入小孔的激光比例减少，因此熔深不会随着功率密度的增大而成比例增加，小孔出口处由于等离子体对工件表面辐射加热，其受热范围扩大，这一阶段用于激光深熔焊接。

⑤ 形成周期振荡性等离子体。当功率密度进一步提高至 10^7 W/cm^2 时，光致等离子体的温度和电子密度都很高，激光对工件的辐射被完全屏蔽，工件表面的汽化和电离过程暂时中止，引起等离子体的周期振荡，激光焊接变得很不稳定，必须避免。

以上功率密度范围，是以钢铁材料为加热对象进行划分的。不同的激光波长、不同的金属材料以及不同的工艺条件，每一阶段的功率密度具体数值会有差异。

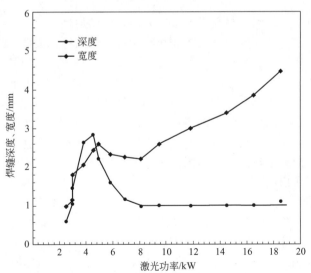

图 6.25 激光焊缝深度、宽度随激光功率的变化

（材料为 ST37-2，激光器为 RS20000，光斑直径 $D=100$nm，焦距 $f=300$mm，

离焦量 $\Delta f=0$，速度 $v=2$m/min，无辅助气体）

图 6.25 所示为激光焊缝深度、宽度随激光功率的变化。在不同功率密度激光的作用下，材料表面物理状态的不同又会反过来影响激光与被加工材料之间的相互作用。当激光密度小于材料的汽化阈值时，金属对激光的反射率较大，大部分激光能量被材料表面反射，加工效率低。一旦激光功率密度超过汽化阈值，材料对激光的吸收率和焊接熔深都将急剧增加。当激光功率大于等离子体的屏蔽阈值时，吸收率和加工效率又将降低。

6.3　激光加工过程监测

6.3.1　激光与材料作用过程的监测

激光与材料的作用过程是一个复杂的动力学过程，高功率激光束与材料作用期间产生复杂的物理化学变化，形成高温高压作用区。在作用阶段影响激光加工质量的因素很多，但这些因素对加工质量的影响会在激光与材料的相互作用过程中以多种信息表现出来。因此，对这些信息进行监测，对于分析加工质量变化的诱因、提出控制质量的手段有重要的意义。

激光材料相互作用产生的可作为监测的信息有声、光、电、磁、热、压力等。既可对其中某一种信息进行监测，又可对两种或两种以上信息同时监测。

监测参数按照作用区和工件分为两类。针对作用区而言，有温度、浓度、压力等物理量，以及蒸发云团与溅射物的形态、图像等几何量。对工件而言有温度场分布、熔化区大小、熔透状况、切缝宽度、工件几何形状、加工精度等质量指标。监测类别也由此归为两类：一类是加工过程稳定性、能量转移等作用过程；另一类是工件焊透、形态变化等加工质量。

监测设计是针对监测目的的，几种常用的监测设计如下。

① 采用高速摄像法监视作用体系的演化过程。

② 采用等离子体电荷信号或光电信号监测激光光致等离子体与反应生成物，以检测相应的加工质量要素的变化。

③ 对工件物理参数及加工质量指标实时监测。

6.3.1.1　高速摄像法监测体系

激光作用于材料初始瞬间，材料迅速吸收光能，经过加热、液化、蒸发或直接的激光烧蚀等阶段，材料以气态原子、分子、团簇和小液滴形式远离材料表面，该部分脱离基体材料的物质量足够大，以致能形成一种"云团"，从初始时较小形态长大到一定程度后维持稳定。在未达到形成等离子体的条件时，该云团以蒸发羽（plume）的形式单独存在。满足一定条件形成等离子体后，该云团以等离子体焰形式和蒸发羽形式共存。这一过程是激光加工的建立阶段，直接关系到之后的加工状态能否稳定。由于这一过程的主要表观特征是物质蒸发、汽化后的高速喷射，因此过程演变可借助高速摄像机直接观察。高速摄像法能直接定性得到入射激光辐照材料表面整个瞬态过程的图像信息。

高速摄像法监测常用以下两种方法。

① 采用高速摄像机直接对体系进行可见光监视，通过图像观察作用区液流、小孔、云团的动态变化过程。该法也称为图像识别技术。直接观察影像一般使用分幅高速摄像机，采用间隙式或像移补偿式分幅机即可满足激光焊接、切割等加工过程的影像捕捉要求。画面尺寸有 $7.52\text{mm}\times10.4\text{mm}$、$18\text{mm}\times22\text{mm}$、$57.2\text{mm}\times57.2\text{mm}$ 等几种。国内的间隙式高速摄像机最高帧频为 300fps，国外最高可达 1000fps。国内外像移补偿式高速摄像机的最高帧频可达 11000fps 以上。为了有效跟踪动态变化过程，要求高速摄像机能达到 1000fps 以上的帧分辨率。测量等离子体尺寸参数需使用条纹高速摄像机。采用同轴安装方式时，应设置滤

光片，防止从作用区反射的高功率加工用激光进入摄像头，损伤探测器。

② 采用阴影法或纹影法与高速摄像机结合，记录高速变化的透明场。阴影法或纹影法是利用光波通过流场后波形的变化显示流场信息。纹影仪的原理如图 6.26 所示。

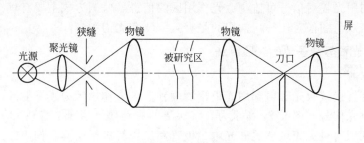

图 6.26　纹影仪原理示意

透明介质的折射率随密度变化，光线穿过光学不均匀区域时将偏离原来的方向，在屏上显现出阴暗区和明亮区。快速流场是一种密度随机变化的介质场，将一束光照射该介质，用屏幕接收透光信息，并在被研究区和屏之间加一聚焦透镜，可以在屏幕上得到清晰的阴影图。若用高速摄像机代替屏幕记录，可得到更为精细的场区状态的时间和空间变化信息。与直接使用高速摄像法相比，这种方法可分辨作用场的形状细节。

6.3.1.2　通过采样信号对激光光致等离子体的监测

激光光致等离子体是激光对物质作用的重要效应，等离子体吸收入射光并使光束产生发散、偏折等现象。因此，对激光光致等离子体的实时监测在激光加工中有重要意义。

等离子体的参数有电离度、浓度、温度、介电常数、透过率、折射率等，从这些参数可以推测等离子体对激光束的影响程度，因此可针对这些参数进行监测。等离子体浓度可表示为：

$$n^2 = n_v \left(\frac{2\pi m_e k_B T_v}{h^2} \right)^{\frac{3}{2}} \exp \left(-\frac{\varepsilon_I}{k_B T_v} \right) \tag{6.14}$$

式中，n 为等离子体浓度，mol/m^3；n_v 为蒸气粒子密度，mol/m^3；T_v 为温度，K；m_e 为蒸气分子的平均摩尔质量，kg/mol；k_B 为玻尔兹曼常数，$1.38 \times 10^{-23} J/K$；h 为普朗克常数，$6.63 \times 10^{-34} J \cdot s$；$\varepsilon_I$ 为气体电离能，J。

从式（6.14）中可知，蒸气粒子密度越高，温度越高，气体电离能越低，则等离子体浓度越低。而蒸气粒子密度与材料吸收激光能量的多少、汽化率等因素有关，温度则与材料受激光加热烧蚀成为气态的初始温度、等离子体粒子吸收激光能量的多少有关，气体电离能与材料种类有关。

等离子体对激光的吸收主要是电子振荡的形式，即逆韧致辐射形式。设 n_e 为电子密度，e 为电子电荷，ε_0 为真空介电常数，m_e 为电子质量，则等离子体振荡频率为：

$$\omega_{pe}^2 = \frac{n_e e^2}{\varepsilon_0 m_e} \tag{6.15}$$

由此可见，电子密度越高，等离子体振荡频率越高。激光频率高于等离子体振荡频率时，激光束容易穿透等离子体；激光频率低于等离子体振荡频率时被反射；若两者频率相等，则激光被等离子体共振吸收。

监测的目的包括对等离子体浓度和温度进行监测来判定等离子体强度；对作用区多点探测来判定等离子体空间分布及形状；对等离子体折射性能进行监测来判定等离子体对光轴的偏转性能。目前对等离子体监测的有效的信息携带量是光信号和电信号。

高能密度激光产生的等离子体包含大量的高温游离电子和离子，同时中性原子也可能处在高激发态。电子-离子复合与中性原子的跃迁，可产生较强的光辐射信号。前一种发光机制导致的光辐射以蓝、绿色光为主，后者的发光机制导致的光辐射是红、黄色光及更长波长的光。因此，利用光辐射信号可监测激光作用区的信息。监测方式主要有直接探测、光谱测量、干涉测量、双色图像对比等。常用的是直接探测和光谱测量。

6.3.1.3 激光光致等离子体的光监测法

（1）直接探测

直接探测有直接接收光辐射和用光束探测两种。因为作用区为光发射源，因此可直接采用光探测器接收光信号，图 6.27 所示为直接探测的光路图。由于二极管和三极管的光谱响应范围宽，可利用对可见光敏感的硅光电二极管和三极管进行监测。作用区的光信号可能包含高温材料元素的光谱辐射信号、高温大气气体元素的光谱辐射信号、电离的金属和大气元素等离子体辐射信号。直接接收光路没有针对具体探测元素的设计，因此较适合加热中断和等离子体瞬时消失同步的加工过程监控。

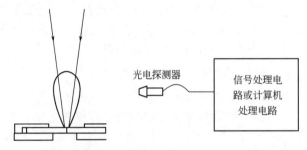

图 6.27 直接探测的光路图

采用 1kW 快速轴流 CO_2 激光器焊接厚度为 5mm 的 1Cr18Ni9Ti 不锈钢，激光功率 $P = 800W$，离焦量 $\Delta f = +1.8mm$，焊速 $v = 800mm/min$。图 6.28 为直接探测测得的加工过程监测图，尖峰脉冲实际上是正常加工（焊接）时的状态。短时加热后，光辐射突然衰减，焊接过程变得不平稳，尖峰持续约 0.18s，深熔过程迅速产生后又迅速消失。曲线中部处于平稳的噪声辐射影响区，而在焊接末尾辐射波动加大。弱光辐射是激光在材料表面微熔后继续加热到高温时的辐射，由于吸收的激光能量较少，加热到高温的粒子数较少，因而发光较弱。

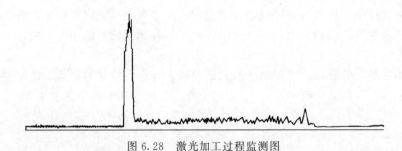

图 6.28 激光加工过程监测图

直接探测对探测器要求较高，因为光探测器的探测距离有限，而且环境杂散光易进入探测光路，对探测结果产生较大干扰。为增强探测性能，可采用主动探测方式，即使用探测信号源探测激光照射作用区。这种方法可实现多种目的，可以利用激光选择探测点，也可以选择某一波长的光束作为监测对象，还可以利用探测激光束自身的特性实现某些参数的测量，如测量等离子体的折射率。

（2）光谱测量

通过光谱分析可知作用区汽化的成分种类、等离子体产生阈值以及等离子体浓度和温度等信息。光谱测量既可采用自发辐射光谱又可采用激光光谱。具体的几种光谱测量技术如下。

① 光学发射光谱（OES，Optical Emission Spectroscopy）。这种方法是对激光材料作用区的辐射进行全光谱分析。正常激光加工时，等离子体的自发发射光谱为基体材料蒸气的受激原子和离子谱线，在激光能量密度较高或周围气体流动不畅时，等离子体的自发发射光谱出现有环境气体的激励原子和离子谱线。为避开环境干扰，使用窄带滤光片选择基体谱带是必需的。由于采用的信号是自发辐射光，因此对收集光学信号有一定的要求，一般应采用透镜收集光信号，并在光谱仪前增加中性衰减片。现代光信号收集方法是采用光纤收集光信号后输入光谱仪进行分析，使光谱仪远离作用区也能有效采集到光信号，避免作用区的强热辐射对光谱仪的损坏。

OES 的特点是光路简单，但光谱分辨率不高、背景噪声大、空间分辨率不高，主要用于产生等离子体的判定和等离子体主要成分判别。

② 傅里叶变换红外光谱（FTIS，Fourier Transform Infrared Spectroscopy）。这种方法是将光信号进行傅里叶变换后进行光谱分析。变换的物理手段采用双光束干涉光路，由光源发出的一束光经过双光束干涉后得到干涉场。当动镜沿指定方向运动时，其强度受光程差调制而变化，调制频率为光谱频率。干涉场是光谱分布的傅里叶变换，采用计算机采样后，经傅里叶反变换即可求得相应的光谱分布。

这种方法由于没有狭缝限制，在同样的分辨率条件下，通过它的光通量比常规光谱仪大得多。另外，多谱元同时测量相当于多通道测量，信噪比高，正好满足红外光谱段的探测要求。分辨率的提高通过增加两镜之间的光程差就可实现，避免了常规光谱仪需制造大尺寸色散元件的技术难题。

③ 相干反斯托克斯拉曼光谱（CARS，Coherent Anti-stokes Raman Spectroscopy）。这种方法的工作原理是基于四波混频的三阶非线性光学原理。CARS 信号是泵浦光、闲频光的频率差与探测介质分子、原子的振转能级频率相等，差频与探测光频率叠加，相干共振激励起的第四束光波。该光信号在光谱图上位于探测光的反斯托克斯区，是一种受激拉曼光。由于是相干共振激励，信号强度远大于常规拉曼谱的反斯托克斯光强，因此转换效率高。由于是相干光，探测时不需要单色仪，消除了单色仪带宽影响，光谱线宽只由激光线宽决定。

这种方法由于是非接触测量，特别适合于高温与不易接触情况的测量。同时，共振区依靠聚焦激励光束的重焦和齐焦才能产生信号，可达到较高的空间分辨率。CARS 信号的产生条件必须满足频率匹配条件 $\omega_4 = \omega_1 - \omega_2 + \omega_3$（等效于能量平衡）及波矢匹配条件 $\boldsymbol{K}_4 = \boldsymbol{K}_1 - \boldsymbol{K}_2 + \boldsymbol{K}_3$（等效于动量平衡）。在使用脉冲激光作为激励光时还需满足相位匹配条件。波矢匹配设计在两种方式下均可实现，一是共线匹配，二是非共线匹配。在实际条件下，为使试验装置和分析过程简化，三束入射光中两束是简并的，即 $\omega_1 = \omega_3$。

CARS 信号反映的是受激态分子振转能级跃迁。在受激态的高温气体振转频率能级与激励光束和探测光束之间的光频差（对应波长差）相等时，可从作用区共振激发出一束强相对激励光束为反斯托克斯频移的相干辐射，即为 CARS 信号。信号产生条件必须满足辐射强度与受激态气体浓度成正比。处于作用区的气源有周围大气、加工用保护气、等离子体抑制气体，而实用的可产生较强反斯托克斯辐射的气体主要是 N_2、H_2、CO_2，从 CARS 信号强度也可知混入作用区的气体配比。

（3）激光诱导等离子体光谱和影像系统

除了上述分离的等离子体监测技术外，对等离子体监测也可使用一种集成化的激光诱导等离子体光谱和影像系统。该系统具有同时拍摄光谱和影像的功能，既能用于监测，又能用于成分分析，系统工作装置如图 6.29 所示。

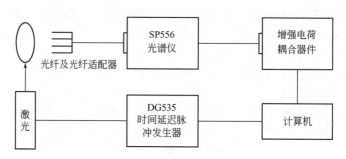

图 6.29　激光诱导等离子体光谱和影像系统

激光产生激励脉冲照射工件样品或等离子体，并产生电脉冲触发延迟线（DG535）。时间延迟脉冲发生器 DG535 的输出端通过计算机读取 ICCD 采样的光谱仪狭缝射出射光，经处理后显示为光谱图。该等离子体光谱和影像系统的激光系统可选用准分子激光、YAG 脉冲（或连续）激光、CO_2 激光，并可由 DG535 进行外部触发。影像的使用同光谱使用，只是将光纤改为透镜。

6.3.1.4　对工件物理参数和加工质量的监测

（1）红外线测温仪监测

温度场和热循环曲线对于激光焊接、熔覆和热处理后组织性能有重要影响，决定加工性能可否达到要求，可利用红外线测温仪进行监测。

经标定后测温仪的收集窗口至激光作用区的距离为 $1 \sim 2m$，窗口可以加设滤光片。监测场点的对准方法，可以将测温仪收集枪固定在可调方位支架上，在消除杂散背景条件下，在需监测场点用小孔光阑模拟点光源，将测温仪对准小孔光阑，收集其透过的光，调整可调支架的方位，在测温仪指示达到最大时即已标定对准。

测量仪有两类：一是直接的高温辐射计，已普遍使用，最高可测温度可达上万摄氏度；二是红外焦平面阵列摄像仪（图 6.30），该摄像仪由肖特基二极管阵列构成图像传感器，每个二极管检测到对应像点的光子流，并将其依据普朗克定律转变为温度值，所有二极管温度累积就形成加工区的温度场。

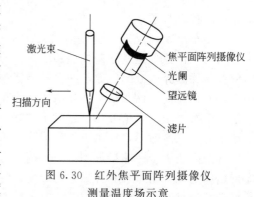

图 6.30　红外焦平面阵列摄像仪测量温度场示意

（2）CCD 系统实时监测

CCD 系统的应用有图像传感、信息处理、几何测量三个方面。这三个方面都可用于激光切缝测宽和焊缝检测。

6.3.2　激光束焦点位置检测与控制

20 世纪 90 年代前期，主要开发了用于激光切割的高度跟踪传感器和基于可变形反射镜的自适应光束焦点调节系统，解决了由于工件不平引起的光束焦点位置变化和飞行光路光程变化引起的焦斑尺寸、焦点位置的波动。20 世纪 90 年代中期以后，开始出现有关激光焊接的高度跟踪和焦点位置控制的研究报告。

6.3.2.1　高度跟踪传感器

这类传感器能够保证喷嘴与工件之间的距离保持在原来设定的合适范围内，但不能补偿热透镜效应和飞行光路不同加工位置对焦点位置的影响。针对那些激光功率不大，飞行光路光程变化不大的激光加工，热透镜效应和加工位置的影响不明显，在工件不平成为主要矛盾的情况下，依靠高度跟踪的方法可以基本上保持焦点位置的稳定。这种传感器主要有接触式高度跟踪传感器、电容式高度跟踪传感器、等离子体电荷传感器等。

（1）接触式高度跟踪传感器

接触式高度跟踪传感器结构如图 6.31 所示，在喷嘴下方安装一个与光束同轴的探头与工件接触，预先设定喷嘴下端至工件表面的距离为 h，当喷嘴与工件距离发生变化时，喷嘴与探头之间产生的相对运动反映到检测器内，利用检测器内装的电磁线圈或光电器件转变为电信号输出，经反馈回路控制激光切炬的 Z 轴运动，就可以对喷嘴高度加以控制，保持喷嘴与工件的距离不变。因为喷嘴与安装透镜的切炬连成一体，所以也就保证了焦点位置的稳定（不考虑热透镜效应和飞行光路光程变化的影响）。这种传感器已普遍在激光切割机上应用，但在激光焊接时，有焊接熔池及焊缝加强高的干扰，不便于采用。

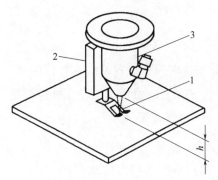

图 6.31　接触式高度跟踪传感器结构
1—探头；2—检测器；3—激光切割喷嘴

（2）电容式高度跟踪传感器

电容式高度跟踪传感器利用喷嘴和工件构成电容器的两极，当喷嘴与工件的距离增加时，电容器的电容量减小，而电容器的高频阻抗增大。通过测量电路将这种关系转换为喷嘴与工件距离和传感器输出电压的关系，就可对喷嘴高度进行控制，传感器输出电压随喷嘴与工件距离 h 的增大几乎成比例增大。电容式高度跟踪传感器为非接触式传感器，比接触式传感器具有更高的可靠性，新型的激光切割机大多采用这种传感器。但对激光焊来说，由于金属蒸气和光致等离子体对电容的干扰，不能用于连续激光焊，仅能用于脉冲激光焊，可以在脉冲间歇期间没有金属蒸气和等离子体的条件下进行电容测量。

（3）等离子体电荷传感器

激光深熔焊时，由于等离子体带电粒子的扩散运动，在互相绝缘的喷嘴和工件之间会出现电位差，工件为正，喷嘴为负。如果外接负载，使喷嘴和工件间构成回路，将有等离子体向外输出，在负载电阻上产生压降，这就构成了等离子体电荷传感器。随着喷嘴与工件距离的增大，等离子体电荷传感器输出信号单调下降。利用这种关系，可以对喷嘴高度进行检测和控制。可在工件和接地端之间接入 15V 的附加电源，提高传感器的灵敏度。

6.3.2.2　自适应光束焦点调节系统

自适应光束焦点调节系统用于补偿激光加工（主要是激光切割）过程中由于飞行光路光程变化引起的焦斑尺寸和焦点位置变化。自适应光束焦点调节系统如图 6.32 所示，它包括两组扩束器（M_1、M_2 和 M_3、M_4），其中 M_2 和 M_3 为压力变形镜（或称自适应反射镜）（图 6.33），可通过控制进入镜内腔的冷却水压力改变镜面曲率半径，从而引起反射镜焦距的变化，M_1 和 M_4 则为曲率半径固定的反射镜。加工过程中，激光器和第一组扩束器固定不动，加工头在计算机控制下沿光轴移动并把位置传递给计算机，计算机根据预先模拟的结果，通过压力控制系统改变 M_2、M_3 的曲率半径使其焦距发生变化。其中 M_2 控制焦斑尺寸，M_3 控制焦点位置，保证加工头在不同位置时焦斑尺寸和焦点位置均保持不变。

该调节系统属于开环的控制程序，对激光加工过程中喷嘴与工件距离、热透镜效应的实时变化不起作用。

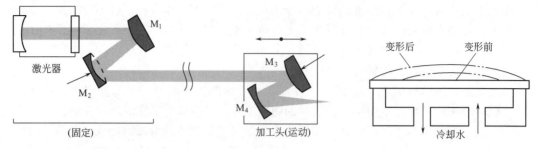

<table>
<tr><td>图 6.32　自适应光束焦点调节系统示意</td><td>图 6.33　压力变形镜</td></tr>
</table>

6.3.2.3　激光焊接焦点位置的检测与控制

20 世纪 90 年代中期以后，国内外一些学者对激光深熔焊时焦点位置的检测与控制进行了研究。共同的特点都是利用光致等离子体（YAG 激光焊时为金属蒸气羽）或熔池某一波段的辐射强度，作为判断焦点位置的依据。

（1）CO_2 激光焊焦点位置闭环控制系统

基于紫外线信号的焦点位置闭环控制系统如图 6.34 所示。该系统利用硅光伏二极管检测等离子体的紫外线辐射信号，当通过调节透镜位置，使信号的强度达到预先设定的给定值时，则认为焊接是处于产生小孔的正常状态，而且入焦量合适，可使透镜保持在这个位置上。

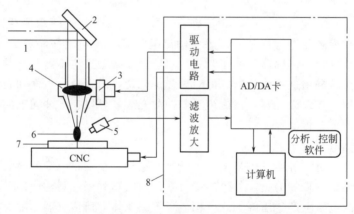

图 6.34　基于紫外线信号的焦点位置闭环控制系统示意
1—激光束；2—反射镜；3—调焦系统；4—聚焦系统；5—探测器；
6—等离子体云；7—工件；8—调速系统

这种系统紫外线信号给定值必须预先经试验确定，比较麻烦；实际紫外线辐射强度不仅与焦点位置有关，而且与激光功率等因素有关。激光功率的波动对焦点位置的控制有干扰。由于等离子体辐射信号在离焦量或入焦量增大时都会发生同样的衰减，因此仅靠光信号强度的变化无法确定焦点位置偏离的方向，也就不能正确调节透镜的位置。该系统只能从预知的大离焦方向（或预知的相反方向）向目标逼近，一旦产生超调或超过给定值的信号波动，系统将失去控制，它不是一种稳定的闭环控制系统。

（2）基于紫外线和红外线双色光信号的 YAG 激光焊焦点位置闭环控制系统

控制原理是建立在图 6.35 所示曲线的基础上的，红外线（IR）和紫外线/可见光（UV/Vis）信号随焦点位置变化的规律是不同的，红外线信号强度在一定入焦量时达到最大值，而 UV/Vis

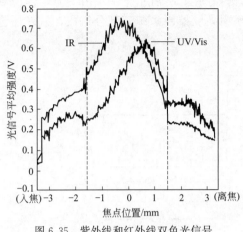

图 6.35　紫外线和红外线双色光信号
与焦点位置的关系

信号则在一定离焦量时达到最大值。

两种信号强度选择适当的倍数放大后再相减所得差值 ε 的大小和符号，在一定程度上反映了焦点位置与最佳位置的偏差量和偏离方向：ε＝0 时，焦点处于最佳位置；ε＞0 时，离焦量过大；ε＜0 时，入焦量过大。该系统由焊接机头的光学部件接收来自金属蒸气羽和熔池的光辐射信号，经光纤中心芯线传输，在出口处被分解为紫外线/可见光（$0.3\sim0.7\mu m$）及红外线（$1.1\sim1.6\mu m$）两波段信号。两波段信号经低通滤波和适当增益放大后，进行减法运算所得的差值（$\varepsilon = G_{UV}V_{UV} - G_{IR}V_{IR}$），可对焦点位置进行闭环控制。

该闭环控制系统能根据差值 ε 确定焦点位置的调节方向和调节量，不存在失去控制的问题，但仍然存在其他问题。

① 需要经过反复细致的试验来确定两种信号的合理放大倍数 G_{UV}、G_{IR}，才能保证 ε＝0 时正好对应于最佳焦点位置，而且试验条件对试验结果会有影响，难以普遍适用。

② 紫外线、红外线信号强度受激光功率等因素的影响，它们之间的关系是非线性的。如果激光功率发生变化，难以保证焦点位置控制的可靠性和准确性。

③ 该系统只针对 YAG 激光器的情况进行研究，并不适用于 CO_2 激光焊，因为 CO_2 激光焊辐射信号随焦点位置的变化规律是不一样的。

（3）利用色差原理检测焦点位置

针对上述两种系统的问题，有人提出利用色差原理检测焦点位置的方案（图 6.36）。利用两种窄带滤光片，从熔池光辐射信号中提取与激光波长接近的 $0.95\mu m$ 和远离激光波长的 $0.53\mu m$ 两个波段的信号。当焦点漂移和激光功率变化时，熔池在检测屏上的两波段辐射光成像的变化规律是不同的，通过对检测到的两波段强度进行对数运算，可以区分激光焦点的漂移和激光功率的变化，提高检测的可靠性和精度。

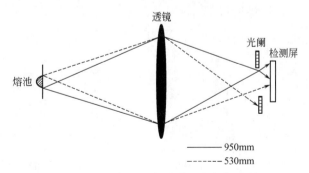

图 6.36　基于色差的实时检测焦点位置原理

（4）自寻优双闭环控制系统

自寻优双闭环控制系统能自动寻找焦点位置（具有最大熔深的焦点位置），焊接过程中始终处于最优位置状态，对环境的变化（如激光功率波动等）具有自适应能力，能实现喷嘴与工件距离的闭环控制，焊接过程中始终使喷嘴与工件的距离保持在合适的预先设定值。

激光深熔焊焦点位置自寻优双闭环控制系统结构如图 6.37 所示。系统由等离子体监测传感器、激光焊枪（内含透镜调节装置）、透镜与喷嘴高度控制系统三部分组成，另外还包括 CO_2 激光器、数控激光加工机等外部设备。

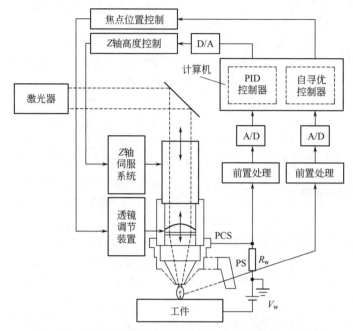

图 6.37 激光深熔焊焦点位置自寻优双闭环控制系统结构

① 等离子体监测传感器。等离子体监测传感器包括等离子体光学传感器（POS）和等离子体电荷传感器（PCS）。POS 传感器主要用于对焦点位置进行寻优控制，它由硅蓝光伏探测器和前置处理电路组成，焊接过程中实时采集等离子体从紫外线到蓝光的辐射信号。PCS 传感器主要用于对喷嘴与工件的距离进行闭环控制，直接利用内喷嘴（PCS 喷嘴）作探针，和外接的负载电阻 R_w 及附加电源 V_w 组成有源 PCS，焊接过程中实时采集等离子体电流在负载电阻上产生的压降（即 PCS 信号）。POS、PCS 信号都需要经过前置处理后输送给计算机来进行信号采集和处理（图 6.38）。

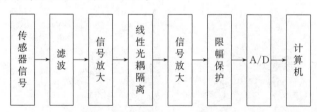

图 6.38 POS、PCS 信号前置处理电路框图

② 激光焊枪和透镜位置调节装置。为实现焦点位置双闭环控制而设计的焊枪如图 6.39 所示，它除了具有一般焊枪的功能外，还有以下特点。

a. 提供双层气流保护。中心的轴向气流可以保护透镜、抑制等离子体；外层的环向气流可以更完善地保护熔池，可用于活性材料的焊接。

b. 焊枪集成了 POS 传感器和 PCS 传感器，其中可更换的内喷嘴为 PCS 探针，而 POS 用的硅蓝光伏探测器则装在喷嘴右侧的集成安装块内（图 6.39 中虚线）。

c. 焊枪内含紧凑的透镜调节装置，可通过外部电极驱动聚焦透镜在焊枪内上下运动，

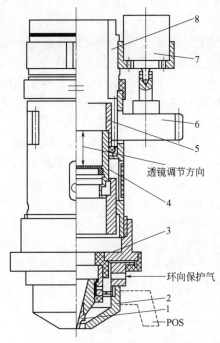

图 6.39　焦点位置双闭环控制用焊枪
1—可更换内喷嘴（PCS 喷嘴）；2—环
向气流喷嘴；3—绝缘环；4—内套；
5—齿圈环套；6—齿轮；7—步进电动
机；8—外套

这样焊枪可独立于 Z 轴自由调节，实现焦点位置和喷嘴与工件距离的分别控制。

透镜调节装置的传动方案如下：步进电动机 7 带动齿轮 6 旋转，齿轮 6 带动齿圈环套 5 以焊枪的中心线为轴旋转，由于齿圈环套 5 的内壁有螺纹，而内套 4 有外螺纹且环向运动被限制，这样齿圈环套 5 的旋转就转变为内套 4 的轴向运动，透镜安装在内套 4 下部，随之在焊枪内上下运动。整个焊枪通过外套 8 与激光加工机的 Z 轴连接，由 Z 轴伺服系统驱动。

③ 控制信号输出电路设计。POS、PCS 信号经前置处理后输入计算机被采集、处理，形成两路控制信号输出，分别对透镜的位置和 Z 轴高度进行控制。

a. 透镜位置控制信号输出电路。系统采用步进电动机带动透镜调节装置，步进电动机是一种将脉冲信号转换为相应的直线位移或角位移的控制电动机，其转速与步距角和脉冲频率有关，考虑到热透镜效应造成焦点位置的变化速率达 0.2mm/s，为了实现快速、精确调焦，选 用 三 相 六 拍 的 工 作 方 式，其 运 行 状 态 为 A-AB-B-BC-C-CA-A，即有六个工作位置，对应的步距角为 1.5°，脉冲频率为 1400Hz，透镜位置的调节速度可达 0.3mm/s，可满足焦点位置快速自寻优控制的要求。

b. 喷嘴与工件距离控制信号输出电路。PCS 信号输入计算机，经 PID 控制器计算出控制量并转换成电压信号，作为激光加工机 Z 轴伺服系统随动方式的输入信号，通过 Z 轴带动焊枪，从而对喷嘴与工件距离进行控制，控制信号输出电路包括信号平移、线性光耦隔离、运算放大、信号还原等环节，如图 6.40 所示。

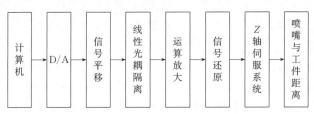

图 6.40　Z 轴控制信号输出电路框图

由于光耦只能通过单向信号，故控制信号在 D/A 转换后经过正向偏置，变成正信号，经线性光耦隔离后，通过信号还原环节将信号还原。该系统采用 8 位 A/D、D/A 转换，信号幅值为 ±5V，具有较高的精度。

6.3.2.4　人工智能（AI）赋能激光加工

人工智能（AI）在激光加工中的应用主要体现在质量检测、缺陷识别以及工艺优化等方面。这些应用不仅提高了激光加工产品的精度，还通过智能实时监控，显著提高了生产效率和产品质量。

（1）AI 激光焊接质量检测的应用

基于机器视觉和深度学习的激光焊接质量检测系统，能够实时监测和评估焊接过程中的焊缝质量。利用 AI 模型助力用户快速解决焊接质量难题，特别在孔隙率、夹杂、焊接路径、组织细化和缺陷等方面表现突出。

AI 滤镜提高识别准确率。AI 滤镜通过图形二值化处理，有效提高了激光焊接过程中的识别准确率。这项创新利用人工智能技术，使得激光焊接过程中的图像处理更加精细，能够准确识别焊缝及其周围环境，避免因零部件表面污垢、划痕或光线条件不佳而引起的识别困难。AI 滤镜的应用为激光加工提供了更可靠和高效的解决方案，为用户带来了全新的激光加工（焊接、熔覆、增材制造等）体验。

激光焊接熔深实时监控（VisionLine OCT Check）是人工智能技术中的一项重要创新，通过实时监控焊接熔深，确保焊接过程的每个细节都能被准确监测。利用光学相干断层扫描技术（OCT），能够以高速、高精度进行熔深监测，同时不受杂散光影响，确保激光焊接过程的稳定性和一致性。熔深实时监控技术实现了焊接过程的实时监控和完全可追溯，为用户提供了更高水平的质量控制和生产管理，助力制造业迈向智能化。

AI 通过视觉系统进行深度学习算法，能够通过数值模型来识别和分析焊接过程中的各类缺陷。同时具备实时监测的能力，能够在焊接过程中即时捕捉缺陷情况。通过快速反馈缺陷信息，使工程师可以迅速采取措施，及时调整焊接参数，有效降低次品率，提高生产效率。还可以进行多维度的数据分析，这不仅是缺陷的定位，对焊接质量的深度评估，还为生产质量管理提供了更全面的数据支持。

（2）AI 激光工艺优化的应用

人工智能（AI）可以处理和分析大量的焊接数据，发现隐藏的模式和趋势，为激光焊接工艺改进提供依据。AI 算法可以根据历史数据和实时反馈，优化焊接电流、焊接电压、焊接速度等工艺参数，以获得最佳的焊接效果。这种自适应控制能够自动调整和优化焊接条件，以应对材料和环境变化。

（3）AI 机器人激光焊接的应用

① 虚拟焊接技术。利用 AI 和虚拟现实技术，可以模拟真实的激光焊接过程，进行操作训练和工艺验证。通过 AI 分析焊工的操作数据，可以提供个性化的培训建议，提高焊接技能。

② 焊接机器人路径规划。利用计算机视觉技术，AI 可以快速准确地识别和定位待焊接的部位，确保焊接过程准确无误。这种技术在复杂零件的焊接中尤其有用，可以大大减少人工识别的难度和误差。

③ 智能操作。通过深度学习，焊接机器人能够识别不同的激光焊接任务，自动选择适当的焊接工艺和参数。

在机器人进行激光加工的过程中，各个参数之间具备不确定性，神经网络能够实现精确描述非线性对象的模型创建，并且通过实验过程中的数据得出信息，之后进行训练，即便数据不完善，也能够实现学习，不需要通过专家得到知识，其中的定性和定量信息都在网络神经元中分布和存储，还具有较强的联想能力和容错能力。因此，在机器人激光焊接中，神经网络具有强大的潜在优势。

6.4　激光加工安全与防护

激光具有很高的功率密度和能量，其亮度比太阳光、电弧光要高数十倍。此外，激光设备中存在数千伏至数万伏的高压激励电源，能对人体造成伤害。激光加工（焊接、切割、熔覆等）时必须特别注意安全与防护，以免各种人身伤害的事故发生。因此，除了对激光加工系统进行必要的封闭和设置警示标记外，个人防护也不能忽视。

6.4.1　激光辐射对人体的危害

激光辐射眼睛或皮肤时，如果超过了人体最大允许的照射量，会导致组织损伤。损伤的效应有三种：光压效应、热效应、光化学效应。最大允许照射量与激光波长、脉宽（脉冲持续时间）、照射时间等有关，生产中主要是与照射时间有关。照射时间为纳秒和亚纳秒时，主要是光压效应损伤；照射时间为 100ms 至几秒时，主要为热效应损伤；照射时间超过 100s 时，主要为光化学效应损伤。过量光照引起的病理效应见表 6.3。

表 6.3　过量光照引起的病理效应

光谱范围	眼睛	皮肤
紫外光(180～280nm)	光致角膜炎	红斑,色素沉着
(200～315nm)	光致角膜炎	加速皮肤老化过程
(315～400nm)	光化学效应所致的视网膜损伤	
可见光(400～780nm)	光化学效应和热效应所致的视网膜损伤	
红外光(780～1400nm)	白内障、视网膜灼伤	皮肤灼伤
(1.4～3.0μm)	白内障、角膜灼伤	
(3.0μm～1mm)	角膜灼伤	

激光加工过程中应特别注意激光的安全防护，防护的重点对象是眼睛和皮肤。此外，也应注意防止火灾和电击等，否则将导致人身伤亡或其他事故。

（1）对眼睛的伤害

激光的亮度比太阳光、电弧光亮度高数十倍，会对眼睛造成严重的损伤。眼睛如果受到激光的直接照射，由于激光的强烈加热效应，会造成视网膜损伤，引起视力下降，严重时可瞬间使人致盲。即使是小功率的激光束，如几毫瓦的 He-Ne 激光，由于人眼睛的光学聚焦作用，也会导致眼底组织受到损伤。

激光的反射光对眼睛具有同样的危险性，尤其在切割反射率很高的材料时，强烈的激光反射光对眼睛的伤害程度与直接照射相当。另外，激光的漫反射光也会使眼睛受到慢性伤害，引起视力下降。

（2）对皮肤的伤害

皮肤如果受到激光的直接照射，特别是受聚焦后光束的照射，会使皮肤灼伤，并且这种灼伤很难愈合。激光功率密度越大，伤害越大。当脉冲激光的能量密度接近每平方厘米几焦耳或连续激光的功率密度达到 $0.5\mathrm{W/cm^2}$ 时，皮肤就可能遭到严重的损伤。

可见光波段（400～780nm）和红外光波段激光的辐射会使皮肤出现红斑，进而发展为水泡。极短脉冲、高峰值功率激光辐射会使皮肤表面炭化。受紫外光、红外光的长时间漫反射作用，则会导致人体皮肤的老化、炎症甚至皮肤癌等严重后果。

（3）电击

激光加工设备中还存在着数千至数万伏特的高压电及大电容储能装置，如果操作不当或出现故障，有可能使人体遭受致命的电击。

（4）有害物质及火灾

激光焊接、切割或熔覆某些材料时，这些材料因受激光加热而蒸发、汽化，产生各种有毒的金属烟尘以及高功率激光加热时在切割面附近形成的等离子体产生的臭氧等，都对人体有一定的损害。

此外，某些可燃的非金属材料和金属材料（如镁及镁合金），如在焊接、切割过程中受激光束直接照射或强反射的时间稍长，会引起燃烧现象，可能引起火灾。

6.4.2 激光危害的工程控制

① 最有效的措施是将整个激光加工系统置于不透光的罩子中。

② 对激光器装配防护罩或防护围封，防护罩用以防止人员接受的照射量超过最大允许照射量，防护围封用以避免人员受到激光照射。

③ 工作场所的所有光路（包括可能引起材料燃烧或次级辐射的区域）都要予以封闭，尽量使激光光路明显高于人体高度。

④ 在激光加工设备上设置激光安全标志，激光加工设备无论是在使用、维护或检修期间，标志都必须永久固定。

6.4.3 激光的安全防护

（1）对激光加工设备的安全防护

为避免发生各种伤害，首先要对激光加工设备采取必要的防护措施。这些措施主要包括以下几方面。

① 激光加工（包括焊接、切割和熔覆等）设备要可靠接地，电气系统外罩的所有维修门应安装有联锁装置，电气系统外罩应设置相应措施以便在进入维修门之前使内部的电容器组放电。

② 激光加工设备应有各种安全保护措施，在激光加工设备上应设有明显的危险警告标志和信号，如 "激光危险" "高压危险" 等字样。

③ 激光加工的光路系统应尽可能全部封闭，如使激光在金属管中传递，以防止对人体直接照射造成伤害。

④ 如果激光加工的光路系统不可能全封闭，则光路应设在较高的位置，使光束在传输过程中避开人的头部，使激光光路高于人体高度。

⑤ 激光加工设备的工作台应采用玻璃等材质的防护装置屏蔽，以防止激光的反射。

⑥ 进行激光加工的场地也应设有明显的安全标志，并设置栅栏、隔墙、屏风等，防止与工作无关的人员误入危险区。

（2）对人身的保护

即使激光加工系统被完全封闭，工作人员也有接触意外反射激光或散射激光的可能性。针对激光对人体可能造成的危害，激光加工时应采取以下防护措施。

① 现场操作人员和工作人员必须配戴对激光不透明的防护眼镜，其滤光镜要根据不同的激光器（因光的波长不同）选用，它能选择性地衰减特定波长的激光。CO_2 激光的波长为 $10.6\mu m$，它透不过普通玻璃，人员可配戴有侧面防护的普通眼睛或太阳镜。

② 操作人员应穿由耐火及耐热材料制成的白色工作服，带激光防护手套和激光防护面罩，以减少激光漫反射的影响。

③ 激光焊接、切割或熔覆等加工场所应配备有效的通风或排风装置。

④ 操作人员必须熟悉激光的特性和操作安全知识，只允许有经验的工作人员操作激光器和进行激光加工。

（3）其他防护措施

① 可能受到激光照射或强反射的位置不要堆放易燃物品。

② 在激光加工可燃材料时，易燃的割渣要及时清除。同时工作场所附近应配备必要的灭火器材。如镁合金及其割渣着火时，要用铸铁粉或砂子灭火，不可用水、泡沫、CO_2 或四氯化碳等物质进行灭火。

参 考 文 献

[1] 左铁钏，等.21世纪的先进制造——激光技术与工程.北京：科学出版社，2007.

[2] 陈彦宾.现代激光焊接技术.北京：科学出版社，2005.

[3] 中国机械工程学会焊接学会.焊接手册.第2卷：焊接方法.第3版.北京：机械工业出版社，2008.

[4] 左铁钏.制造用激光光束质量、传输质量与聚焦质量.北京：科学出版社，2008.

[5] 楼祺洪.高功率光纤激光器及其应用.合肥：中国科学技术大学出版社，2010.

[6] 刘敬海，徐荣甫.激光器件与技术.北京：北京理工大学出版社，1995.

[7] 孟庆巨，刘海波，孟庆辉.半导体器件物理.北京：科学出版社，2009.

[8] 郑启光.激光先进制造技术.武汉：华中科技大学出版社，2002.

[9] 龚勇清，何兴道.激光原理与全息技术.北京：国防工业出版社，2010.

[10] 陈继民，徐向阳，肖荣诗.激光现代制造技术.北京：国防工业出版社，2007.

[11] 李亚江等.特种焊接技术及应用.第5版.北京：化学工业出版社，2018.

[12] 谭兵，张海玲，陈东高，等.中厚度镁合金激光焊接组织与性能分析.兵器材料科学与工程，2009，32（6）：58-61.

[13] William G，Marlow F.Welding Essentials（Questions and Answers）.New York：Industrial Press，2001.

[14] 樊丁，中田一博，牛尾诚夫.激光与脉冲MIG复合焊接试验研究.应用激光，2000，22（2）：169-171.

[15] 李志远，钱乙余，张九海，等.先进连接方法.北京：机械工业出版社，2000.

[16] 陈俐，董春林，吕高尚，等.YAG/MAG激光电弧复合焊工艺研究.焊接技术，2004，33（4）：21-23.

[17] 吴世凯，肖荣诗，陈恺.大厚度不锈钢板的激光焊接.中国激光，2009，36（9）：2422-2425.

[18] 阎小军，杨大智，刘黎明.316L不锈钢薄板脉冲激光焊工艺参数及接头组织特征.焊接学报，2004，25（3）：121-123.

[19] 胡连海，黄坚，李铸国，等.功率CO_2激光焊接管线钢接头的组织与性能.中国激光，2009，36（12）：3174-3178.

[20] 王鹏，辛立军，黄涛，等.车用高强钢板的光纤激光焊接实验研究.应用激光，2009，29（4）：286-289.

[21] 王鑫，张林立，王晓秋，等.新能源汽车驱动电机定子用扁铜线焊接工艺探究及接头性能分析［J］.汽车工艺与材料，2024，（8）：18-26.

[22] 杨志斌，盛立康，谢延祺.高速列车铝合金横梁构件激光-MIG复合焊与MIG焊焊接特性对比研究［J］.激光与光电子学进展，2024，61（21）：266-272.

[23] 胥国祥，胡庆贤，王凤江.激光＋GMAW复合焊工艺及数值模拟.镇江：江苏大学出版社，2013.

[24] 肖荣诗，吴世凯.激光-电弧复合焊接的研究进展.中国激光，2008，35（1）：1680-1685.

[25] 李亚江，等.切割技术及应用.北京：化学工业出版社，2004.

[26] 徐滨士，朱绍华，等.表面工程的理论与技术.第2版.北京：国防工业出版社，2010.

[27] Hao L，Dadbakhsh S，Seaman O，et al.Selective laser melting of a stainless alloy and hydroxyapatite composite for load-bearing implant development.Journal of Materials Processing Technology，2009，209（17）：5793-5801.

[28] Qiu C，Panwisawas C，Ward M，et al.On the role of melt flow into the surface structure and porosity development during selective laser melting.Acta Materialia，2015，96：72-79.

[29] 邓彦波，王峰，李建国.车用CFRP脉冲超皮秒激光切割参数优化及质量分析［J］.中国工程机械学报，2023，21（4）：343-347.

[30] 王琳，张健，许义堂，等.光纤激光切割对烧结NdFeB的性能影响［J］.金属功能材料，2023，30（6）：80-86.

[31] 卢秉恒，李涤尘.增材制造（3D打印）技术发展.机械制造与自动化，2013，42（4）：1-4.

[32] 徐滨士，刘世参.表面工程技术手册.北京：化学工业出版社，2009.

[33] 徐滨士，朱绍华，等.表面工程的理论与技术.第2版.北京：国防工业出版社，2010.

[34] 郦振声，杨明安.现代表面工程技术.北京：机械工业出版社，2007.

[35] 李垭焙，谭诚香，李梦瑶，等.激光熔覆铁基合金涂层的研究进展［J］.表面技术，2024，53（6）：11-27.

[36] 董允，张廷森，林晓娉.现代表面工程技术.北京：机械工业出版社，2000.

[37] Haran F M，Hand D P，Peters C.Real-time focus control in laser welding.Measurement Science and Technology，1996，7：1095-1098.

[38] Simonelli M，Tse Y Y，Tuck C.Effect of the build orientation on the mechanical properties and fracture modes of SLM Ti-6Al-4V.Materials Science and Engineering：A，2014，616：1-11.

[39] Thijs L，Verhaeghe F，Craeghs T，et al.A study of the microstructural evolution during selective laser melting of Ti-6Al-4V.Acta Materialia，2010，58（9）：3303-3312.

[40] 曾光，韩志宇，梁书锦，等.金属零件3D打印技术的应用研究.中国材料进展，2014，33（6）：376-382.

[41] 宋武林.激光熔覆层热膨胀系数对其开裂敏感性的影响.激光技术，1998，22（1）：34-36.

［42］ 汤慧萍，王建，逯圣路，等．电子束选区熔化成形技术研究进展．中国材料进展，2015，34（3）：225-235.

［43］ 张晟，王常浩，吕帅，等．激光熔覆制备 GH4169 材料的工艺及性能研究［J］．机电工程技术，2022，51（10）：65-67.

［44］ 朱正兴，刘秀波，刘一帆，等．激光熔覆 FeCoCrNi 系高熵合金涂层的组织及高温摩擦学性能［J］．材料工程，2023，51（3）：78-88.

［45］ 南志豪，姚芳萍，李传钰，等．超声辅助激光熔覆 TiCN 镍基涂层组织及性能研究［J］．制造技术与机床，2023，（10）：17-21.

［46］ Qiu C，Adkins N J E，Attallah M M. Microstructure and tensile properties of selectively laser-melted and of HIPed laser-melted Ti-6Al-4V. Materials Science and Engineering：A，2013，578：230-239.

［47］ 雒江涛，程兆谷，张宏亮，等．双波段信号实时监测高功率激光焊接．中国激光，1997，24（9）：842-846.

［48］ 陈武柱．激光焊接与切割质量控制．北京：机械工业出版社，2010.

［49］ 刘其斌．激光加工技术及应用．北京：冶金工业出版社，2007.

［50］ 上海市焊接协会，上海市焊接学会．焊接先进技术．上海：上海科学技术文献出版社，2010.